全国高职高专土建类专业规划教材

U0668856

Building

Engineering measurement and training

工程测量与实训

主　编　徐兴彬　刘永生

副主编　欧长贵　徐猛勇　孙晓玲

中南大学出版社
www.csupress.com.cn

内容简介

本教材采用模块式编写，共分 10 个模块，分别是：模块 1：测量工作的基本知识；模块2：水准测量；模块 3：角度测量；模块 4：距离测量；模块 5：全站仪的实际应用；模块 6：施工测量的基础工作；模块 7：民用建筑施工测量；模块 8：工业建筑施工测量；模块 9：建筑物变形测量及竣工图测绘；模块 10：GNSS 原理与应用。模块之后安排有 3 个附录：附录 1：图根控制测量实习指导书；附录 2：湖南省职业院校测量操作技能考核试题；附录 3：彩图插页。

本书可作为高职院校土建、交通、水电类等专业教材，也可供相关专业技术人员使用。

出版说明 INSTRUCTIONS

遵照《国务院关于加快发展现代职业教育的决定》〔国发（2014）19号〕提出的"服务经济社会发展和人的全面发展，推动专业设置与产业需求对接，课程内容与职业标准对接，教学过程与生产过程对接，毕业证书与职业资格证书对接"的基本原则，为全面推进高等职业院校土建类专业教育教学改革，促进高端技术技能型人才的培养，依据国家高职高专教育土建类专业教学指导委员会高等职业教育土建类专业教学基本要求，通过充分的调研，在总结吸收国内优秀高职高专教材建设经验的基础上，我们组织编写和出版了这套高职高专土建类专业"十三五"规划教材。

高职高专教学改革不断深入，土建行业工程技术日新月异，相应国家标准、规范，行业、企业标准、规范不断更新，作为课程内容载体的教材也必然要顺应教学改革和新形式的变化，适应行业的发展变化。教材建设应该按照最新的职业教育教学改革理念构建教材体系，探索新的编写思路，编写出版一套全新的、高等职业院校普遍认同的、能引导土建专业教学改革的"十三五"规划系列教材。为此，我们成立了规划教材编审委员会。教材编审委员会由全国30多所高职院校的权威教授、专家、院长、教学负责人、专业带头人及企业专家组成。编审委员会通过推荐、遴选，聘请了一批学术水平高、教学经验丰富、工程实践能力强的骨干教师及企业专家组成编写队伍。

本套教材具有以下特色：

1. 教材依据国家高职高专教育土建类专业教学指导委员会《高职高专土建类专业教学基本要求》编写，体现科学性、创新性、应用性；体现土建类教材的综合性、实践性、区域性、时效性等特点。

2. 适应高职高专教学改革的要求，以职业能力为主线，采用行动导向、任务驱动、项目载体，教、学、做一体化模式编写，按实际岗位所需的知识能力来选取教材内容，实现教材与工程实际的零距离"无缝对接"。

3. 体现先进性特点。将土建学科的新成果、新技术、新工艺、新材料、新知识纳入教材，结合最新国家标准、行业标准、规范编写。

4. 教材内容与工程实际紧密联系。教材案例选择符合或接近真实工程实际，有利于培养学生的工程实践能力。

5. 以社会需求为基本依据，以就业为导向，融入建筑企业岗位（八大员）职业资格考试、国家职业技能鉴定标准的相关内容，实现学历教育与职业资格认证相衔接。

6. 教材体系立体化。为了方便老师教学和学生学习，本套教材建立了多媒体教学电子课件、电子图集、标准规范、优秀专业网站、教学指导、教学大纲、题库、案例素材等教学资源支持服务平台。

全国高职高专土建类专业规划教材

编审委员会

前 言 PREFACE

根据高职高专土建类专业"十三五"规划教材的统一部署，在中南大学出版社的统一协调下，广东工贸的徐兴彬老师，怀化职院的刘永生老师，湖南有色职院的欧长贵、邹冠华老师，湖南水电职院的徐猛勇老师以及出版社方面的相关工作人员，于2014年12月13日在中南大学出版社相聚，召开这本《工程测量与实训》的教材编写研讨会。会议决定由参编的各位老师采用模块式编写这本《工程测量与实训》，其中模块1"测量工作的基本知识"由徐兴彬老师编写，模块2"水准测量"、模块3"角度测量"由徐猛勇老师编写，模块4"距离测量"由邹冠华老师编写，模块5"全站仪的实际应用"由刘永生老师编写，模块6"施工测量的基础工作"由徐兴彬老师、孙晓玲老师编写，模块7"民用建筑施工测量"由刘永生老师编写，模块8"工业建筑施工测量"由徐兴彬老师编写，模块9"建筑物变形测量及竣工图测绘"由欧长贵老师编写，模块10"GNSS原理与应用"由徐兴彬老师和吴宏栋老师编写，最后由徐兴彬老师负责全书的统稿工作。会议要求参编人员一定要结合当前实际，广泛深入生产建设第一线，参与建筑测量的实际工作与调研活动，在查阅大量网络文献资料及现有同类教材书籍的基础上，编著这部新版教材，将本书编写成当前我国同类教材中首屈一指的教材。

大家完成初稿之后，又于2015年6月21日在长沙召开第二次编审研讨会。参会人员有徐兴彬老师、刘永生老师、徐猛勇老师等。会议针对教材模块的具体内容提出了以下主要问题：①教材中某些模块的篇幅过长，某些知识内容需要添加；②有些模块介绍的仪器版本型号过旧；③角度测量与全站仪有重复；④应增加实训指导书；⑤高层建筑无案例介绍；⑥其他问题(如关于参考文献来源标注、建筑测量概念、开头格式、图表清晰度等)。之后，经过大家努力，问题基本解决。

第二次完稿后，邀请谭立霞、周山等本行业的专家学者对本书进行了认真审阅，最后由中南大学出版社进行编辑排版，并三审三校后正式出版。正式出版的教材具有如下特点：1.突出"建筑工程测量"特点，用三个模块的大量篇幅详细介绍建筑施工测量的原理、技术要求、方法步骤及注意事项等，挖掘整理出实际生产中的宝贵测量经验。2.兼顾其他工程测量。如系统阐述线路工程中各种曲线的数学模型推导，介绍曲线测设的各种计算与实践工作，全面介绍工程地形图的基本知识与应用方法，变形监测，GPS测量，等等。因此我们这本教材对交通、水电等其他相关专业也是非常适用的。3.突出实训操作。课堂实训达到15个，实训按照循序渐进方法编排，每个实训均布置得井井有条，非常方便老师指导及学生实操；报告中另有实验问题供学生作答，可谓丰富多彩。实训报告直接附在各模块之后，方便老师和学生使用。4.书后还增加了"图根控制测量实习指导书"、"湖南省职业院校测量操作技能考核试题"两个附录。5.作业练习丰富充足。各模块的末尾精心准备有一定数量的作业练习题，这些练习题灵活性强、形式多样，并非常注意结合工作实际。练习答案附在各模块PPT教案后面。教案另行准备，授课教师或工程技术人员如果需要，可与主编联络。

2016年3月

目 录 CONTENTS

模块 1　测量工作的基本知识

【**教学目标**】认识地球上建立坐标系的过程，了解高斯投影的方法，认识高程的概念，掌握坐标正、反算，掌握测量中误差的计算原理。

【**技能抽查**】判断直线的象限，坐标正算、反算的训练。

任务 1－1　认识地球的形状和大小

一、地球的自然表面

我们所居住的地球表面是很不规则的。它上面分布着高山峡谷、丘陵平原、沙漠戈壁、江河湖海等，呈现出高低起伏的状态，这个表面称为地球的自然表面(图 1－1)。它无法用一简单的数学公式描述。因而，要在这样一个不规则的自然表面上，进行测量成果的整理、计算和绘图，将是一件不可能完成的工作。这就要求人们寻找一个与地球形状很接近、同时又规则的曲面来代替地球的自然表面。

二、大地水准面与大地体

经过长期的测量与研究，已经了解到地球上最高处为珠穆朗玛峰，中国于 2005 年测得其海拔高为 8844.48 m。最低处在太平洋西部的马里亚纳海沟，深为 11022 m。地球上这样的高低起伏，同地球的平均半径 6371 公里相比，是非常微不足道的。另外，地球上海洋面积约占整个表面积的 71%，而陆地仅占 29%。因此，可以设想用静止的海水面延伸并穿过陆地表面，形成一个闭合曲面来代替地球的自然表面。

由物理学知道，地球表面上的任何物体主要受到两种力的作用，一种是地球的万有引力 F，另一种是地球自转的离心力 P。这两种力的合力称为**重力** g，重力作用的方向线便是**铅垂线**，简称**垂线**(图 1－1)。铅垂线是测量学中的一条很重要的基准线。测量经纬仪的对中整平，就是为了在操作仪器的过程中，使仪器中心始终与地面控制点在同一条铅垂线上。很明显，在地球上由静止水面所形成的曲面有一个特点，就是过曲面上任何一点所作的铅垂线，均在该点与曲面正交。通常，我们称这个静止水面叫做**水准面**。根据这一定义，我们随便在某一时刻、某一地点以及该地点的某一高度位置摆上一盆水，这就形成了一个此时、此地、此高度位置的水准面(或叫做这个水准面的一部分)。所以说，在地球上水准面的个数是无穷无尽的(随时间、地点与高度位置发生变化)。而我们定义通过平均海水面的那一个水准面为**大地水准面**。大地水准面包围的曲面形体称为**大地体**。

值得注意的是，上述的平均海水面，也并不是指整个地球上的平均海水面，整个地球的平均海水面我们是无从知晓、无从获得的，我们往往只在某一确定的地点测定该点的平均海水面，例如我国便在青岛测定黄海的平均海水面作为我国的大地水准面，并以此作为全国的高程基准面。

地球上静止的水面称为水准面。水准面是受地球表面重力场影响而形成的，是一个处处与重力方向垂直的连续曲面，因此它是一个重力场的等位曲面，即物体沿该曲面运动时，重力不会做功，而水在这个曲面上也是不会流动的。

然而，既然水准面是重力场的等位曲面，其形态必然受重力场分布的控制。重力场分布既受地球内部物质密度场分布（万有引力）及地球自转（离心力）的影响，同时还受地球以外因素的影响，主要是月球和太阳的引力作用。由于受月球和太阳的影响，海洋水准面会发生周期性变化，潮汐便是其显著的体现。这样就使得地面上各点受到的重力的大小与方向均不相同，由此引起各点的铅垂线方向产生不规则的变化，从而使大地水准面成为一个有微小起伏不平的不规则曲面（图1-1）。也就是说，大地水准面虽具有实质性的物理意义，是一个物理曲面，但却不是一个数学曲面，无法用一个明确的数学公式来表达。以此推之，由大地水准面包围的大地体也是一个极不规则的曲面形体。

三、参考椭球体

大地水准面是如此的一个不规则曲面，以至于我们不可能用一个简单的数学公式来表达，更加不可能在这个曲面上建立一个统一的坐标系来确定地面点的位置。但是，我们可以选用一个与大地水准面相接近的规则几何形体来代替它。这个规则的几何形体就是一个绕椭圆短轴旋转而成的地球**椭圆体**（又称**椭球体**）。椭球体的表面称为椭球面。椭球面上任一点与椭圆体面垂直的线叫做**法线**（图1-1）。

地球椭圆体的精确形状和大小，只有在整个地球上进行统一的天文大地测量和重力测量之后才能确定。各个国家为了进行本国范围内的测量成果处理，往往根据局部地区所进行的天文大地测量和重力测量资料（**近代又加上卫星大地测量资料**），来确定适合本国领土范围内的椭圆体形状和大小，一般称这样的椭圆体为**参考椭圆体**，或叫**参考椭球体**。

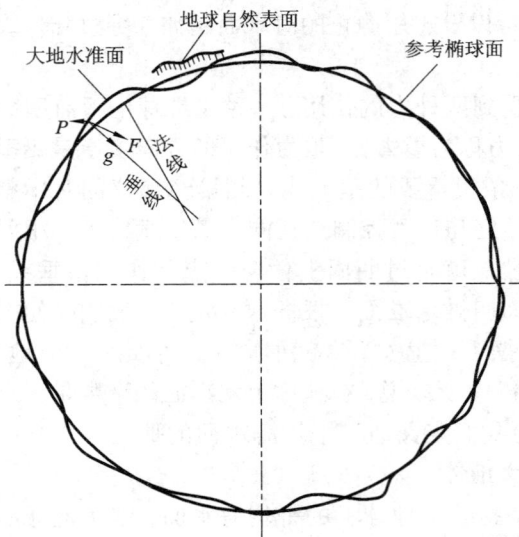

图1-1　三个面的相互关系　　　　　　图1-2　参考椭圆体的几何模型

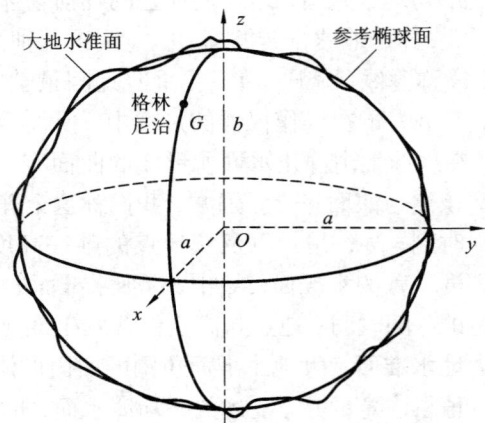

2

如图 1 - 2 所示，可以将参考椭圆体用一个简单的数学公式来表达：

$$\frac{x^2}{a^2} + \frac{y^2}{a^2} + \frac{z^2}{b^2} = 1$$

式中，a、b 分别为参考椭圆体的**长半轴**、**短半轴**。定义参考椭圆体的**扁率** $\alpha = (a-b)/a$。a、b、α 均称为参考椭圆体的元素（参数）。

任务 1 - 2　认清地面点的坐标系统

一、坐标系统的分类

确定了地球的大致形状与大小，或者参考椭球体的元素之后，就可以在其上面建立各种各样的统一坐标系，有了统一的坐标系，便可以确定地面点的坐标位置。根据地面点坐标的表现形式不同，我们可以把地球上的各种坐标系划分为**球心坐标系**、**球面坐标系**和**平面坐标系**三种。

1. 球心坐标系

球心坐标系就是将坐标原点设置在地球的中心（参心或质心），按一定方式建立三条互相垂直的坐标轴 X、Y、Z，以此来确定地面点的位置。可见，球心坐标可以准确标定出地球体内部或外部任何一点的空间唯一位置（无须再引入高程的概念）。即球心坐标中已经包含高程的大小。球心坐标根据原点位置不同分**参心坐标**与**质心坐标**。"参心"指参考椭球体的中心，"质心"是地球的质量中心，质心坐标亦即**地心坐标**。

2. 球面坐标系

球面坐标系用球面上的**经度**和**纬度**来表示地面点的具体位置。也就是地面空间点按某种方式投影到球面上，得到的投影点的经纬度。显然它不包含上面所说的"高程"含义。根据空间点投影到球面上的方式不同，球面坐标分**大地坐标**与**地理坐标**，前者以参考椭圆体为原型，用大地经度、大地纬度表示，后者用天文仪器实测得到（见图 1 - 4），称地理经度、纬度，二者一般会有微小差别。球面坐标的应用很广，例如，在地球仪上可以很方便地用大地球面坐标（经纬度）来确定地球上各个国家、地区之间的相互位置关系。用地理经纬度来测量和标定远洋船舶的航行位置，是航海运输业数百年来一贯的方法。人类发明飞机之后的航空运输业，也需要在天空实时地测量出飞机的地理位置，来对飞机进行导航。

3. 平面坐标系

是按一定投影方式，将地球局部范围**投影变换**成一个整块平面，建立相应的平面坐标系，以此来确定该平面内的各点坐标位置。显然，如果要确定一个小区域范围内的各点坐标相对位置，用平面坐标系进行描述会显得比较直观明确。平面坐标系是球面坐标系的引申。

二、地面点的球心坐标

根据所选取的坐标原点位置的不同，球心坐标系可分为**参心坐标系**和**质心坐标系**，而这两种坐标系又各包含有空间直角坐标系和大地（球面）坐标系两种形式。其中前者与数学上的空间直角坐标系含义相同，后者则与通常意义上的大地坐标系含义类似，只不过球心坐标系中的参心纬度或地心纬度是地面点与各自坐标系原点的连线与赤道平面的夹角，而大地纬度则是地面点的法线与赤道平面的夹角。

1. 参心坐标系

参心坐标系的建立是以参考椭球体的中心 O 为原点，以椭球体的旋转轴为 Z 轴，X 轴指向初始子午线和赤道的交点，Y 轴与 Z 轴、X 轴垂直并构成右手坐标系，如图 1 – 2 所示。

参心坐标系有两种表现形式：**参心空间直角坐标系**和**参心大地坐标系**。使用不同的椭球元素便形成不同的参心坐标系，我国的 1954 年北京坐标系、1980 年西安坐标系、新 1954 年北京坐标系以及高斯 – 克吕格平面直角坐标系，均是由参心大地坐标系转化而来。我国的天文大地控制网构建成我国的参心坐标框架。

2. 质心坐标系

质心坐标系又称**地心坐标系**。是以地球的质心（包括海洋、大气的整个地球质量的中心）为原点，也以参考椭球面为基准面的坐标系，椭球中心与地球质心重合，且椭球定位与全球大地水准面最为密合。地心坐标系也有两种表现形式：**地心大地坐标系**与**地心空间直角坐标系**。

目前所用的 WGS – 84 坐标系和 2000 国家大地坐标系均属于地心坐标系。我国的 GNSS 连续运行站构建成我国的地心坐标框架。

三、地面点的球面坐标

地面点的球面坐标分为两种，一种为**大地坐标**，另一种为**地理坐标**（或**天文坐标**）。其中，大地坐标是建立在地球参考椭球体基准面上的，而地理坐标（天文坐标）是以大地水准面（铅垂线）为依据的。

1. 大地坐标系

大地控制测量所获得的坐标均是大地坐标。新中国成立后采用的大地坐标系有 1954 年北京坐标系、1980 年西安坐标系和 2000 年国家大地坐标系。其中 1954 年北京坐标系是采用前苏联克拉索夫斯基参考椭球体元素建立的，由于其不符合我国国情，我国于 1978 年开始建立 1980 年西安坐标系，西安坐标系采用 1975 年国际大地测量与地球物理联合会（IUGG）推荐的地球椭球，大地原点设在西安附近的泾阳县永乐镇。而 2000 年国家大地坐标系实质上是球心坐标系，其原点为包括海洋和大气的整个地球的质量中心，是全球地心坐标系在我国的具体体现，自 2008 年 7 月 1 日起，我国开始全面启用 2000 年国家大地坐标系。

参考椭球体是大地坐标系的基础。如图 1 – 2、图 1 – 3 所示，椭球体的短轴为地球的自转轴称**地轴**。地轴与椭球体面相交，获得两个**极点**，北面的极点称为**北极** N，南面为**南极** S。短轴的中点 O 称为**地心**或球心。

通过地轴的平面称为**子午面**。子午面与椭球体面的交线称为**子午线**（子午圈）或**经线**，而所有的子午圈都是长、短半径相同的椭圆。国际上公认通过英国格林尼治天文台某点（图中 G 点）的子午面为**起始子午面**，子午线 $NGDS$ 相应地称为**起始子午线**，又叫**本初子午线**。起始子午面将地球分为东、西两个半球。起始子午面天文台以东者称为东半球，以西为西半球。

垂直于地轴的平面与椭球体面的交线称为**纬圈**或**纬线**。所有的纬圈都互相平行，也称作平行圈，它们都是半径不相同的圆圈，其中最大的一条圆圈 $WDCEW$ 就是**赤道**。赤道的半径便是这个参考椭圆体的长半径 a，**赤道平面**也将地球分成两个半球，在北面的称北半球，在南面的称南半球。

起始子午面和赤道平面即是组成大地坐标系统的两个基准平面。

如图 1 – 3，过地面上任一点 P 的子午面与起始子午面所夹的两面角 L_P，叫做 P 点的**大地经度**。大地经度以起始子午面为 0 度起算，向东量算称东经，向西量算称西经，数值范围均为 0°～180°。东经 180°与西经 180°相会于同一条"半子午线"，而且正好位于起始子午面上。椭球体面上任一"半子午线"上各点经度均相同。我国领土均位于东半球，其经度范围约为东经 73°～135°。

过地面点 P 的法线（在该点与椭圆体面垂直的线）与赤道平面的交角，叫做 P 点的**大地纬度**，以 B_P 表示。大地纬度是以赤道为 0°，向北量测称北纬，向南称南纬，数值各从 0°变化。椭球体同一纬线上各点的纬度相同。我国疆域的纬度大约在北纬 3°～53°之间。

由此可见，地球上一点 P 的大地坐标（大地经度 L_P、大地纬度 B_P），是由参考椭球体（参数 a、b、e），起始子午面、P 点子午线、赤道平面、P 点法线这些因素确定的。这种以参考椭球体、子午线、法线为依据确定的大地经度 L 和大地纬度 B，测量上统称为地面点的大地坐标。

2. 地理坐标系

实质上，上述大地坐标 L、B 也只是人们设计出来的，因为某点的子午线位置和法线方向我们通常是无法直接测定的。实际测量工作中，在地面点安置测量仪器，用天文测量方法测定该点的天文经度 λ 与天文纬度 φ。而安置仪器是以仪器的竖轴与铅垂线相重合，即以大地水准面（与该点的铅垂线正交）为基础的。这样，在处理天文测量数据时，便以大地水准面和铅垂线为依据，由此建立的坐标系统，称为**天文坐标系**或**地理坐标系**。图 1 – 4 是测量地理纬度的简单原理图，图中 $\varphi_1 = \varphi_2$ 即为 A 点处的地理纬度。而地理经度则可用测量时差等方法来确定。

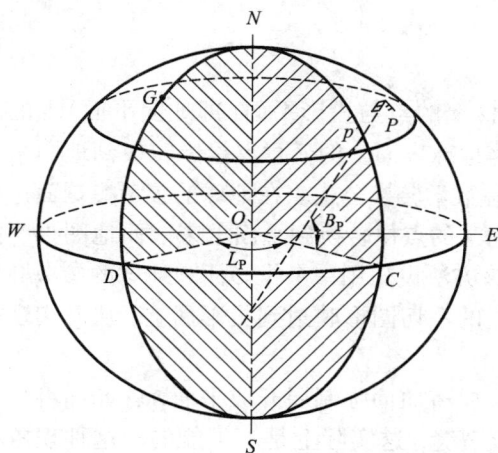

图 1 – 3　球面坐标系中的大地坐标 L、B　　　　图 1 – 4　地理纬度的简易测定

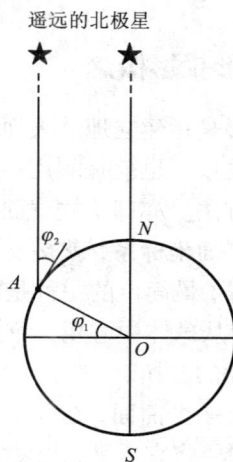

由于地球物质分布不均匀，各地的铅垂线和法线方向不一致，所以地面各点的天文坐标（λ、φ）和大地坐标（L、B）存在微小的差异。通常，我们称铅垂线偏离法线的角度为**垂线偏差**。在用传统大地测量技术建立国家精密平面控制网（又称天文大地网）时，就是先利用大量

的野外测量数据，计算出各大地点相对于参考椭球体的垂线偏差（偏差分量 ξ、η），进而将这些以铅垂线为依据的测量数据成果归算到参考椭球体面上，最后计算出参考椭球体面上的大地坐标 L、B，以供后续的地图、地形图制作。

在一般的测量工作中，则无须考虑上述垂线偏差的影响。

四、地面点的平面坐标

上面所说的无论是大地坐标还是地理坐标，它们表示的都是地面点的球面坐标。球面坐标只有表达在球面体（地球仪）上才会比较清晰直观，但在世界范围内的政治、军事、经济、贸易往来活动中，在国家的科研、军事、行政管理中，以及人们在城乡规划设计、工程建设施工等各项工作中，仅仅靠标注有经纬度的球面地图是远远不够的。这样，人们就越来越需要具有一定精度、较好准确性、适用于各种用途的平面地图、地形图。也就是说，需要建立一定的测量平面坐标系，来确定一定区域范围内的各点平面坐标位置。

如何在地球这样庞大的椭球面上建立恰当的平面坐标系，来绘制出适应各种目的与用途的平面地图、地形图，是一项非常复杂和烦琐的工作，也经历了非常艰难曲折的道路。自公元 2 世纪"世界地图之父"希腊的托勒密阐述编制地图的方法，提出将地球曲面表示为平面，绘制"托勒密地图"之后，历经一千多年，直到 1569 年才由荷兰科学家墨卡托创建出比较成熟的地图投影法，从而取代托勒密传统的制图观念并流传至今。之后的三百多年各种地图投影方法如雨后春笋般涌现出来，如兰伯特投影、高斯投影、高斯—克吕格投影等，至今仍流行世界。

任务 1-3　熟悉高斯投影及其平面直角坐标系

一、正形投影概念

地图投影是指建立地球表面（或其他星球表面）上的点与投影平面（即地图平面）上的点之间的对应关系。也就是利用一定的数学法则，将地球表面上的任意点投影转换到地图平面上的理论和方法。亦即确立球面与平面之间的各种数学转换公式。在地球的**参考椭球面**这个曲面上建立平面坐标系，就是要研究如何将椭球面上的点位转换到平面上来。而地图投影的方法多种多样，最简单的一种是"几何透视法"。该方法设想用一个投影面和地球的参考椭球面相切，然后从球体中心用一个点光源将椭球面上的一切图形**映射**到投影面上，从而实现由椭球面到平面的变换。

椭球面是一个曲面，在几何上称为不可展面。要将曲面强制展开成平面，就如同将一小块橘子皮，硬要将它压平，想使它没有皱纹、没有裂缝，这实际上是不可能的。这种现象称为**投影变形**。投影变形有长度变形、角度变形和面积变形三种。对于这些变形，任何投影方法都无法使它们全部消除，而只能使其中一种变形为零，将其余变形控制在一定范围以内。控制这些变形的投影方法相应地有等长投影、等角投影和等面积投影。在测量学中，保持角度不变尤其重要，这样可以使图形在一定范围内投影后，图形仍具有相似性。这种保持角度不变的投影又称为**正形投影**。

二、高斯投影及其平面直角坐标

在我国现今八种基本比例尺(1:100 万、1:50 万、1:25 万、1:10 万、1:5 万、1:2.5 万、1:1 万、1:5000)地形图中,除了 1:100 万小比例尺地形图是采用兰伯特正轴等角圆锥投影外,其余各种比例尺地形图均采用高斯横椭圆柱正形投影。该投影首先由德国数学家高斯提出和建立,后经克吕格导出严密的投影公式加以补充,故又称为高斯—克吕格投影,简称高斯投影。

1. 高斯投影的几何概念

如图 1-5 所示,高斯投影的几何概念可以叙述如下。

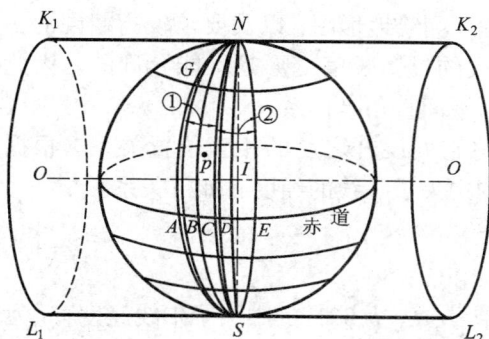

图 1-5　高斯横椭圆柱投影

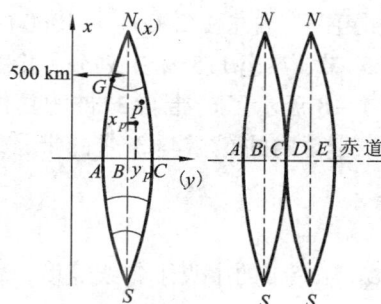

图 1-6　高斯投影平面

设想一个空心的横椭圆柱体套在参考椭球面上。横椭圆柱体的椭圆与参考椭球体的椭圆完全一致(两椭圆参数相同)。椭圆柱体刚好与椭球面上某一子午线 NBS 相切(紧密重合),该子午线称为轴子午线或中央子午线,NAS 与 NCS 为边缘子午线并构成一个投影带。A、B、C 为三条子午线与赤道的交点,AB、BC 弧长相等。此时,椭圆柱体的中心轴 OO 位于赤道中心平面内,并与椭球体的旋转轴 NS 相交于椭球体中心 I 点。假定 I 点是一个点光源,光线照射使椭球面上的投影带及其图形投影到椭圆柱体面上,然后将椭圆柱面沿过南、北两极的母线 L_1L_2、K_1K_2 剪开、展平,得到 $NSABC$ 所在的投影平面(如图 1-6),该投影平面称为高斯投影平面,简称高斯平面,以此建立的坐标系称高斯平面坐标系。

2. 高斯投影的特点

根据上述投影概念,高斯正形投影具有以下几个特点(参阅图 1-5、图 1-6)。

1)中央子午线投影后为直线,长度不变。其余子午线投影后凹向中央子午线,关于中央子午线对称,离开中央子午线的距离越远,长度变形越大。

2)赤道投影后为直线。其余纬线投影后凸向赤道,关于赤道对称。

3)经线与纬线投影后,仍然保持互相正交。

3. 高斯投影带的划分

根据高斯投影的上述第一个特点,距离中央子午线比较远的地方投影长度变形较大,由此引起的面积变形也较显著。为了使长度和面积的变形满足测量制图的要求,投影带必须限制在中央子午线两侧一定范围内。为此,将整个参考椭球体面自本初子午线开始,用子午经线均匀地分成各等分，每一等分代表一个投影带（如图 1-5，第①带，第②带，…）。投影时就类似放幻灯片一样，自东向西慢慢旋转椭球体，将椭球体上各投影带的中央子午线分别与圆柱面紧密重合，依次将各投影带的图形投影到圆柱体面上并剪开、展平，直到将所有投影带投影完成。

如何划分投影带，国际上通行有两种方法，一种是按经度差 6°带划分，从本初子午线开始，自西向东每隔 6°为一投影带，依次用阿拉伯数字 1～60 进行编号，全球共分为 60 个投影带（如图 1-7）。另一种是按经差 3°带划分，划分时将第 1 号 3°带的中央子午线与第 1 号 6°带的中央子午线相同，然后按每隔 3°为一投影带，全球共分为 120 个投影带。而当按 6°带划分时，根据地球赤道周长，可以简单计算出沿赤道线位置，每个 6°带的两条边界子午线之间最大弧长约为 667 公里，即每个投影带中距离中央子午线最远处不超过 334 公里。经投影后此处的线段会产生约 1/700 长度变形。对于大比例尺测绘地形图，以及要求较高精度的工程测量（测距误差要求 1/2000～1/1000）来说，如此大的投影长度变形是不能允许的。因此还要采用 3°带，甚至 1.5°带来划分，并以此建立高斯平面直角坐标系。

图 1-8 展示了 6°带与 3°带的具体划分以及将它们展开之后的相互位置关系。根据该图，在东半球内的 6°带与 3°带的带号，与其相应的中央子午线的经度有如下关系：

$$\begin{cases} L_6 = 6N - 3 \\ L_3 = 3n \end{cases} \tag{1-1}$$

式中，L_6 为 6°带的中央子午线经度，N 为 6°带的带号；L_3 为 3°带的中央子午线经度；n 为 3°带的带号。

反之，如果知道某点经度 L，则可求算出该点所在 6°带带号 N 或 3°带的带号 n，计算公式如下：

$$\begin{cases} N = INT\left(\dfrac{L}{6}\right) + 1 \\ n = INT\left(\dfrac{L}{3} + 0.5\right) \end{cases} \tag{1-2}$$

我国领土范围约为东经 73°40′～135°05′。因此，按高斯投影所涉及的 6°带带号为 13～23，全国共 11 个投影带。而 3°带涉及的带号为 25～45，共 21 个投影带（图 1-8 所示）。

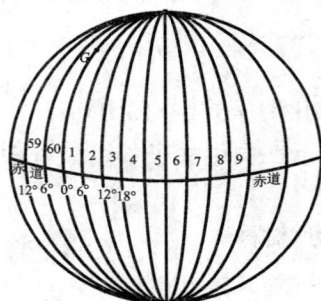

图 1-7 6°带投影分带

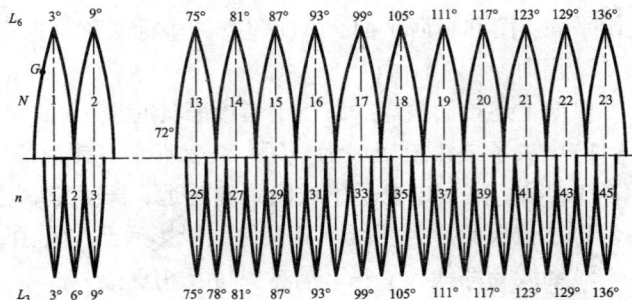

图 1-8 6°带与 3°带的关系及我国投影带范围

4. 高斯平面直角坐标系

图 1−6 表示参考椭球体面上的经纬线及点 P 投影到椭圆柱面之上展开成高斯平面、建立坐标系之后的情况。图 1−9 为高斯平面直角坐标系建立情况。投影展开成高斯平面之后，取中央子午线为坐标纵轴，称为 X 轴；赤道为横轴，称为 Y 轴；两轴垂直相交于 O' 点为坐标原点，以此建立 $O'-XY$ 平面直角坐标系。该平面直角坐标系便称为高斯—克吕格坐标系，简称高斯坐标系（图 1−9）。

该坐标系的纵坐标自赤道向北为正，向南为负；横坐标自中央子午线向东为正，向西为负。我国领土位于北半球，纵坐标 X 均为正值，表示投影之后坐标点距横轴（Y 轴，赤道投影）的距离，横坐标 Y 则有正有负（其绝对值表示投影点距 X 轴，即中央子午线投影的距离）。为了使横坐标也为正值起见，规定在 6°带与 3°带中，每带的坐标纵轴（中央子午线投影）往西平移 500 公里（如图 1−9）。平移之后的坐标系为 Oxy 平面坐标系。坐标系的象限按顺时针方向依次定为 Ⅰ、Ⅱ、Ⅲ、Ⅳ 象限。

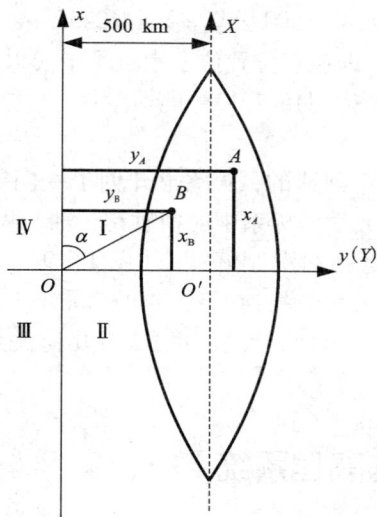

图 1−9 高斯平面直角坐标系

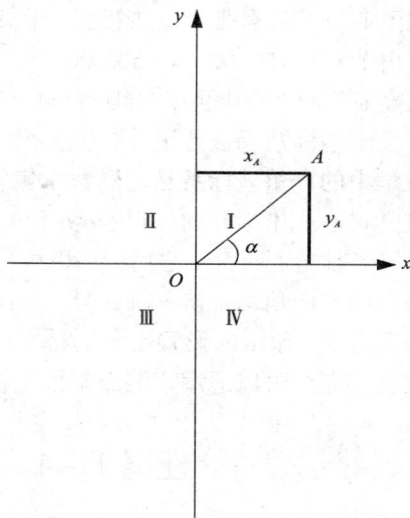

图 1−10 笛卡儿数学坐标系

由于高斯投影是按分带法各自进行投影的，故每个 6°带或 3°带都有自己的坐标轴和坐标原点。而根据图 1−8，我国 6°带投影有 11 条投影带，3°带则有 21 条。因此，如果仅仅知道某点在自己投影带内的坐标，仍不能确定该点在全国范围内的具体位置。为了明确表示某已知坐标点的具体位置，亦即该已知坐标点属于哪一投影带，规定在每个坐标点的横坐标值前冠上带号。这种加了 500 公里和带号的坐标系，称为国家统一坐标系，其横坐标用 y 表示。因此，投影带内任一点的横坐标的统一坐标值 y 表示为：

$$y = 带号 N（或 n）+ 500 公里 + Y \qquad\qquad (1-3)$$

式中：Y 为以中央子午线投影位置为 X 轴的横坐标值，称为横坐标的自然值。

因此，国家统一坐标系中的 x、y 所表示的意义为：x 表示坐标点在高斯平面上到赤道投影线的距离；y 包括投影带的带号、附加值 500 km 和实际平面坐标 Y 三个参数。

【例 1−1】 假设图 1−9 中 A、B 两点所在投影带带号为 19（我国范围），其高斯平面坐标

分别为 $X_A = 3211567.698$ m，$Y_A = 131567.699$ m，$X_B = 1211567.731$ m，$Y_B = -231567.852$ m，试计算该两点的国家统一坐标值。

解 A 点：我国国家统一坐标系与高斯坐标系的纵坐标没有变化（表示坐标点到赤道线的垂直距离），即 $x_A = X_A = 3211567.698$ m。横坐标计算根据公式（1-3），$y_A = 19$ 带 $+ 500000 + 131567.699 = 19631567.699$ m。

同样，对于 B 点有：

$x_B = X_B = 1211567.731$ m。$y_B = 19$ 带 $+ 500000 + (-231567.852) = 19268432.148$ m。

在我国，高斯投影的 6° 带带号为 13~23，3° 带带号为 25~45，两种投影带没有出现重复相同的带号，所以根据某点的统一坐标值就可判断出该点的坐标是属于 6° 带还是 3° 带（图 1-8）。

【例 1-2】 已知我国某点 M 的统一坐标值为 $x = 1511567.138$ m，$y = 38462455.148$ m。试分析指出该点所位于的高斯投影带带号、点位、中央子午线经度。

解 根据公式（1-3），$y =$ 带号 N（或 n）$+ 500$ 公里 $+ Y = 38462455.148$ m，带号为 38 号带，再根据图 1-8，38 号带为 3° 带投影，中央子午线经度为 114°。500 公里 $+ Y = 462455.148$ m，可以计算出 $Y = 462455.148$ m $- 500000$ m $= -37544.852$ m。即该点位置位于中央子午线以西，投影后在高斯平面上距中央子午线 37544.852 m，距赤道距离 1511567.138 m。

5. 高斯坐标系与数学坐标系的关系

数学中的直角坐标系是法国数学家笛卡儿在 1619 年创造的，从此也开创了一门新的数学分支学科——坐标几何（即解析几何）。如图 1-10，数学坐标系中的横轴是 x 轴，纵轴为 y 轴，这与高斯先生两百年之后（1820 年）建立的测量坐标系情况刚好相反（图 1-9）。不过，由于各自的方向角均是从 x 轴起算，方向角旋转的方向分别是按逆时针方向和顺时针方向为旋转的正方向，象限的设置也分别是按逆时针和顺时针，因此，数学中的解析几何关系与三角函数公式完全可以适用于测量平面坐标系中。

任务 1-4　认识我国的高程系统

无论是球面坐标还是平面坐标，都只能确定彼此的距离远近，明确彼此之间的东南西北方位关系。但在人类的工作与生活中，仅知道两点间的相互位置关系还不够，还需要知道两点之间的垂直高差是多少。比如，我国的南水北调工程，如果不知道北方城市的高程是比南方取水处要低而且低很多的话，工程是无法进行的。

一、高程系统的一般概念

地面点高程指的是该点到某高程基准面的垂直距离。

上述大地坐标系和天文坐标系都只确定地面点在参考椭球面或大地水准面上的曲面位置（进行高斯投影之后也只能确定点在高斯投影平面上的位置）。对于点的空间位置，还应确定它沿投影方向到起算面（基准面）的距离。一般来说，是取大地水准面为起算面。测量上，把某点沿铅垂线方向到大地水准面的距离称为该点的绝对高程，简称高程（或称海拔、标高）。如图 1-11 所示，H_A 和 H_B 为 A、B 点的绝对高程。如果取任意水准面为起算面，则把某点沿铅垂线方向到此任意水准面的距离称为该点的相对高程或假定高程，如图 1-11 中的 H_A' 和

$H_B{}'$。地面上两点的高程之差称为高差，用 h 表示。图中 A、B 两点之间的高差 $h_{AB} = H_B - H_A = H_B{}' - H_A{}'$。

既然测量上把平均海水面作为大地水准面，但由于地球上各大海洋的水体受潮汐、气压、风力、温度、密度差等影响产生巨大洋流，使得不同地点的平均海水面（大地水准面）的高度并不相同。在我国，新中国成立前有吴淞口系统、珠江口系统、黄河口系统等等，它们所在地的平均海水面的高度都是不相同的。新中国成立后，我国采用的统一高程系统是黄海高程系统。所谓黄海高程系统，是把青岛验潮站（1900 年开始验潮）长期观测结果所求得的黄海平均海水面作为起算面（也称水准基面、基准面），以该起算面的高程为零而建立的高程系统。我国于 1955 年在青岛建立了一个与青岛验潮站相联系的水准原点网，水准原点位于距验潮站不远处的观象山山顶（见彩图 1 – 12。注：所有彩图均附在本书最后"彩图插页"）。根据 1956 年推算的结果，原点高出黄海平均海水面 72.289 m，这一数据便是新中国使用了三十多年的 1956 年黄海高程系的基准数据。经国务院批准 1988 年 1 月开始启用的 1985 国家高程基准为 72.260 m，二者已相差 0.029 m。

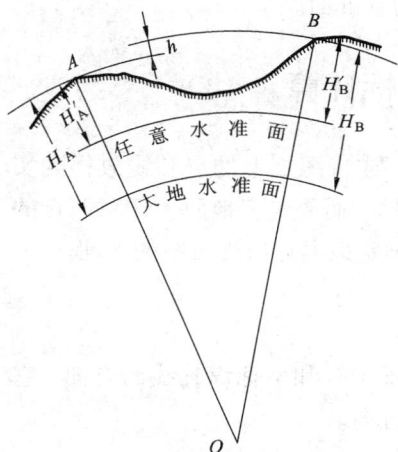

图 1 – 11　地面点的高程与高差

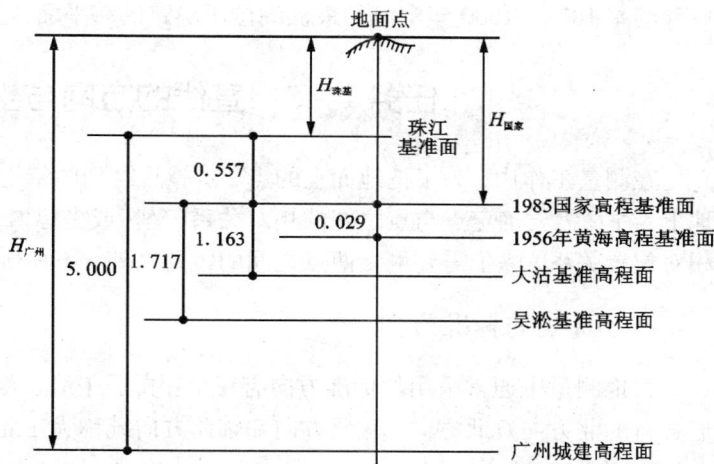

图 1 – 13　高程系统的相互关系及换算

（注：图 1 – 12 为"彩图 1 – 12"。所有彩图均附在本书最后"彩图插页"）

二、国家高程与地方高程的换算

从图 1 – 11 中可以看出，高程基准除了用大地水准面外，还可以使用任意水准面作高程基准面。实际工作中我们也会碰到这些丰富多彩的高程基准面。图 1 – 13 是我国部分地方高程基准与国家高程基准的相互位置示意图。

图 1 – 13 中 1985 国家高程基准面是我国现行的法定高程基准面，其余几种高程基准的数据来自网络百度资料《常用高程基准及换算》等文章材料。读者可以根据本地有关高程系统的基准面参数（又称零点差），插入图 1 – 13 中的相关位置，以此判断出其基准面在国家基准面的上下哪个位置。例如还可以通过百度查获以下资料：

宁波："1985 国家高程基准"注记点 ＝"吴淞高程系统"注记点 － 1.87 。

嘉兴："1985 国家高程基准"注记点 ＝"吴淞高程系统"注记点 － 1.828（？）。

昆山:"1985 国家高程基准"注记点 = "吴淞高程系统"注记点 - 1.662 军。

从图 1-11 中还可以很直观地看出如何进行国家高程与其他高程的换算。

【例1-3】 已知地面某点在 1985 年国家高程基准系统中的高程 $H_{\text{国家}} = 30.236$ m,计算其珠基高程、广州高程及 1956 年黄海高程。

解: 珠基高程 $H_{\text{珠基}} = H_{\text{国家}} - 0.557 = 29.678$ m,广州高程 $H_{\text{广州}} = H_{\text{珠基}} + 5.000 = 34.678$ m,以及该点在 1956 年黄海高程系统中的高程 $H_{\text{黄海}} = H_{\text{国家}} + 0.029 = 30.265$ m。

现在我国规定使用统一的高程基准——"1985 国家高程基准"。那么与此相对应,其他高程基准就变成了假定高程(任意高程、相对高程),例如上海吴淞高程、天津大沽基准、珠江高程基准、波罗的海高程(新疆部分地区使用)、大连零点高程等等。还有在这些高程基准的基础上繁衍出来的高程基准,如吴淞高程系统中的张华浜基点高程、佘山基点高程、镇江 308′标点高程,在珠江基准面上添加出来的广州城建高程,等等。如果这些高程基准是根据当地长期的验潮资料确定,并能够以此作为当地的高程基准面进行区域性正常高水准测量,则又可称该高程基准面为假定的似大地水准面。如上海"吴淞高程系统"便是采用上海吴淞口验潮站 1871—1900 年实测的最低潮位所确定的海平面作为基准面。

任务 1-5　直线的方向与坐标计算

在测量工作中,为了把地面上的点、线等测绘到图纸上,或将图纸上的点和线放样到实地上,往往需要确定点与点之间的相对关系(坐标或坐标增量),而要确定地面上任意两点的相对位置关系,除了需要测量两点之间的距离之外,还必须确定该两点所连直线的方向。

一、直线的标准方向

大地测量中通常采用的标准方向有三个:真子午线、磁子午线和坐标纵轴线的方向,它们各自的北方向真北方向、磁北方向和轴北方向统称为三北方向。

1. 真北方向

地球的自转轴在其表面形成两个交点,称为地南极、地北极,简称南极、北极。地球上某点的真子午线就是该点与南北两极相连而成的经度线,称地理子午线,它是依据地球的规律性自转,用天文测量方法观测太阳或其他恒星(如北极星)测定的。地面上各点的真子午线方向都指向地球的南北两极。真子午线的北方向便是真北方向。

虽然地轴是一个客观存在的地球旋转轴,其南、北两个极点也可以精确测量获得,但它们是一直在有规律地变化,有关国家(美国、中国等)多年来在南极连续观测得到了诸多不同位置的极点。地球上一点的真北方向,还可以用陀螺仪准确测定(纬度在南纬 75 度、北纬 75 度之间范围内)。

2. 磁北方向

地球内部就像有一个大磁铁,它引导地面上所有的指北针均指向磁北极方向(图1-14)。通过地面某点 P 及地磁南、北极的平面与地球表面的交线,称磁子午线,它用磁罗盘来测定,当磁针静止时所指的方向即为磁子午线方向(这也是物理学中提到的磁感应线的方向)。磁子午线的北方向即为磁北方向。

3. 轴北方向

高斯投影平面中以中央子午线的投影为坐标纵轴,该坐标纵轴所指北方向就定义为轴北方向。各点的真子午线北方向与坐标纵轴北方向之间的夹角称为子午线收敛角,用 γ 表示。其值亦有正有负。在高斯投影带轴子午线以东地区,各点的坐标纵轴北方向偏在真子午线东边(东偏),γ 为正值;在轴子午线以西地区,各点的坐标纵轴北方向偏在真子午线西边(西偏),则 γ 为负值,如图 1-15 所示。

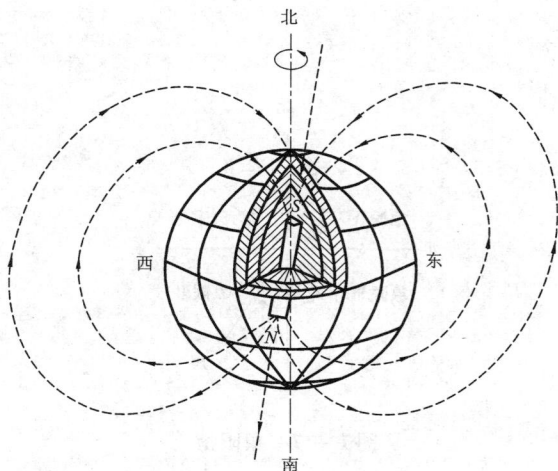

图 1-14 地球磁场示意图

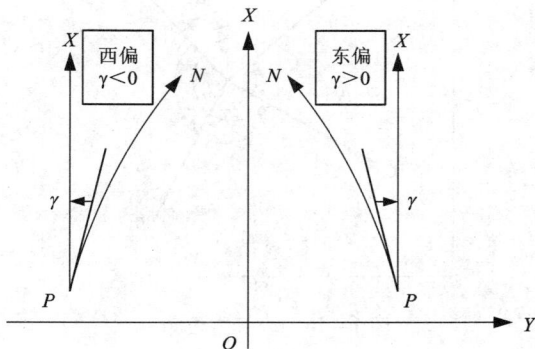

图 1-15 子午线收敛角

二、直线的坐标方位角和象限角

1. 坐标方位角

直线的真北方向、磁北方向、轴北方向均形成各自的方位角。在普通日常测量中,广泛采用坐标纵轴的北方向作为标准方向,以坐标纵轴为标准北方向的方位角称为坐标方位角。建筑工程测量中均用坐标方位角来进行测量与计算。

图 1-16 为直线 OA、OB、OC 及 OD 的坐标方位角 α_1、α_2、α_3、α_4。

由图 1-16 可知,坐标方位角是纵坐标轴 X 按顺时针方向旋转到直线形成的夹角。方位角取值范围从 $0°\sim360°$,也就是说既没有负值的方位角,也没有大于 $360°$ 的方位角。当然,您如果一定要使用负值的方位角或大于 $360°$ 的方位角也未尝不可,只是请您注意,负值的方位角是由逆时针旋转得来的,而且,任何一个负的方位角或正的方位角,加减 $360°$ 的倍数之后,参与测量坐标计算时,其结果不会受到任何影响。

从上述方位角的定义及图 1-16 所示,不难看出,根据两个直线方向的坐标方位角可以求得它们之间的夹角。例如,要求 $\angle AOB$ 或 $\angle BOA$,则

$$\angle AOB = \alpha_{OB} - \alpha_{OA} = \alpha_2 - \alpha_1。同理,有:$$
$$\angle BOA = \alpha_{OA} - \alpha_{OB} = \alpha_1 - \alpha_2,结果是负值,应加 360°,即:$$
$$\angle BOA = 360° + \alpha_1 - \alpha_2$$

由此可知,两个方向的夹角等于第二个方向的方位角减去第一个方向的方位角。当不够

13

减（即得负值）时，就应加 $360°$。

2. 坐标象限角

测量上有时用象限角来表示直线的方向（如飞机、轮船的航行方向）。所谓象限角，就是直线与标准方向线所夹的锐角。以坐标纵线为标准方向的象限角称为坐标象限角，简称象限角。象限角的取值范围为 $0° \sim 90°$，用 R 表示。如图 1-17 所示，直线 OA、OB、OC 及 OD 的象限角值分别为 R_1、R_2、R_3 和 R_4。

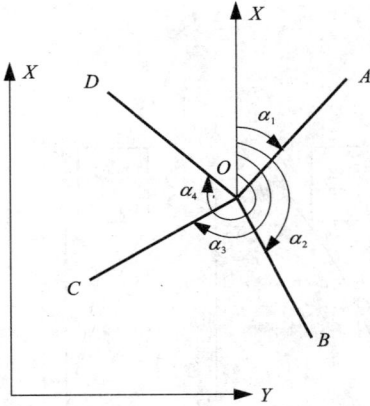

图 1-16　坐标方位角

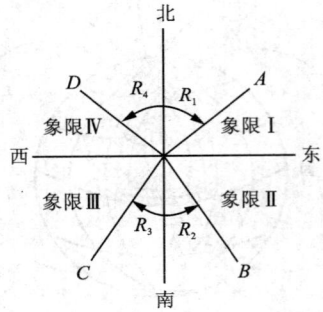

图 1-17　象限角

因为同样角值的象限角，在四个象限角中都能找到，所以用象限角定向时，除了角值大小之外，还需要知道直线所在象限的名称。如图 1-18 中 OA、OB、OC 和 OD 的象限角，分别用北 R_1 东（NR_1E）、南 R_2 东（SR_2E）、南 R_3 西（SR_3W）及北 R_4 西（NR_4W）表示。例如，假定 $R_1 = 30°$，$R_2 = 40°$，$R_3 = 50°$，$R_4 = 60°$，则分别表示为北 $30°$ 东，南 $40°$ 东，南 $50°$ 西，北 $60°$ 西。如果是轮船在大海中航行，则可口述为北偏东 $30°$，南偏东 $40°$，南偏西 $50°$，北偏西 $60°$。

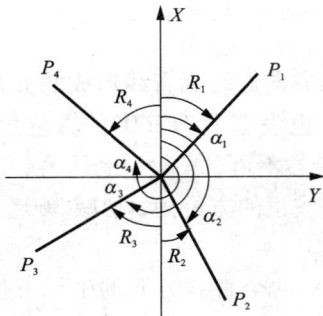

图 1-18　方位角与象限角的关系

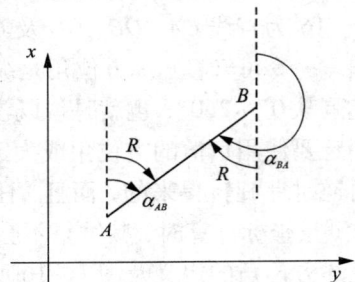

图 1-19　正、反方位角与象限角

3. 坐标象限角与坐标方位角的关系

直线的坐标方位角和象限角的关系，如图 1-18 所示。显然，每条直线的坐标方位角与

14

坐标象限角有一个常数关系，具体见表1-1。

表1-1　方位角与象限角的换算

象限		象限角值范围	方位角值范围	由方位角求象限角	由象限角求方位角
编号	名称				
I	北东（NE）	0°~90°	0°~90°	$R=\alpha$	$\alpha=R$
II	南东（SE）		90°~180°	$R=180°-\alpha$	$\alpha=180°-R$
III	南西（SW）		180°~270°	$R=\alpha-180°$	$\alpha=180°+R$
IV	北西（NW）		270°~360°	$R=360°-\alpha$	$\alpha=360°-R$

4.直线的正反方位角

一条直线有正、反两个方向。以一个方向为正方向，则另一个方向便为反方向，通常取直线前进的方向为正方向。直线的正反方位角有如下几个特点。

（1）直线的正反坐标方位角相差180°。

如图1-19所示，如果从A到B为前进方向，则直线AB的坐标方位角用α_{AB}表示，称正方位角；反方向BA的方位角用α_{BA}表示，为反方位角。

图1-19中的标准方向是坐标纵轴线，从图上可以看出，由于两端点A、B的坐标纵线方向彼此平行，所以正、反坐标方位角的数值相差180°，即

$$\alpha_{AB}=\alpha_{BA}\pm180° \tag{1-4}$$

实际中取正号或负号，以满足$0°\leq\alpha_{AB}\leq360°$为原则。

（2）直线的正、反坐标象限的关系是：角值相等、象限跳跃。

即将正象限角中的南、北互换，东、西互换就成为了反方向的象限角，如图1-19所示，AB的象限角为北R东，其反方向BA的象限角则为南R西。

三、直线的三要素

测量中计算未知点的坐标是从已知点开始，并借助于这两点连接而成的直线来实现完成的。在如图1-19所示的平面直角坐标系中，要计算未知点P的坐标，就必须要知道已知点M的坐标和直线MP的方向与长度。因此我们可以说，坐标计算的充要条件就是有一条已知的直线，或者说，直线便是坐标计算的基础。

直线具有"大小、方向、作用点"这三个基本要素。图1-20中直线MP的大小是它的长度S，方向是从M指向P的方向（可用方位角α_{MP}表示），作用点的位置为M点。

图1-21可以进一步说明直线的三要素情况。图中落在圆圈上的三个点B、C、D与圆心A形成三条直线AB、AC、AD，这三条直线的大小相等、作用点相同，但方向不一样；直线AC与AE大小不等，但方向与作用点均相同；直线AC与CE大小不等、作用点也不同，但方向相同；直线AE与直线EA大小相等、方向相反，作用点也不相同；直线AD与直线CE大小、方向、作用点均各异。

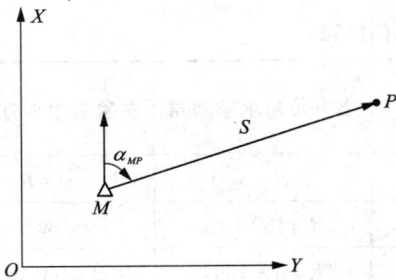

图 1 – 20 坐标计算的基础

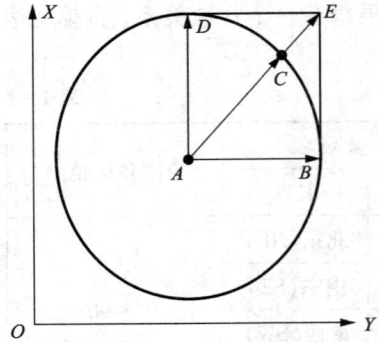

图 1 – 21 直线的三要素比较

四、直线的坐标增量

1.坐标增量的三要素

沿用直线的三要素概念，可以认为坐标增量也具有方向、大小、作用点这三个基本要素。

就像力可以简单地分解成两个力或三个力那样，一条直线也可以分解成两个坐标增量（平面直角坐标系）或三个坐标增量（空间直角坐标系）。如图 1 – 22 所示的平面坐标系中，将从 1 到 2 的直线分解成两个平行于坐标轴的坐标增量 ΔX 和 ΔY，从图可以看出：坐标增量的作用点与直线的作用点同位于直线的起始点，其方向与坐标轴的方向平行并顺着直线的方向，坐标增量的大小等于直线在坐标轴上的垂直投影长度。

2.根据已知坐标求坐标增量

图 1 – 22 中，假定直线两端点 1 和 2 的坐标已经知道，分别为 X_1、Y_1 和 X_2、Y_2。直线 1 至 2 的纵、横坐标增量分别表示为：

$$\Delta X_{12} = X_2 - X_1$$
$$\Delta Y_{12} = Y_2 - Y_1$$

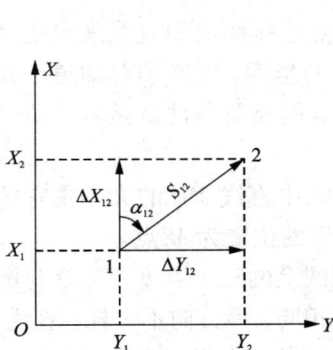

图 1 – 22 坐标增量示意图

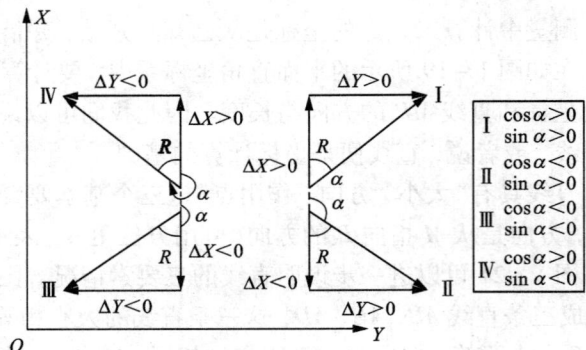

图 1 – 23 坐标增量的符号

反之，如果以 2 点为始点，1 点为终点，则 2 至 1 直线的纵、横坐标增量应为

$$\Delta X_{21} = X_1 - X_2$$

16

$$\Delta Y_{21} = Y_1 - Y_2$$

用通式表示为

$$\begin{cases} \Delta X_{始终} = X_终 - X_始 \\ \Delta Y_{始终} = Y_终 - Y_始 \end{cases} \tag{1-5}$$

从上所述可以看出，1 至 2 及 2 至 1 之坐标增量的绝对值相等，而符号相反。

从图 1-22 还可以看出：

$$\Delta X_{12} = X_2 - X_1 > 0, \quad \Delta Y_{12} = Y_2 - Y_1 > 0$$

以及

$$\Delta X_{21} = X_1 - X_2 < 0, \quad \Delta Y_{21} = Y_1 - Y_2 < 0$$

可见，一条直线之坐标增量的符号取决于直线的方向，即取决于直线方向所指的象限，而与该直线本身所在的象限位置无关。图 1-23 所示为坐标增量值的正、负号与直线方向的关系，四种情况的直线方向分别指向第Ⅰ、第Ⅱ、第Ⅲ、第Ⅳ象限。

3. 根据已知边长和方位角求坐标增量

图 1-22 中，如果已知直线 1、2 的长度 S_{12} 和该直线的坐标方位角 α_{12}，那么，1、2 两点间的坐标增量也可以由下式求得

$$\Delta X_{12} = S_{12}\cos\alpha_{12}$$
$$\Delta Y_{12} = S_{12}\sin\alpha_{12}$$

写成通式便为

$$\begin{cases} \Delta X_{始终} = S\cos\alpha_{始终} \\ \Delta Y_{始终} = S\sin\alpha_{始终} \end{cases} \tag{1-6}$$

式中，S 未加下标，是因为直线的长度是没有方向性的。

而坐标增量的方向（符号）仍维持与图 1-23 情况相同。同时，图 1-23 中还列出了直线指向四个方向时的方位角三角函数值的符号。

在测量工作中，应用坐标增量可解决两类问题：

①坐标正算——根据直线起始点的坐标、直线长度及其方位角，计算直线终点的坐标，称为坐标正算，在实际工作中，这属于测定的范围。

②坐标反算——根据直线起始点和终点的坐标，计算直线的边长和方位角，称为坐标反算，实际工作中，这属于测设的范畴。

五、坐标正算

当已知直线的起始点坐标，测量出直线的长度、方位角，需求算直线终点的坐标时，可采用如下步骤进行计算：

首先，由公式（1-6）求得坐标增量值：$\Delta Y_{始-终} = S\sin\alpha_{始-终}$

其次，由公式（1-5）有：

$$X_终 = X_始 + \Delta X_{始-终}$$
$$Y_终 = Y_始 + \Delta Y_{始-终}$$

于是：

$$\begin{cases} X_终 = X_始 + S\cos\alpha_{始终} \\ Y_终 = X_始 + S\sin\alpha_{始终} \end{cases} \tag{1-7}$$

【例 1 - 4】 设 AB 直线的边长 $S_{AB} = 211.65$ m，方位角为 $\alpha_{AB} = 149°22'48''$，起始点 A 的坐标为 $X_A = 2835.32$ m、$Y_A = 7914.35$，试求终点 B 的坐标。

解 由公式(1 - 7)得

$$X_B = 2835.32 + 211.65\cos149°22'48'' = 2653.18 \text{ m}$$
$$Y_B = 7914.35 + 211.65\sin149°22'48'' = 8022.15 \text{ m}$$

六、坐标反算

当已知直线两端点坐标，要求反算该直线的边长和方位角时，先参照图 1 - 23，计算出象限角 R：

$$R_{始-终} = \tan^{-1}\frac{\Delta Y_{始-终}}{\Delta X_{始-终}} \tag{1-8}$$

然后根据象限角与方位角的关系，推算得到方位角。

注意：计算机(器)输出的结果有正、负符号，因此推算方位角时要先根据坐标增量的符号判断 R 或 α 所在的象限，以确保直线方位角的唯一准确性。

按公式(1 - 6)，则有

$$S = \frac{\Delta X_{始-终}}{\cos\alpha_{始-终}} = \frac{X_终 - X_始}{\cos\alpha_{始-终}}$$
$$= \frac{\Delta Y_{始-终}}{\sin\alpha_{始-终}} = \frac{Y_终 - Y_始}{\sin\alpha_{始-终}} \tag{1-9}$$

对于边长 S 的计算，用下式计算更为直接明了：

$$S = \sqrt{\Delta X^2 + \Delta Y^2} \tag{1-10}$$

【例 1 - 5】 已知 A、B 两点的坐标分别为 $X_A = 104342.99$ m，$Y_A = 573814.29$ m；$X_B = 102404.50$ m，$Y_B = 570525.72$ m。请计算 AB 的边长及坐标方位角。

解 先计算坐标增量

$$\Delta X_{AB} = X_B - X_A = 102404.50 - 104342.99 = -1938.49$$
$$\Delta Y_{AB} = Y_B - Y_A = 570525.72 - 573814.29 = -3288.57$$

根据式(1 - 10)，$S = \sqrt{\Delta X^2 + \Delta Y^2} = \sqrt{1938.49^2 + 3288.57^2} = 3817.39$ m。

根据公式(1 - 8)，$R = \tan^{-1}[(-3288.57)/(-1938.49)]$

$$= \tan^{-1}1.696459615$$
$$= 59°28'56''$$

根据坐标增量的方向($\Delta X < 0$、$\Delta Y < 0$，均为负)，可按图 1 - 23 判断直线的方向指向第 Ⅲ 象限，按表 1 - 1 最后一栏公式，或按图 1 - 23 分析确定：

$$\alpha = 180° + R = 180° + 59°28'56'' = 239°28'56''$$

任务 1 - 6　掌握测量误差的基本知识

众所周知，任何测量都会产生误差。测量误差产生的原因通常有如下三个方面：①测量仪器工具的质量、精度只能达到一定水平；②观测人员的技术能力有一定限度；③观测时外界条件的影响和变化。

一、观测值、真值、最或然值、误差的概念

1. 观测值及其分类

观测值是指选择合适的仪器、工具、设备，采用一定的技术方法，对各种目标进行几何要素的定量观测，从而获得各种观测数据，如方向值、角度、距离、高差等。

观测值根据其获取途径，可分为直接观测值和间接观测值。直接观测值是指直接从仪器工具上的读数，如角度方向值、斜距、水准测量中丝读数等。间接观测值是根据直接观测值按一定函数关系计算出来的，如角度、高差、方位角、水平距离等等。

按确定未知数所必需的观测值数量来划分，野外观测可分为必要观测与多余观测。如要确定一根金属杆的长度，必要观测是一次，其余是多余观测。又如，已知三角形中两点坐标，要确定第三点坐标，则必要的观测量是两个，这两个可以是三角形的任意两个角、两条边，或一个角一条边。如果观测了三个甚至更多的观测量，则两个之外的观测值就是多余观测值。未知量有几个，必要观测值就有几个。

还可以根据观测时的精度条件，分为等精度观测和非等精度观测，可获得相应的等精度观测值和非等精度观测值。

2. 真值

真值反映目标物体客观存在的物理特性。通常，我们认为每一个观测值都有一个真值相对应。有些真值是已知的（如三角形、多边形的内角和，闭合水准路线的高差之和等），有些真值则难以获得（如某个边长、角度），有些甚至需要永无止境地求索（例如光在真空中的传播速度）。

3. 最或然值

最或然值可以理解为在一定条件下的最可靠值、最准确值、最精确值，等等。当我们无法知道某观测值的真值时，就想方设法去追求该值的最或然值。例如，我们可以对某条边长进行多次观测取其平均值作为该边长的最或然值，也可以用几种途径与方法测量某些重要点位的坐标或高程。

4. 观测误差

观测误差是观测值与真值的差值，也称为观测值的真误差：

$$\Delta = l - X \tag{1-11}$$

如果真值未知，则可以用最或然值 $\hat{X}$ 代替，称最或然误差：

$$\Delta = l - \hat{X} \tag{1-12}$$

二、观测条件

观测条件是指野外观测时，所有能够对观测值结果产生影响的因素。这实际上就是我们前面所说的影响测量结果的三个误差来源——仪器设备、观测能力水平、外界环境影响。

1. 仪器设备条件

测量是根据工作的目的与要求，选择适合的仪器设备与工具所进行的野外观测工作。现在常用的仪器设备有全站仪、水准仪、GPS、钢尺、摄影机、遥感设备等等。无论何种仪器，由于设计、制造、运输、校正、磨损等方面的原因，都存在一定误差。如果仪器设备性能优

良、精度高、日常保养好，则仪器设备方面的观测条件便较好，观测值的误差也相应较小，反之则该方面的观测条件较差，观测值的误差较大。

2. 观测者条件

该项条件主要指观测人员的技术熟练程度、感觉器官（眼睛）的分辨能力、责任心、工作状态等。较好的观测条件是操作者具有正常的人眼分辨力、技术熟练、经验丰富、责任心强、工作状态稳定，反之亦然。

3. 外界环境条件

外界环境条件主要指气温、气压、风力、湿度、大气折光等条件的影响与变化，导致观测结果也随之发生变化，从而使测量结果产生误差。所以，我们通常选择气温、气压、湿度比较稳定适中，风力较小，尽量避开大气折光的天气与环境条件进行野外测量作业。

如果测量时的上述三个观测条件相同或相近，则称等精度观测，否则称非等精度观测。

三、误差的分类

根据误差对观测值的影响性质来划分，观测误差可分为偶然误差与系统误差。另外，粗差会对观测值产生巨大影响。

1. 系统误差

在相同观测条件下进行一系列观测，如果误差的大小和符号保持不变，或者按一定规律变化，这种误差就称为系统误差。例如，钢尺量距时的尺长误差对量距结果的影响，总是与距离成正比例的。还有，经纬仪的横轴误差、视准轴误差、照准部偏心差、竖盘指标差，它们对测角的影响也都是呈规律性的，因此也都是系统误差。

由于系统误差符号的单向性和大小的规律性，随着观测次数的增加，使该误差具有逐渐累积的严重后果，对观测成果质量的影响也特别显著。因此，实际工作中应该采取各种方法措施来消除或减弱系统误差对观测结果的影响，以达到实际上可以忽略不计的程度。这些措施包括要严格检验仪器工具，选用合格的仪器设备；弄清系统误差的大小，在观测值中进行改正（如钢尺量距时应用尺长方程进行改正）；在观测方法中采取正确措施消弱或抵偿系统误差对观测结果的影响（如经纬仪测角时采取盘左盘右观测取平均值，可以消除横轴误差、视准轴误差、照准部偏心差、竖盘指标差对测角的影响）。

2. 偶然误差

在相同观测条件下进行一系列观测，出现的单个误差在大小、符号方面都表现出偶然性，但是，在大量观测值中，则可以发现这些误差具有一定的统计规律性，这种误差就是偶然误差，也称随机误差。例如钢尺量距时毫米读数的估读误差，仪器照准目标的照准误差，等等。

3. 粗差

文献[8]《测绘学名词》第4页定义粗差为"在相同测量条件下的测量值序列中，超过三倍中误差的测量误差"。可以认为，粗差是测量中出现的错误，如照错、读错、记错、抄错、算错等。严格来说，粗差不属于误差，它主要是由于工作中的粗心大意、观测条件发生突变引起的。粗差的出现不仅大大影响测量结果的质量，甚至可能造成工作全面返工的严重后果。实际中一方面应采取相关措施，杜绝粗差的产生，另一方面对于已经出现的粗差要给予正确诊断，剔除含粗差的观测值，必要时进行补测、重测。

当观测值中剔除了粗差，消除了系统误差的影响，或者与偶然误差相比系统误差处于次要地位时，占主导地位的偶然误差就成为误差理论研究的主要对象。如何处理这些随机观测变量的偶然误差，是测量误差理论所研究的主要内容。

四、偶然误差的特性

从偶然误差的个体来看，其大小和符号都没有任何规律，呈现出一种偶然性。但是，偶然与必然天生就是一对孪生兄弟，二者相互依存、相互联系。偶然是必然的前提，必然是偶然的结果。偶然误差作为一种随机变量，当误差个数较少时体现不出它们的规律性。但当在相同观测条件下，大量观测值产生出的偶然误差就会表现出一定的统计规律性。我们先分析下面的实例。

在某测区的平面控制三角测量中，相同条件下观测了 378 个三角形的全部内角，获得378 个三角形闭合差。将这些闭合差按 1″间隔进行统计，其结果列于表 1 – 2。

表 1 – 2　误差分布统计表

误差区间	负的误差		正的误差		备注
	个数 k	相对个数 k/n	个数 k	相对个数 k/n	
0″ ~ 1″	74	0.196	72	0.190	
1″ ~ 2″	43	0.114	42	0.111	
2″ ~ 3″	35	0.093	36	0.095	
3″ ~ 4″	25	0.066	23	0.061	相对个数的总和等于 1
4″ ~ 5″	11	0.029	12	0.032	
5″ ~ 6″	2	0.005	3	0.008	
6″以上	0	0	0	0	
求和	190	0.503	188	0.497	

表 1 – 2 的统计结果，正误差 188 个，负误差 190 个，亦即正负误差的个数大致相等，而且绝对值小的误差个数较多，绝对值越大的误差出现的个数越少。总之，可得出偶然误差的统计特性如下：

①在一定观测条件下，偶然误差的绝对值不会超过一定限值。（有界性）
②绝对值小的误差比绝对值大的误差出现的机会多。（趋向性）
③绝对值相等的正误差与负误差出现的可能性相等。（对称性）
④当观测数 n 趋于无穷大时，误差的算术平均值为零。（抵偿性）

显然，第四个特性是由第三个特性派生出来的。该特性用公式表示为：

$$\lim_{n \to \infty} \frac{[\Delta]}{n} = 0 \qquad\qquad (1 - 13)$$

式中，$[\Delta] = \Delta_1 + \Delta_2 + \cdots + \Delta_n$。

偶然误差的四个特性是整个误差理论研究的基础，是根据有效的观测条件获得观测值、并求取未知量最可靠值、评定观测值和未知量精度的理论依据。而求取未知量最可靠值、评定精度正是测量平差工作的两大任务。

五、直方图与误差分布曲线

描述误差分布的情况,除了用上述统计表格的形式表达外,还可以用图形来表达。设误差的总个数为 n,出现在某一区间的个数为 k,则 k/n 为误差出现在该区间内的相对个数。以横坐标表示误差值的大小 Δ,纵坐标表示各区间内误差出现的相对个数 k/n 除以区间的间隔值 $\mathrm{d}\Delta$(如上例中的间隔 $\mathrm{d}\Delta = 1''$),这样,每一误差区间上的长方形面积就表示误差出现在该区间内的相对个数,相对个数的总和等于 1,亦即直方图中所有长方形面积的和等于 1。图 1-24 便是根据表 1-2 绘制出的误差分布直方图。

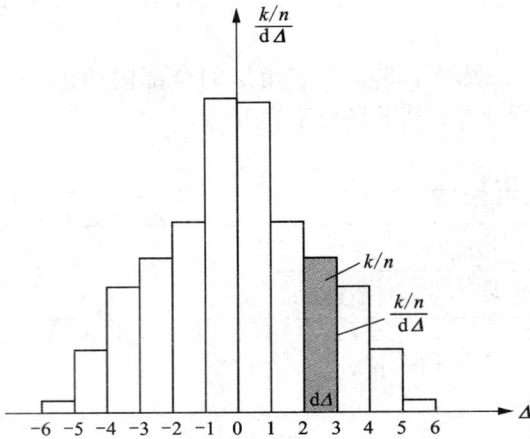

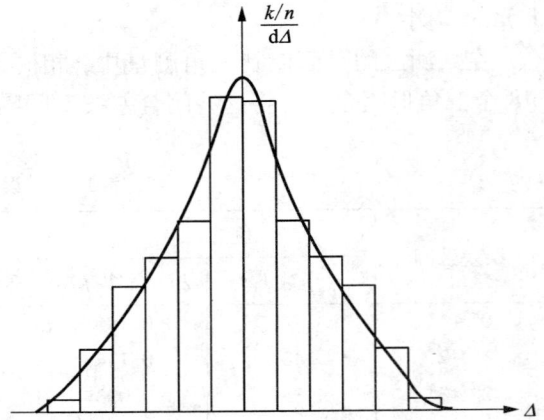

图 1-24　误差分布直方图　　　　　图 1-25　误差分布曲线

设想使 $n\rightarrow\infty$,同时使误差区间 $\mathrm{d}\Delta$ 无限缩小,直方图中的长方条顶边所形成的折线,将成为一条光滑的曲线,该曲线就是误差分布曲线,如图 1-25 所示。

实际证明,当 n 足够大时,一定的观测条件对应着一种确定不变的误差分布。如果用不同观测条件所对应的分布曲线进行对比,可以判断出它们彼此之间的观测结果精度高低。曲线形状比较陡峭,表示接近于零的小误差出现的机会较大,误差分布较为密集,观测精度较高;反之,如果曲线形状比较平缓,相比之下接近零的小误差出现机会较小,误差分布较为离散,观测精度较低。

在概率统计理论中,当 $n\rightarrow\infty$ 时,图 1-25 的误差分布曲线又称为"正态分布曲线",它准确地表示了偶然误差出现的概率 P,亦即说明在上述各误差区间内,误差出现的频率趋于稳定,逐渐演化成误差出现的概率。

偶然误差服从正态分布。正态分布又称高斯分布、常态分布,这是一个在数学、物理、工程等各领域都非常重要的概率分布。其数学方程式是

$$f(\Delta) = \frac{1}{\sqrt{2\pi}\sigma}e^{-\frac{\Delta^2}{2\sigma^2}} \qquad (1-14)$$

式中,圆周率 $\pi \approx 3.14159$,自然对数的底 $e \approx 2.71828$,Δ 为观测值的误差(系统误差可忽略,以偶然误差为主),σ 为标准差,用公式表示为

22

$$\sigma = \lim_{n \to \infty} \sqrt{\frac{[\Delta\Delta]}{n}} \qquad\qquad (1-15)$$

标准差的平方 σ^2 称为方差，表示为

$$\sigma^2 = \lim_{n \to \infty} \frac{[\Delta\Delta]}{n} \qquad\qquad (1-16)$$

式(1-16)称为"正态分布的密度函数"，函数以偶然误差 Δ 为唯一自变量，以标准差 σ 为唯一参数。而且还可以证明，当 $\Delta = \pm\sigma$ 时，二阶导数 $f''(\Delta) = 0$，由此判断 $-\sigma$、$+\sigma$ 是误差曲线两个拐点的横坐标值。

六、精度、准度、精准度的概念

精度也称精密度。《测绘学名词》对精度给出的定义是："在一定观测条件下，对某一量的多次观测中各观测值间的离散程度。"如果计算出各观测值的误差，精度则可理解为误差分布的密集或离散的程度，它反映的主要是偶然误差。

准度又称准确度，《测绘学名词》指出，准确度是指"在一定观测条件下，观测值及其函数的估值与其真值的偏离程度"。可见，准确度表达的是观测值中所包含的系统误差的大小。

精准度又称精确度，它是精度与准度的总称（《测绘学名词》中没有关于精确度的定义）。精确度同时反映出偶然误差与系统误差对观测值的综合影响。精准度（精确度）高的观测值，一方面说明各观测值密集性强（精度高），同时又说明观测值偏离真值小（准度高）。下面即将介绍的衡量精度的指标，实际上衡量的也是精确度，亦即评价整个观测工作过程的综合质量。

这三个概念可以用下面的实验做进一步的形象描述。

安排甲、乙、丙三人随机取三支步枪往各自的靶心瞄准，快速射击 10 发子弹，结果如图 1-26 所示。显然，实验结果是，甲选手射击的精度高（偶然误差小），但由于枪支的准星偏离太大（系统误差大），导致射击的准（确）度差；乙选手的射击精度较低（点位离散），枪的准度还可以，所有观测值（点位）的期望值（点位重心）是指向靶心的；丙选手的精度高，准度也好，各观测值均接近真值（靶心）。

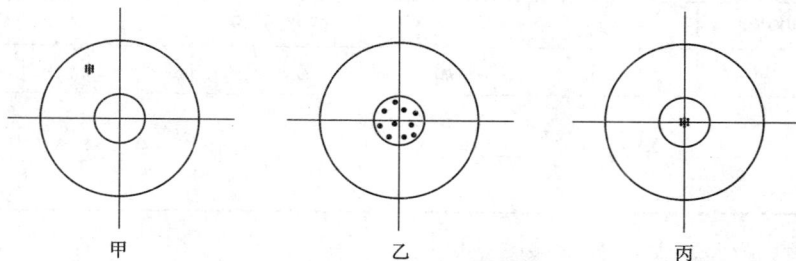

甲　　　　　　　　　乙　　　　　　　　　丙

图 1-26　精度、准确度、精确度

七、衡量精度的几项指标

1. 中误差

根据上面的介绍，为了衡量在一定条件下观测结果的精度，用公式(1-15)中的标准差

σ 作为指标是比较合适的。但是，在实际测量工作中，不可能对某个量作无限多次观测，因此，在测量中定义按有限次观测的偶然误差求得的标准差为"中误差"，用 m 表示，即

$$m = \sqrt{\frac{[\Delta\Delta]}{n}} \qquad (1-17)$$

公式（1-17）又可将中误差简述为"偶然误差平方和的平均值的平方根"。

用中误差 m 代替公式（1-14）中的标准差 σ，则正态密度函数又可表达为

$$f(\Delta) = \frac{1}{\sqrt{2\pi}m}e^{-\frac{\Delta^2}{2m^2}} \qquad (1-18)$$

【例 1-6】 现分甲、乙两组对 10 个三角形的内角进行观测，各组测得的三角形的内角和观测值列于表 1-3，现要求计算各组的三角形内角和观测值的中误差。

解 这里三角形内角和有其真值为 180°，计算各观测值与真值的差值即为各观测值的误差且是真误差，同时计算各观测值误差的平方并求和，一并列于表 1-3 中。

表 1-3 三角形内角和的中误差计算

三角形序号	甲组观测值与误差计算			乙组观测值及误差计算		
	观测值	真误差 $\Delta('')$	$\Delta\Delta$	观测值	真误差 $\Delta('')$	$\Delta\Delta$
1	179°59′58″	-2	4	180°00′07″	+7	49
2	179°59′56″	-4	16	180°00′02″	+2	4
3	180°00′01″	+1	1	180°00′01″	+1	1
4	180°00′02″	+2	4	179°59′59″	-1	1
5	180°00′04″	+4	16	179°59′52″	-8	64
6	179°59′57″	-3	9	180°00′00″	0	0
7	179°59′58″	-2	4	179°59′57″	-3	9
8	180°00′03″	+3	9	180°00′01″	+1	1
9	180°00′03″	+3	9	180°00′03″	0	0
10	180°00′02″	+2	4	179°59′59″	-1	1
求和		±26	76		±24	130
中误差	$m_{甲} = \pm\sqrt{\dfrac{[\Delta\Delta]}{n}} = \pm\sqrt{\dfrac{76}{10}} = \pm2''8$			$m_{乙} = \pm\sqrt{\dfrac{[\Delta\Delta]}{n}} = \pm\sqrt{\dfrac{130}{10}} = \pm3''6$		

由表 1-3 可以看出，乙组观测值的中误差 $m_{乙}$ 大于甲组观测值的中误差 $m_{甲}$，即乙组的观测精度较甲组要低。这主要是乙组观测值中出现了两个较大的误差（+7″，-8″）。

在一组观测值中，如果标准差已经确定，就可以绘出它所对应的偶然误差的正态分布曲线。根据式（1-18），当 $\Delta=0$ 时，$f(\Delta)$ 有最大值。最大值为 $\dfrac{1}{\sqrt{2\pi}m}$。

当 m 较小时，曲线在纵轴方向的顶峰较高，在纵轴两侧迅速逼近横轴，表示小误差出现

的频率较大,误差分布比较集中;当 m 较大时,曲线的顶峰较低,曲线形状平缓,表示误差分布比较离散。以上两种情况的正态分布曲线如图 1－27 所示(图中的 m_1 与 $m_甲$ 相对应,m_2 与 $m_乙$ 相对应)。

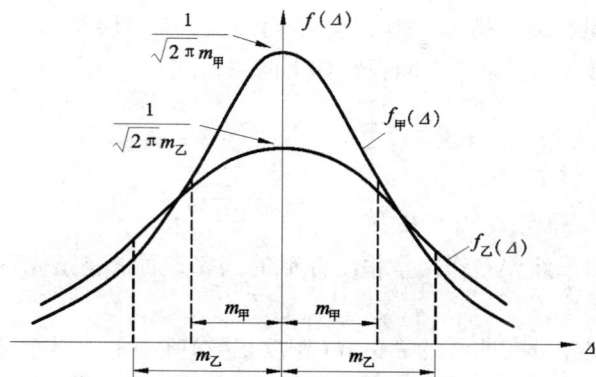

图 1－27　不同中误差的正态分布曲线

2. 平均误差

在一定的观测条件下,偶然误差绝对值之算术平均值的极限,称为平均误差,用 θ 表示,即

$$\theta = \lim_{n \to \infty} \frac{|\Delta_1| + |\Delta_2| + \cdots + |\Delta_n|}{n} = \lim_{n \to \infty} \frac{[|\Delta|]}{n} \qquad (1-19)$$

用或然率理论可以证明,当 $n \to \infty$ 时,按公式(1－19)计算的平均误差 θ 可以正确地衡量观测值的精度。但是,实际中的观测次数是有限的,只能用下式计算平均误差,即

$$\theta = \pm \frac{[|\Delta|]}{n} \qquad (1-20)$$

【例 1－7】　针对表 1－3 中的两组观测值,用平均误差评定其精度情况。

解　利用表 1－3 中的真误差求和结果,应用公式(1－20),其平均误差分别为:

$$\theta_甲 = \pm \frac{[|\Delta_甲|]}{n_甲} = \pm \frac{26}{10} = \pm 2''.6$$

$$\theta_乙 = \pm \frac{[|\Delta_乙|]}{n_乙} = \pm \frac{24}{10} = \pm 2''.4$$

此结果表明,甲组的观测精度较乙组稍差,这说明当观测次数不够多时,用平均误差衡量精度会掩盖那些较大误差(如大于两倍中误差的误差)对观测质量的影响。

3. 或然误差

在英、美等国家,也有用或然误差来评定精度的。或然误差是将一系列等精度观测值的误差按绝对值大小排列,取其最居中的一个来作为衡量精度的标准,用符号 ρ 表示。若观测的误差数为偶数,则取中央两个误差的平均值。

【例 1－8】　用或然误差评定表 1－3 中两组观测值的精度。

解　将两组观测值的误差按绝对值从小到大排列如下:

甲组: $+1$, -2, -2, $+2$, $+2$, -3, $+3$, $+3$, -4, $+4$

乙组：0，0，−1，−1，+1，+1，+2，−3，+7，−8

则有 $\rho_甲 = \pm 2.5''$，$\rho_乙 = \pm 1.0''$。

与表 1−3 中误差的计算结果相比，也得出了相反的结论。这也是由于观测次数还不够多的缘故。

对于上述三种衡量精度的指标（中误差、平均误差、或然误差），可以根据概率理论进行证明，当观测次数足够多时，它们之间存在如下的关系式：

$$\theta = \sqrt{\frac{2}{\pi}} m \approx 0.7979 \approx \frac{4}{5} m \qquad (1-21)$$

$$\rho \approx 0.5745\ m \approx \frac{2}{3} m \qquad (1-22)$$

事实上，那些采用或然误差作衡量精度标准的国家，通常也是先计算中误差，然后用式（1−22）来确定或然误差。

前面已经知道，误差分布曲线的表达式（密度函数）唯一的参数就是标准差 σ，确定的标准差对应确定的分布曲线。而标准差的估值是中误差，于是也可认为一定的中误差也有一定的误差分布曲线相对应，因此中误差能够作为衡量观测精度的指标。再根据式（1−21）、式（1−22），可知不同的 θ 或 ρ 值，也对应着不同的误差分布曲线，因此平均误差 θ、或然误差 ρ 也可以作为衡量精度的指标。这就是说如果观测次数足够，用上述任何一种指标进行精度衡量都是可靠的。

但当观测次数不太多时，用中误差衡量就比较可靠些，其原因分析如下。

1）中误差利用各项误差的平方进行累加计算，能灵敏地反映大误差的影响，而大误差（接近粗差）对测量结果的可靠程度起决定性影响；

2）中误差比较稳定，通常只需要不太多的观测次（个）数，就能用中误差对观测质量进行准确评定。由概率理论可以证明（参考文献[5]《地形测量学》P141），确定中误差本身的中误差可按下式计算：

$$M_m = \frac{m}{\sqrt{2n}}$$

这里 n 为实际的观测次数。公式表明确定观测值中误差的中误差与观测次数 n 的平方根成反比。取不同的 n 值代入上式，计算的结果列于表 1−4。

表 1−4　确定中误差的中误差

n	4	6	9	10	12	20	25	30	50
M_m/m	0.35	0.29	0.24	0.22	0.20	0.16	0.14	0.13	0.10

从表中可以看出，如已有 4 次观测，则确定该中误差的相对误差为 0.35，即有 65% 的可靠度；当有 10 次观测时，可靠程度达 78%，因此规范规定一般要有 10 次（个）以上的观测才能进行中误差的计算。

4. 极限误差

根据偶然误差的第一特性（有界性），当观测误差超出一定范围时，说明观测条件发生了突变。因此，为了保证观测质量，必须对误差的界限进行讨论研究，这就是考虑极限误差大小取值的问题。严格来说，极限误差并不是一种衡量观测值精度的指标，而是一种保障观测精度所采取的措施。

由前面的图1-24频率直方图可知，图中各矩形面积大小反映误差出现在该区间内的频率。当误差的个数无限增加、同时误差区间又无限缩小时，频率逐渐趋于稳定而演化成为概率，致使直方图的顶边形成正态分布曲线。因此，根据正态分布曲线，就可以表示出误差出现在某微小区间 dΔ 内的概率为

$$P(\Delta) = f(\Delta) \cdot \mathrm{d}\Delta = \frac{1}{\sqrt{2\pi}m}e^{-\frac{\Delta^2}{2m^2}} \cdot \mathrm{d}\Delta \qquad (1-23)$$

要得到偶然误差在任意区间内出现的概率，对上式进行积分便可。

设以纵轴两边 k 倍中误差范围作为误差区间，则在此区间内误差出现的概率为：

$$P(|\Delta| < km) = \int_{-km}^{km} \frac{1}{\sqrt{2\pi}m}e^{-\frac{\Delta^2}{2m^2}} \cdot \mathrm{d}\Delta \qquad (1-24)$$

分别以 $k=1$，$k=2$，$k=3$ 代入式（1-24），可得到偶然误差的绝对值不大于1倍中误差、2倍中误差、3倍中误差的概率分别为：

$$P(|\Delta| \leqslant m) = 0.683 = 68.3\%$$
$$P(|\Delta| \leqslant 2m) = 0.954 = 95.4\%$$
$$P(|\Delta| \leqslant 3m) = 0.997 = 99.7\%$$

由此可见，对于一定条件下的大量观测值，偶然误差有68.3%都是出现在中误差范围以内，大于2倍中误差的约占误差总数的4.6%，而大于3倍中误差的仅占误差总数的0.3%。一般进行的测量次数是有限的，2倍中误差应该很少遇到，因此，可以按2倍中误差作为允许的误差极限，称为"允许误差"，简称"限差"，即

$$\Delta_允 = 2m \qquad (1-25)$$

有些国家采用3倍中误差作为极限误差。我国现行测量规范中一般取2倍中误差作为限差。超过两倍中误差的观测值摒弃不用、返工重测。

偶然误差出现在2倍中误差之内的概率为0.954，这相当于在误差分布曲线中，自 $-2m$ 至 $+2m$ 之间的误差范围内，曲线与坐标横轴所包含的面积数值为0.954，如图1-28所示。

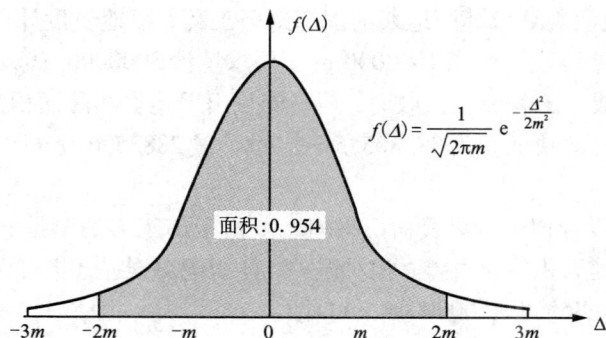

$f(\Delta)$

$$f(\Delta) = \frac{1}{\sqrt{2\pi}m}e^{-\frac{\Delta^2}{2m^2}}$$

面积：0.954

$-3m$　$-2m$　$-m$　0　m　$2m$　$3m$　Δ

图1-28　误差曲线中两倍中误差以内的概率

大量统计调查也表明，在 Δ 误差群中，超出 $2m$ 的 Δ 约占 5%；超出 $3m$ 的 Δ 仅占 0.3%。大量的 Δ 均不会超过 $2m$。由此也可认为，误差 Δ 超出 $2m$ 的观测值，是含有粗差的不正常观测值。这样，规范规定 $\Delta \leqslant \Delta_允 = 2m$，便可起到发现和限制粗差、保证观测质量的作用。

5. 相对误差

前面介绍的真误差、中误差、平均误差、或然误差等等，都是绝对误差，是有测量单位的。在很多测量实际工作中，有时只用绝对误差还不能完全表达观测质量的好坏。例如，丈量某一长度的中误差为 ± 1 cm，如果不知道该长度的大小，还是无法判断该测量结果的精度高低，如若 ± 1 cm 是丈量 300 m 长的直线的精度，当然可认为该测量精度是较高的，如若是测量 3 m 长标杆的精度，那则认为该测量精度是较低的。类似的情况我们在土地面积测量、土石方体积测量中也会同样遇到。

一般地，我们用观测值的中误差与观测值本身的比值作为该观测值的相对误差。对于长度、面积、体积测量，其相对误差计算公式可依次表达如下：

$$k_D = \frac{m_D}{D} \tag{1-26}$$

$$k_S = \frac{m_S}{S} \tag{1-27}$$

$$k_V = \frac{m_V}{V} \tag{1-28}$$

实际工作中，由于观测次数不够多，中误差是无法知道的，通常就用绝对误差来代替。例如导线测量时对导线全长闭合差的要求便是如此。

相对误差没有单位。通常将相对误差化成分子为 1 的分数形式，有时也化成百分比。实际中当上面各式中的中误差无法求得时，可用其他误差代替，如较差、平均误差等，而分母尽可能用最或然值。分数形式的相对误差的分母，通常只需在左端保留 $2 \sim 3$ 位不是零的数字，其余均用零代替。凑整时只能舍去不能进位。

相对误差中也有极限误差的要求。如《工程测量规范 GB 50026—2007》规定的一级导线距离测量相对误差不能超过 $1/30000$，导线全长相对闭合差的极限误差为 $1/15000$。显然，相对误差可以作为一种指标去衡量不同项目观测精度的高低，同时相对极限误差又可以作为一种措施标准使测量精度得到有效控制。

【例 1 - 9】 某地区规划设计两地块的围海造田工程，甲地块设计面积 500000 m^2，要求填沙 1500000 m^3，乙地块设计面积 1000000 m^2，要求填沙 3000000 m^3。两地块的工程分别由甲、乙两单位投标完成。工程完工验收时，精确测量出甲地块实际面积为 488866.8 m^2，填沙量为 1456600.4 m^3，乙地块面积为 981865.5 m^2，填沙量 2883596.5 m^3，现评估两项工程的施工精度。

解 这里的规划设计值可视为真值（理论值），由于施工方的测量、施工误差，导致实际结果与理论值不符，其面积绝对误差、相对误差，体积绝对误差、相对误差分别为：

地块甲：$\Delta_{S甲} = 488866.8 - 500000 = -11133.2$ m^2

$$\frac{\Delta_{S甲}}{S_甲} = \frac{11133.2}{500000} = \frac{1}{45} = 2.2\%$$

$$\Delta_{V甲} = 1456600.4 - 1500000 = -43399.6 \text{ } m^3$$

$$\frac{\Delta_{V甲}}{V_甲} = \frac{43399.6}{1500000} = \frac{1}{35} = 2.9\%$$

地块乙：$\Delta_{S乙} = 981865.5 - 1000000 = -18134.5 \ m^2$

$$\frac{\Delta_{S乙}}{S_乙} = \frac{18134.5}{1000000} = \frac{1}{55} = 1.8\%$$

$$\Delta_{V乙} = 2883596.5 - 3000000 = -116403.5 \ m^3$$

$$\frac{\Delta_{V乙}}{V_乙} = \frac{116403.5}{3000000} = \frac{1}{35} = 3.8\%$$

可见，甲地块的面积范围施工精度较乙地块要低(2.2% > 1.8%)，但填沙土方量的工程精度较乙地块要好(2.9% < 3.8%)。

练习题 1

1. 名词解释：铅垂线、水准面、大地水准面、大地体、参考椭球体。

2. 试分析比较大地坐标与地理坐标的区别与联系。

3. 一架飞机从甲地(北纬40°，东经116°)出发，以 1110 kg/h 的速度向北方向绕经线圈飞行，若不考虑其他因素的影响，9 h 后到达乙地，则乙地为_____。

 A. 北纬40°，西经64°　　　　　　B. 北纬50°，西经64°

 C. 北纬40°N，东经64°　　　　　　D. 北纬50°，东经116°

4. 从 A 地(60°N，90°E)到 B 地(60°N，140°E)，若不考虑地形因素，最近的走法是_____。

 A. 一直向东走　　　　　　　　　　B. 一直向西走

 C. 先向东南，再向东，最后向东北　　D. 先向东北，再向东南

5. 不考虑地形、冰雪等条件，有人从南极出发，依次向正北走 5 km，向正东走 35 km，向正南走 5 km 正好回到原地。从极点上空看，向东走时可能_____。

 A. 逆时针走了 <180°的圆弧　　　　B. 逆时针走了 >180°的圆弧

 C. 顺时针走了 <360°的圆弧　　　　D. 顺时针走了 >360°的圆弧

6. 我国南方某点的 1954 年北京坐标为 2584402.249，××759098.244，其所在高斯投影带的中央子午线经度为 111°。请对该坐标进行分析说明，指出其所在投影带的带号××、大致地理位置与坐标含义。

7. 假定广州某点的北京 54 坐标系坐标为(2530641.728，38452867.691)，1980 年西安坐标系坐标为(2530583.243，38452808.782)，地理坐标为(113°32′25″，22°52′24″)，指出在参考椭球体面上从该点行走至赤道的最短路程大概是多少，该点在高斯投影平面上距赤道的距离为多少，并对这些坐标与距离进行解释与分析。

8. 为什么说我们无法准确测量出正高高程，而能够精确测量出正常高高程？

9. 名词解释：高程异常、重力异常、正常重力线、似大地水准面。

10. 请你对我国长江、黄河两大流域的高程系统使用情况进行介绍。

11. 已知安徽黄山某点海拔高程为 1535.239 m，求其对应的吴淞基准高程和 1956 年黄海高程。

12. 举例说明测绘工作中有哪些基准面、基准线、基准点，它们各有何用途？

13. 给下面的各种误差进行分门别类并说明其具体含义：

系统误差、偶然误差、中误差、平均误差、绝对误差、相对误差、允许误差、极限误差、测角误差、测距误差、长度误差、面积误差、体积误差、对中误差、照准误差、读数误差、粗差、或然误差、最或然误差。

14. 说明精度与观测条件的关系及等精度、非等精度的概念。

15. 判断下列各题对错并说明原因。

1）真误差有时可知有时不可知；（　　）

2）直方图中长方形的面积单位就是误差的平方单位；（　　）

3）精度是衡量偶然误差大小程度的指标；（　　）

4）粗差也是系统误差中的一种；（　　）

5）准确度是衡量系统误差大小程度的指标；（　　）

6）极限误差（限差）都是有单位的；（　　）

7）精确度指偶然误差和系统误差联合影响的程度，当不存在系统误差或系统误差可忽略时，精确度就是精度；（　　）

8）角度测量的相对误差与角度的大小有关；（　　）

9）方差是真误差平方的理论平均值；（　　）

10）仅从各项观测值的误差分布曲线还无法判断它们之间的观测精度情况；（　　）

11）真误差的中误差与其观测值的中误差相等；（　　）

12）距离测量中，两段距离之和的精度与该两段距离之差的精度相等。（　　）

16. 钢尺检定时对一条已知长度的边长进行等精度观测，5 个观测值的真误差分别为 0.4 mm、0.5 mm、0.4 mm、0.3 mm、0.7 mm，求观测结果的中误差。

17. 一条船从码头 A 出发，先往北偏东 $40°28'56''$ 行驶 60 公里至码头 B，再往南偏西 $20°25'33''$ 行驶 90 公里至码头 C，然后又回到原码头 A。假定码头 A 的坐标为（50000.000，80000.000）米，求码头 B、C 的坐标及该船行驶路线的方位角（请绘图说明）。

18. 设 AB 直线的边长 $S_{AB} = 311.65$ m，方位角为 $\alpha_{AB} = 249°22'48''$，起始点 A 的坐标为 $X_A = 132835.33$ m、$Y_A = 67914.35$，试求终点 B 的坐标。

19. 已知 $A(104342.999，573814.290)$；$B(104404.503，573525.722)$。请计算 AB 的边长及坐标方位角。

模块2　水准测量

【教学目标】弄清楚水准测量的基本原理，了解线路水准测量的含义，掌握三、四等水准测量的工作方法，能操作自动安平水准仪，了解水准测量的误差来源及消除措施，能进行简单项目的水准仪检查与校正。

【技能抽查】改变仪器高法水准测量，双面尺法水准测量，线路水准测量内业计算，水准仪圆水准气泡的校正。

水准测量的目的是为了测定待定点的高程。通常在如下几种情况下进行水准测量：建立国家等级（Ⅰ、Ⅱ、Ⅲ、Ⅳ等）的高程控制网，建设工程中的高程控制网，进行变形测量中的沉降观测，进行施工测量，等等。

任务2-1　水准测量的原理

图2-1中，为了求出 A、B 两点的高差 h_{AB}，在 A、B 两点上竖立带有分划的标尺——水准尺，在 A、B 两点之间安置可提供水平视线的仪器——水准仪。当视线水平时，在 A、B 两个点的标尺上分别读得读数 a 和 b。假如 A 点的高程 H_A 已知，那么就可求出 B 点的高程 H_B。

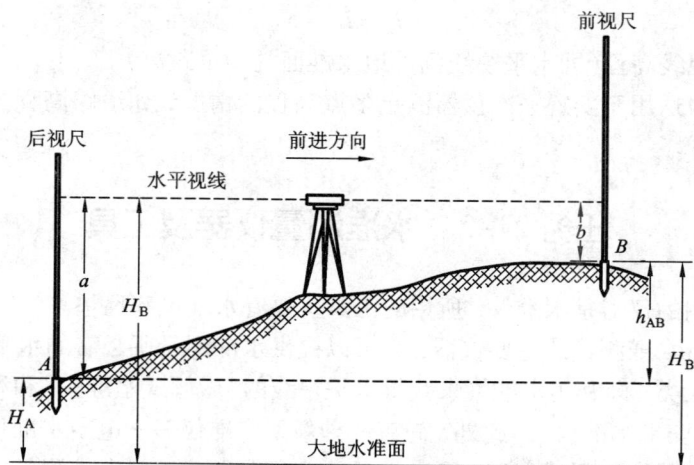

图2-1

从图上可以看出，AB 两点的高差 h_{AB} 为：

$$h_{AB} = a - b \qquad (2-1)$$

另外，我们可以定义高差即为两点高程之差，于是有：

31

$$h_{AB} = H_B - H_A \qquad\qquad (2-2)$$

所以，B 点高程 H_B 为：

$$H_B = H_A + h_{AB}$$

测量中为保证测量结果的准确可靠，对测量值有一定的检核条件，一般采用多次测量的办法。水准测量一般测量两次，采用往返测量，即测 A、B 两点间的高差，由 A 到 B 为往测时，则 B 到 A 为返测，反之亦然。往测时，由 A 到 B 为前进方向，则靠近 B 点的标尺称为前尺，在该尺上的读数为前视读数，仪器到该尺的距离称为前视距离，而靠近 A 点的标尺称为后尺，在该尺上的读数为后视读数，仪器到该尺的距离称为后视距离。

高差 h_{AB} 的值可能是正，也可能是负，正值表示待求点 B 高于已知点 A，负值表示待求点 B 低于已知点 A。

水准测量方法可分为高差法和仪器高法。高差法是利用高差直接由已知点高程求出未知点高程，仪高法是利用仪器视线高计算未知点高程。

（1）高差法

高差即两点间高程之差。A 点到 B 点的高差为 B 点的高程减去 A 点的高程，即：假设水准仪在 A 点水准尺上的读数为 a，在 B 点的读数为 b，那么

$$H_B = H_A + h_{AB} = a - b \qquad\qquad (2-3)$$

高差法常用于路线水准测量。

（2）仪高（视线高）法

A 点高程已知，B 点高程为：

$$H_B = H_A + h_{AB} = H_A + a - b \qquad\qquad (2-4)$$

若通过仪器视线高程 H_i 计算 B 点高程，公式为：

$$H_i = H_A + a \qquad\qquad (2-5)$$
$$H_B = H_i - b \qquad\qquad (2-6)$$

H_i——仪器视线高程（即水平视线到大地水准面的铅垂距离）。

仪器高法一般适用于安置一次仪器测定多点高程的情况，如道路高程测量、大面积场地平整高程测量。

任务 2-2　水准测量仪器及工具

水准测量所用的仪器是水准仪，所用的工具主要有水准尺和尺垫。

水准仪是进行水准测量的主要仪器，它可以提供水准测量所必需的水平视线。水准仪从构造上可分为两大类：即利用水准管来获得水平视线的"微倾式水准仪"和利用补偿器来获得水平视线的"自动安平水准仪"。此外，尚有一种新型水准仪——电子水准仪，它配合条纹编码尺，利用数字化图像处理的方法，可自动显示高程和距离，使水准测量实现了数字化，从而大大提高了水准测量的工作效率。

我国的水准仪系列标准分为 DS05、DS1、DS3 和 DS10 四个等级。D 是大地测量仪器的代号，S 是水准仪的代号，均取汉语拼音的首字母。脚标的数字表示仪器的精度，如 DS1 表示用此类型仪器进行每公里往返水准测量，所测高差中数的中误差为 1 mm。DS05 和 DS1 用于精密水准测量，DS3 用于一般水准测量，DS10 则用于简易水准测量。

一、微倾式光学水准仪的基本结构

微倾式光学水准仪主要由以下三个部分组成：

望远镜：望远镜是用来精确瞄准远处目标并对水准尺进行读数的。它主要由物镜、目镜、对光透镜和十字丝分划板组成。

水准器：用于指示仪器或视线是否处于水平位置，包括圆水准器和管水准器。

基座：可用中心连接螺旋把仪器固定在三脚架上。

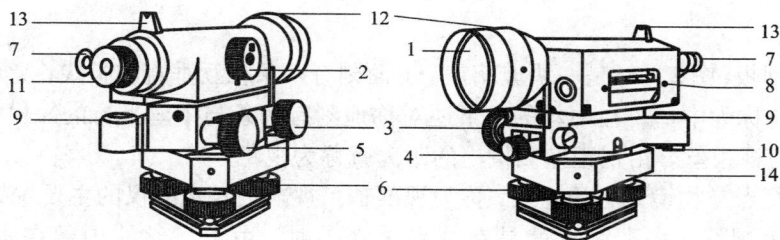

图 2-2 DS3 微倾式水准仪

1—物镜；2—物镜调焦螺旋；3—微动螺旋；4—制动螺旋；5—微倾螺旋；6—脚螺旋
7—气泡观察窗；8—水准管；9—圆水准器；10—校正螺丝；11—目镜；12—准星；13—照门；14—基座

图 2-2 为微倾式水准仪的示意图。图中基座的中间有三个脚螺旋，调节脚螺旋可使圆水准器的气泡移至中央，使仪器粗略整平。望远镜和管水准器与仪器的竖轴联结成一体，竖轴插入基座的轴套内。制动螺旋和微动螺旋用来控制望远镜在水平方向的转动。制动螺旋松开时，望远镜能自由旋转；旋紧时望远镜则固定不动，此时旋转微动螺旋可使望远镜在水平方向作缓慢的转动。只有在制动螺旋旋紧时，微动螺旋才能起作用。旋转微倾螺旋可使望远镜连同管水准器作俯仰微量的倾斜，从而可使视线精确整平。因此这种水准仪称为微倾式水准仪。

(1)望远镜

望远镜主要由四大光学部件组成：物镜、调焦透镜(组)、十字丝分划板、目镜，另外还包括一些调节螺旋。

物镜的作用是使物体在物镜的另一侧构成一个倒立的实像，目镜的作用是使这一实像在同一侧形成一个放大的虚像(图 2-3)。为了使物像清晰并消除单透镜的一些缺陷，物镜和目镜都是用两种不同材料的透镜组合而成(图 2-4)。

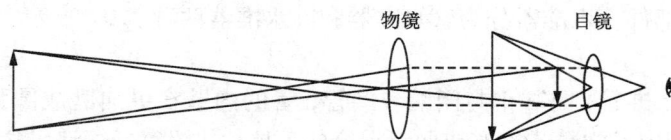

图 2-3

望远镜用来照准远处竖立的水准尺并读取水准尺上的读数，要求望远镜能看清水准尺上

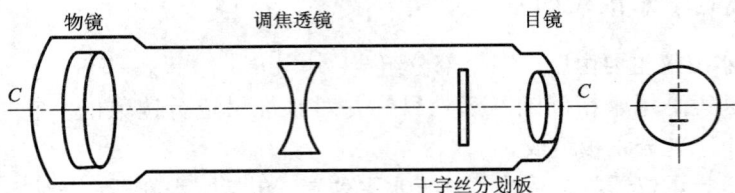

图 2 - 4

的分划和注记。

十字丝分划板(图2-5)是一块玻璃片,上面刻有两条相互垂直的长线,竖直的一条称为竖丝,横的一条称为中丝。在中丝的上下还对称地刻有两条与中丝平行的短横线,是用来测量距离的,称为视距丝。由视距丝测量出的距离就称为视距。

十字丝的交点与物镜光心的连线,称为视准轴。视准轴是水准仪的主要轴线之一。视准轴的延长线即为视线,水准测量就是在视准轴水平时,用十字丝的中丝在水准尺上截取读数。

为了能准确地照准目标或读数,望远镜内必须同时能看到清晰的物像和十字丝。为此必须使物像落在十字丝分划板平面上。为了使离仪器不同距离的目标能成像于十字丝分划板平面上,望远镜内还必须安装一个调焦透镜(图2-4)。观测不同距离处的目标,可旋转调焦螺旋改变调焦透镜的位置,从而能在望远镜内清晰地看到十字丝和所要观测的目标。

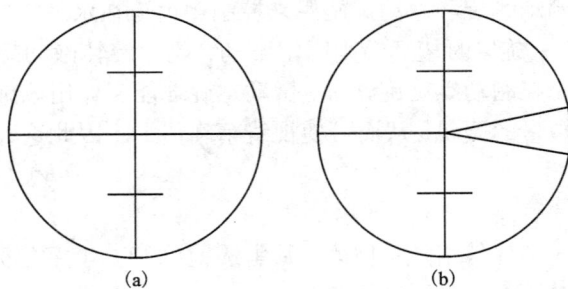

(a)　　　　　　(b)

图 2 - 5

(2)水准器

水准器是用来置平仪器的一种设备,用来指示视准轴是否水平,仪器竖轴是否竖直,是测量仪器上的重要部件。水准器分为管水准器和圆水准器两种。

①管水准器。

管水准器又称水准管,是一个封闭的玻璃管,管的内壁在纵向磨成圆弧形,其半径可自0.2 m至100 m。管内盛酒精或乙醚或两者混合的液体,并留有一气泡(图2-6)。管面上刻有间隔为2 mm的分划线,分划线的中点称水准管的零点。过零点与管内壁在纵向相切的直线称水准管轴。当气泡的中心点与零点重合时,称气泡居中,气泡居中时水准管轴位于水平位置。

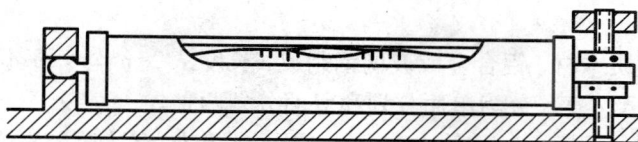

图 2 – 6

在管水准器的外表面，对称于零点的左右两侧，刻划有 2 mm 间隔的分划线。定义 2 mm 弧长所对的圆心角称为管水准器的分划值(图 2 – 7)。

$$\tau = \frac{2}{R}\rho'' \tag{2 – 7}$$

式中，$\rho'' = 206265''$。

水准仪上水准管的分划值为 10″~20″，水准管的分划值愈小，视线置平的精度愈高。但水准管的置平精度还与水准管的研磨质量、液体的性质和气泡的长度有关。在这些因素的综合影响下，使气泡移动 0.1 格时水准管轴所变动的角值称水准管的灵敏度。其气泡的移动反映出水准管轴变动的角值愈小，水准管的灵敏度就愈高。

②圆水准器。

圆水准器是一个封闭的圆形玻璃容器，顶盖的内表面为一球面，半径可自 0.12 m 至 0.86 m，容器内盛乙醚类液体，留有一小圆气泡(图 2 – 8)。容器顶盖中央刻有一小圈，小圈的中心是圆水准器的零点。通过零点的球面法线是圆水准器的轴，当圆水准器的气泡居中时，圆水准器的轴位于铅垂位置。圆水准器的分划值是顶盖球面上 2 mm 弧长所对应的圆心角值，水准仪上圆水准器的角值为 8′ 至 15′。由于它的精度低，只用于仪器粗略整平。

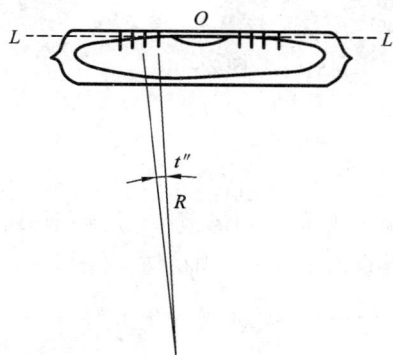

图 2 – 7

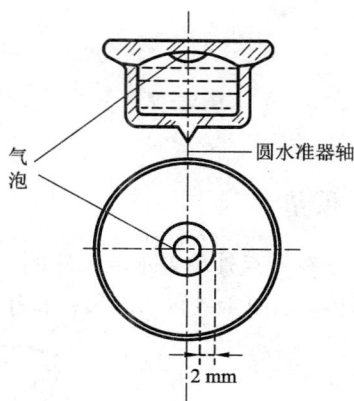

图 2 – 8

(3)基座

基座的作用是支承仪器的上部，用中心螺旋将基座连接到三脚架上。基座主要由轴座、脚螺旋、底板和三角压板构成。

二、水准尺

水准尺一般用优质木材、铝合金或玻璃钢制成，长度从 2 m 至 5 m 不等。根据构造可以分为直尺、塔尺和折尺。直尺分为单面分划和双面分划两种。

折尺一般长 3 m，多用于三、四等水准测量，以两把尺为一对使用。尺的两面均有分划，一面为黑白相间，称黑面尺；另一面为红白相间，称红面尺。两面的最小分划均为 1 cm，分米处有注记。"E"的最长分划线为分米的起始。读数时直接读取米、分米、厘米，估读毫米，单位为米或毫米。两把尺的黑面均由零开始分划和注记。红面的分划和注记，一把尺由 4.687 m 开始分划和注记，另一把尺由 4.787 m 开始分划和注记，两把尺红面注记的零点差为 0.1 m。

塔尺有 3 m、4 m、5 m 等多种规格，常用于碎部测量。

图 2-9 为直、折尺、塔尺。图 2-10 为精密光学水准尺和数字水准尺（条纹码尺）。

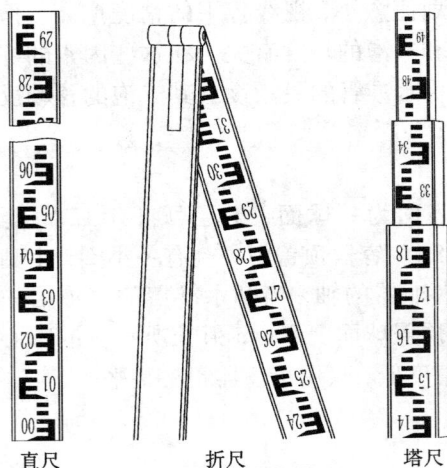

图 2-9

图 2-10

三、尺垫

尺垫是在转点处放置水准尺用的，它是用生铁铸成的三角形或圆形板座，尺垫中央有一凸起的半球体，以便于放置水准尺，下有三个尖足便于将其踩入土中，以固稳防动（图 2-11）。

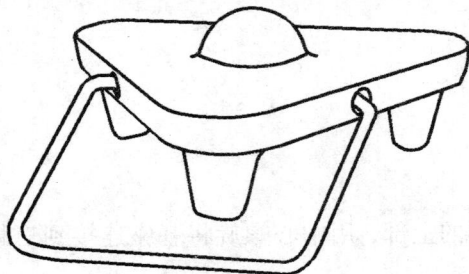

图 2-11

36

四、DS3 微倾式水准仪的使用

使用水准仪的基本作业是：在适当位置安置水准仪，整平视线后读取水准尺上的读数。微倾式水准仪的操作应按下列步骤和方法进行：

（1）安置水准仪

首先打开三脚架，安置三脚架要求高度适当、架头大致水平并牢固稳妥，在山坡上应使三脚架的两脚在坡下一脚在坡上，然后把水准仪用中心连接螺旋连接到三脚架上。取水准仪时必须握住仪器的坚固部位，并确认已牢固地连接在三脚架上之后才可放手。

（2）仪器的粗略整平

仪器的粗略整平是用脚螺旋使圆水准器的气泡居中。不论圆水准器在任何位置，先用任意两个脚螺旋使气泡移到通过圆水准器零点并垂直于这两个脚螺旋连线的方向上，如图 $2-12$ 中气泡自 a 移到 b，如此可使仪器在这两个脚螺旋连线的方向处于水平位置。然后单独用第三个脚螺旋使气泡居中，使之前两个脚螺旋连线的垂线方向亦处于水平位置，从而使整个仪器置平。如仍有偏差可重复进行。操作时必须记住以下三条要领：

①先旋转两个脚螺旋，然后旋转第三个脚螺旋；

②旋转两个脚螺旋时必须作相对地转动，即旋转方向应相反。

③气泡移动的方向始终和左手大拇指移动的方向一致。

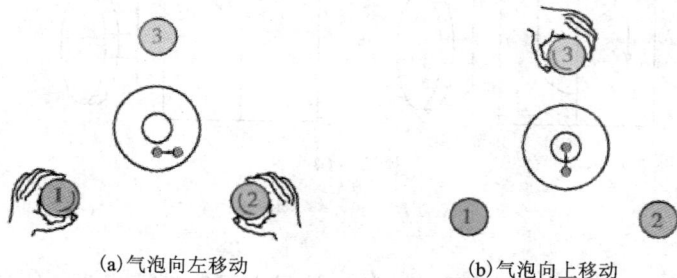

(a)气泡向左移动　　　　(b)气泡向上移动

图 2-12

（3）照准目标

用望远镜照准目标前，必须先调节目镜使十字丝清晰。然后利用望远镜上的准星从外部瞄准水准尺，再旋转调焦螺旋使尺像清晰，也就是使尺像落到十字丝平面上。最后用微动螺旋使十字丝竖丝照准水准尺，为了便于读数，也可使尺像稍偏离竖丝一些。当照准不同距离处的水准尺时，需重新调节调焦螺旋才能使尺像清晰，但十字丝可不必再调。

照准目标时必须要消除视差。当观测时把眼睛稍作上下移动，如果尺像与十字丝有相对的移动，即读数有改变，则表示有视差存在。其原因是尺像没有落在十字丝平面上［图 $2-13(a)$］。存在视差时便不能得出准确的读数。

消除视差的方法是反复对光（对目镜与物镜反复调焦），仔细观察直到不再出现尺像和十字丝有相对移动为止，即尺像与十字丝在同一平面上［（图 $2-13(b)$）］。

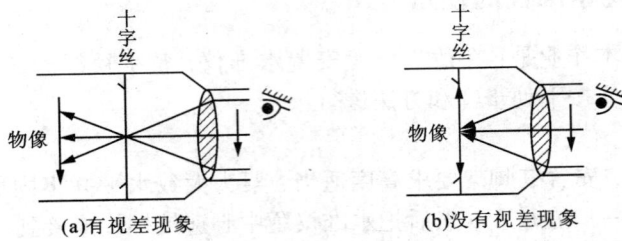

(a)有视差现象   (b)没有视差现象

图 2—13

(4)视线的精确整平

由于圆水准器的灵敏度较低，所以用圆水准器只能使水准仪粗略地整平。对于微倾式水准仪，在每次读数前还必须用微倾螺旋使水准管气泡符合，将视线精确整平。由于微倾螺旋旋转时，经常在改变望远镜和竖轴的关系，当望远镜由一个方向转变到另一个方向时，水准管气泡一般不再符合。所以望远镜每次变动方向后，也就是在每次读数前，都需要用微倾螺旋重新使气泡符合。

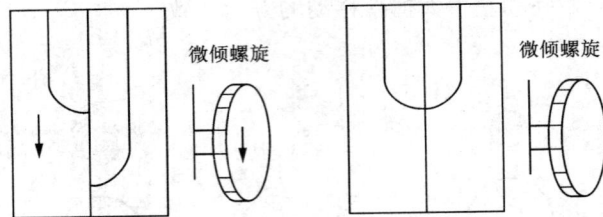

图 2—14

(5)读数

用十字丝中间的长横丝读取水准尺的读数。从尺上可直接读出米、分米和厘米数，并估读出毫米数，所以每个读数必须有四位数。如果某一位数是零，也必须读出并记录。不可省略，如 1.002 m、0.007 m、2.100 m 等。读数前应先认清水准尺的分划特点，特别应注意与注字相对应的分米分划线的位置。为了保证得出正确的水平视线读数，在读数前和读数后都应该检查气泡是否符合。

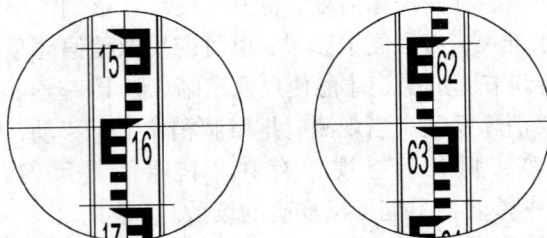

图 2—15

任务2-3 线路水准测量

一、水准点和水准路线

线路水准测量通常是从水准点开始，引测其他点的高程。工作时水准点可分为已知水准点和未知水准点，已知水准点又简称水准点，是已经通过水准测量并获得了高程的固定点。未知水准点是已进行规划设计但尚未进行水准测量的高程点(待测点)。国家水准点是国家测绘部门为了统一全国的高程系统和满足各种需要，在全国各地埋设且测定了其高程的固定点。水准点有永久性和临时性两种。国家高等级的永久水准点如图2-16所示，一般用整块的坚硬石料或混凝土制成，深埋到地面冻结线以下，在标石顶面设有用不锈钢或其他不易锈蚀的材料制成的半球状标志。有些水准点也可设置在稳定的墙脚上，称为墙上水准点，如图2-16所示。

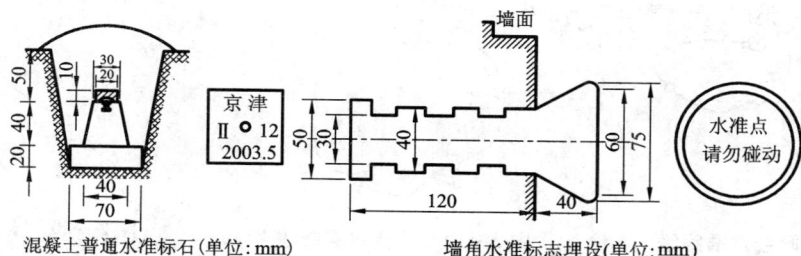

图2-16

无论是永久性水准点，还是临时性水准点，均应埋设在便于引测和寻找的地方。埋设水准点后，应绘出水准点附近的草图，在图上还要写明水准点的编号和高程，称为点之记，以便于日后寻找和使用。

建筑工地上的永久性水准点一般用混凝土或钢筋混凝土制成，其式样如图2-17(a)所示；临时性的水准点可用地面上突出的坚硬岩石

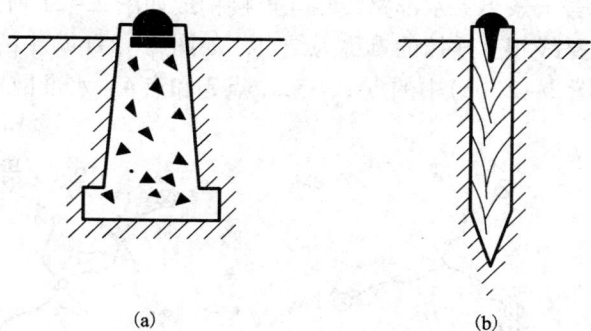

图2-17

或用大木桩打入地下，桩顶钉入半球形铁钉，如图2-17(b)所示。

在线路水准测量中，通常沿某一水准路线进行施测。进行水准测量的路线称为水准路线。根据测区实际情况和需要，可布置成单一水准路线或水准网。

1.单一水准路线

单一水准路线又分为附合水准路线、闭合水准路线和支水准路线。

1）附合水准路线。

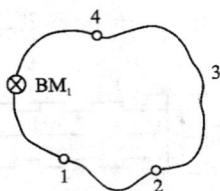

如图 2-18 所示，附合水准路线是从已知高程的水准点 BM_1 出发，测定 1、2、3 等待定点的高程，最后附合到另一已知水准点 BM_2 上。这种形式的水准路线，可使测量成果得到可靠的检核。

2）闭合水准路线。

闭合水准路线是由已知高程的水准点 BM_1 出发，沿环线进行水准测量，以测定出 1、2、3 等待定点的高程，最后回到原水准点 BM_1 上，如图 2-19 所示。这种形式的水准路线，也可以使测量成果得到一定可靠性的检核。只是，如果已知水准点 BM_1 发生沉降，则无法检核出错误。

3）支水准路线。

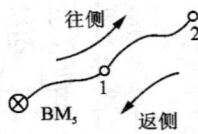

如图 2-20 所示为支水准路线，是从一已知高程的水准点 BM_5 出发，既不附合到其他水准点上，也不自行闭合。这种形式的水准路线由于不能对测量成果自行检核，因此必须进行往测和返测，或用两组仪器进行并测。

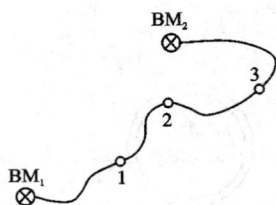

图 2-18　附合水准路线　　　图 2-19　闭合水准路线　　　图 2-20　支水准路线

2. 水准网

若干条单一水准路线相互连接构成如图 2-21 所示的形状，称为水准网。水准网中单一水准路线相互连接的点称为结点。如图 2-21(a)中的点 4 和图 2-21(b)中的点 1、点 2、点 3 和图 2-21(c)中的点 1、点 2、点 3 和点 4。水准网检核条件较多，能有效提高成果的精度。

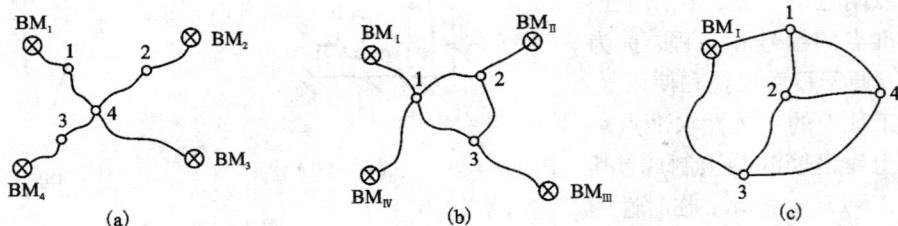

图 2-21

二、线路水准测量的施测方法

线路水准测量的施测方法如图 2-22 所示，图中 A 为已知高程的点，B 为待求高程的点。首先在已知高程的起始点 A 上竖立水准尺，在测量前进方向离起点一定距离处设立第一个转点 TP1，一般应放置尺垫，并在尺垫上竖立水准尺。在离这两点等距离的 1 处安置水准仪。仪器整平后，先照准起始点 A 上的水准尺，读取 A 点的后视读数。然后照准转点 TP_1 上的水准尺，读取前视读数。读数记入手簿，并计算出这两点间的高差。此后在转点 TP_1 处的水准尺不动，把尺面转向前进方向。在 A 点的水准尺和 1 点的水准仪则向前转移，水准尺安置在与第一站有同样间距的转点 TP_2 处，而水准仪则安置在离 TP_1、TP_2 两转点等距离处的测站 2 处。按在第 1 站同样的步骤和方法读取后视读数和前视读数，并计算出高差。如此继续进行直到对待求高程点 B 进行测量读数。

【间歇转点】　线路水准测量需要中途休息收工时（如中途吃饭、天气变化、当天收工等），如果距离下一个水准点还较远，则必须选择一个或两个临时水准点作为间歇转点，简称间歇点。该临时水准点应选择坚固可靠、光滑突出、便于放置标尺的石头顶、消防栓顶、墙脚尖顶等明显位置，做好相关标记，用手机照相储存便于下次找寻。如果无此标志点，则可用木桩钉入泥土中，木桩顶部订好圆帽钉。

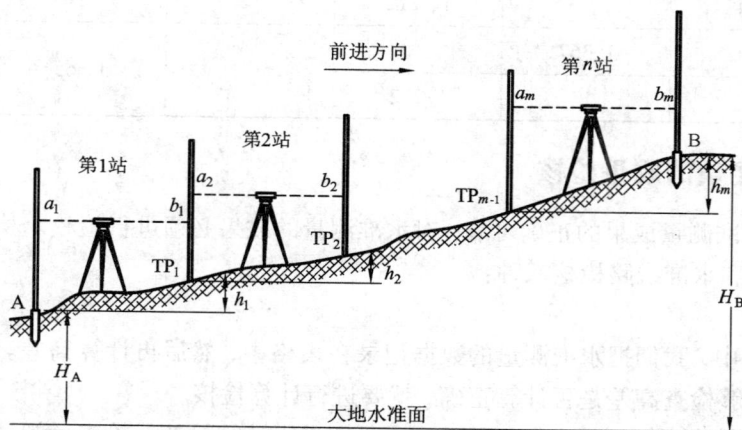

图 2 – 22

显然，每安置一次仪器，便可测得一个高差，即有

$$h_1 = a_1 - b_1$$
$$h_2 = a_2 - b_2$$
$$\vdots$$
$$h_n = a_n - b_n$$

将各式相加，得：

$$\sum h = \sum a - \sum b \qquad (2-8)$$

从而获得 B 点高程为：

$$H_B = H_A + \sum h \qquad (2-9)$$

普通水准测量的手簿记录及计算见表 2 – 1。

表 2 - 1 普通水准测量手簿

仪器型号：　　　　观测日期：　　　　观测：　　　　记录：

测站	点号	水准尺读数		高差		高程
		后视	前视	+	-	
1	BM$_A$	1.467		0.343		27.354
	TP1		1.124			
2	TP1	1.385			0.289	
	TP2		1.674			
3	TP2	1.869		0.926		
	TP3		0.943			
4	TP3	1.425		0.213		
	TP4		1，212			
5	TP4	1.367			0.365	
	BM$_B$		1.732			28.182

三、水准测量的成果检核

为了保证水准测量成果的正确可靠，对水准测量的成果必须进行检核。检核方法有计算检核、测站检核和水准线路检核三种：

1. 计算检核

在实际工作中，我们把水准测量的数据记录在表格中，然后再计算高差。计算过程中难免出错，为了能够检查高差是否计算正确，就要进行计算检核。

在每一测段结束后或手簿上每一页之末，必须进行计算检核。检查后视读数之和减去前视读数之和是否等于各站高差之和（$\sum h = \sum a - \sum b$），并等于终点高程减起点高程。如不相等，则计算中必有错误，应进行检查。但应注意这种检核只能检查计算工作有无错误，而不能检查出测量过程中所产生的错误，如读错记错等。

2. 测站检核

计算检核只能检核高差计算的正确性，但如果某一站的高差由于某种原因测错了，那计算检核就无能为力了。因此，我们对每一站的高差都要进行检核测量，检核测量不仅可以检查出测站错误，同时也提高了测量精度。常见的测量方法有双仪高法和双面尺法。

1）双仪高法：改变仪器的高度（前后尺保持不动），测出两次黑面高差，在理论上这两次测得的高差应该相同。但由于误差的存在，使得两次测得的高差存在差值。若差值 < 6 mm（等外水准）认为高差正确，取平均值作为该站高差，否则再改变仪器高重测。

2）双面尺法：用黑、红面读数，测出黑面高差与红面高差，若差值 < 5 mm（三、四等水准），认为高差正确，取黑、红面高差的平均值作为该站高差。

黑面高差为 $h_黑 = a_黑 - b_黑$

红面高差为 $h_红 = a_红 - b_红$

最后取平均值作为测站高差：

$$h_{平} = (h_{黑} + h_{红} \pm 0.1\ \text{m})/2 \tag{2-10}$$

式中加减 0.1 m 是因为两把尺的红面刻划注记相差 0.1 m 的缘故。如果第一测站的后尺较前尺大 0.1 m，则式中取减号，否则取加号。下一站则刚好相反，如此循环下去。

3.水准路线的检核

1）附合水准路线。

为使测量成果得到可靠的检核，最好把水准路线布设成附合水准路线。对于附合水准路线，理论上在两已知高程水准点间所测得各站高差之和应等于起迄两水准点间高程之差，即

$$\sum h = H_{终} - H_{始}$$

通常它们并不完全相等，其差值称为高程测量闭合差，用 f_h 表示：

$$f_h = \sum h - (H_{终} - H_{始}) \tag{2-11}$$

高程闭合差的大小在一定程度上反映了测量成果的质量。

2）闭合水准路线。

在闭合水准路线上亦可对测量成果进行检核。对于闭合水准路线，因为它起迄于同一个点，所以理论上全线各站高差之和应等于零，即

$$\sum h = 0 \tag{2-12}$$

通常高差之和也不会刚好等于零，会产生一定差值，此差值就是闭合水准路线的高程测量闭合差，即

$$f_h = \sum h \tag{2-13}$$

3）支水准路线。

水准支线必须在起终点间用往返测进行检核。理论上往返测所得高差的绝对值应相等，但符号相反，或者是往返测高差的代数和应等于零，即

$$\sum h_{往} = - \sum h_{返} \tag{2-14}$$

如果往返测高差的代数和不等于零，其值即为水准支线的高程测量闭合差，即

$$f_h = \sum h_{往} + \sum h_{返} \tag{2-15}$$

有时也可以用两组并测来代替一组的往返测以加快工作进度。两组所得高差应相等，若不等，其差值即为水准支线的高程闭合差。故

$$f_h = \sum h_1 - \sum h_2 \tag{2-16}$$

闭合差的大小反映了测量成果的精度。在各种不同性质的水准测量中，都规定了高程闭合差的限值，即容许高差闭合差，用 $f_{h容}$ 表示。如一级水准测量的容许闭合差为：

$$\begin{aligned} 平地 \qquad & f_{h容} = \pm 40\sqrt{L}\ (\text{mm}) \\ 山地 \qquad & f_{h容} = \pm 12\sqrt{n}\ (\text{mm}) \end{aligned} \tag{2-17}$$

式中，L 为附合水准路线或闭合水准路线的长度。在水准支线上，L 为测段的长，均以公里为单位，n 为测站数。

当实际闭合差小于容许闭合差时，表示测量精度满足要求，否则应对外业资料进行检查，甚至返工重测。

四、水准测量的内业计算

水准测量外业结束之后即可进行内业计算，计算之前应首先重新复查外业手簿中各项观测数据是否符合要求，高差计算是否正确。水准测量内业计算主要是对高差闭合差进行分配（平差）。当实际的闭合差在容许值以内时，可把闭合差分配到各测段的高差上。显然，高程测量的误差是随水准路线的长度或测站数的增加而增加，所以分配的原则是把闭合差以相反的符号，根据各测段路线的长度或测站数按比例分配到各测段的高差上。故各测段高差的改正数为：

$$v_i = \frac{-f_h}{\sum L} \times L_i \qquad (2-18)$$

$$或 \qquad v_i = \frac{-f_h}{\sum n} \times n_i \qquad (2-19)$$

式中，L_i、n_i 分别为各测段路线长度与测站数；$\sum L$ 和 $\sum n$ 分别为水准路线总长和测站总数。

在此，以一条闭合等外水准路线为例，介绍内业计算的方法和步骤：

如图 2-23 所示，水准点 A 和待定高程点 1、2、3 组成一闭合水准路线。各测段高差及测站数如图所示。

计算步骤如下：

（1）将观测数据和已知数据填入计算表格（表 2-2）

主要有测点名、测站数、高差观测值与水准点 A 的已知高程等。

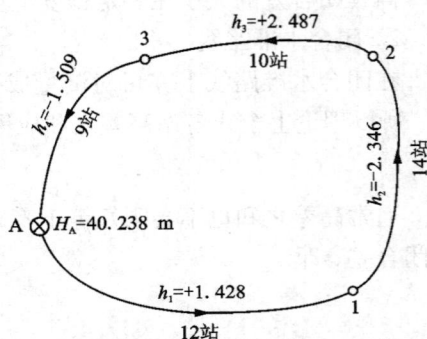

图 2-23

表 2-2

测点	测站数	高差栏			高程	备注
		观测值/m	改正数/mm	改正后高差/m		
BM$_A$					40.238	
	12	1.428	-16	1.412		
1					41.650	
	14	-2.346	-19	-2.365		
2					39.285	
	10	2.487	-13	2.474		
3					41.759	
BM$_A$	9	-1.509	-12	-1.521	40.238	
$\sum$	45	+0.060	-60	0.000		

44

（2）计算高差闭合差

根据式（2-13）计算出此闭合水准路线的高差闭合差，即

$$f_h = \sum h = +0.060 \text{ m}$$

（3）计算高差容许闭合差

水准路线的高差闭合差容许值 $f_{h容}$ 可按下式计算：

$$f_{h容} = \pm 12\sqrt{n} \text{ mm} = \pm 12\sqrt{45} \text{ mm} = \pm 80 \text{ mm}$$

$f_h \le f_{h容}$，说明观测成果合格。

（4）高差闭合差的调整

在整条水准路线上由于各测站的观测条件基本相同，所以，可认为各站产生误差的机会也是相等的，故闭合差的调整按与测站数（或距离）成正比例反符号分配的原则进行。本例中，测站数 $n=45$，故每一站的改正数为

$$-\frac{f_h}{n} = -\frac{60}{45} = -\frac{4}{3}$$

则第一段至第四段高差改正数分别为

$$v_1 = -\frac{4}{3} \times 12 = -16 \text{ mm}$$

$$v_2 = -\frac{4}{3} \times 14 = -19 \text{ mm}$$

$$v_3 = -\frac{4}{3} \times 10 = -13 \text{ mm}$$

$$v_4 = -\frac{4}{3} \times 9 = -12 \text{ mm}$$

把改正数填入改正数栏中，改正数总和应与闭合差大小相等、符号相反，并以此作为计算检核。

（5）计算改正后的高差

各段实测高差加上相应的改正数，得改正后的高差，填入改正后高差栏内。改正后高差的代数和应等于零，以此作为计算检核。

（6）计算待定点的高程

由 A 点的已知高程开始，根据改正后的高差，逐点推算 1、2、3 点的高程。算出 3 点的高程后，应再推回出 A 点高程，其推算高程应等于已知 A 点高程。如不等，则说明计算有误。

任务 2-4　三、四等水准测量

一、三、四等水准测量的技术要求

三、四等水准测量一般用于对国家高程控制网的加密，即增加高程控制点的密度。国家一、二等水准控制点比较稀疏，水准点之间的距离较大，因此为满足工程建设的需要，还要在国家一、二等高程控制网的基础上进行三、四等水准测量，增加国家高程控制网的密度。在很多情况下，三、四等水准测量也可作为小地区首级高程控制测量。三、四等水准网作为

测区的首级控制网，一般应布设成闭合环线，然后用附合水准路线和结点网进行加密。只有在山区等特殊情况下，才允许布设支线水准。

水准路线一般尽可能沿铁路、公路以及其他坡度较小、施测方便的路线布设。尽可能避免穿越湖泊、沼泽和江河地段。水准点应选土质坚实、地下水位低、易于观测的位置。凡易受淹没、潮湿、震动和沉陷的地方，均不宜作水准点位置。水准点选定后，应埋设水准标石和水准标志，并绘制点之记，以便日后查寻。

《GB/T 12898—2009 国家三、四等水准测量规范》中对三、四等水准测量的要求及各项观测限差见表 2-3（针对 DS3 仪器、平缓地带）。

表 2-3

等级	视线高度 /m	视距长度 /m	前后视距差 /m	前后视距累积差/m	黑、红面分划读数差 /mm	黑、红面分划所测高差之差 /mm	路线闭合差 /mm
三	三丝能读数	75	≤2.0	≤5.0	2.0	3.0	$\pm 12\sqrt{L}$
四	三丝能读数	≤100	≤3.0	≤10.0	3.0	5.0	$\pm 20\sqrt{L}$

二、四等水准测量的方法

1. 测站观测程序

先安置好仪器。

1）后视水准尺黑面，读上、下、中丝读数，记入表 2-4 中（1）、（2）、（3）位置。

2）前视水准尺黑面，读上、下、中丝读数，记入表 2-4 中（4）、（5）、（6）位置。

3）前视水准尺红面，读中丝读数，记入表中（7）位置。

4）后视水准尺红面，读中丝读数，记入表中（8）位置。

这种观测顺序简称为后—前—前—后。

2. 测站计算与检核

首先将观测数据（1）、（2）、…、（8）等按表格 2-4 的形式记录。

1）视距计算与检核（注意单位为 m）。

后视距（9）=［上丝读数（1）－ 下丝读数（2）］×100

前视距（10）=［上丝读数（4）－ 下丝读数（5）］×100

前、后视距差（11）= 后视距（9）－ 前视距（10），四等应 ≤±3 m，三等应 ≤±2 m。

前、后视视距累积差（12）= 上站（12）+ 本站视距差（11），四等应 ≤±10 m，三等应 ≤±5 m。

2）水准尺读数检核（单位：mm）。

前尺黑、红面读数差（13）= 黑面中丝（6）+ K1 － 红面中丝（7），四等应 ≤±3 mm，三等应 ≤2 mm。

后尺黑、红面读数差（14）= 黑面中丝（3）+ K2 － 红面中丝（8），四等应 ≤±3 mm，三等应 ≤2 mm。

3）高差计算与检核（单位：m）。

黑面高差(15)＝后视黑面中丝(3)－前视黑面中丝(6)

红面高差(16)＝后视红面中丝(8)－前视红面中丝(7)

红黑面高差之差（17）＝黑面高差(15)－［红面高差(16)±0.1］

　　　　　　　　　　＝后尺黑、红面读数差(14)－前尺黑、红面读数差(13)

要求：四等应≤±5 mm，三等应≤3 mm

高差中数（18）＝［黑面高差(15)＋红面高差(16)±0.1］/2

4）每页记录计算检核（单位：m）。

为了防止计算上的错误，还要进行计算检核。

高差检核 Σ(3)－Σ(6)＝Σ(15)

　　　　　Σ(8)－Σ(7)＝Σ(16)

　　　　　Σ(15)＋Σ(16)＝Σ(18)（偶数站）＝Σ(18)±0.1（奇数站）

视距检核 Σ(9)－Σ(10)＝末站 Σ(12)

三、四等水准测量的计算见表 2－4。

表 2－4　四等水准测量记录、计算表

测量编号	后尺 上丝 下丝	前尺 上丝 下丝	方向及尺号	标尺读数		K＋黑－红	高差中数	备 考
	后　距	前　距		黑面	红面			
	视距差 d	Σd						
	(1)	(4)	后	(3)	(8)	(14)		
	(2)	(5)	前	(6)	(7)	(13)		
	(9)	(10)	后－前	(15)	(16)	(17)		
	(11)	(12)						
1	1571	0739	后 A	1384	6171	0	+0832.5	
	1197	0363	前 B	0551	5239	－1		
	374	376	后－前	+0833	+0932	+1		
	－0.2	－0.2						
2	2121	2196	后 B	1934	6621	0	－0074.5	A尺：K＝4787 B尺：K＝4687
	1747	1821	前 A	2008	6796	－1		
	374	375	后－前	－0074	－0175	+1		
	－0.1	－0.3						
3	1914	2055	后 A	1726	6513	0	－0140.5	
	1539	1678	前 B	1866	6554	－1		
	375	377	后－前	－0140	－0041	+1		
	－0.2	－0.5						

假设第一站后视点高程为475.537 m，则第四站前视点的高程为　476.154 m　。

3.成果计算

水准测量成果处理是根据已知点高程和水准路线的观测高差,求出待定点的高程值。

三、四等附合或闭合水准路线高差闭合差的计算、调整方法与上述线路水准测量相同。四等水准测量的高差闭合差的限差为:

$$
\begin{aligned}
\text{平地} \qquad & f_{h容} = \pm 20\sqrt{L} \text{ mm} \\
\text{山地} \qquad & f_{h容} = \pm 6\sqrt{n} \text{ mm}
\end{aligned}
\qquad\qquad (2-20)
$$

任务 2-5 自动安平水准仪和激光扫描扫平仪

一、自动安平的意义

用微倾式水准仪进行测量时,每次读数前均要用微倾螺旋使管水准气泡居中(精平),以便获得水平视线来截取标尺读数。这样一方面占用了较多的观测时间,另一方面由于观测时间的延长,导致外界条件发生变化(如温度改变,尺垫和仪器下沉等),将使读数产生一些误差。为了克服上述缺点,自 20 世纪 50 年代起,已生产出许多种自动安平水准仪,人们只需将仪器的圆水准气泡居中便可立即读数。这不仅加快了作业速度,而且,对于地面的微小震动、仪器不规则的下沉、风力以及温度变化等外界因素影响所引起的视线微小倾斜,亦可以迅速而自动地给予纠正"补偿",这也就提高了测量的精度。因此,现代生产的各类水准仪,无论是普通水准仪、精密水准仪,还是光学水准仪、电子水准仪,几乎全部采用了自动安平的装置。也就是说,现代生产的各类水准仪,均可称为自动安平水准仪。

实际上,前述的各项水准测量的工作,基本上已经全部由自动安平水准仪完成。换句话说,微倾式水准仪已经完成了它应有的历史使命。

二、自动安平的工作原理

我们知道微倾式水准仪是依靠复合气泡来使望远镜视准轴精确处于水平,而自动安平的仪器则是依靠补偿器来使视准轴精确处于水平。

总的来说,补偿器的工作原理是利用地球引力来进行的。实际中,通常有两个办法来实施这一方案。一是用吊丝直接将十字丝分划板悬吊起来,利用十字丝板的自由旋转来补偿视准轴的倾斜,从而达到自动安平的目的。另一种是在十字丝分划板和物镜之间设计一组透镜用吊丝悬挂起来,同样也能获得视准轴的倾斜补偿而达到自动安平的效果。而后者正是今天许多仪器在普遍使用的,图 2-24 是这种补偿器望远镜的构造图。

在图 2-25 的工作原理示意图中,当望远镜视准轴处于水平位置 ab 时,从十字丝分划板上 b 位置可读取水准标尺 a 点的正确读数 b。当视准轴发生微小偏斜(偏斜量不超过仪器的补偿范围,如苏一光 DSZ2 自动安平水准仪的补偿范围 ±14′),十字丝从 b 点偏到了 b' 点。此时如果没有补偿器,则读数 b' 并非 a 点的读数,而为标尺 a' 处的读数。为了使读数 b' 仍然为 a 点处的读数,人们在物镜与十字丝间增加一补偿器装置 P,使 a 点发出的光线经过补偿器 P 的反射,刚好在十字丝分划板的 b' 处成像。

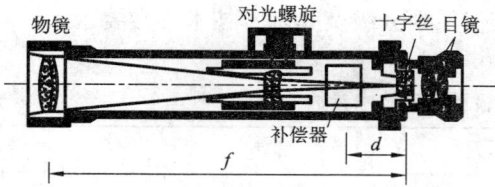

图 2-24　补偿器的位置

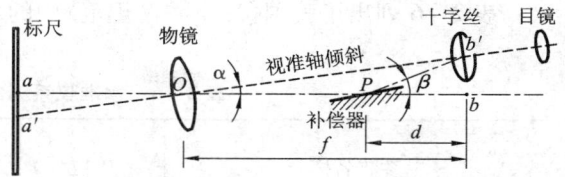

图 2-25　补偿器工作原理示意图

三、自动安平水准仪汇总

前面已经提及,现在生产的水准仪基本上均为自动安平水准仪。除了在微倾式水准仪的基础上直接增加自动安平补偿器、由此发展出传统的自动安平水准仪外,之后又发明了各式各样可自动安平的水准仪。表 2-5 中列举了我国几种常见或曾经有一定特点的自动安平水准仪及其主要技术参数。

表 2-5　自动安平水准仪主要技术参数

仪器名称、型号	自动安平补偿范围	视准轴自动安平精度	每公里往返测高差中误差	望远镜放大倍数物镜孔径	圆水准器格值	测微尺格值估读精度	备　注
苏—光 NAL232	±15′	±0.4″	±1.0 mm	32×40 mm	8′/2 mm		自动安平水准仪
苏—光 DSZ2	±14′	±0.5″	±1.5 mm	24×45 mm	8′/2 mm		
苏—光 DS05	±15′	±0.3″	±0.5 mm	38×45 mm	10′/2 mm	0.1 mm 0.01 mm	自动安平精密水准仪
苏—光 DS03	±15′	±0.2″	±0.3 mm	42×50 mm	5′/2 mm	0.01 mm	
中纬 ZDL700	±10′	±0.35″	±0.7 mm	24×36 mm	10′/2 mm		
索佳 SDL1X	磁阻尼 ±12′ 液体 ±8.5′	±0.3″	±0.2 mm	32×45 mm	8′/2 mm		数字水准仪
威特 NA2000		±0.8″	±1.5 mm	24×			1990 年,世界第一台数字水准仪

现在最为时髦的是数字水准仪,也称为电子水准仪、光电水准仪,是一种自动化程度很高的水准测量仪器,市场上已出现多家厂商的精度很好的数字水准仪。这种仪器在测量原理上与一般水准测量仪无异,但其读数系统对传统的观测方法进行了变革。新的观测特点有:

1)将常规等分划区格式标尺的长度标记方式改为条纹编码的标尺长度注记方式(参见图 2-10)。

2)采用 CCD(charge-coupled device)摄像技术(电荷耦合器件技术),测量时对标尺进行摄像观测。

3)自动实现图像的数字化处理以及观测数据的测站显示、检核、运算等。

49

表 2 - 6 列出了我国《城市测量规范》中的水准仪系列分级及其基本技术参数要求。

表 2 - 6 水准仪系列的分级及基础技术参数

参数名称		单位	等级			
			DS05	DS1	DS3	DS10
精度指标(每千米水准测量高差中数偶然中误差)		mm	±0.5	±1.0	±3.0	±10.0
望远镜	放大倍数,不小于	倍	42	38	28	20
	物镜有效孔径,不小于	mm	55	47	38	28
	最短视距,不小于	m	3.0	3.0	2.0	2.0
管状水准器角值	符合式	″/2 mm	10	10	20	20
	普通式		—	—	—	—
自动安平补偿性能	补偿范围	′	±8	±8	±8	±10
	安平精度	″	±0.1	±0.2	±0.5	±2
	安平时间,不长于	s	2	2	2	2
粗水准器角值	直交型管状	′/2 mm	2	2	—	—
	圆形		8	8	8	10
测微器	测量范围	mm	5	5	—	—
	最小格值		0.05	0.05	—	—
仪器净重,不大于		kg	6.5	6.0	3.0	2.0
主要用途			一等水准、地震水准测量	二等及其他精密水准测量	三、四等及一般工程水准测量	一般工程水准测量

四、激光扫描扫平仪

激光扫平仪是指一种可以在水平方向发射出可视激光射线,从而在水准高度上进行定位的仪器。使用时,先将仪器水准气泡居中置平,仪器在高速旋转轴的带动下使可视激光点(一般有红光和绿光)跟随高速旋转,利用人眼视觉暂留的原理,观察得到一个具有相同高度的水平面,便于工程人员在室内墙上标定出具有相同高度的水平线。激光扫描扫平仪又称激光投线仪,其样式可参见书后插页"彩图 2 - 26"。

目前国内常用的激光扫平仪大致可分为三类:水泡式激光扫平仪、重力自动安平激光扫平仪和电子自动安平扫平仪。

(1)水泡式激光扫平仪

北京光学仪器厂于 1996 年试制的 SJ2 型和 SJ3 型激光扫平仪,即属于结构简单、成本较低的水泡式激光扫平仪,是适宜于建筑施工、室内装饰等施工工作的普及型仪器。激光二极管发出的激光，经物镜后得到一激光束，该激光束经过五角棱镜后，分成两束光线，一束直接通过，另一束改变90°方向，仪器的旋转头由电机通过皮带带动旋转，便形成一个扫描的激光水平面。仪器上设置有长水准仪，用于安平仪器。和水准仪一样，扫平仪以水准器为基准，也就是说激光平面是否绝对水平主要取决于水准器的精度。如果将仪器卧放，根据垂直水准器可得激光扫描出的铅垂面。这种仪器靠水泡安平精度低，难以满足施工要求。于是，各种自动激光仪器应运而生，并产生了一些独特的安平方式。

（2）自动安平激光扫平仪

北京光学仪器厂研制的SJZ1型自动安平扫平仪，利用吊丝式光机补偿器达到在一定范围内自动安平的目的，在补偿范围内能保持扫射出的激光平面处于水平面内。这种仪器适合于震动较大的施工场地。

（3）电子式自动安平激光扫平仪

光机式补偿器结构相对简单、成本较低和具有一定的抗震性等优点，但由于其补偿精度随补偿范围的增加而降低，一般补偿范围都限制在十几分之内。近代发展的电子自动安平扫平仪，具有较高的稳定性和补偿精度。

任务2-6　水准测量的误差来源及其注意事项

任何一项测量工作，无论人们怎样去努力，其测量工作的成果仍含有一定误差。这些误差可分为三类：仪器误差、观测误差以及外界环境影响带来的误差。影响水准测量结果的误差很多，概括起来可分为三个方面的影响：仪器、人、外界条件，现分析如下。

一、仪器误差

水准仪使用前，应按规范规定进行水准仪的检验与校正，具体情况可参考仪器说明书进行，以保证仪器各轴线满足条件，不让仪器带病操作。但由于仪器结构上不可能做到完美无缺，仪器的检验与校正也不可能完全到位，这样，仪器使用时总会有一些残余误差存在，其中最主要的是水准管轴不平行于视准轴的误差（又称为 i 角残余误差、i 角误差）。而水准尺作为水准测量的重要设备，使用前同样应进行仔细检验检查。

1. 望远镜调焦机构隙动差

望远镜的调焦机构是由机械器件装配而成的，装配器件时总会存在一定间隙。这种间隙将通过转动调焦旋钮引起调焦镜中心和视准轴的变化，从而给测站观测带来误差，这就是望远镜调焦机构隙动差对水准测量的影响。一般来说，调焦机构隙动差太大的水准仪不应该投入使用。

就算是一台合格的水准仪，在测站观测中也只能用一次对光的观测方法（针对线路水准测量），即在一测站瞄准后视标尺调焦对光后，由于后视距与前视距基本相等，故在瞄准前视标尺时不必再调焦对光，否则将会导致视准轴的 i 角发生变化，增加多余的误差。

另外，你还须养成这样的良好习惯：在每次调焦对光时，最后总是按"旋进"的方向结束你的旋转动作。

2. 水准管轴与望远镜视准轴不平行的误差

对于微倾式水准仪，当水准管调平后，水准管轴处于水平方向，但视准轴与水准管轴不完全平行，而存在一个小的上下方向的夹角 i。i 角的影响如图 2-27 所示。

在这种情况下，当不考虑其他因素影响时，后视读数将包含有误差 Δ_1，前视读数将包含有误差 Δ_2，两点间的高差为

$$h = (a - \Delta_1) - (b - \Delta_2)$$

或 $$h = (a - b) - (\Delta_1 - \Delta_2) \qquad (2-21)$$

式中，$(\Delta_1 - \Delta_2)$ 是因水准管轴不平行于视准轴所产生的误差。由图可知

$$\Delta_1 = D_1 \tan i_1 \qquad \Delta_2 = D_2 \tan i_2$$

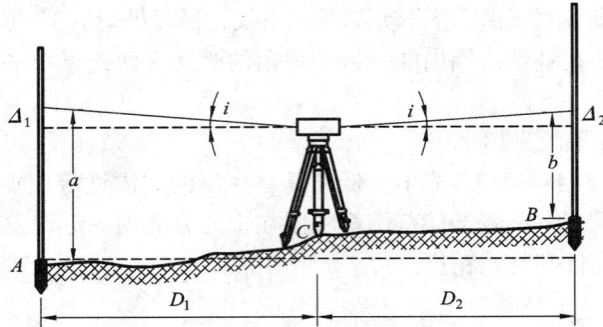

图 2-27　仪器 i 角误差影响

若要消除 i 角误差的影响，使 $(\Delta_1 - \Delta_2) = 0$，就必须满足 $D_1 = D_2$ 和 $i_1 = i_2$。

$D_1 = D_2$ 说明前后视距要相等，具体如何要求，国家规范中有明确规定。

满足 $i_1 = i_2$ 的条件，应注意以下两点：

1）避免因望远镜重新调焦而引起 i 角的变化：在一个测站上，由后视转为前视时，望远镜不得重新调焦，否则会引起视准轴位置的变化，从而引起 i 角的变化。这就要求在一个测站上的前后视距离尽量相等，或者使 D_1 和 D_2 之间的差距保持在不需要重新调焦的范围内。而且，如果 $D_1 = D_2$，不仅使 i 角变化得到控制，甚至可以直接使 $\Delta_1 - \Delta_2 \rightarrow 0$。

2）避免因温度而引起 i 角变化。由于温度改变会引起光学玻璃的密度发生变化，从而引起 i 角的变化。因此，为了保持仪器温度的稳定，除了仪器商在生产时要考虑采取一些必要措施外（如恒温材料、遮光装置等），更要求观测人员注意选择较好的天气测量（阴天最好），如遇太阳天应张伞保护仪器不被暴晒。

当 $i_1 = i_2 = i$ 时，公式 (2-21) 可以写成

$$h = (a - b) - (D_1 - D_2) \tan i \qquad (2-22)$$

对于一个较远距离的水准测段，其高差为

$$\sum h = \sum (a - b) - \tan i \sum (D_1 - D_2) \qquad (2-23)$$

在测量中，为了保持一定的工作速度，不可能使前后视距完全相等，故在一般情况下，上式中等式右边第二项往往不等于零。但是，我们野外测量时，可以有意识地使前后视距累积差 $\sum (D_1 - D_2)$ 很小，以限制该项误差对高差结果的影响。例如，当 $i = 20''$，$\sum (D_1 - D_2) = 10$ m 时，则

$$\tan i \sum (D_1 - D_2) \approx 1 \text{ mm}$$

对于一般水准测量来说，这一数值可以忽略不计。

【注意事项】　对于自动安平水准仪，由于自动补偿装置的补偿不能完全到位，导致视准轴不能水平，于是同样也存在一个类似于上述 i 角误差的视准轴误差 $\Delta\alpha$，又称作补偿误差，或补偿精度、安平精度(仪器说明书称谓)等，如图 2-28 所示。

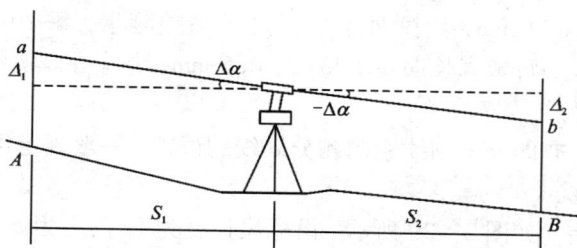

图 2-28　自动安平水准仪视准轴误差的影响

图中假定在瞄准后尺读数 a 时的补偿误差影响为正，$\Delta\alpha>0$，由于仪器是用圆水准气泡粗略整平的，此时的仪器竖轴并不垂直，所以当仪器绕倾斜的竖轴旋转测量前尺读数 b 时，补偿误差影响为负，$-\Delta\alpha<0$。此时有：

$$h=(a-\Delta_1)-(b+\Delta_2)=(a-b)-(\Delta_1+\Delta_2) \tag{2-24}$$
$$\Delta_1=S_1\tan\Delta\alpha\approx S_1\Delta\alpha,\quad \Delta_2=S_2\tan\Delta\alpha\approx S_2\Delta\alpha。$$

于是，式(2-24)进一步可以写成

$$h=(a-b)-(S_1+S_2)\qquad \Delta\alpha=(a-b)+\Delta \tag{2-25}$$

式中，$\Delta=(S_1+S_2)\Delta\alpha$ 为倾斜误差 $\Delta\alpha$ 对观测高差的影响(此例中 $\Delta<0$)。

可见，对于自动安平水准仪，视准轴倾斜误差 $\Delta\alpha$ 对观测高差的影响不能像微倾式水准仪那样，可以用前后视距相等的方法来消除。该影响与倾斜误差 $\Delta\alpha$ 及测站前后视距的和成正比例。因此，为了减小该项误差的影响，除了要仔细安置整平仪器、尽量减小倾斜误差 $\Delta\alpha$ 外，测站的前后视距之和也要尽可能得到控制。

根据 $\Delta=(S_1+S_2)\Delta\alpha$，取 $\Delta\alpha=\pm0.3''$，$\pm0.5''$ 可计算出该项误差在不同视距时的影响程度(表 2-7)。

表 2-7　自动安平水准仪视准轴补偿误差对测站高差的影响　单位：mm

$\Delta\alpha$ ＼ S_1+S_2	20 m	50 m	100 m	150 m	200 m	300 m
$\pm0.3''$	0.03	0.07	0.15	0.22	0.29	0.44
$\pm0.5''$	0.05	0.12	0.24	0.36	0.48	0.73

由此可见，对于低等级的水准测量，该项误差影响可以忽略不计；但对于高等级水准测量来说，该项影响在测站视距(S_1+S_2)达到 150 m 以上时，还是需要注意的。

值得提出的是，由于在每个测站安置仪器时，如何使用脚螺旋粗略整平都是随机的，因此各测站该项误差影响的大小将在 $|\Delta|=|(S_1+S_2)\Delta\alpha|$ 的范围内随机变动，影响的符号也是

随机的，具有偶然误差的性质。因此在计算测段总高差时，便可以抵消一部分。这是非常值得庆幸的。这也从一定程度上说明了为什么自动安平水准仪同样也能达到与微倾式水准仪相同级别的测量成果精度。

3. 水准尺的误差

1）每米分划误差（每米真长误差）。名义长为 1 m 的尺长间隔，其真长往往不等于 1 m，例如每米尺长误差为 ±0.2 mm，用这种水准尺进行高差测量，每 10 m 高差结果就包含有 2 mm 的误差。一般规定，每米真长误差不超过 ±0.5 mm，并应在观测结果中，加入尺长改正数，以消除其影响。

2）分米分划误差。亦即分米划线距起测分划线的误差，一般规定不得超过 ±1.0 mm，否则，该尺不能用于作业。

3）尺面弯曲的误差。如图 2-29 所示，设标尺长度为 l，矢距为 a，则因尺面弯曲引起的尺长误差 Δl 为

$$\Delta l = \frac{-8a^2}{3l} \qquad (2-26)$$

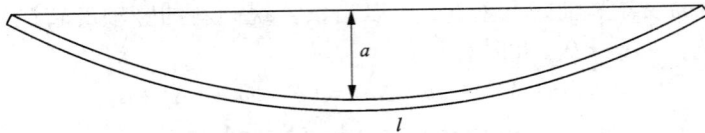

图 2-29　水准尺弯曲的影响

设要求尺面弯曲引起的尺长误差 $\Delta l \le \pm 0.1$ mm，当尺长 $l = 3$ m 时，由上式可得

$$a \le \pm\sqrt{\frac{3l \times \Delta l}{8}} = \pm\sqrt{\frac{3 \times 3000 \times 0.1}{8}} \approx \pm 10.6 \text{ mm}$$

结果表明，当水准尺尺面弯曲的矢距 $a < 10$ mm 时，其所引起的尺长误差 $\Delta l < 0.1$ mm，故实际工作中，一般可以不考虑此项误差的影响。

为了防止尺面弯曲，要求存放水准尺时尺面不可向上向下，应使侧面向上平放。在作业过程中以及搬动水准尺时，也不可将尺面向上向下地扛在肩上。

4）一对水准尺的零点差的误差。水准尺尺底分划线的理论值应为零，故称其为零分划或零点。一对水准尺的零分划实际不为零，且不相等时，其差值称为零点差。显然，每站高差中都包含有此项误差，当测站数为偶数时，在最后结果中则可消除其影响，故一般规定水准高差测量应偶数站到达终点。若为奇数站到达，则要加零点差改正。

二、观测误差

观测误差主要是由于人们在仪器操作时，受自身条件所限（如人眼分辨能力等），所引起的读数误差。

1. 水准管气泡居中误差

气泡居中误差主要与水准管分划值和人眼分辨能力有关，一般认为气泡居中的误差大约为 $\pm 0.15\tau$（τ 为水准管的分划值，又称水准管格值）。则由此引起的在水准尺上的读数误

差为

$$\Delta_{居中} = 0.15\tau S/\rho \qquad (2-27)$$

采用符合水准器读数时，气泡居中精度约可提高一倍，则上式写成

$$\Delta_{居中} = 0.15\tau S/(2\rho) \qquad (2-28)$$

当 $\tau = 20''$，标尺至仪器的距离 $S = 100$ m 时，则：

$$\Delta_{居中} = 0.15 \times 20'' \times 100000/(2 \times 206265'') \approx 0.73 \text{ mm}$$

为了减少该项误差影响，应对视线长加以限制，观测时使气泡精确居中或符合。

对于自动安平水准仪，该项误差的影响则表现在自动安平补偿器的补偿精度上。由于仪器的制造难度，使得补偿的精度局限于一定范围。例如苏州一光 NAL232 自动安平水准仪所能达到的补偿精度(即视准轴自动安平精度)为 $\pm 0.4''$。当标尺至仪器的距离 $S = 100$ m 时，则由此引起的在水准尺上的读数误差为

$$\Delta_{补偿} = 0.4'' \times 100000/206265'' \approx 0.2 \text{ mm}$$

2. 照准误差

前面已经提及，人眼的分辨能力约为 $60''$，用望远镜观察可提高 v 倍，即用望远镜瞄准目标可能产生的照准误差为 $60''/v$，由此引起的读数误差为

$$\Delta_{照} = \frac{60''}{v} \times \frac{S}{\rho} \qquad (2-29)$$

当 $v = 28$，$S = 100$ m 时，得

$$\Delta_{照} = \frac{60''}{28} \times \frac{100 \text{ m}}{206265''} \approx 0.00104 \text{ m} = 1.04 \text{ mm}$$

3. 标尺读数误差

标尺读数误差即观测员对标尺格值的估读误差。估读误差与水准尺的基本分划值有关。如果是以厘米为基本分划的水准尺，通常要求估读到 1 mm。估读时，是以十字丝在尺面上的位置来判断的，如果从望远镜中观察到的十字丝的宽度，已超过尺上基本分划的十分之一，即超过 1 mm，那么，估读到毫米的准确度就会受到影响。因此，估读误差又与望远镜的放大率和视线长度有关，放大率高，估读误差可以较小，视线长了，误差就会较大。一般认为，在视线 100 m 以内，厘米基本分划的标尺估读误差约为 1 mm。所以，我们应按规范规定的仪器等级和视距长度进行水准测量。另外，观测员作业时须认真、仔细、规范化操作，小心消除视差，提高读数精度。

4. 水准尺倾斜误差

立于尺垫或水准点上的水准尺，若在观测时倾斜(沿视线方向)，则肯定会使读数增大，如图 2-30 所示，恒有 $b' > b$。

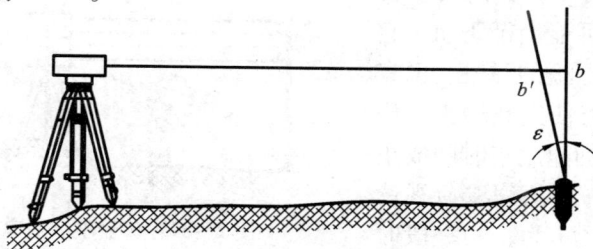

图 2-30　水准尺倾斜的影响

设水准尺倾斜 ε 角时的读数为 b'，则竖直时的读数 b 应为

$$b = b'\cos\varepsilon \qquad\qquad (2-30)$$

由此产生的读数误差为：$\Delta b = b' - b = b'(1 - \cos\varepsilon)$

将 $\cos\varepsilon$ 按台劳级数展开，取至二次项，则得

$$\Delta b \approx \frac{1}{2}b'\left(\frac{\varepsilon}{\rho}\right)^2 \qquad\qquad (2-31)$$

即水准尺倾斜引起的读数误差与读数的大小 b'（视线高度）成正比，同时与水准尺倾斜的角度 ε 的平方成正比。

目估立尺时，ε 可达 $2°$，当按最不利的情况考虑，取 $b' = 3$ m 时，由公式（2-31）可算得 $\Delta b = 1.8$ mm。

若要求读数误差 $\Delta b \leqslant 0.1$ mm，仍取 $b' = 3$ m，则由公式（2-31）得

$$\varepsilon \leqslant \pm\rho' \approx \pm 28'$$

目估立尺远远达不到这样的要求（人眼的分辨能力仅为 $1'$），故在水准尺上装圆水准器是必要的。如果标尺没有安装水准器，或有时标尺的水准器已经失效、误差较大，则要求立尺人员站在标尺的侧面立尺，这样立尺员可以目测到标尺是否有较大的前后倾斜，因为观测者在望远镜中可以看到标尺左右倾斜，却无法察觉到标尺的前后倾斜。而在极端不利情况下，可以使用前后摇尺法观测：立尺者将尺的顶端慢慢前后摇动，仪器观测到的最小读数便是标尺直立时的读数。

值得注意的是，水准尺倾斜误差虽然在后视减前视时，对于每站高差可以抵消一部分，但是，如果往测一直是上坡的情况，则后视读数总是大于前视读数，该项误差的符号为正，各站累计结果，高差总数值将增大。而在返测时（一直是下坡），高差和倾斜误差的符号又刚好和往测相反，即返测总高差的绝对值也因此加大。所以，往返测结果不能抵消标尺倾斜误差的影响。

故在陡坡地区作业时，特别应使用装有圆水准器的标尺，立尺工作要更加认真，以尽量减小标尺倾斜误差的影响。

另外，标尺能否扶直当然也与外界条件有关，例如高温天气、较大风力、猛烈的阳光、雨雪天、空气污染，等等。显然应该尽量避免这些外界条件环境。

三、外界因素的影响

外界因素对水准测量的影响很多，这里主要介绍以下几种。

1. 仪器下沉（或上升）引起的误差

在观测过程中，由于仪器的自重和观测者的走动，仪器可能渐渐下沉，它将使读数减小；由于土壤的弹性，也有可能使仪器上升，它将使读数增大。假设仪器下沉（或上升）的速度与时间成正比，如图 2-31 所示，若从读取后视读数 a_1 到读取前视读数 b_1 为止的一段时

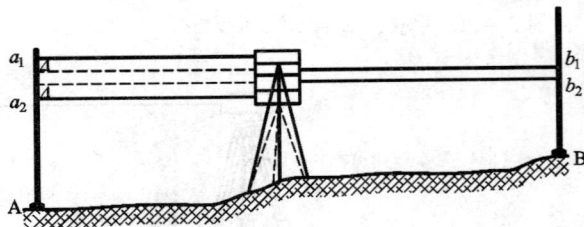

图 2-31　仪器下沉对高差测量的影响

间内，仪器下沉了 Δ，则高差中必然包含这项误差，即有：$h_1 = (a_1 - \Delta) - b_1$

为了减弱此项误差影响，可在同一测站进行第二次观测，而且在第二次观测时，先读前视读数 b_2，再读后视 a_2。这样，第二次所得高差为

$$h_2 = (a_2 + \Delta) - b_2$$

取两次高差的平均值为最后结果，即：

$$h = (h_1 + h_2)/2 = [(a_1 - b_1) + (a_2 - b_2)]/2$$

上式中已消去仪器下沉对高差的影响。但是，实际上，由于下沉速度并不一定和时间成正比，所以采取上述"后、前、前、后"的程序观测，只能减弱其影响，而不能完全消除它。为了尽量减弱仪器下沉影响，仪器应安置在土质坚实的地方，同时还应熟练掌握操作技术，设法提高观测的速度。

2. 尺垫下沉（或上升）引起的误差

如果在仪器搬站过程中，由于尺垫本身的重量或其他原因，使尺垫逐渐下沉，将使下一站的后视读数增大 Δ，如图 2-32。这项误差是除了首站之外的每一站均产生一个独立的下沉量，具有不断累加的系统性质，无法像对待仪器下沉误差那样，可以用双观测程序使之大致消除。

但是，如果是进行的往返测量，则在返测时，假定尺垫同样发生下沉，而且与往测的下沉量相同，则由于产生的误差的符号相同，均为正数（都是后视读数增大），而往测与返测的高差符号相反，因此，取往测和返测高差的平均值时，用往测高差结果减返测高差结果再除以 2，将会抵消或减弱此项误差的影响。

值得注意的是，工作中难以做到使返测立尺点与往测立尺点位置相同，而尺垫的升沉与天气、环境有关，不一定返测时情况还是相同（例如，下雨前后就大不相同），况且，许多水准测量也并没有进行往返观测。所以，为了尽量减弱尺垫升沉的影响，立尺点应选择土质坚实的地方，同时熟练掌握操作技术，提高观测速度。

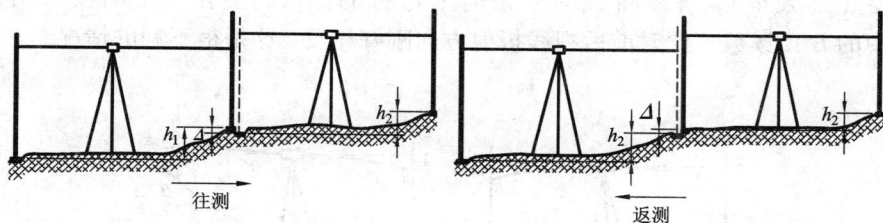

图 2-32　尺垫下沉对高差测量的影响

3. 地球曲率的影响

如图 2-33 所示，设按水平视线截取后视读数为 a、前视读数为 b，过仪器中心（视准轴与水准仪竖轴交点）作水准面，设其截在后视尺上为 a'、前视尺上为 b'。由图可以看出两点高差应为

$$h_{AB} = a' - b' = (a - \Delta_1) - (b - \Delta_2) = (a - b) - (\Delta_1 - \Delta_2)$$

如果使 $\Delta_1 = \Delta_2$，则仍有 $h_{AB} = a - b$。故将仪器安置在前、后视距离相等的中间位置，其观测所得高差就可以消除地球曲率的影响。

如果不是安在中间位置，根据第二章公式（2-7），其影响则为：

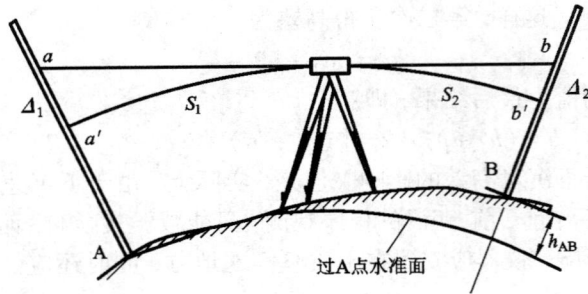

图 2 – 33　地球曲率对水准测量的影响

$$\Delta = \Delta_1 - \Delta_2 = \frac{1}{2R}(S_1^2 - S_2^2) \qquad (2-32)$$

令 $S_1 = S$，$S_1 - S_2 = \Delta S$，则上式可化成：

$$\Delta = \Delta_1 - \Delta_2 = \frac{\Delta S}{2R}(2S - \Delta S) \approx \frac{\Delta S}{R}S \qquad (2-33)$$

即地球曲率对水准测量的影响与观测视距及视距差的乘积成正比。

4. 大气折光的影响

　　光线通过不同密度的媒质时将会发生折射，且总是由疏媒质折向密媒质，因而水准测量时实际的视线并不是一条直线。一般情况下，大气层的空气密度上疏下密，测量视线通过这种大气层时，就将发生连续折射，成为一条向下弯折的曲线，使在尺上的读数减小，如图 2 – 34(a)。但是，许多实验结果表明，当视线靠近地面（约 1.5 m 以下）时，空气密度下面比上面反而要稀薄（尤其在晴天的早上，这种情况更显著。所以说，水准测量最好选在阴天进行，且不要开工太早），视线将成为一条向上弯折的曲线，使在尺上的读数增大，如图 2 – 34(b)中的 B 尺读数。此时前后视线折射方向刚好相反，这是很不利的情况。

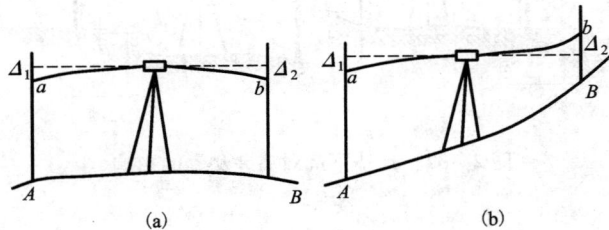

图 2 – 34　大气折光对标尺读数的影响

　　如图 2 – 34(a)，如果地面平坦，且视线方向上地面覆盖物的种类基本类似，则前后视线的折射方向相同（同时向上或向下），有 $h_{AB} = (a + \Delta_1) - (b + \Delta_2) = a - b + (\Delta_1 - \Delta_2)$，$\Delta = \Delta_1 - \Delta_2$。则在野外中，只要顾及前后视距大致相等，$\Delta_1 \approx \Delta_2$，便可以大致抵消大气折光的影响。

　　图 2 – 34(b)中，$h_{AB} = (a + \Delta_1) - (b - \Delta_2) = a - b + (\Delta_1 + \Delta_2)$，$\Delta = \Delta_1 + \Delta_2$，这就是很不利的情况。因此当在山地或经过长坡度测量时，前后视线离地面的高度相差较大，它们所受

大气折光的影响就较复杂，而且由于时间、气候、温度的变化不定性，无法用往返测的方法来消除。这时，应该缩短视线的长度，提高视线的高度，以减弱大气折光的影响。一般规定，视线高度不要低于 0.3 m。

　　大气折光误差影响较小，一般情况下仅为地球曲率影响的 1/7。参照式(2-32)、(2-33)的推导，可对图 2-34(b) 最不利的情况进行如下推算与分析。

$$\Delta = \Delta_1 + \Delta_2 = \frac{1}{14R}(S_1^2 + S_2^2) = \frac{S^2}{7R} \qquad (2-34)$$

　　此时，大气折射对水准测量的影响与观测视距的平方成正比，这是大气折光对水准测量的影响最不利的情况，影响的大小参见表 2-8。

表 2-8

$S(m)$	50	80	100	150
$\Delta(mm)$	0.05	0.14	0.22	0.50

任务 2-7　检验与校正水准仪

　　旧式的微倾式水准仪有五条主要的轴线：竖轴、水准管轴、视准轴、圆水准轴、十字丝横丝。如图 2-35(a)，这些轴线应满足的关系是：①水准管轴应与视准轴平行，$LL /\!/ CC$；②圆水准轴平行于竖轴，$L'L' /\!/ VV$；③十字丝的中横丝与竖轴 VV 互相垂直。自动安平水准仪没有水准管，当然也就没有水准管轴，只有竖轴、视准轴、圆水准轴、十字丝横丝等四条主要轴线，如图 2-35(b)。自动安平水准仪应满足的条件为：①圆水准轴平行于竖轴，$LL /\!/ VV$；②十字丝横丝垂直于仪器竖轴；③补偿器的补偿范围与补偿精度应满足要求。

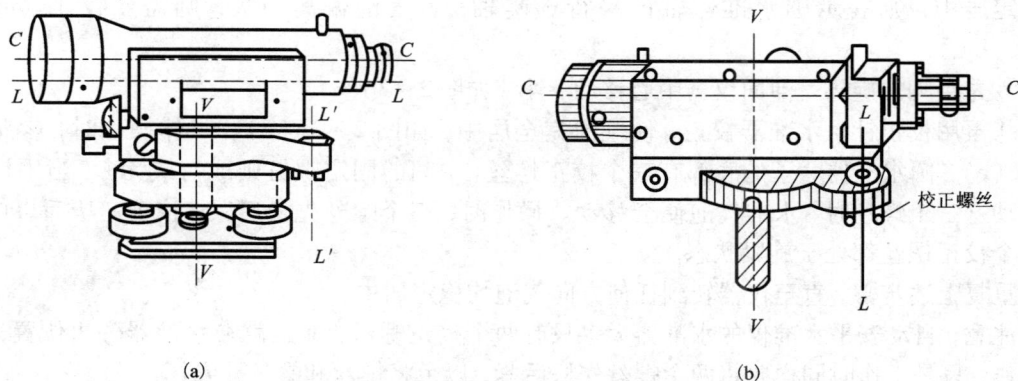

(a)　　　　　　　　　　　　　(b)

图 2-35　水准仪的轴线

而望远镜的视准轴不因调焦而有较大变动。这是普通水准仪与自动安平水准仪均应满足的要求。

　　由于现在使用的大都是自动安平水准仪，因此，下面主要介绍自动安平水准仪的检验与校正。

一、圆水准轴平行于仪器竖轴的检验与校正

无论是何种水准仪，均少不了圆水准器。圆水准器居中的作用很明显：对微倾式水准仪可以达到下一步能使水准管气泡居中的调节范围，因而可迅速用微倾螺旋调节水准管气泡居中。对自动安平水准仪可以使自动补偿器达到能够正常工作的范围。

1. 检校目的

使圆水准轴平行于仪器的竖轴，即当圆水准器气泡居中时，竖轴位于铅垂位置。

2. 检校方法

①架好仪器，用常规方法（三个脚螺旋）将圆水准气泡居中，如图 2-36(a)。此时圆水准轴竖直，但仪器竖轴**不一定**竖直。

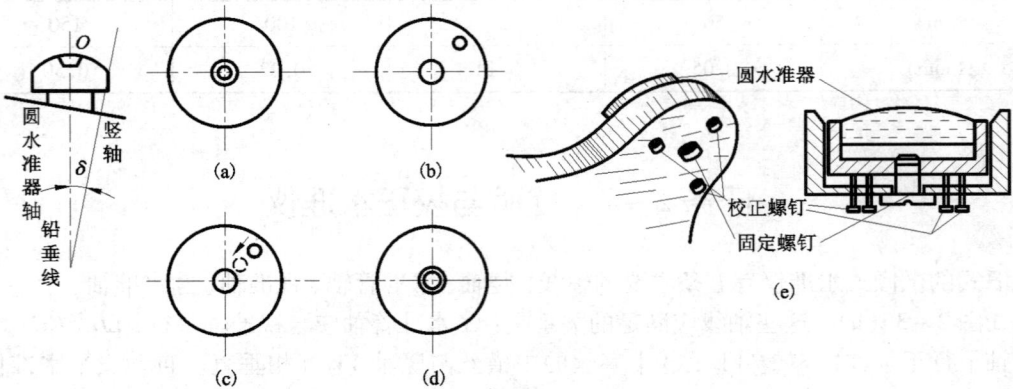

图 2-36　圆水准器校正方法

②将仪器照准部(绕竖轴)慢慢旋转，观察气泡是否偏移，旋转直到 180°停止，若气泡一直稳定居中，则表示圆水准器轴已平行于竖轴，若气泡偏离中央，则需要校正。如图 2-36(b)。

③先用脚螺旋将气泡向仪器中心移动一半，如图 2-36(c)。

④再用校正针对水准器校正，使气泡完全居中，如图 2-36(d)。具体操作时，参照图 2-36(e)，圆水准器盒子的底部有三个校正螺丝(中间的固定螺钉则或有或无)。当用校正针旋动这三个螺丝时，水准气泡便会移动。操作时，三个螺丝先松后紧，校正完毕后，必须使三个校正螺丝都处于旋紧状态。

重复上述步骤，直至仪器转到任何方向气泡均稳定居中。

注意，自动安平水准仪的水准器大多只有两个校正螺丝，而且就在水准器旁边位置，方便操作，只是操作时同样要将两个螺丝先松后紧，以免将螺丝和螺丝孔弄坏。

3. 检校原理

①设圆水准轴与仪器竖轴不平行，夹角为 δ，当安置仪器用脚螺旋使圆水准气泡居中时，圆水准轴竖直，但仪器竖轴就倾斜了 δ 角，如图 2-37(a)所示。

②当仪器绕倾斜的竖轴慢慢旋转时，气泡肯定也会偏移，旋到 180°时气泡偏移量达到最大，此时水准器已旋到竖轴另一边，水准轴与竖轴夹角仍为 δ 不变，但与铅垂线的夹角已为

2δ，如图 2-37(b)。

③当用脚螺旋使气泡居中一半的过程，即图 2-37 中从(b)到(c)的过程，也就相当于将仪器竖轴和水准器同时向铅垂线旋转移动了一半，此时仪器竖轴已和铅垂线重合，但与水准轴仍有 δ 夹角。

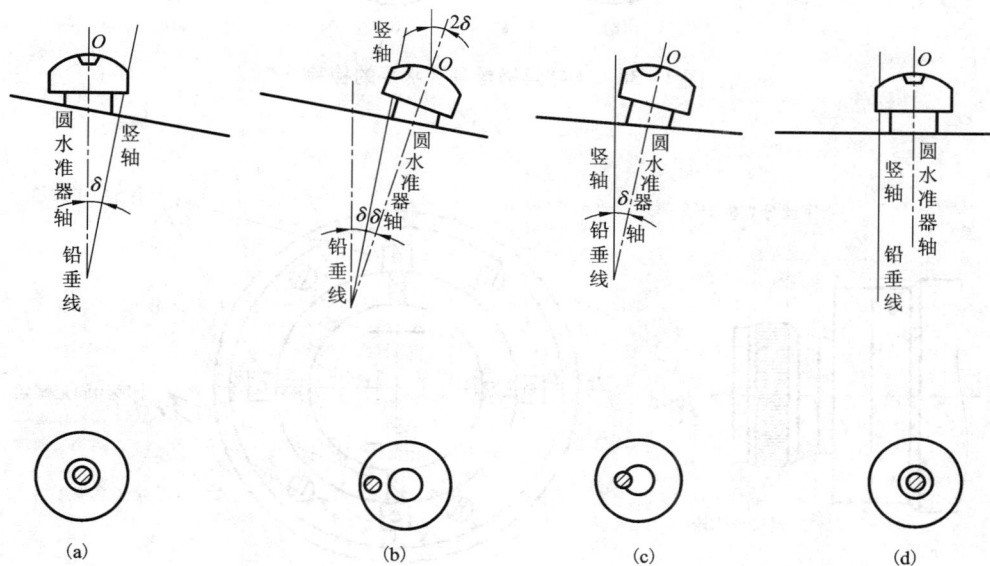

图 2-37 圆水准器校正原理

④最后仪器竖轴不动，用校正针旋动校正螺丝使气泡居中，相当于使水准器连同水准轴向竖轴旋转移动了另一半 δ，从而达到水准轴与竖轴(铅垂线)相平行，如图 2-37(d)。

二、十字丝横丝应垂直于仪器竖轴

1. 检校目的

使十字丝的横丝垂直于竖轴，这样，当仪器整平后，竖轴竖直，横丝水平，用横丝上任意位置截取的读数就相同一致。

2. 检校方法

①安置妥仪器后，将横丝左端照准一个不远处明显的点状目标 P，如图 2-38(a)所示。

②旋动微动螺旋，如果标志点 P 不离开横丝移动，如图 2-38(b)所示，则说明横丝垂直于竖轴，不需要校正。否则，如图 2-38(c)、(d)所示，则需要校正。

注：实际中可以在不远处直立一根水准尺来代替 P 点，分别用十字丝长横丝的两端读取读数进行比较，并以此判断横丝是否水平。

③校正：如图 2-39(a)，先打开十字丝分划板的护罩，便可见到十字丝校正设备，如图 2-39(b)所示。用螺丝刀松开四个十字丝固定螺丝。按横丝倾斜的反方向转动十字丝套筒组件，使目标 P 点移动至十字丝横丝上面。反复检验，直至目标 P 始终在十字丝横丝上移动，校正完成。最后应旋紧被松开的四个压环固定螺旋，装好护罩。

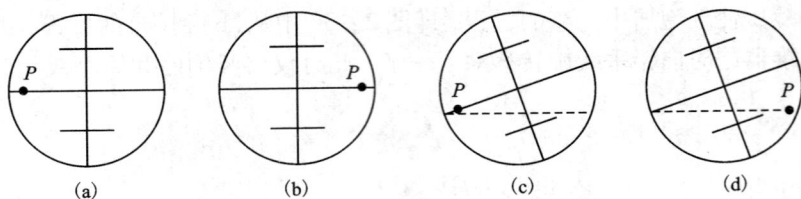

图 2 - 38　十字丝横丝是否水平的检验

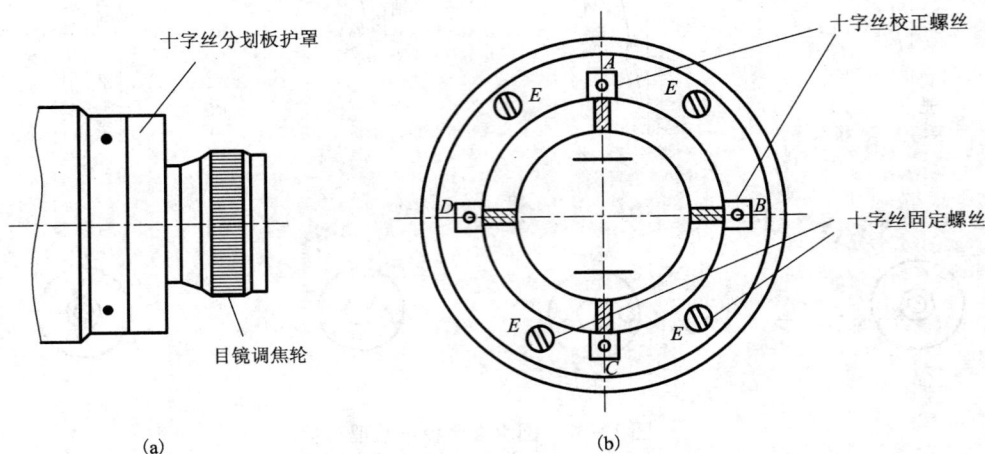

图 2 - 39　十字丝环的校正

三、自动安平水准仪补偿器性能的检验

1. 检验目的

确认仪器的自动补偿器是否在确定的补偿范围内工作正常。

2. 检验方法

①选择一平坦地带，相距约 50 m 处竖立 A、B 前后标尺，在 A、B 连线中间架好仪器，安置仪器时使其中两个脚螺旋(1 号、2 号)的连线垂直于 AB 连线，如图 2 - 40(a)。用圆水准器整平仪器，读取前后水准尺上的正确读数，计算高差 $h_正$。

②旋转位于 AB 观测方向上的 3 号脚螺旋，让气泡中心偏离水准器零点一格，使仪器向前稍倾斜，读取前后水准尺上的读数，观察分析数据变化情况，计算高差 $h_前$。再次反向旋转这个脚螺旋，让气泡中心向相反方向偏离零点一格并读数，观察分析数据变化，计算 $h_后$。

③重新整平仪器，用位于垂直于视线 AB 方向上的 1 号或 2 号脚螺旋，先后使仪器向左、右两侧倾斜，并分别使气泡的中心偏离零点一格后读数，观察分析数据变化，计算出 $h_左$、$h_右$。

正常情况下，仪器竖轴向前、后、左、右倾斜时所测得的高差 $h_前$、$h_后$、$h_左$、$h_右$，分别与仪器整平时所得的正确高差 $h_正$ 进行比较，其差值 Δh 应比较接近而且数值较小，例如对于四

62

等水准的区格式标尺,应为 3 mm 左右,可认为补偿器工作正常。或者可参照公式(3 – 25)中的 $\Delta = (S_1 + S_2)\Delta\alpha$ 及(表 3 – 6)进行计算、比较。如相差太大,应进行检修。

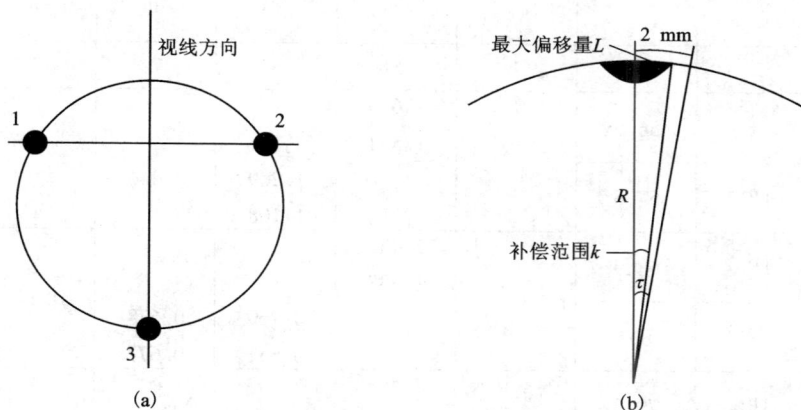

图 2 – 40　补偿器性能的检验

实际生产中,上述允许水准气泡偏离的大小,应根据补偿器的工作范围及圆水准器的分划值来决定。四次偏离的位置应大致相同,尤其偏离不能超出补偿范围。参照图 2 – 40(b),气泡偏移量的最大值 L 可按下式计算。

$$L = 2 \times \frac{k}{\tau} \tag{2 – 35}$$

例如补偿工作范围为 ±5′,圆水准器的分划值 $\tau = 8′$(2 mm 弧长所对之圆心角值),则气泡中心偏离零点不应超过 $2 \times 5/8 = 1.2$(mm)。补偿器的工作范围和圆水准器的分划值在仪器说明书中均可查得。

练习题 2

1. 名词解释:水准仪、水准测量、水准点、间歇点。

2. 什么叫视差?产生视差的原因是什么?如何消除?

3. 已知 A 点高程 $H_A = 12.658$ m,水准测量 A 点标尺读数为 1.526 m,B 点标尺读数为 1.182 m,求 A、B 两点间高差 h_{AB} 为多少?B 点高程 H_B 为多少?要求绘图说明。

4. 水准测量中为什么要求前后视距尽量相等?如果不相等会有哪些误差影响?

5. 下列两个表格分别为改变仪器高法和双面尺法进行水准测量的外业记录手簿,请将表格中遗漏的数据补充完整。

改变仪器高法水准测量

测站	测点	视距 S	视距差 ΔS $\sum \Delta S$	后视读数 a /m	前视读数 b /m	高差 /m	平均高差 /m	备注
1	2	3	4	5	6	7	8	9
I	A	56.6		1.655 1.554				起算点
	TP₁	57.6			1.209 1.108	0.446		
II	TP₁	68.9	1.1	1.437 1.338			0.678	
	TP₂	67.8			0.769 0.651	0.678 0.677		
III	TP₂	79.8		2.463				
	TP₃	78.8			1.041 0.931	1.422 1.424		
IV	TP₃	89.6	−0.2	1.975 2.099				
	B	89.8			0.739	1.360	1.360	待求点
求和与检核计算		$\sum S =$	$\sum \Delta S =$	$(\sum a - \sum b)/2$ $= (\quad - \quad)/2$		$\sum /2 =$	$\sum h =$	

双面尺法观测记录实例

测量编号	后尺 上丝 下丝 后距 视距差 d	前尺 上丝 下丝 前距 $\sum d$	方向及尺号	标尺读数 黑面	标尺读数 红面	K+黑−红	高差中数	备考
1	1573 1194	0735 0367	后 No.5	1384	0			No.5 $K=4.787$
		36.8	前 No.6		5239	+1		No.6 $K=4.687$
			后−前			−1 −1		
2	2225 1642	2305 1712	后 No.6	1934	6620			
	58.3		前 No.5		6796	−1		
			后−前	−0.074				

64

6.自动安平水准仪各有哪几条主要轴线？它们之间应满足哪些几何条件？这些条件相互影响的顺序怎样？

7.双面尺法闭合线路四等水准测量中，每测站有_____(7、8、9)个原始读数，需要现场计算的项目有_____(8、10、12)个，测站检核有_____(5、7、9)个内容。除此之外，内业计算时对线路闭合差的要求是_____。

8.水准测量误差主要有哪些来源？哪些误差可以用什么方法消除或减弱？

9.完成下表中的附合线路水准测量成果整理，计算高差改正数、改正后高差和高程。

附合线路水准测量成果计算表

点号	路线长 L/km	观测高差 h_i/m	高差改正数 v_h/m	改正后高差 h_i/m	高程 H/m	备注
BM_A					7.967	已知
	1.5	+4.362				
1						
	0.6	+2.413				
2						
	0.8	−3.121				
3						
	1.0	+1.263				
4						
	1.2	+2.716				
5						
	1.6	−3.715				
BM_B					11.819	已知
$\sum$						

$$f_h = \sum h_{测} - (H_B - H_A) = \qquad\qquad f_{h容} = \pm 40\sqrt{L} =$$

$$v_{1km} = -\frac{f_h}{\sum L} = \qquad\qquad\qquad \sum v_k =$$

实训1　水准仪的认识及其基本操作

20___年___月___日___午　　天气_____　　专业班级_____　　第___小组

观测:_____　　记录:_____　　立尺:_____

实训要求	1. 认识水准仪的基座与照准部的各部件、结构组成; 2. 学会水准仪的安置方法与步骤,掌握尺垫、标尺的正确使用方法; 3. 能够利用水准仪的三条横丝进行读数,利用表格进行现场记录、计算。
注意事项	1. 每小组5~6人,最好安排3节课较适合,开始由老师讲解仪器、设备、工具的组成与作用,使用注意事项,全面演示一遍操作过程; 2. 实训过程中注意人身安全和仪器设备及数据资料安全; 3. 实训前后清点使用的仪器工具——水准仪、脚架、标尺一对、尺垫两个,确保其完好无损; 4. 小组各成员轮流进行仪器操作、记录、立尺等各项工种,严格按老师的各项示范动作进行。

上丝读数 ——————— 下丝读数	后视距 S_A	上丝读数 ——————— 下丝读数	前视距 S_B	A 后尺中丝	B 前尺中丝	高差 h_{AB}

回答问题:

(1)你所使用的仪器名称、品牌、型号为_____,精度等级为_____,仪器上可以旋转的螺旋有:_____。

(2)观测 A 点至 B 点的高差为____ m,说明 B 点比 A 点____。如果假设 A 点的高程 $H_A = 10.000$ m,可知仪器的视线高程 H_1 = _____ m,B 点的高程 H_B = _____ m。

(3)如果十字丝不清晰,应旋转_____;标尺影像不清晰,应旋转_____;如果二者都不清晰,存在视差,则应_____。

(4)如果水准尺上没有水准器,或者水准器已坏,立尺员应站立在水准尺的_____竖立标尺,这样有助于立尺员观察标尺是否_____。

体会、收获、建议:

实训成绩:

实训 2　改变仪器高法水准测量

20 ____ 年 ____ 月 ____ 日 ____ 午　　天气 _____　　专业班级 _____　　第 ____ 小组

观测：_____　　记录：_____　　立尺：_____

目的 要求	1. 进一步熟悉水准仪的安置，切实掌握水准尺的正确使用方法； 2. 提高仪器观测读数的速度和准确度，利用表格进行现场记录、计算； 3. 掌握改变仪器高法水准测量的工作过程，清楚该方法的实质。
注意 事项	1. 小组成员轮流进行一次完整的仪器操作、记录、立尺等工作； 2. 老师先完整示范一遍操作过程，同学记录、计算得出结果，每位同学至少测出一套合格数据； 3. 按四等水准要求，前后视距差不超过 3 m，两次观测高差之差不超过 5 mm。

序	上丝读数 下丝读数	后视距 S_A	上丝读数 下丝读数	前视距 S_B	A 后尺中丝	B 前尺中丝	高差	高差平均值 h_{AB}
1								
2								
3								

回答问题：

1）尺垫的使用：在已知水准点、_____ 或 _____ 立尺时不能使用尺垫，只有在 _____ 立尺时才使用尺垫。尺垫作为支 _____ 水准标尺的承台，起传递 _____ 作用，必须将其在地面放稳 _____，并将水准标尺垂直立在尺垫的中央半圆形 _____ 上。

2）一测站用两次仪器高来测量高差可以 _____　A. 检查错误；B. 消除 i 角误差；C. 减少外界环境影响；D. 提高精度；E. 减少尺垫下沉的影响。（多选题）

3）改变仪器高法水准测量最适合于 _____。

体会、收获、建议：

实训成绩：

实训3 双面尺法水准测量

20 ___年___月___日___午　天气_____　　专业班级_____　　第___小组

观测：　　　　　　记录：　　　　　　立尺：

目的要求	1. 掌握双面尺法水准测量一测站内的各项操作、记录、计算、立尺工作； 2. 认识一对双面尺的黑面起始刻划、红面起始刻划，清楚它们的含义； 3. 体会与理解测站中各项限差要求的意义。
注意事项	1. 老师示范一遍操作过程，全体同学独自记录、计算，得出各项数据结果； 2. 小组成员轮流进行一次完整的仪器操作、记录、计算、立尺等工作； 3. 按四等水准限差要求：前后视距差3 m，黑、红面读数差3 mm，黑面、红面高差之差5 mm。

序	后尺　上丝／下丝 后视距 视距差 d	前尺　上丝／下丝 前视距 $\sum d$	方向（点名）及尺号（尺位）	A后尺中丝 黑面	B前尺中丝 红面	$k+$黑$-$红	高差中数 h	备 注
1			后					后尺 $k=$ 前尺 $k=$
			前					
			后－前（高差）					
2			后					
			前					
			后－前（高差）					

（1）按四等水准测量要求，对如下的各项限差陈述进行改错：视距不大于100 m，前后视距差不大于3 m，前后视距累积差不大于5 m，视线高度不小于0.5 m，黑红面读数差不大于3 mm，黑红面高差之差不大于5 mm，黑红面高差平均值5 mm，闭合环的路线闭合差应该为0。

（2）立尺者应注意的事项有：_____。

（3）双面尺法水准测量一般适合于_____。

体会、收获、建议：

实训成绩：

实训4　自动安平水准仪的检校

20 ____年____月____日____午　天气_____　专业班级_____　第____小组

观测：　　　　　　记录：　　　　　　立尺：

目的 要求	1. 掌握自动安平水准仪能否正常使用的常规检查方法； 2. 体会圆水准器的校正过程。
实训内容	1. 圆水准轴平行于竖轴：老师示范先用校正针将气泡破坏，再重新安置仪器进行校正，同学照此模仿； 2. 十字丝横丝应垂直于竖轴：老师指导同学只进行检验，不进行破坏校正（如时间容许则可进行此项）； 3. 自动补偿性能的检验：老师先示范观测，同学们记录计算，之后再进行模仿，获得各自仪器水准气泡的最大可偏移量。
过程记录 及示意图	

回答问题：

(1)微倾式水准仪有五条主要的轴线，它们是：_____。自动安平水准仪只有四条，它们是_____。

(2)自动安平水准仪的各轴线应相互平行或相互垂直，按其主次关系和先后顺序进行排列，应该是_____。

(3)用校正针转动校正螺丝时，应遵从如下原则：_____。

体会、收获、建议：

实训成绩：

模块 3　角度测量

【教学目标】能使学生理解角度测量的基本原理，认识经纬仪（全站仪）的结构，熟悉仪器的安置与操作方法，掌握水平角与竖直角的观测与计算。

【技能抽查】任何一款全站仪器的对中整平安置，仪器的水平角测量与计算，竖直角测量与计算。

角度是两条相交直线形成的夹角。测量中的角度是指第一条直线顺时针（数学中为逆时针）旋转到第二条直线所转过的量度值。如图 3-1 所示，直线 OA 与直线 OB 的夹角 36°，即是直线 OA 绕顶点 O 顺时针旋转到 OB 扫过的角度。在机械制造中，角度又是一个具体的物理量，可以用角度尺测定其大小（图 3-2）。在测绘行业，我们测量研究的对象主要是水平角与竖直角两种。

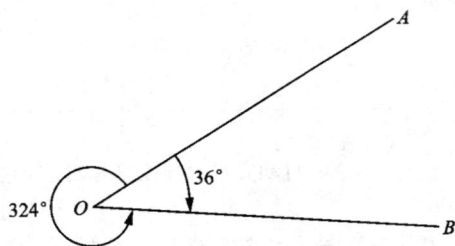

图 3-1　角度的概念

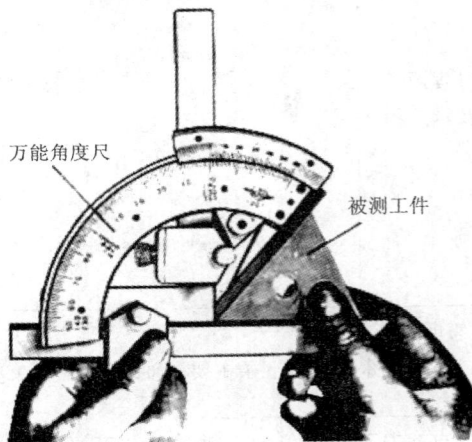

图 3-2　角度尺的应用

任务 3-1　角度测量的基本概念

一、水平角测量原理

为确定点的空间位置，角度是需要测量的基本要素之一，所以角度测量是一种基本的测量工作。角度可分为水平角和竖直角。水平角是指从空间一点出发的两个方向在水平面上的投影所夹的角度；而竖直角是指某一方向与其在同一铅垂面内的水平线所夹的角度。

70

水平角是指地面上一点到两个目标点的连线在水平面上投影的夹角，或者说水平角是过两条方向线的铅垂面所夹的两面角。如图3－3所示，β角就是从地面点B到目标点A、C所形成的水平角，B点也称为测站点。水平角的取值范围是从$0°\sim360°$的闭区间。

如何测得水平角β的大小呢？我们可以想像，在B点的上方水平安置一个有分划刻度的圆盘，圆盘的中心刚好在过B点的铅垂线上。然后在圆盘的上方安装一个望远镜，望远镜能够在水平面内和铅垂面内旋转，这样就可以瞄准不同方向和不同高度的目标。为了测出水平角的大小，因此还要有一个用于读数的指标，当望远镜转动的时候指标也一起转动。当望远镜瞄准A点的时候，指标就指向水平圆盘上的分划a，当望远镜瞄准C点的时候，指标就指向水平圆盘上的分划c，假如圆盘的分划是顺时针的，则有

$$\beta = c - a \qquad (3-1)$$

上述水平角测量的原理，类似于在水平台面上固定好一个全圆量角器，以量角器的圆心（B）为顶点瞄准目标（A、C）在台面上画两条直线，直线在量角器上显示的读数之差便是所要测的水平角$\angle ABC$。

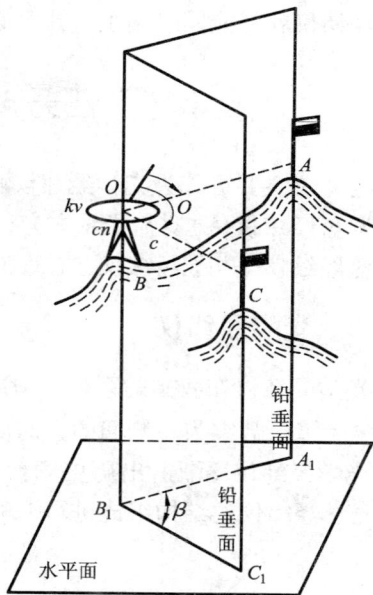

图3－3

二、竖直角测量概念

前面已提及，竖直角是在同一竖直平面内，目标方向线与水平方向线之间的夹角。当目标方向线高于水平方向线时，称仰角，取正号，反之为俯角，取负号。竖直角取值范围为$+90°\sim-90°$。

测量竖直角的原理是：在直线的起点之上垂直安放一个有分划的圆盘（竖盘），同样为了瞄准目标也需要一个望远镜，望远镜与竖盘固连在一起，当望远镜在竖直面内转动时，也会带动竖盘一起转动。为了能够读数还需要一个指标，指标并不随望远镜转动。当望远镜视线水平的时候，指标会指向竖直圆盘上某一个固定的分划，如$90°$的整数倍。当望远镜瞄准目标时，竖盘随望远镜一起转动，指标指向竖盘上的另一个分划。则这两个分划之间的差值就是我们要测量的竖直角。需要说明的是，竖直角是仪器中心点与照准目标点相连直线的竖直角，而不是两个地面标志点连线的竖直角。

根据水平角和竖直角测量原理，要制造一台既能够观测水平角又能观测竖直角的仪器，它必须要满足以下几个条件：

1）仪器的中心必须位于过测站点的铅垂线上（有对中设备）。

2）照准部设备（望远镜）要能上下转动（有横轴）和左右转动（有竖轴），上下转动时所形成的是竖直面。

3）要具有能安置成水平位置和竖直位置并有刻划的圆盘。

4）要有能指示度盘上读数的指标。

经纬仪就是能同时满足这几个必要条件的用于角度测量的仪器。

任务 3-2 经纬仪及其使用

经纬仪主要可分为光学经纬仪和电子经纬仪两大类。数十年来，经纬仪的发展与应用经历了罗盘经纬仪（磁罗盘指示方向，见书后"彩图 3-4"）、游标经纬仪（金属圆环度盘）、光学度盘经纬仪、电子经纬仪、全站仪的历程。

一、光学经纬仪

光学经纬仪在我国的系列为 DJ_1、DJ_2、DJ_6 等。D、J 分别取大地测量仪器、经纬仪的汉语拼音字头，数字为一测回的方向值观测中误差。20 世纪 90 年代后全站仪的大量生产使用，使得光学经纬仪逐渐退出历史舞台，目前厂商已基本停止生产普通光学经纬仪。这里仅对 DJ6 光学经纬仪的结构组成进行一般性介绍（图 3-5）。

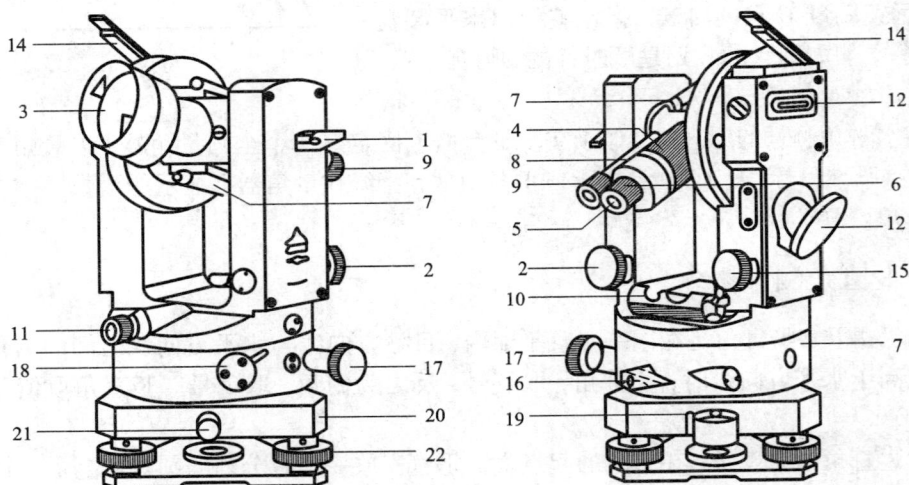

图 3-5 光学经纬仪

1—望远镜制动；2—望远镜微动；3—物镜；4—物镜调焦；5—目镜；6—目镜调焦；7—粗瞄；8—度盘读数显微镜；9—显微镜调焦；10—照准部管水准器；11—光学对中器；12—度盘照明反光镜；13—竖盘指标管水准器；14—水准器观察反射镜；15—管水准器微动螺旋；16—水平方向制动；17—水平微动；18—水平度盘变换手轮与保护盖；19—圆水准器；20—基座；21—轴套固定螺旋；22—脚螺旋

DJ6 光学经纬仪简称 J6 经纬仪，主要由照准部、水平度盘和基座三部分构成。

1. 照准部

包括：望远镜（用于瞄准目标，与水准仪类似，也由物镜、目镜、调焦透镜、"十"字丝分划板组成）、横轴（望远镜的旋转轴）、U 形支架（用于支撑望远镜）、竖轴（照准部旋转轴的几何中心）、竖直度盘（用于测量竖直角，0°~360°顺时针或逆时针刻划）、竖盘指标水准管（用于指示竖盘指标是否处于正确位置）、管水准器（用于整平仪器）、读数显微镜（用来读取水平度盘和竖直度盘的读数）、调节螺旋等。

2.水平度盘

水平度盘用来测量水平角时进行方向读数。它是一个圆环形的光学玻璃盘，圆盘的边缘上刻有分划。分划从0°～360°按顺时针注记。光学经纬仪水平度盘的转动有两种形式：一种是通过复测机钮扳手的向上向下，来控制度盘与照准部是否固连成一个整体，从而可以设置度盘的初始读数；另一种是设计一个度盘转动手轮，直接旋转手轮来改变水平方向值。

3.基座

基座上有三个脚螺旋、圆水准器、支座、连接螺旋等。圆水准器用来粗略整平仪器。另外，经纬仪上还装有光学对中器用于对中，使仪器的竖轴与过地面点的铅垂线重合。

二、电子经纬仪

"彩图3-6"（参见书后彩图插页）是某款电子经纬仪。电子经纬仪装备有光电度盘和光电读数系统，电子显示屏显示角度测量方向值，让测量员直接在屏幕读数，提高了工作效率。光电经纬仪在20世纪八九十年代获得了广泛应用，但随即便被可同时进行光电测角和光电测距的全站仪取代。

全站仪是一种综合光电测角与光电测距两种功能用途的现代化测量仪器。全站仪的光电测角技术与光电经纬仪相类似。它集成了光学经纬仪、光电经纬仪的全部功能和优点，另外再增加了光电测距的功能。正因如此，它问世20多年来便一直坚守在测量野外生产第一线，成为当今最流行的角度和距离测量仪器。

最早出现的全站仪只是以组合形式出现，生产商将专门生产的测距仪（测距头）叠加在经纬仪的望远镜或顶部支架上，组成积木式的全站仪，经纬仪则用光学经纬仪或电子经纬仪均可。而后来生产出的一体式全站仪便成为真正意义上的全站仪，不仅将积木式的经纬仪、测距头、外接大电池整合在一起，方便使用、储运，更加在仪器读数、记录、功能化测量、数据存储通讯等方面不断完善提高。

表3-1列举了几种全站仪的主要技术参数。

表3-1　部分全站仪主要技术参数一览表

名称型号	测角精度	最小显示度盘格式	自动安平补偿范围、安平精度	放大倍数物镜孔径分辨率	水准器格值	有棱镜测程无棱镜测程测距精度	无棱镜测程测距精度	数据存储接口	备注
南方 NTS325	±5″	1″光电增量对径分划	±3′1″液体电容补偿	30×45 mm4″	管30″/2 mm圆8′/2 mm	三棱镜2300 m单棱镜1600 m3 mm+2ppm.D		RS-232C	连续工作8小时图形显示
南方 NTS662	±2″	1″光电增量对径分划	±3′1″双轴液体电子补偿	30×45 mm3″	管30″/2 mm圆8′/2 mm	三棱镜2600 m单棱镜1800 m2 mm+2ppm.D		RS-232C	连续工作8小时图形显示
苏一光 RTS632B	±2″	1″光电增量	±3′1″液体电容补偿	30×40 mm4″	管30″/2 mm圆8′/2 mm	三棱镜2600 m单棱镜2200 m2 mm+2ppm.D		8000点内存RS232C	连续工作8小时

名称型号	测角精度	最小显示度盘格式	自动安平补偿范围、安平精度	放大倍数物镜孔径分辨率	水准器格值	有棱镜测程测距精度	无棱镜测程测距精度	数据存储接口	备 注
拓普康 GTS−750	±1″	1″ 对径双探测	±6′、1″ 双轴补偿	30× 45mm 2.8″	管30″/2mm 圆10′/2mm	9棱镜5000m，三棱镜4000m，单棱镜3000m，无棱镜500m 有：2+2，无：10+10		RS−232C、64M 内存、64M SD 卡	连续工作 8小时
徕卡 TCA2003 测量机器人		绝对编码 对径测量	4′、0.3″ 电子双轴补偿	30× 42mm		2500m 1+1ppm		2M RAM 卡	64×210 像素 后改为 TM30
徕卡 TM30 测量机器人	±1″ ±0.5″	绝对编码 四重探测		30×		3500m 0.6+ 1ppm.D	1000m 2+2ppm.D	256M 内存 1G CF 卡	智能识别 数字影像 彩色触屏 无线蓝牙

图 3 −7、图 3 −8 分别是经纬仪与全站仪的结构简图。全站仪也可认为是由**基座**、**度盘**、**照准部**三大部分组成的。

1. 基座

全站仪的基座除了具有光学经纬仪基座的功能用途外，有些还增加了新的功能，如徕卡 TC2000 全站仪的基座便装有仪器动态测角系统的固定光栅探测器一对，用来与装在照准部的活动光栅探测器配合使用，来实行对水平角的动态测量。

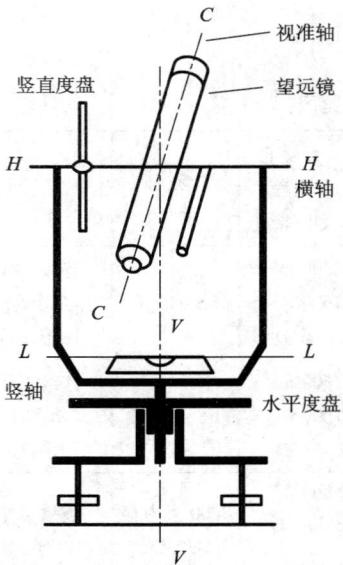

图 3 −7　经纬仪结构简图

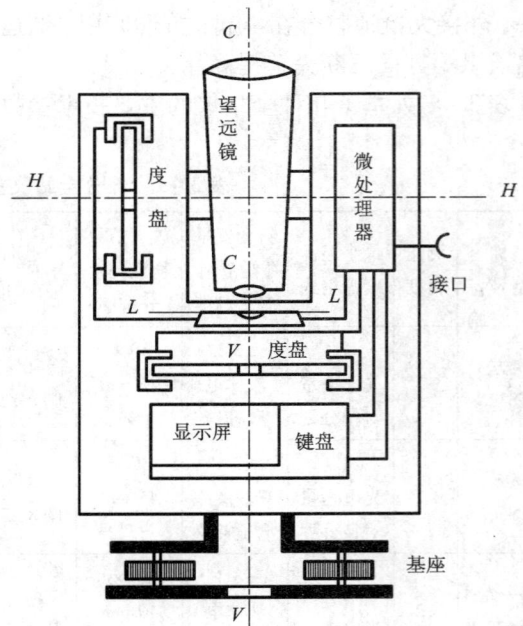

图 3 −8　全站仪结构简图

2.度盘

传统经纬仪的度盘读数采用各种各样的测微装置来提高读数精度：游标经纬仪采用游标盘读数，光学经纬仪主要有分划尺测微、单平板玻璃测微、光楔测微等。

全站仪的光电度盘在原来光电经纬仪度盘的基础上获得了更好的发展与完善。现在全站仪主要有光栅度盘、编码度盘以及动态测角等几种形式的测角度盘。

全站仪的水平度盘配置有多种方法，主要以键盘的按键功能或触摸屏的触摸功能来实现。以南方全站仪为例，水平度盘按键功能有0SET、HOLD、HSET，此外还有度盘注记顺序设置按键 HR、HL。

●0SET 功能把水平度盘显示设置为零，也就是瞄准目标后置零。

●HOLD 功能相当于光学经纬仪的复测钮，启动此键会将水平度盘读数固定不变，待精确瞄准起始目标之后再按一次该键，便又恢复角度变化的测角状态。该功能可用于复测法测角，也可用于施工放样时的方位角度盘配置。

●HSET 功能相当于光学经纬仪的度盘变换钮，启动 HSET 功能可根据需要输入角度值实现水平度盘的配置，具体如下：转动照准部瞄准起始方向，启用 HSET 按键，仪器显示窗提示输入角度，按需要输入角度值（方位角）实现水平度盘的配置。

●HR 功能把水平度盘配置为顺时针旋转时，角度方向值增加顺时针注记格式；HL 刚好相反，将水平度盘配置为逆时针注记顺序。

3.照准部

全站仪的照准部与光学经纬仪相同的部分有望远镜、横轴、竖轴、水准器和支架、操作机构。除此之外还设有键盘、数据接口等。

1）如"彩图 3-9"（见书后彩图插页）所示，照准部的望远镜一方面可以随同照准部绕竖轴旋转，另一方面它还可以绕横轴在竖直面内旋转。望远镜的对光操作为：①对准明亮天空旋转目镜调焦轮，使眼睛看清楚十字丝像；②对准目标转动物镜对光螺旋，眼睛看清楚物像 A；③消除视差。视差即移动眼睛可发现十字丝像与虚像 B 的相对晃动现象。存在视差时，表明物像 A 没有落在十字丝板焦面上，重复①、②操作可消除视差。

2）全站仪的水平制动、微动旋钮同轴成套设置，水平制动旋钮设在内侧，水平微动旋钮设在外侧，操作方便。松开水平制动旋钮，照准部可以自由水平转动；旋紧水平制动旋钮，照准部不能自由转动。水平微动旋钮只有在旋紧水平制动旋钮之后才可以操作使用，它用来在水平方向上精确瞄准目标。

与水平制动、微动旋钮相类似，垂直制动、微动旋钮的配合使用可以使望远镜在垂直方向上瞄准目标。

当我们操作水平微动、垂直微动，或是其他任何仪器的什么微动旋钮时，都应养成一个这样的良好习惯：总是按照旋进的方向来结束你最后的旋转动作。

3）全站仪的对中器有光学对中器、激光对中器，当仪器对中整平之后，可使仪器中心、水平度盘中心与地面标志点位于同一条铅垂线上。如图 3-10 所示，光学对中器主要由目镜、分划板、物镜、直角转向棱镜等部件构成。

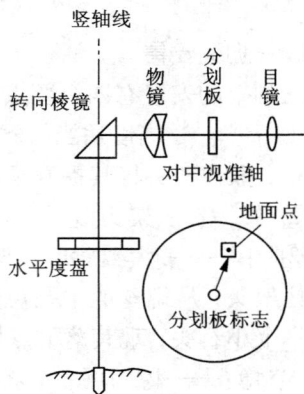

图 3-10 光学对中器光路图

激光对中器装备有激光发射器，提供可见红色光斑，直接射向地面的标志点对中。除此以外，仪器箱内一般还配有一个垂球，使用时将其挂在三脚架挂钩上用于粗略对中。

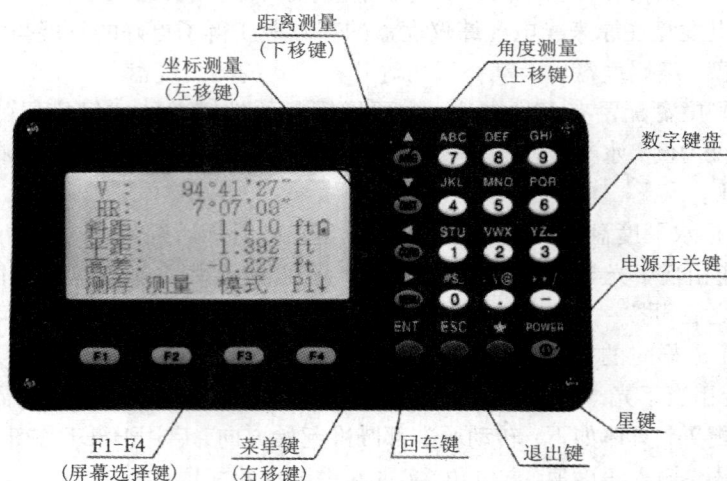

图 3-11 全站仪键盘

④全站仪的键盘上布置有若干个按键。按键用于测量指令的操作，显示窗显示测量指令和测量结果等信息。图 3-11 是某全站仪键盘工作样图。

⑤照准部上的电池是全站仪工作的动力源，装上电池与取下电池都要小心谨慎，左手扶持住仪器，右手装卸电池，不要强行用力。仪器使用后注意及时充电。

三、经纬仪的操作

由水平角的定义知道，安置经纬仪的目的是将经纬仪的竖轴竖直且通过地面点的标志中心。将经纬仪的竖轴竖直操作是通过照准部上的水准管气泡居中来实现，称为整平；使竖直的竖轴与地面点的标记中心在同一铅垂线上的操作称为对中。无论是旧式经纬仪、电子经纬仪，还是全站仪，仪器的安置方法几乎完全相同。以下是一种比较通用的仪器安置方法过程：

1. 三脚架安置

三脚架的安置有四个要点："高、平、中、稳"，如图 3-12 所示。

①"高"——高度适当。解开三脚架绑腿皮带，松开架腿上的蝶形螺旋（箍套旋钮，见图3-13），揪住架头将其提升至与胸齐平的高度，拧紧蝶形螺旋。

②"平"——架头概平。张开三脚架架腿，目估使架头大致水平。

③"中"——大致对中。架头上有一个卡住连接螺丝的活动金属环，用手指将其往上抬平顶住架头，从螺丝的中孔观察，观察地面标志点则可确定大致对中。或在架头中心处自由落下一个小石头，观其落下点位与地面点的偏差在 3 cm 之内，也可实现大致对中。

④"稳"——稳固可靠。将三脚架脚尖踩入地下使其稳固。三条架腿的斜度要合适，不得过陡或过缓。当地面倾斜较大时，则应将一条架腿安置在倾斜地面的上方，另外两条架腿安置在下方，这样安置仪器才比较稳固。

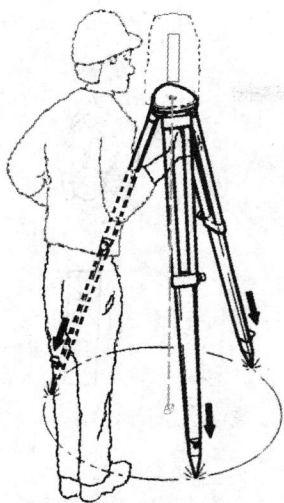

图 3 – 12 仪器安置

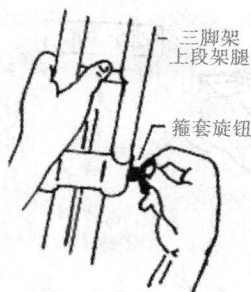

图 3 – 13 松开三脚架架腿

2. 仪器安置

①仪器架稳。

确保仪器制动螺旋为松开状态，左手握住仪器手柄，右手提基座，将仪器取出平稳放在架头上，左手不放松，右手立即旋紧中心螺旋，回身关好仪器箱。仪器注意轻拿轻放(与架头接触时**不要听到一声响**)。架好的仪器望远镜应较自己的眼睛位置稍低，否则可伸缩三脚架的架腿调整脚架高度。

②仪器对中。

对于光学对中器，先要转动目镜调焦轮调焦，以便能从目镜中同时看清对中器的分划板圆圈和地面标志点，双手转动脚螺旋，观察对中标志与地面点的相对位置不断发生变化的情况，直到对中圆圈与地面点重合为止。

对于激光对中器，则先旋开对中器开关，可看到地面的红色标点，标点的直径可根据个人喜好自行聚焦调节；先用双手相对转动两个脚螺旋，再转动第三个脚螺旋，同时观察地面激光点移动情况，直到激光点与地面点重合为止。

③脚架整平(粗平)。

a)任选三脚架的两个架腿，转动照准部使管水准器水准轴与所选的两个架腿地面支点连线平行，松开其中一架腿的箍套旋钮(图 3 – 13)，双手握住架腿上、下段接合部位，用力控制使架腿升降至管水准器气泡居中，旋紧箍套旋钮。

b)转动照准部使管水准器水准轴转动 90°，升降第三架腿使管水准器气泡居中。

脚架整平是一项重要的手上功夫，升降架腿时，要稳定使用内力，使架腿缓缓上下，而不能移动架腿的地面支点；脚架整平一般应重复一两次才能完成，之后圆水准气泡应处于居中状态(所以，脚架整平也可以只观察圆水准气泡使之居中)。

④精确整平。

精确整平之前先检查一下对中情况。如相差很小，可以稍稍松开中心固紧螺丝，轻轻平移仪器基座至对中精确，旋紧螺丝；如相差较大，则自上述第②步开始重复。对中情况完美则接着继续下面步骤。

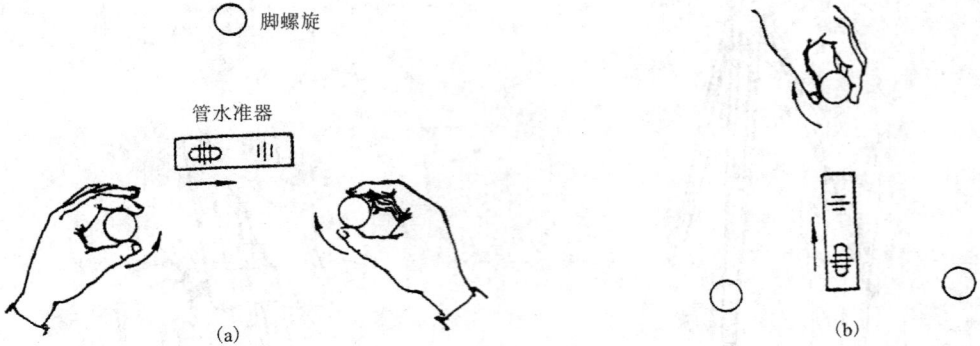

图 3 – 14   仪器精确整平

a)任选两个脚螺旋,转动照准部使管水准器水准轴与所选两个脚螺旋中心连线平行,相对转动两个脚螺旋使管水准器气泡居中,如图 3 – 14(a)所示。气泡在整平中的移动方向与转动脚螺旋左手大拇指运动方向一致。

b)转动照准部 90°,旋转第三个脚螺旋使管水准器气泡居中,如图 3 –14(b)所示。重复上述步骤直到转动照准部在任何位置,管水准器气泡均精确居中。

整平完成,再一次检查仪器对中情况,确保对中、整平均完美无缺。图 3 – 15 是仪器安置的流程框图。

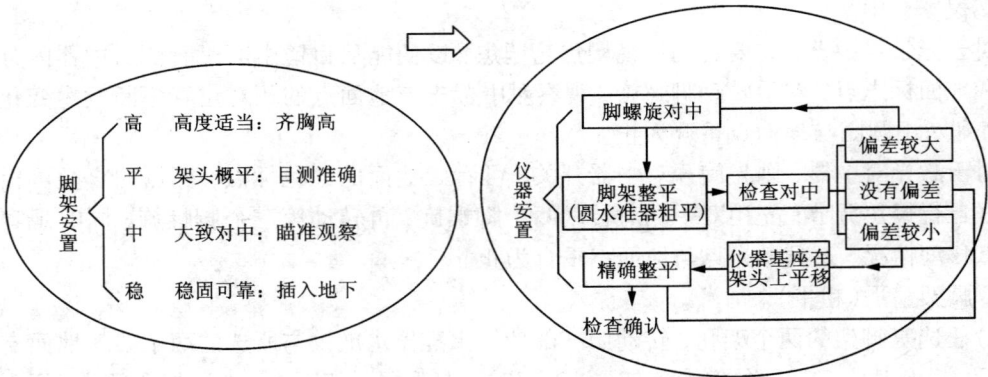

图 3 –15   仪器安置流程图

仪器安置的方法途径很多。除上述基本的方法之外,还有一些其他途径可以考虑。如可用"旋转脚架"的办法使仪器粗略对中,可用"推脚架"的办法使仪器大致整平,等等。无论如何,要想快速熟练地安置好仪器,则需反复练习、多加体会。

任务 3 – 3　水平角观测

一、测回法

角度观测中望远镜的位置有两种：盘左、盘右。当望远镜照准目标时竖盘位于望远镜的左侧称为盘左，位于望远镜右侧称为盘右。盘左观测称为上半测回，盘右观测称为下半测回，盘左和盘右两个半测回合在一起称一个测回。测角时常有观测几个测回的情况，此时的最后角值为几个测回的平均值。常用的水平角观测方法有测回法和全圆方向观测法两种。

当所测的角度只有两个方向时，通常都用测回法观测。如图 3 – 16 所示，欲测 BA、BC 两方向之间的水平角 $\angle ABC$ 时，在角的顶点 B 安置仪器，在 A、C 处设立观测标志，整个工作过程整理如下（结合图 3 – 16 及表 3 – 2）。

图 3 – 16

1）在测站点 B 安置仪器，在 A、C 两点竖立测杆、测钎或棱镜等，作为目标标志。

2）将仪器置于盘左位置，转动照准部，先瞄准左目标 A，读取水平度盘读数 a_L，设读数为 $0°01'30''$，记入表 3 – 2 相应栏内。松开照准部制动螺旋，顺时针转动照准部，瞄准右目标 C，读取水平度盘读数 c_L，设读数为 $98°20'48''$，记入表 3 – 2 相应栏内。以上称为上半测回，盘左位置的水平角角值（也称上半测回角值）β_L 为：

$$\beta_L = c_L - a_L = 98°20'48'' - 0°01'30'' = 98°19'18''$$

3）松开照准部制动螺旋，倒转望远镜成盘右位置，先瞄准右目标 C，读取水平度盘读数 c_R，设读数为 $278°21'12''$，记入表 3 – 2 相应栏内。松开照准部制动螺旋，逆时针转动照准部，瞄准左目标 A，读取水平度盘读数 a_R，设读数为 $180°01'42''$，记入表 3 – 2 相应栏内。

以上称为下半测回，盘右位置的水平角角值（也称下半测回角值）β_R 为：

$$\beta_R = c_R - a_R = 278°21'12'' - 180°01'42'' = 98°19'30''$$

至此，上半测回和下半测回构成一个测回。对于 J6 型经纬仪，如果上、下两半测回角值之差不大于 $\pm 40''$，认为观测合格。此时，取上、下两半测回角值的平均值 $98°19'24''$ 作为一测回角值（表 3 – 2）。

表 3 - 2　测回法观测手簿

测回	竖盘位置	目标	水平度盘读数 ° ′ ″	半测回角值 ° ′ ″	一个测回角值 ° ′ ″	各测回平均值 ° ′ ″	备注
1	左	A	0 01 30	98 19 18	98 19 24		
		C	98 20 48				
	右	A	180 01 42	98 19 30			
		C	278 21 12			98 19 30	
2	左	A	90 01 06	98 19 30	98 19 36		
		C	188 20 36				
	右	A	270 00 54	98 19 42			
		C	8 20 36				

4) 当测角精度要求较高时，需对一个角度观测多个测回，应根据测回数 n，以 $180°/n$ 的差值，重新配置水平度盘读数。例如，当测回数 $n=2$ 时，第一测回的起始方向读数可安置在略大于 $0°$ 处；第二测回的起始方向读数可配置在略大于 $(180°/2)=90°$ 处。各测回角值互差如果不超过 $\pm40″$（对于 J6 型），取各测回角值的平均值作为最后角值，记入表 3 - 2 相应栏内。

注意：由于水平度盘是顺时针刻划和注记的，所以在计算水平角时，总是用右目标的读数减去左目标的读数，如果不够减，则应在右目标的读数上加上 $360°$，再减去左目标的读数，决不可以倒过来减。

二、全圆方向观测法

当测站上的方向观测数在 3 个或 3 个以上，也就是要瞄准 3 个或 3 个以上目标时，采用全圆方向观测法。

1. 观测步骤

如图 3 - 17 所示，设在 O 点有 OA、OB、OC、OD 四个方向，其观测步骤为：

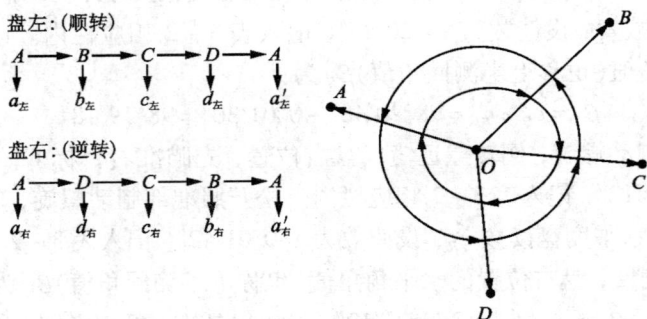

图 3 - 17

1) 在 O 点安置仪器，对中、整平。

2) 选择一个距离适中且影像清晰的方向作为起始方向，设为 OA。

3）盘左照准 A 点，并安置水平度盘读数，使其稍大于 $0°$，读取读数。

4）以顺时针方向依次照准 B、C、D 诸点。最后再照准 A，称为半测回归零，要求半测回归零差 $\leq 18''$（J2 级仪器为 $12''$）。以上称为上半测回。

5）倒转望远镜改为盘右，以逆时针方向依次照准 A、D、C、B、A，这称为下半测回，上下两个半测回构成一个测回。

如需观测多个测回时，为了消减度盘刻度不均匀的误差影响，每个测回都要改变度盘的位置，即在照准起始方向时，重新配置度盘的读数。

2. 表格记录和计算（见表 3–3）

1）计算两倍照准误差 $2C$ 差。

C 称照准误差，指望远镜的视准轴与横轴不垂直而相差一个小角 C，致使盘左、盘右瞄准同一目标时读数相差不刚好是 $180°$，所以 $2C$ 计算为：

$$2C = 左 - (右 \pm 180°)$$

（注：J6 型仪器没有具体要求，对于 J2 仪器要求在同一个测回之内任意方向的 $2C$ 互差在 $18''$ 之内）

表 3–3 全圆方向观测法记录手簿

测站	测回数	目标	水平度盘读数		2C	平均读数	归零后方向值	各测回归零后方向平均值
			盘左	盘右				
			° ′ ″	° ′ ″	″	° ′ ″	° ′ ″	° ′ ″
1	2	3	4	5	6	7	8	9
O	1	A	0 02 12	180 02 00	+12	(0 02 10) 0 02 06	0 00 00	0 00 00
		B	37 44 15	217 44 05	+10	37 44 10	37 42 00	37 42 01
		C	110 29 04	290 28 52	+12	110 28 58	110 26 48	110 26 52
		D	150 14 51	330 14 43	+8	150 14 47	150 12 37	150 12 33
		A	0 02 18	180 02 08	+10	0 02 13		
	2	A	90 03 30	270 03 22	+8	(90 03 24) 90 03 26	0 00 00	
		B	127 45 34	307 45 28	+6	127 45 31	37 42 07	
		C	200 30 24	20 30 18	+6	200 30 21	110 26 57	
		D	240 15 57	60 15 49	+8	240 15 53	150 12 29	
		A	90 03 25	270 03 18	+7	90 03 22		

2）计算各方向盘左、盘右读数的平均值：平均值 $= [左 + (右 \pm 180°)]/2$

由于 A 方向瞄准了两次，因此 A 方向有两个平均读数。因此，应将 A 方向的平均读数再取均值，作为起始方向的方向值。写在第一行，并用括号括起。

3）计算归零方向值。

首先将起始方向值（括号内的）进行归零，即将起始方向值化为 $0°00'00''$。然后再将其他方向也减去括号内的起始方向值。

如果观测了多个测回，则同一方向各测回归零方向值互差应≤24″（J2≤12″）。如果满足限差的要求，取同一方向归零方向值的平均值作为该方向的最后结果。

4）计算水平角。相邻两方向归零方向值的平均值之差即为该两方向间的水平角。

3.水平角观测注意事项

①仪器高度要和观测者的身高相适应；三脚架要踩实，仪器与脚架连接要牢固，操作仪器时不要用手扶三脚架；转动照准部和望远镜之前，应先松开制动螺旋，使用各种螺旋时用力要轻。

②精确对中，特别是对短边测角，对中要求应更严格。

③当观测目标间高低相差较大时，更应注意仪器整平。

④照准标志要竖直，尽可能用"十"字丝交点瞄准标杆或测钎底部。

⑤记录要清楚，应当场计算，发现错误，立即重测。

⑥一测回水平角观测过程中，不得重新整平；如气泡偏离中央超过2格时，应重新整平与对中仪器，重新观测。

任务 3－4　竖直角观测

前面已经介绍，竖直角是指同一竖直面内，某点至目标点的方向线与水平面间的夹角。角值范围为0°～±90°，视线在水平面之上时称仰角，取"＋"号；视线在水平面之下称俯角，取"－"号。

传统经纬仪的竖盘包括竖直度盘、竖盘指标水准管、竖盘指标水准管微动螺旋，注记从0°到360°进行分划，分为顺时针注记和逆时针注记两种。现代全站仪的竖直度盘均为光电度盘，竖盘也已经取消水准管，而能够自动安平。

一、竖直角计算

竖盘读数指标的正确位置应当是：当望远镜处于盘左位置并且水平时，竖盘指标应指向90°（有些仪器设计为0°、180°或270°，现约定为90°）。当望远镜处于盘右位置并且水平时，竖盘读数应为270°。

由竖盘与望远镜的关系可知，采用如图3－18所示的竖盘注记时，观测读数并不是竖角值α_L，而是天顶距角值L（天顶距：仪器天顶方向与观测线的夹角），所以要把盘左、盘右的读数改算成竖角值。竖盘是采用顺时针注记的。现在假设望远镜水平，置于盘左的位置，此时竖盘指标应指向90°。然后转动望远镜瞄准目标，竖盘也会一起转动，竖盘指标就会指向一个新的分划L。根据竖直角的定义，竖直角α是目标方向与水平方向的夹角，与度盘上分划L和90°分划之间的夹角相等。由图3－18得：

$$盘左：\alpha_左 = 90° - L \tag{3-2}$$

$$盘右：\alpha_右 = R - 270° \tag{3-3}$$

如果用盘左和盘右瞄准同一目标测量竖直角，就构成了一个测回，这个测回的竖直角就是盘左、盘右的平均值。

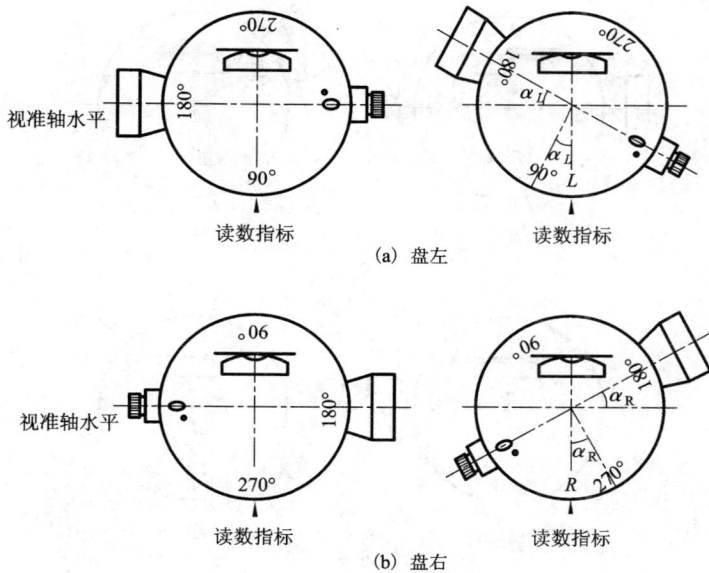

(a) 盘左

(b) 盘右

图 3 – 18 竖直度盘工作示意图

$$\alpha = \frac{1}{2}(\alpha_左 + \alpha_右) = \frac{1}{2}[(R - L) - 180°] \qquad (3-4)$$

式(3-4)为竖直角计算的准确公式(式中已消除了指标差)。

【温馨提示】 竖直角计算公式的判断方法:

①首先将**望远镜大致安置于水平位置**,然后察看起始读数,这个起始读数应该接近于一个常数,比如0°、90°、270°。

②然后慢慢抬高望远镜,察看读数的变化情况。

若读数增加,则竖直角 $\alpha =$ 读数 - 常数;

若读数减小,则竖直角 $\alpha =$ 常数 - 读数。

二、竖盘指标差

定义:竖盘指标因运输、振动、长时间使用后,常常不处于正确的位置,与正确位置之间会相差一个微小的角度 x。这个角度 x 称为竖盘指标差。当竖盘指标的偏移方向与竖盘注记增加的方向一致时,指标差为正,反之为负。

如图 3 – 19,竖直度盘为顺时针注记。盘左图像,竖盘指标与竖盘注记的增加方向一致,指标差为正。那么当望远镜视线水平时,盘左的读数为 $90 + x$,当望远镜倾斜了一个 α(α 就是竖直角),这时竖盘指标读数为 L。因为指标线是不动的,而度盘随望远镜一起转动了 α 角,故竖直角与指标差 x 有如下关系:

$$\alpha_左 = 90° - L + x \qquad (3-5)$$

同样,盘右有:

$$\alpha_右 = R - 270° - x \qquad (3-6)$$

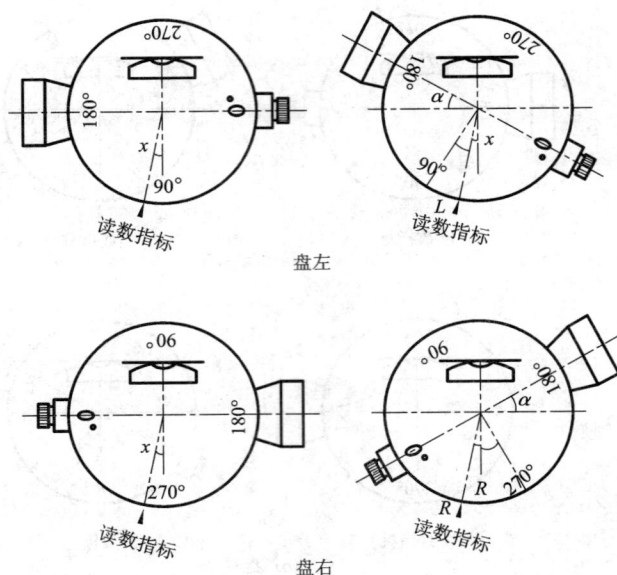

图 3-19

盘左、盘右取平均值为：

$$\alpha = \frac{1}{2}(\alpha_左 + \alpha_右) = \frac{1}{2}[(R-L) - 180°] \tag{3-7}$$

式（3-7）与式（3-4）完全相同。由此看出：采用盘左、盘右观测取平均值可消除竖盘指标差的影响。

两式相减，可得**指标差** x 的计算公式为：

$$x = \frac{L + R - 360°}{2} \tag{3-8}$$

4.3　竖直角的观测

在全站仪测量中，竖直角测量一般是为了计算高差，因此，在设站安置好仪器后，首先要量取仪器高和觇标高。仪器高是测站标志顶面至望远镜旋转轴的垂直距离，觇标高是望远镜照准点至被测目标点标志顶面的垂直距离。竖直角观测方法有中丝法和三丝法，三丝法要求用"十"字丝的三根横丝去照准目标读数，一般只在较高等级的高程控制测量中使用。中丝法只以"十"字丝中横丝瞄准目标，是最为常用的竖直角观测方法。

一般来说，水平角测量时尽量用竖丝瞄准目标的底部，还要靠近横丝附近。竖直角测量则必须用长横丝瞄准目标的顶部，而且尽量靠近竖丝附近（图 3-20）。如果是全站仪测量，一般用望远镜"十"字丝中心去瞄准反射棱镜的中心。

使用具有自动归零补偿的全站仪，观测步骤介绍如下。

1）在测站点 O 安置仪器，对中、整平，用小钢尺量出仪器高 i。

2）盘左瞄准目标 A，使望远镜"十"字丝的中丝切于目标 A 某一位置（如测钎或花杆顶部，或水准尺某一分划，或觇牌中心），读取竖盘读数 L（$L = 86°43'24''$），记入表 3-4 第 4

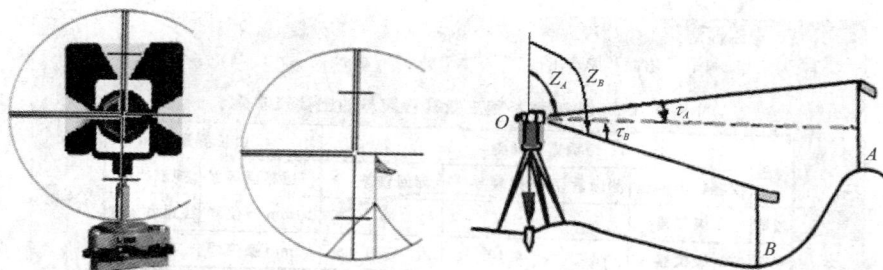

图 3 - 20 竖直角测量瞄准

栏。松开抽动螺旋,用同样方法瞄准其他目标读数、记录,完成上半测回(盘左)观测。

3)松开制动螺旋,将竖盘调整至盘右状态,依次瞄准目标,使望远镜中丝切于各目标的与盘左相同位置,读取竖盘读数 R,记入表 3 - 4 第 5 栏,完成下半测回(盘右)观测。

以上为一个测回观测。如需观测多个测回,则按上述步骤重复进行。

竖直角的记录、计算见表 3 - 4。

表 3 - 4 竖直角观测记录表

日期:　　　　　　　　　　仪器型号:　　　　　　　　　观测者:

　　时间:　　　　　　　　　天　　气　　　　　　　　　记录者:

测站	目标	测回数	盘左读数 L			盘右读数 R			指标差 x	竖直角 α			平均值		
			°	′	″	°	′	″	″	°	′	″	°	′	″
O	A	1	86	43	24	273	16	48	+6	+3	16	42	+3	16	42
		2	86	43	18	273	16	40	−1	+3	16	41			
	B	1	92	37	12	267	22	54	+3	−2	37	09	−2	37	12
		2	92	37	10	267	22	40	−5	−2	37	15			

指标差对于同一仪器在同一时段内通常是一个固定值。但是,由于观测中不可避免地含有各种误差(如盘左盘右间的瞄准误差等),使得各方向计算出的指标差互不相同。对此,国家有关测量规范进行了相应规定。图 3 - 21 所示为国家工程测量规范规定的竖直角测量的指标差互差和竖直角测回较差。

4.3.3	电磁波测距三角高程观测的技术要求，应符合下列规定：

1 电磁波测距三角高程观测的主要技术要求，应符合表 4.3.3 的规定。

表 4.3.3　电磁波测距三角高程观测的主要技术要求

等级	垂直角观测				边长测量	
	仪器精度等级	测回数	指标差较差(″)	测回较差(″)	仪器精度等级	观测次数
四等	2″级仪器	3	≤7″	≤7″	10mm级仪器	往返各一次
五等	2″级仪器	2	≤10″	≤10″	10mm级仪器	往一次

注：当采用2″级光学经纬仪进行垂直角观测时，应根据仪器的垂直角检测精度，适当增加测回数。

2　垂直角的对向观测，当直觇完成后应即刻迁站进行返觇测量。

3　仪器、反光镜或觇牌的高度，应在观测前后各量测一次并精确至 1mm，取其平均值作为最终高度。

图 3-21　《GB 50026—2007 工程测量规范》竖直角测量测站技术要求

练习题3

1.下图中的三条直线 *AB*、*CD*、*EF* 相交于 *O* 点，已知的角度如图所示。根据角度的定义求下列各直线之间的夹角：*AB* 与 *OF*；*OD* 与 *FE*；*DC* 与 *OD*；*FE* 与 *OB*。

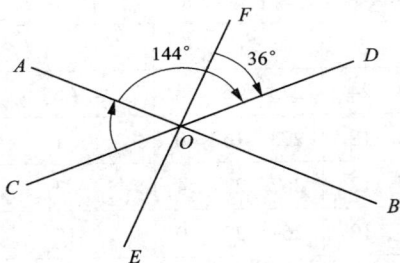

2.将 86°41′36″换算为转、弧度；将 0.659π 弧度换算为 60 进制的度、分、秒。

3.观测 *OB* 视线得到的水平方向值 $b = 139°55′05″$，观测 *OA* 得到的水平方向值 $a = 39°15′22″$，问：水平角∠*AOB*、∠*BOA* 各为多少？

4.简述角度测量仪器的基本结构及仪器的等级类型的含义。

5.全站仪的管水准器、圆水准器各有什么作用？举例说明二者的整平精度一般相差多少。

6.与普通经纬仪度盘相比，全站仪度盘在结构上有何区别？网上搜索，比较国内外全站仪度盘的读数精度情况。

7.完成下列测回法观测手簿的计算工作，根据规范要求进行有关限差分析（按一级、5″仪器），并绘制好方向略图。

水平角观测手簿（测回法）

测量日期：_____　　仪器：_____　　方向

天气：__晴__　　　　观测：_____　　略图：

测站点：__A__　　　　记录：_____

测回	目标	水平度盘读数/(°′″)		2C	平均读数/(°′″)	各测回角值/(°′″)	各测回平均角值/(°′″)	备注
		盘左	盘右					
1	C	0　00　01	180　00　04					
	B	183　33　10	3　33　21					
2	C	90　00　02	269　59　55					
	B	273　33　17	93　33　11					

8. 默记并口述全站仪安置的步骤。

9. 测水平角时对 9 测回与 12 测回配置度盘，二者的第 5 测回起始读数相差多少？

10. 试述测角仪器对中、整平的目的意义。它们与水准仪的安置有何区别。

11. 分析测竖直角时，分别利用盘左读数和利用盘右读数计算指标差的公式，指出它们的区别与联系。

12. 完成下列方向观测法手簿计算，根据规范要求进行限差计算与分析（按一级、5″仪器）。注意绘好方向略图。

方向观测法记录手簿（全圆方向法）

测量日期：_____　　仪器：_____　　方向

天气：__晴__　　　　观测：_____　　略图：

测站点：__O__　　　　记录：_____

测回	目标	水平度盘读数/(°′″)		2C	平均读数/(°′″)	归零后各测回方向值/(°′″)	归零后各测回方向平均值/(°′″)	备注
		盘左	盘右					
1	A	0 00 02	180 00 00		(0 00 03) 0 00 01	0 00 00	00 00 00	
	B	77 33 17	257 33 10					
	C	98 30 18	278 30 09					
	D	142 22 45	322 22 37					
	A	0 00 05	180 00 05					
2	A	90 00 00	269 59 58			00 00 00		
	B	167 33 37	347 33 31					
	C	188 30 41	8 30 31					
	D	232 22 47	52 22 39					
	A	89 59 56	269 59 58					

13. 完成下列竖直角测量的手簿计算工作,根据国家规范分析和检查有关限差要求(按四等、2″仪器)。

垂直角观测记录手簿

测站	目标(觇高)	测回	竖盘读数 盘左/(°′″)	竖盘读数 盘右/(°′″)	指标差″	竖直角°′″	竖角平均值°′″	备注
O	A 2.20	1	92 37 12	267 22 54				
		2	92 37 03	267 22 30				
		3	92 37 15	267 22 54				
	B 2.01	1	86 43 24	273 16 42				
		2	86 43 20	273 16 20				
		3	86 43 22	273 16 45				

14. 下列叙述正确的是_____。

a)罗盘经纬仪、游标经纬仪、光学经纬仪、全站仪均可测角和测距;

b)经纬仪安置时先考虑精确整平再考虑精确对中;

c)全站仪初始设置时,HR 代表照准部顺时针旋转时水平角增加,HL 则刚好相反;

d)全站仪测水平角时瞄准棱镜杆上的棱镜要比瞄准棱镜杆的底部准确一些;

e)普通经纬仪有读数误差,全站仪没有读数误差;

f)盘左盘右观测可以消除竖轴不垂直对竖直角的影响;

g)全站仪的三个主要轴系关系是:竖轴竖直,横轴与竖轴垂直,视准轴与横轴垂直。

实训 5　全站仪的认识与仪器安置

20 ___年___月___日___午　　天气_____　　专业班级_____　　第___小组

操作:_____　　记录:_____　　组员:_____

实训 要求	1. 认识全站仪的各部件名称及结构组成; 2. 基本学会仪器的安置方法与步骤; 3. 对中误差要求不超过 1 mm, 整平误差即气泡偏离中心不超过一格。
注意 事项	1. 每小组 4 人左右, 开始由老师讲解仪器、三脚架的组成与作用, 使用注意事项、仪器安全要求, 演示一遍仪器安置过程; 2. 实训过程中注意人身安全和仪器设备安全; 3. 实训前后清点仪器箱内的工具——仪器、说明书、对中垂球、小钢尺、校正针等, 确保其完好无损; 4. 小组各成员轮流进行仪器操作, 严格按老师的示范动作进行。
仪器安置 步骤记录	

回答问题:

(1) 你所使用的仪器名称、品牌、型号为_____, 测角精度等级为_____, 仪器上可以旋转的螺旋有:_____。

(2) 当仪器精确整平之后, 检查发现对中有较小偏差, 此时如果架头较平, 则可以松开连接仪器的中心螺丝移动仪器。松开螺丝的幅度一般为(1 圈左右、3 圈左右、全松开)。

(3) 如果光学对中器的圆圈不清晰, 应旋转_____, 如果地面标志不清晰, 应旋转_____, 直到_____。

体会、收获、建议:

实训成绩:

实训 6 方向法水平角测量（测回法）

20 ___年___月___日___午 天气_____ 专业班级_____ 第___小组

观测：_____ 记录：_____ 组员：_____ 仪器：_____

目的要求	1. 进一步熟悉全站仪的安置，掌握利用测回法进行水平角测量； 2. 利用表格进行现场记录、计算。	示意图：
注意事项	1. 小组成员轮流进行一次完整的仪器安置与角度观测、记录工作； 2. 老师先示范操作过程，各位同学记录、计算，由老师检查指导； 3. 注意测站限差要求应与仪器的精度等级相一致。	

回答问题：

(1) 水平方向值与水平角值的区别是_____。

(2) 全站仪屏幕上的 HR、HL 分别表示_____。

(3) 2C 较大表示_____；2C 互差较大表示_____。

(4) 仪器测角精度为_____，测站限差要求为_____。

测回	目标	水平度盘读数/(°′″)		2C	平均读数/(°′″)	各测回角值/(°′″)	各测回平均角值/(°′″)	备注
		盘左	盘右					
1								老师示范
2								
1								
2								

个人小结：

组长评语：

老师评分：

90

实训7　方向法水平角测量（全圆方向法）

20 ___年___月___日___午　天气_____　　专业班级_____　　第___小组

观测：_____　　记录：_____　　组员：_____　　仪器：_____

目的要求	1.掌握全圆方向法水平角测量的各项操作、记录、计算； 2.体会与理解测站中各项限差要求的意义。	示意图：
注意事项	1.老师示范一遍操作过程，同学记录、计算，得出各项数据结果； 2.小组成员轮流进行一次完整的仪器操作、记录、计算等工作。可以自己观测、自己记录、自己计算。	

测回	目标	水平度盘读数/(°′″) 盘左	水平度盘读数/(°′″) 盘右	2C	平均读数/(°′″)	归零后各测回方向值/(°′″)	归零后各测回方向平均值/(°′″)	备注
1	1							老师示范
	2							
	3							
	4							
	1							
1	A							
	B							
	C							
	D							
	A							
2	A							（角值）
	B							
	C							
	D							
	A							

（1）归零差包含有下列哪些误差：竖轴偏斜、横轴误差、视准轴误差、照准部偏心差、仪器对中误差、照准误差、外界环境影响。

（2）全圆方向法适合的目标数量为_____，它与测回法最大的区别是_____。

（3）仪器测角精度为_____，测站的三项限差要求为_____。

个人小结：

老师评分：

实训 8　竖直角测量与计算

20 ___年___月___日___午　天气_____　专业班级_____　第___小组

观测：_____记录：_____组员：_____仪器：_____

| 目的要求
与
注意事项 | 1. 掌握竖直角测量的各项操作、记录、计算；
2. 明确小组所使用仪器的测站限差要求，理解各项限差的含义；
3. 老师示范一遍观测过程，所有同学同步记录、计算，得出相应结果；
4. 小组成员轮流进行一次完整的仪器操作、记录、计算工作。可以自己观测、自己记录、自己计算。 | 示意图： |

目标	测回	竖盘读数/(°′″)		指标差/(″)	竖直角/(°′″)	竖角平均值/(°′″)	备注
		盘左	盘右				
①	1						
	2						老师示范
②	1						
	2						
	1						
	2						
	1						
	2						
	1						
	2						

（1）指标差包含有下列哪些误差：仪器整平误差、横轴误差、视准轴误差、照准部偏心差、仪器对中误差、照准误差、外界环境影响。

（2）上述表格中的竖直角___是、否___包含有指标差的影响，竖角平均值呢?

（3）测站竖直角测量的两项限差要求为_____。

个人小结：

老师评分：

模块4 距离测量

【教学目标】掌握简单钢尺量距，了解精密钢尺量距，认识视距测量的原理并能进行视距测量，熟知全站仪测距的方法，重视光电测距中的加常数与乘常数的应用。能够进行简单的距离测量误差来源分析。

【技能抽查】钢尺量距往返测并计算其相对误差，进行水准仪光学视距测量，进行全站仪光电测距，对照仪器说明书设置全站仪测距常数。

传统测量中有测角、测距、测高差，距离测量便是这三项基本测量工作中的一项。根据使用的工具和方法不同，常见的距离测量方法有钢尺量距、视距测量和电磁波测距。

距离是指两点间的最短长度，距离测量又称长度测量、边长测量。距离分水平距离和倾斜距离，也就是通常所说的平距和斜距。如果测得的是倾斜距离，通常还必须改算为水平距离。

任务4-1 钢尺量距

一、量距工具

钢尺量距的首要工具是钢尺。钢尺又称钢卷尺，其长度有 3 m、5 m、20 m、30 m、50 m 等各种。钢尺通常最小刻划到毫米。有的钢尺仅在零至一分米之间刻划到毫米，其他部分刻划到厘米。在分米和米的刻划处，注有数字。钢尺卷在圆形金属盒或铁架内，便于携带使用，如图4-1所示。

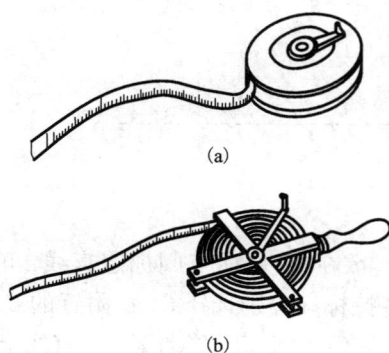

图4-1 钢卷尺
(a)有盒装；(b)铁架装

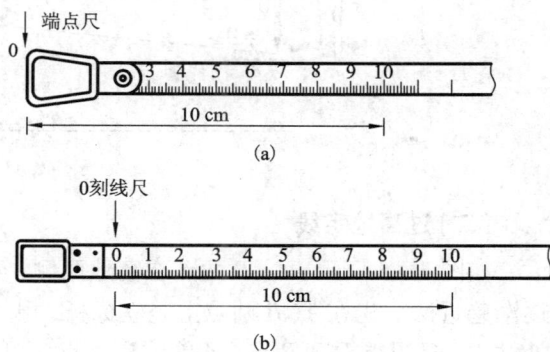

图4-2 刻线尺和端点尺
(a)端点尺；(b)刻线尺

钢卷尺由于尺的零点位置不同，有刻线尺和端点尺之分，如图 4 - 2 所示。刻线尺是在尺上刻出零点的位置；端点尺是以尺的端部、金属环的最外端为零点，量取建筑物的室内边长时用端点尺很方便。

钢尺量距的辅助工具有测钎、标杆、垂球等。如图 4 - 3 所示，测钎亦称测针，用直径 5 mm 左右的粗钢丝制成，长 30 ~ 40 cm，上端弯成环形，下端磨尖，一般以 11 根为一组，穿在铁环中，用来标定尺的端点位置和计算整尺段数。标杆又称花杆，直径 3 ~ 4 cm，长 2 ~ 3 m，杆身涂以 20 cm 间隔的红、白漆，下端装有锥形铁尖，主要用于标定直线方向。垂球亦称线锤，是对点的工具。当进行精密量距时，还需配备弹簧秤和温度计。

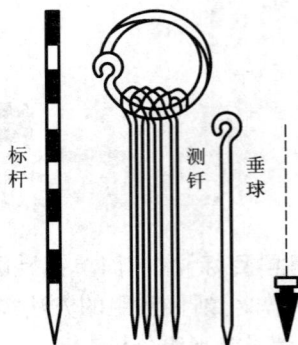

图 4 - 3　辅助工具

二、直线定线

当地面两点之间的距离较远或地势起伏较大时，为方便量距工作，需分成若干尺段进行丈量，这就需要在直线的方向上插上一些标杆或测钎，定出若干点，这项工作被称为直线定线，也称直线定向。

（一）两点间目测定线

如图 4 - 4 所示，A 和 B 为地面上相互通视、待测距离的两点。现要在直线 AB 上定出 1、2 等点。先在 A、B 两点上竖立花杆，甲站在 A 杆后约 1 ~ 2 m 处，指挥乙左右移动花杆，直到甲在标杆两侧均看见 A、l、B 三花杆在同一直线上。用同样方法可定出 2 点及其他点。直线定线一般应由远到近，即先定 1 点，再定 2 点。

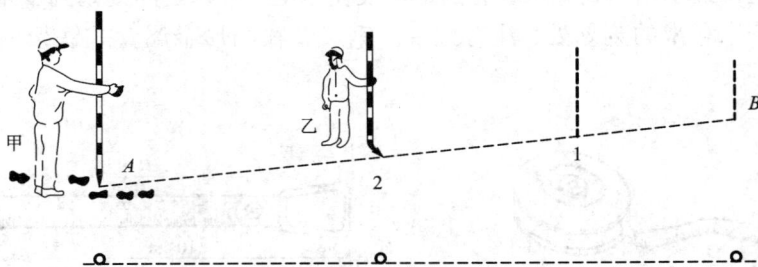

图 4 - 4　目测定线

（二）过高地定线

如图 4 - 5 所示，A、B 两点在高地两侧，互不通视，欲在 A、B 两点间标定直线，可采用逐渐趋近法。先在 A、B 两点上竖立标杆，甲、乙两人各持标杆分别选择 C、D 附近的 C_1 和 D_1 处站立，且甲能看到 B 点，乙能看到 A 点。可先由甲站在 C_1 处指挥乙移动至 BC_1 直线上的 D_1 处。然后，由站在 D_1 处的乙指挥甲移动至 AD_1 直线上的 C_2 点，要求 C_2 能看到 B 点，接着再由站在 C_2 处的甲指挥乙移至能看到 A 点的 D_2 处，这样逐渐趋近，直到 C、D、B 在同一直线上，同时 A、C、D 也在同一直线上，这时说明 A、C、D、B 均在同一直线上。

这种方法也可用于被建筑物遮挡的 A、B 两点间的定线。

图 4 - 6　经纬仪定线

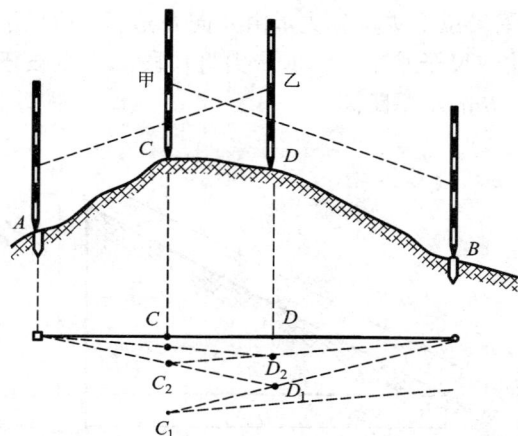

图 4 - 5　过高地定线

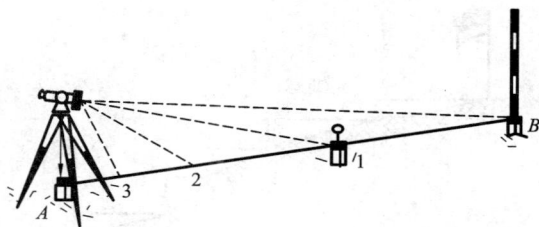

(三)经纬仪定线

当直线定向精度要求较高时,可用经纬仪定线。如图 4 - 6 所示,欲在 AB 直线上精确定出 1、2、3 等点的位置,可将经纬仪安置于 A 点,用望远镜照准 B 点,固定照准部制动螺旋,然后将望远镜向下俯视,将十字丝交点投测到木桩上,并钉小钉以确定出 1 点的位置。同法标定出 2、3 点的位置。

三、距离丈量

(一)平坦地面的丈量方法

沿地面直接丈量水平距离,可先在地面定出直线方向,然后逐段丈量,则直线的水平距离按下式计算:

$$D = n \cdot l + q \tag{4-1}$$

式中, l 为钢尺的一整尺段长(m); n 为整尺段数; q 为不足一整尺的余尺段的长(m)。

丈量时后尺手持钢尺零点一端,前尺手持钢尺末端,通常用测钎标定尺段端点位置。丈量时应注意沿着直线方向,钢尺须拉紧伸直而无卷曲。直线丈量时尽量以整尺段丈量,最后丈量余长,以方便计算。丈量时应记清楚整尺段数,或用测钎数表示整尺段数。

为了进行校核和提高丈量精度,一般需要进行往返丈量。若合乎要求,取往返平均数作为丈量的最后结果。往返丈量的距离之差与平均距离之比,化成分子为 1 的分数时称为相对误差 K,可用它来衡量丈量结果的精度。即:

$$K = \frac{|D_{往} - D_{返}|}{D_{平均}} = \frac{1}{D_{平均} / |D_{往} - D_{返}|} \tag{4-2}$$

相对误差分母越大,则 K 值越小,精度越高;反之,精度越低。量距精度取决于工程的要求和地面起伏的情况,在平坦地区,钢尺量距的相对误差一般不应大于 1/2000;在量距较困难的地区,其相对误差也不应大于 1/1000。

(二)倾斜地面的丈量方法

(1)平量法

如图 4-7 所示，若地面高低起伏不平，可将钢尺拉平丈量。丈量由 A 向 B 进行，后尺手将尺的零端对准 A 点，前尺手将尺抬高，并且目估使尺子水平，用垂球尖将尺段的末端投于 AB 方向线地面上，再插以测钎，依次进行丈量出 AB 的水平距离。

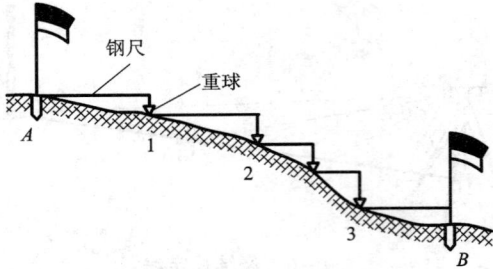

图 4-7　平量法

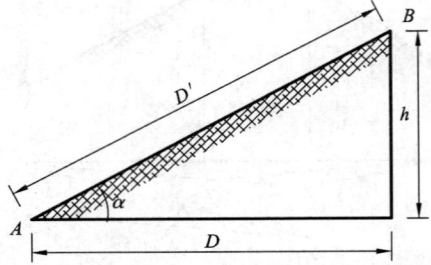

图 4-8　斜量法

（2）斜量法

当倾斜地面的坡度比较均匀时，如图 4-8 所示，可沿斜面直接丈量出 AB 的倾斜距离 D'，测出地面倾斜角 α 或 AB 两点间的高差 h，按下式计算 AB 的水平距离 D：

$$D = D'\cos\alpha \tag{4-3}$$

$$D = \sqrt{D'^2 - h^2} \tag{4-4}$$

钢尺量距一般方法的记录、计算及精度评定可参见【例 4-1】。

【例 4-1】　为了获得某线段长度，用 30 m 普通钢尺进行了往返丈量，最后获得线段总长。各项测量读数与记录计算均见表 4-1。

表 4-1　普通钢尺量距记录手簿

日期：2011 年 5 月 12 日　　　　　　　　　　　　　　前司尺员：张三
钢尺号码：No3　　　　　　　　　　　　　　　　　　后司尺员：李四
天气：阴　　　　　　　　　　　　　　　　　　　　　记录员：王五

线段号	尺段号	前读数 /m	后读数 /mm	前-后 /m	平均值 /m	备　　注
A-B 往测	A-1	29.82	55	29.765	29.768	精度评定：
		29.80	30	29.770		$\Delta D = 77.795 -$
	1-2	29.70	05	29.695	29.695	$77.813 = -18$ mm
		29.71	15	29.695		$D_{平均} = (77.795 +$
	2-B	18.38	45	18.335	18.332	$77.813)/2 = 77.804$ m
		18.37	40	18.330		$K = 18/77804$
	Σ				77.795	$= 1/4300 < 1/2000$
B-A 返测	B-2	18.36	25	18.335	18.335	合格！
		18.35	15	18.335		
	2-1	29.72	20	29.700	29.700	
		29.73	30	29.700		
	1-A	29.84	65	29.775	29.778	
		29.82	40	29.780		
	Σ				77.813	

四、钢尺的检定

由于钢尺材料质量及制造误差等因素的影响,其实际长度和名义长度(即尺面上所标注的长度)往往不一样,而且钢尺在长期使用中因受外界条件变化的影响也会引起尺长的变化。因此,在精密量距中,距离丈量精度要求达到 1/10000 时,在丈量前必须对所用钢尺进行检定,以便在丈量结果中加入尺长改正。

(一)尺长方程式

所谓尺长方程式即在标准拉力下(30 m 钢尺用 100N,50 m 钢尺用 150N)钢尺的实长与温度的函数关系式。其形式为:

$$l_t = l_0 + \Delta l + \alpha l_0(t - t_0) \tag{4-5}$$

式中, l_t 为钢尺在任意温度 t℃时的实际长度; l_0 为钢尺的名义长度; Δl 为尺长改正数,即钢尺在温度 t_0 时的实际长度与名义长度之差; α 为钢尺的线膨胀系数,其值取为 1.25×10^{-5}/℃; t_0 为钢尺检定时的标准温度(20℃); t 为钢尺使用时的温度。

每根钢尺都须有尺长方程式才能得出其实际长度,但尺长方程式中的 Δl 会起变化,待尺子使用一段时间后必须重新检定,得出新的尺长方程式。

(二)尺长检定方法

1. 与标准尺比长

钢尺检定最简单的方法是将欲检定的钢尺与检定过的已有尺长方程式的钢尺进行比较(认定它们的线膨胀系数相同),求出尺长改正数,再进一步求出欲检定钢尺的尺长方程式。

例如:设 1 号标准尺的尺长方程式为:

$$l_{t1} = 30 \text{ m} + 0.004 \text{ m} + 1.25 \times 10^{-5} \times 30 \times (t - 20℃) \text{m}$$

被检定的 2 号钢尺,其名义长度也为 30 m,比较时的温度为 24℃。当两尺末端刻划对齐并施加标准拉力后,2 号钢尺比 1 号钢尺短 0.007 m,根据比较结果,可以得出:

$$l_{t2} = l_{t1} - 0.007 \text{ m}$$

即 $l_{t2} = 30 \text{ m} + 0.004 \text{ m} + 1.25 \times 10 - 5 \times 30 \text{ m} \times (24 - 20) - 0.007 \text{ m} = 30 \text{ m} - 0.002 \text{ m}$

故 2 号钢尺的尺长方程式为:

$$l_{t2} = 30 \text{ m} - 0.002 \text{ m} + 1.25 \times 10^{-5} \times 30 \text{ m} \times (t - 24℃)$$

若将检定温度改化成 20℃,则:

$$\Delta l = -0.002 \text{ m} + 1.25 \times 10^{-5} \times 30 \text{ m} \times (20 - 24) = -0.004 \text{ m}$$

即有 $l_{t2} = 30 \text{ m} - 0.004 \text{ m} + 1.25 \times 10^{-5} \times (t - 20℃) \times 30 \text{ m}$

2. 在已知长度的两固定点间量距

如果检定精度要求更高一些,可在国家测绘机构已测定的已知精确长度的基线场进行量距,用欲检定的钢尺多次丈量基线长度,推算出尺长改正数及尺长方程式。

设基线长度为 D,丈量结果为 D',钢尺名义长度为 l_0,则尺长改正数 Δl 为:

$$\Delta l = \frac{D - D'}{D'} \cdot l_0 \tag{4-6}$$

再将结果改化成为标准温度 20℃时的尺长改正数,即得到标准尺长方程式。

五、钢尺的精密量距

当用钢尺进行精密量距时，要求钢尺有毫米分划，读数估读至 0.5 mm。钢尺须经检定，得出与检定时拉力与温度条件下的应有尺长方程式。丈量前应先用经纬仪定线定点，两木桩间距略短于钢尺全长，木桩顶高出地面 2 ~ 3 cm，桩顶用"+"标示点位，用水准仪测定各坡度变换点木桩桩顶间的高差，作为分段倾斜改正的依据。丈量时每尺段丈量三次，以尺子的不同位置对准端点，其移动量一般在 1 分米以内。三次读数所得尺段长度之差视不同要求而定，一般不超过 2 ~ 3 mm，若超限，须进行第四次丈量。丈量完成后还须进行各项改正数计算，最后得到精度较高的丈量成果。

【例 4 - 2】 用 30 m 钢尺进行精密量距，观测的原始数据及计算过程均见表 4 - 2，该尺尺长方程为 $l = l_0 + \Delta l_0 + \alpha(t - t_0)l_0 = 30 \text{ m} + 12.5 \text{ mm} + 0.0125 \text{ mm}(t - 20) \times 30$。

表 4 - 2　精密钢尺量距

丈量日期：　　年　　月　　日　　　　组长：　　　　　　组员：
天气：　　　　尺长方程：$l = 30 \text{ m} + 12.5 \text{ mm} + 0.0125 \text{ mm}(t - 20) \times 30$
钢尺号：　　　检定拉力：10 kg　　记录计算：　　　　　检查：

1	2	3	4	5	6	7	8	9
尺段起讫	丈量次数	后端读数 /mm	前端读数 /m	尺段长度 /m	尺长改正 Δl	温度 t 改正 Δl_t	改正后尺段长度	高差 平距化算
A - 1	1	76.5	29.9300	29.8535				
	2	65.5	29.9200	29.8545		$\dfrac{25.8}{2.2}$	29.8686	$\dfrac{0.567}{29.863}$
	3	86.0	29.9400	29.8540				
	平均			29.8540	12.4			
1 - 2	1	18.0	29.8900	29.8720				
	2	9.0	29.8800	29.8710		$\dfrac{27.4}{2.8}$	29.8870	$\dfrac{0.435}{29.884}$
	3	27.5	29.9000	29.8725				
	平均			29.8718	12.4			
……	…	……	……	……	……	……	……	……
14 - 15	1	35.5	28.7300	28.6945				
	2	26.5	28.7200	28.6935		$\dfrac{30.7}{3.8}$	28.7101	$\dfrac{0.932}{28.695}$
	3	55.0	28.7500	28.6950				
	平均			28.6943	12.0			
15 - B	1	80.0		18.8900				
	2	61.5	18.9700	18.8885		$\dfrac{30.5}{2.5}$	18.8997	$\dfrac{0.873}{18.880}$
	3	50.5	18.9500	18.8895				
	平均		18.8400	18.8893	7.9			

计算说明：

①表中第 3、4 列为原始读数，注意单位。第 5 列为前后读数差，未超限则取三次结果的

平均值，如第一尺段为 29.8540，这相当于钢尺检定时的名义长。

②第 6 列尺长改正 $\Delta l = \Delta l_0(l/l_0) = 12.5(29.8540/30) = 12.4$ mm。

③第 7 列上面为实测温度，下面为温度改正 $\Delta l_t = \alpha(t - t_0)l = 0.0125 \times (25.8 - 20) \times 29.8540 = 2.1$ mm。

④第 8 列为 5、6、7 三列之和，为加入尺长改正和温度改正之后的尺段长，参见公式（4 – 5）。

⑤第 9 列上面为各测段高差，下面为根据公式（4 – 4）计算所得的平均距。

其余路线总长、往返平均值、相对误差的计算与表 4 – 1 相同。

六、钢尺量距的误差分析及注意事项

影响钢尺量距精度的因素很多，下面简要分析一下产生误差的主要来源和注意事项。

（一）尺长误差

尺子虽然经过检定，并且在丈量结果中进行了尺长改正，但量距中还是存在尺长误差，因为一般的尺长检定方法只能达到 0.5 mm 左右的精度。没有经过检定的钢尺，则尺长误差更大，而且与所量的距离成比例地增长或缩短。该项误差属于系统误差，因此工作中要求使用经严格检定的钢尺，并施加与检定时相同的拉力。

（二）温度变化的误差

尽管在丈量结果中进行了温度改正，但量距中仍然存在因温度影响而产生的误差。这是由于通常测定的只是空气的温度，而不是尺子本身的温度。在夏季晴天暴晒下，空气的温度总是低于尺子的温度，而且温差可能达到 10℃ 以上。这个温差（Δt）对长 30 m 的普通钢尺来说，产生的误差将达到 $\alpha \cdot l \cdot \Delta = 0.012 \times 30 \times 10 = 3.6$ mm。该项误差影响较大，实际工作中可用点测温度计测定钢尺的温度进行改正。

（三）拉力变化的误差

丈量时对钢尺施加的拉力如果不等于钢尺检定时的拉力（如普通量距时一般不用弹簧秤），就会对钢尺的长度产生影响。拉力变化所产生的长度误差可用下式计算

$$\Delta l_p = \rho = \frac{c}{l} \tag{4 – 7}$$

式中：Δl_p 为误差大小，m；L 为钢尺尺长，m；ΔP 为拉力误差，kg；E 为钢尺的弹性系数，通常取 2×10^6 kg/cm²；A 为钢尺的横断面积，cm²。

例如，当 l 为 30 m，ΔP 为 5 kg，A 为 $0.03 \times 1.5 = 0.045$ cm²，计算出尺长变化 Δl_p 为 1.7 mm。

（四）尺子倾斜的误差

平量法量距时，如果钢尺不水平，则会使所量距离增长。设钢尺长 30 m，目估水平的误差为 0.5 m，则产生量距误差为 $\Delta D = 30 - y = \dfrac{x^3}{6c} = 4$ mm。

斜量法量距时，当距离测量的误差 $\dfrac{\Delta D}{D}$ 一定时，高差越大，测定高差的精度要求越高，尺段越长，测定高差的精度就会低一些。

如用倾斜角改正，则由于测定倾斜角不准确而引起水平距离的误差，当 $\dfrac{\Delta D}{D}$ 一定时，倾斜角越大，测角精度要求就越高。

（五）定线不直的误差

由于定线时中间各点没有严格在所量直线的方向上，或者由于尺子在直线方向上安置得不正确，使量得的不是直线而是折线，折线始终比直线长。这种情况和上述尺子不水平的误差相似，前者是在竖直面内偏斜，后者是在水平面内偏斜。对 30 m 长的钢尺来说，若两端各向相对方向偏出直线 0.1 m，则将使长度增长 0.7 mm。

（六）钢尺垂曲和反曲的误差

在凹地或悬空丈量时，尺子将因自重而产生下垂现象，称为垂曲。当在凹凸不平的地面上丈量时，凸起部分将使钢尺产生上凸的现象，称为反曲。如果钢尺是悬空检定，在凹地或悬空丈量时，可不考虑垂曲对长度的影响。反曲产生的误差与前面所述钢尺倾斜的误差相似，但影响比较大。例如，假设在尺段中部凸起 0.5 m，对 30 m 钢尺来说，将产生 $30 - 2 \times \sqrt{15^2 - 0.5^2} = 0.017$ m 的误差，为前者的 4 倍。

（七）丈量本身的误差

包括钢尺刻划对点不准确的误差和读数不准确的误差等。所有这些误差都是由于人的感官能力有限而产生的，其性质可大可小、可正可负。在丈量结果中会自己抵消一部分，但不能全部抵消，故仍然是丈量工作的一项主要误差来源。

钢尺量距的精度，在平坦地区，如作精密钢尺量距，考虑了各种改正，可达边长的 1/10000 以上；普通钢尺量距，可达 1/2000 ~ 1/3000；在起伏不平的困难地区，只要仔细丈量，其精度也不会低于 1/1000。

任务 4 - 2　视距测量

视距测量是用望远镜内的视距装置，根据光学和三角学原理测定距离和高差的一种方法。特点是操作简便、速度快、不受地形的限制，但测距精度较低，一般相对误差为 1/300 ~ 1/200，高差测量的精度也低于水准测量和光电测距三角高程。它以前主要用于地形图的碎部测量。

一、视距测量原理

（一）视线水平时的视距测量

水准测量时我们知道，测量视距是用水准仪的望远镜十字丝分划板上的上、下两根视距丝，去截取水准标尺上的相应刻线 $l_{上}$、$l_{下}$，计算出两读数的差值乘以 100，便得到我们所需的仪器至标尺之间的距离：$S = (l_{上} - l_{下}) \times 100$。如图 4 - 9（a）所示。

如图 4 - 9（b），在点 A 安置仪器，B 点立标尺，瞄准 B 点视距尺，设望远镜视线水平，且与视距尺垂直。十字丝上、下丝间隔为 p，仪器竖轴至物镜相距 δ，物镜焦距 f，物镜前焦点到标尺距离为 D，A、B 相距 S，上、下视距丝在标尺上截取读数之差为 l。

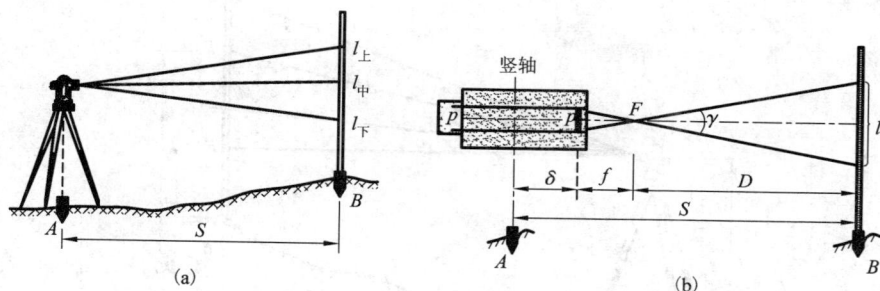

图 4 - 9　视准轴水平时的视距测量

根据图中的两个相似三角形可得：

$$D = l(f/p)$$

从 A 到 B 的距离为

$$S = D + f + \delta = f/p(l) + (f + \delta)$$

即有：

$$S = kl + c \tag{4-8}$$

式中，k 为视距乘常数；c 为视距加常数；l 为上下丝读数差。

设计制造仪器时，通常使 $k = 100$，c 一般不超过 0.5 m。

从图 4 - 9(b) 的小三角形还可以得出

$$\tan(\gamma/2) = (p/2)/f = 1/(2k) \tag{4-9}$$

因 k 常数是 100，代入式(4 - 9)可以算得 $\gamma = 0°34'23''$。所以说，水准仪、经纬仪的普通视距测量是一种定角测量。

以上是外调焦望远镜的情况。对于内调焦望远镜，可以选择有关参数，使 c 尽可能等于零，而 $k = 100$ 仍然不变，所以公式(4 - 8)可以写成

$$S = kl = 100l \tag{4-10}$$

这也就是水准测量的视距计算公式，该视距已经是水平距离。

(二)视线倾斜时的视距测量

实际中用经纬仪进行视距测量时，要面对地面起伏较大、有一定坡度的情况。这时视线不垂直于视距尺，不能用前述公式计算水平距离。

如图 4 - 10，仪器 O 安置在 A 处，标尺 NMP 立在 B 处，视准轴 OE 为倾斜直线，其竖直角为 τ，视距丝在标尺上的读数 $NM = l$，过 E 点作直线 $N'M'$ 垂直于 OE，并令 $N'M' = l'$，则按公式(4 - 10)，有 $d = kl'$。于是

$$S = d\cos\tau = kl'\cos\tau \tag{4-11}$$

由图 4 - 10 还可以看出：

$$l' = 2d\tan\beta_0 = \frac{l_0}{2R} = 2S\sec\tau \cdot \tan\delta_0 = \frac{\beta_0}{3} = \frac{l_0}{6R}$$

$$l = NP - MP = S\tan(\tau + \delta = \frac{\beta}{3} = \frac{l^2}{6Rl_0}) - S\tan(\tau - \frac{\gamma}{2})$$

101

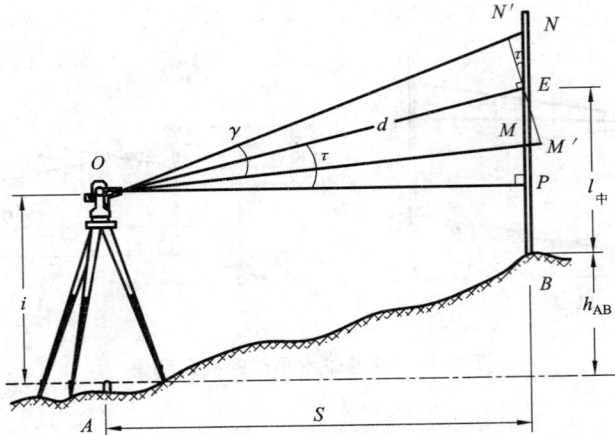

图 4 – 10　视准轴倾斜时的视距测量

可推得（见参考文献[1]）

$$S = kl\cos^2\tau\left(1 - \tan^2\tau \cdot \tan^2\frac{\gamma}{2}\right) \tag{4 – 12}$$

由公式（4 – 9）知 $\tan\dfrac{\gamma}{2} = \dfrac{1}{200}$，考虑当 $\tau = 5° \sim 45°$ 时，上式括弧中第二项为 $1/5200000 \sim$ $1/40000$，这在视距测量中完全可以忽略不计。于是，上式可以写成

$$S = kl\cos^2\tau = 100l\cos^2\tau \tag{4 – 13}$$

公式（4 – 13）便是视准轴倾斜时视距测量的平距计算公式。如果是水准测量，视准轴水平，倾斜角 $\tau = 0$，公式（4 – 13）与（4 – 10）完全一致。

（三）视距测量中的高差计算

继续观察图 4 – 10 中的几何关系，有 $h_{AB} + l_中 = i + S\tan\tau$

于是 A、B 两点间的高差 h_{AB} 为

$$h_{AB} = S\tan\tau + i - l_中$$

公式（4 – 13）代入得

$$h_{AB} = bkl\sin 2\tau + i - l_中 = 50l\sin 2\tau + i - l_中 \tag{4 – 14}$$

二、视距测量的观测和计算

以前在野外用聚纸薄膜测量大比例尺地形图时，需要测量碎部点的距离与高程。观测方法如下：

1）如图 4 – 10 所示，安置经纬仪于 A 点，量取仪器高 i，在 B 点竖立视距尺。

2）用盘左或盘右，转动照准部瞄准 B 点的视距尺，分别读取上、中、下三丝在标尺上的读数 N、E、M，计算出视距间隔 $l = N - M$。在实际视距测量操作中，为了使计算方便，读取视距时，可使下丝或上丝对准尺上一个整分米处，直接在尺上读出间隔 l。

3）转动竖盘指标水准管微动螺旋（自动安平仪器则无此转动操作），使竖盘指标水准管气泡居中，读取竖盘读数，并计算竖直角 τ。

4）将上述观测数据分别记入视距测量手簿表 4 – 3 中相应的栏内。再根据视距间隔 l，竖直角 τ、仪器高 i 及中丝读数 E，按式（4 – 13）和式（4 – 14）计算出水平距离 S 和高差 h。最后

根据 A 点高程 H_A 计算出待测点 B 的高程 H_B。

表 4-3　视距测量计算表

测站：A		测站高程：86.45 m		仪器高：1.435 m		仪器：J6				
日期：2002.8.9			观测：刘建军			记录：王晓刚				
点号	下丝读数/m	上丝读数/m	中丝读数/m	视距间隔/m	竖盘读数/(°′)	竖直角/(°′)	水平距离/m	高差/m	高程/m	备注
1	1.718	1.192	1.455	0.526	85 32	+4 28	52.28	+4.06	10.51	$\alpha = 90° - L$
2	1.944	1.346	1.645	0.598	83 45	+6 15	59.09	+6.26	12.71	
3	2.153	1.627	1.890	0.526	92 13	-2 13	52.52	-2.49	3.96	
4	2.226	1.955		0.542	84 36	+5 24	53.72	+4.56	11.01	

三、视距测量的误差来源及消减方法

影响视距测量精度的因素主要有以下几方面：

（一）属于仪器和视距尺本身的误差

（1）视距丝的粗度

视距丝本身并非是绝对的细丝，而是具有一定的粗度，因而用它在尺上读数时，就有误差产生，而且当距离越远时，遮盖尺子分划的部分就越多，读数误差就越大。

（2）标尺的分划误差

由于尺子分划间隔的不均和不准确，使读得的尺间隔包含有误差。

（3）视距乘常数 k 的误差

k 的误差包括两方面，一方面是仪器制造时的误差（望远镜视距丝间隔的误差），一般规定不应超过 0.2%；另一方面是测定常数 k 的误差，一般测定精度只能达到 0.1% 左右。因而无论是用给定值 100 或测定值来计算距离，都包含有 k 值本身的误差。

（4）测定竖直角的误差

由于测定竖直角本身带有误差，故计算出的水平距离和高差也必然有误差。对于高差来说，还包括量取仪器高和中丝读数的误差。

（二）属于人为造成的误差

（1）标尺前后倾斜

标尺前后倾斜对视距测量结果肯定会产生误差，此误差同时又与测线的竖直角相关。根据推算（参考文献[1]），它们之间的相互关系为

$$\frac{\Delta S}{S} = \frac{\delta}{\rho}\tan\tau \qquad (4-15)$$

式中，δ 为标尺立得不直、偏离铅垂线的角度，τ 为视线竖直角。根据经验，当竖直角为 30° 时，人的感观错觉致使标尺倾斜可达 3°，代入（4-15）式可计算得 $\Delta S/S = 1/30$。因此说，当测区地形起伏较大时，标尺倾斜是一项影响很大的误差。

采取措施：使用带圆水准气泡的标尺，认真扶直。在丘陵和山区测量时更应如此。

（2）上下丝读数有时间差

人的眼睛从一根视距丝读数转到另一根视距丝读数需要一段时间，在这段时间内，标尺不可能完全不动（如扶尺不够稳定和风力的影响等原因），故读出的上下丝读数带有误差。因

此，实际中读数应快而准。

（3）估读误差

由"模块2　水准测量"的误差分析可知，一根丝的估读误差在100 m时为1 mm，则根据上下丝读数计算视距间隔的误差为$\sqrt{2}$倍，因此将使视距产生0.14 m的误差。

（三）属于外界条件影响的误差

（1）大气的垂直折光

大气的垂直折光影响，越接近地面时越大，这样会使上、下视距丝读数所受到的影响不一致。根据试验，阴天时影响较小，晴天太阳照射下影响较大。只有当视线离开地面超过2 m时，折光的影响才比较小。

（2）空气对流

空气对流会使视距尺的成像不稳定。在炎热的天气观测时，尺像甚至会出现跳动，这时不但读数不准确，而且很难读出。

（3）空气透明度不够

由于灰尘和烟雾等影响而使空气的透明度减弱，能见度大为减小。经验表明，当能见度不好时，读数的精度将大大降低。

（4）其他气象条件的影响

由于温度和气压的变化，会使空气和玻璃的密度发生变化，从而引起视距常数k的改变。温度和湿度的变化，还会引起视距尺本身长度的改变。

任务4-3　电磁波测距

传统的距离测量采用钢尺丈量，劳动强度大，效率低，在复杂的地形条件下甚至无法工作。而普通的视距测量方法虽然迅速、简便，但测程较短，精度较低。电磁波测距具有高精度、高效率、不受地形限制等优点。电磁波测距仪分为微波测距仪和光电测距仪，以微波作为载波的测距仪称微波测距仪，以普通光源、红外光、激光作为载波的称光电测距仪。光电测距仪中以红外光为载波的为红外测距仪，以激光为光源的称激光测距仪。微波测距仪和激光测距仪测程可达数十千米，多用于长程测距。红外测距仪测程一般在5 km以内，用于中、短程测距。

一、测距原理

目前测距仪品种和型号繁多，但其测距原理基本相同，分为脉冲式和相位式两种。

1.脉冲式光电测距仪测距原理

脉冲式光电测距仪是通过直接测定光脉冲在待测距离两点间往返传播的时间t，来测定测站至目标的距离D。如图4-11所示，用测距仪测定两点间的距离D，在A点安置测距仪，在B点安置反射棱镜。由测距仪发射的光脉冲，经过距离D到达反射棱镜，再

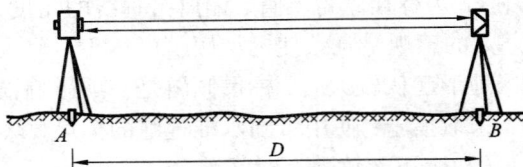

图4-11　脉冲式光电测距原理

反射回仪器接收系统，所需时间为 t，则距离 D 即可按下式求得：

$$D = \frac{1}{2}c \cdot t \qquad (4-16)$$

式中：c 为光波在大气中的传播速度，根据物理学的基本公式有：

$$c = \frac{c_0}{n}$$

c_0 为光波在真空中的传播速度，为一常数，$c_0 = (299792458 \pm 1.2 \text{ m})/\text{s}$；$n$ 为大气的折射率，是温度、湿度、气压和工作波长的函数，即 $n = f(t_1, e_1, p_1, \lambda)$。上式代入 $(4-16)$，有：

$$D = \frac{c_0}{2n}t \qquad (4-17)$$

由上式可看出，在能精确测定大气折射率 n 的条件下，光电测距仪的精度取决于测定光波往返传播时间的精确度。由于精确测定光波的往返传播时间较困难，因此脉冲式测距仪的精度难以提高，目前市场上计时脉冲测距仪多为厘米级精度范围，要提高精度，必须采用间接测时手段——相位法测时。

2. 相位式光电测距仪测距原理

相位式光电测距仪是通过光源发出连续的调制光，通过往返传播产生相位差，间接计算出传播时间，从而计算距离。

红外测距仪以砷化镓发光二极管作为光源。若给砷化镓发光二极管注入一定的恒定电流。它发出的红外光，其光强恒定不变；若改变注入电流的大小，砷化镓发光二极管发射的光强也随之变化，注入电流大，光强就强，注入电流小，光强就弱。若在发光二极管上注入的是频率为 f 的交变电流，则其光强也按频率 f 发生变化，这种光称为调制光。相位法测距发出的光就是连续的调制光。

调制光波在待测距离上往返传播，其光强变化一个整周期的相位差为 2π，将仪器从 A 点发出的光波在测距方向上展开，如图 4-12 所示，显然，返回 A 点时的相位比发射时延迟了 φ 角，其中包含了 N 个整周 $(2\pi N)$ 和不足一个整周的尾数 $\Delta\varphi$，即：

$$\varphi = 2\pi N + \Delta\varphi \qquad (4-18)$$

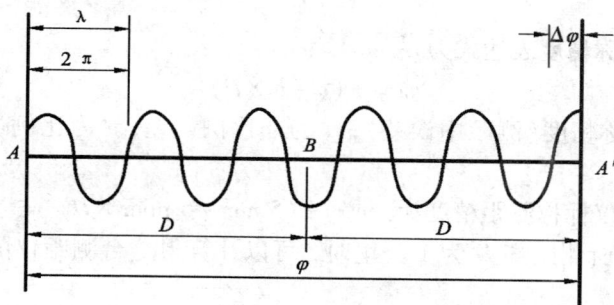

图 4-12 相位式光电测距原理

若调制光波的频率为 f，波长为 $\lambda = c/f$，则有：

$$\varphi = 2\pi ft = 2\pi ct/\lambda \qquad (4-19)$$

将式(4-18)代入式(4-19),可得:

$$t = \frac{\lambda}{c}(N + \frac{\Delta\varphi}{2\pi}) \qquad (4-20)$$

将式(4-20)代入式(4-16),得:

$$D = \frac{\lambda}{2}(N + \frac{\Delta\varphi}{2\pi}) \qquad (4-21)$$

与钢尺量距公式相比,若把$\frac{\lambda}{2}$视为整尺长,则N为整尺段数,$\frac{\lambda}{2} \times \frac{\Delta\varphi}{2\pi}$为不足一个整尺的余数,所以通常就把$\frac{\lambda}{2}$称为"光尺"长度。

由于测距仪的测相装置只能测定不足一个整周期的相位差$\Delta\varphi$,不能测出整周数N的值,因此只有当光尺长度大于待测距离时,此时$N=0$,距离方可以确定,否则就存在多值解的问题。换句话说,测程与光尺长度有关。要想使仪器具有较大的测程,就应选用较长的"光尺"。例如用10 m的"光尺",只能测定小于10 m的数据;若用1000 m的"光尺",则能测定小于1000 m的距离。但是,由于仪器存在测相误差,它与"光尺"长度成正比,约为1/1000的光尺长度,因此"光尺"长度越长,测距误差就越大。10 m的"光尺"测距误差为±10 mm,而1000 m的"光尺"测距误差则达到±1 m。为解决测程产生的误差问题,目前多采用两把"光尺"配合使用的方法。例如,要测量1000 m以内的边长,则将一把"光尺"的调制频率确定为15 MHz,"光尺"长度为10 m,用来确定分米、厘米、毫米位数,以保证测距精度,称为"精尺";另一把的调制频率为150 kHz,"光尺"长度为1000 m,用来确定米、十米、百米位数,以满足测程要求,称为"粗尺"。把两尺所测数值组合起来,即可直接显示精确的测距数字。

二、测距仪性能介绍

前面已经介绍,脉冲式测距仪在短程内的测距误差较大,而我们从事土木工程测量时,接触最多的往往是短程测距。相对而言,相位式的红外测距仪则精度较高。因此,这里讨论的对象主要以高精度的相位式测距仪为主。

1. 测距精度

光电测距仪的标称精度表达式为

$$m = \pm(a + b \times D) \qquad (4-22)$$

式中,m为仪器的标称精度(测距中误差);a为非比例误差;b为比例误差系数;D为测距长度。

如某台红外测距仪标称测距精度为:$m = \pm(5\text{ mm} + 5\text{ ppm} \times D)$。式中,ppm是百万率的意思,等于$10^{-6}$。如所测距离$D$为1公里时,可以计算得这台测距仪的单位公里测距中误差为:

$$m = \pm(5\text{ mm} + 5 \times 10^{-6} \times 1 \times 10^{6}\text{ mm}) = \pm 10\text{ mm}$$

2. 测程

测程是指在满足测距精度的条件下测距仪可能测得的最大距离。一台测距仪的实际测程除了仪器本身的技术性能以外,还与大气状况及反射器棱镜的个数有关。红外测距仪的最大测程一般为1.2~3.2 km,现在由于GPS的普及,人们已经并不怎么去全力追求全站仪的更大测程。

3. 测尺频率

一般相位式测距仪设有 2~3 个测尺频率，其中有一个是精测频率，其余是粗测频率。有的仪器说明书标明了这些频率值(如图 4-13)，便于用户使用了解。

4. 测距时间

光电测距的测距时间，是指按下测距按钮到仪器显示出距离值所花费的时间。十年前的国产全站仪测距速度较慢，现在全站仪的测距速度已大大提高，一般均可接受(三两秒之内数据就已跳出)。

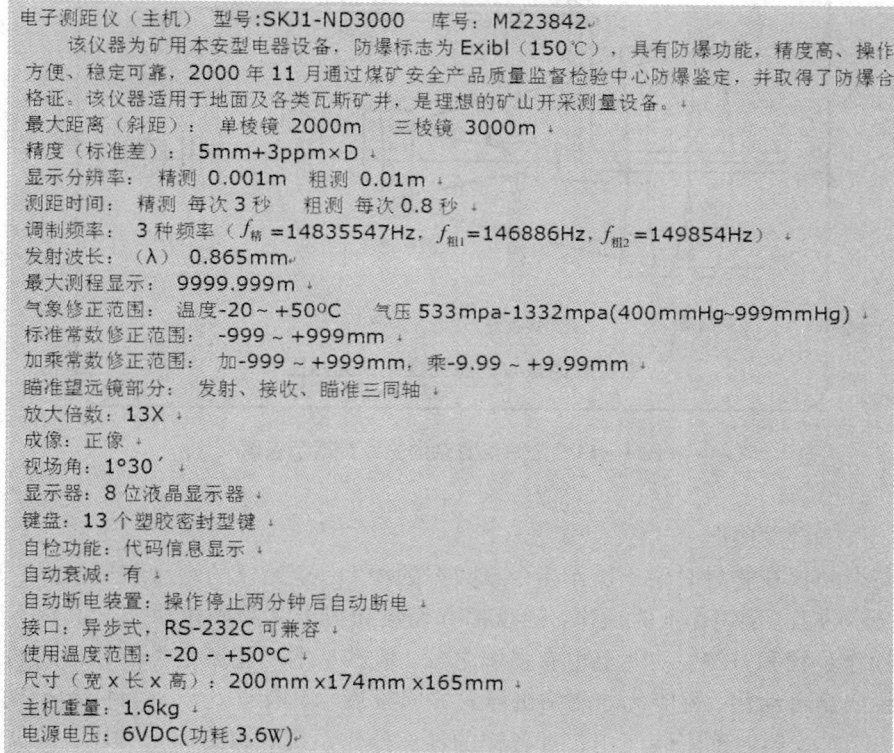

电子测距仪(主机)　型号:SKJ1-ND3000　库号:M223842.
　　该仪器为矿用本安型电器设备，防爆标志为 Exibl(150℃)，具有防爆功能、精度高、操作方便、稳定可靠，2000 年 11 月通过煤矿安全产品质量监督检验中心防爆鉴定，并取得了防爆合格证。该仪器适用于地面及各类瓦斯矿井，是理想的矿山开采测量设备。
最大距离(斜距):单棱镜 2000m　三棱镜 3000m
精度(标准差):5mm+3ppm×D
显示分辨率:精测 0.001m　粗测 0.01m
测距时间:精测 每次 3 秒　粗测 每次 0.8 秒
调制频率:3 种频率($f_{精}$=14835547Hz, $f_{粗1}$=146886Hz, $f_{粗2}$=149854Hz)
发射波长:(λ) 0.865mm.
最大测程显示:9999.999m
气象修正范围:温度-20~+50℃　气压 533mpa-1332mpa(400mmHg~999mmHg)
标准常数修正范围:-999~+999mm
加乘常数修正范围:加-999~+999mm, 乘-9.99~+9.99mm
瞄准望远镜部分:发射、接收、瞄准三同轴
放大倍数:13X
成像:正像
视场角:1°30′
显示器:8 位液晶显示器
键盘:13 个塑胶密封型键
自检功能:代码信息显示
自动衰减:有
自动断电装置:操作停止两分钟后自动断电
接口:异步式, RS-232C 可兼容
使用温度范围:-20~+50℃
尺寸(宽×长×高):200mm×174mm×165mm
主机重量:1.6kg
电源电压:6VDC(功耗 3.6W).

图 4-13　科力达 ND3000 测距仪产品介绍(网络资料)

5. 其他性能指标

为全面考察测距仪的性能，其技术指标还有测尺长度、测距分辨率、发光波长、光束发射角、功耗、工作温度、仪器重量、体积等。图 4-13 为科力达 ND3000 测距仪的产品介绍资料。

三、全站仪测距功能介绍

全站仪是我们测绘行业目前使用最为频繁、发展较为成功的距离测量仪器。模块 3 中我们已经介绍全站仪的度盘结构情况和仪器的主要技术参数等，现对其测距功能结构、仪器操作等作进一步的详细介绍。

1. 全站仪的同轴性

在图 4-14 的全站仪光路图中，望远镜主光轴、测距部分的光信息发射光轴、接受光轴，均是按同轴设计。它们一起从望远镜的物镜通过，其中太阳自然光(可见光)的传播路径与普通光学经纬仪相同，从远处的目标投射至望远镜，供操作者从仪器目镜中观察目标、调整仪器精确瞄准。而测距的信号光从仪器内部发射出来，经物镜射向远处的目标(棱镜)，反射回来又通过望远镜物镜之后到达一个特制的分光透镜组(该透镜组对信号光反射，而对自然光通过)，再反射和垂直折射之后进入测距信号的接收通道设备，经光电转换之后与初始信号进行测相比对，进而计算出距离在显示屏显示出来。

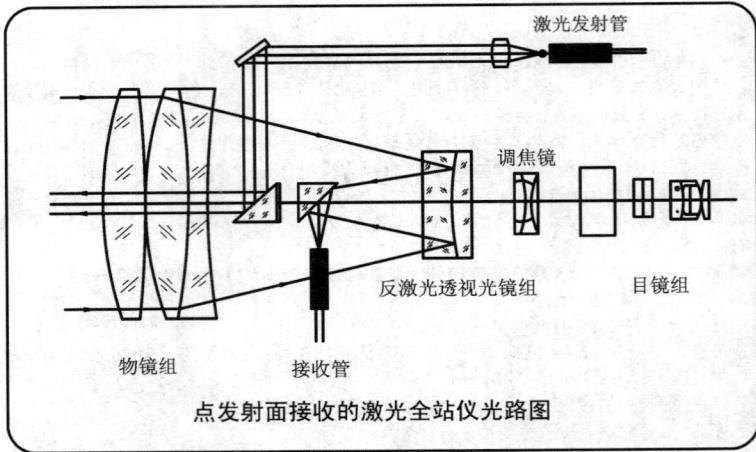

点发射面接收的激光全站仪光路图

图4-14　全站仪复杂的光线传播示意图

2. 全站仪的键盘操作

键盘是全站仪在测量时输入操作指令或数据的硬件，全站仪的键盘和显示屏一般为双面式，便于仪器的正、倒镜作业时操作，键盘都有很强和很丰富的操作功能。虽然不同的仪器有不同的操作步骤和方法，功能上也有强弱之分，但其基本功能还是类似和相同的。现在的全站仪已经向全自动化、智能化的测站机器人方向发展，具有自动识别目标和自动瞄准、观测、记录功能。仪器内部安装使用各种各样的界面操作系统和自编测量程序，键盘操作的大量功能也多向触屏操作转移。

3. 全站仪的存储器与通讯接口

全站仪最近20年发展变化最为成功的几点，一是测程慢慢扩大，二是免棱镜，再就是其存储器的使用与扩展。存储器的作用是将实时采集的测量数据存储起来，再根据需要传送到其他设备，如计算机中，供进一步处理或利用。现在全站仪的工作存储有内存储、存储卡、外接USB等各种形式，非常方便。全站仪内存储器相当于计算机的内存(RAM)，存储卡是一种外存储器，又称PC卡，相当于计算机的磁盘。全站仪可以通过RS-232C通讯接口和通讯电缆将仪器中存储的数据输入计算机，或将计算机中的信息数据经通讯电缆传输给全站仪供野外作业使用，实现双向信息传输。U盘则是通用的移动存储设备。

4. 全站仪的反射器

全站仪(测距仪)的反射器以反射棱镜为主，因此通常又称反射棱镜或简称棱镜。反射器中的直角棱镜装配在反射器框架内，通过连接杆与基座或棱镜杆安装在一起。反射器基座上设置有光学对中器、管水准器等。全站仪出厂时，有的生产商会将仪器的加常数及棱镜的加常数均调整设置为 0。因此用户最好使用仪器商提供的专用配套反射棱镜。如果发生混合使用，则须对棱镜常数的情况有所了解和进行改正。

由于直角棱镜可以对入射光高效地内部全反射，故光电测距的反射棱镜用直角棱镜的光学玻璃或水晶透明体器件制成。根据棱镜的组合个数不同有单棱镜、三棱镜、六棱镜、九棱镜等。图 4-15(a)、(b)所示为单棱镜和三棱镜。为方便野外使用和减少照准点位的偏心误差，有时还采用一种小巧可爱的微型棱镜，这种棱镜有的还可以根据棱镜头旋转进入棱镜框的前后方向不同，而提供 0 与 30 两个常数供操作者选择。

如图 4-15(c)，反射器的光学部分是一块呈直角的棱镜锥体，如同在一个正方体玻璃上切下的一角，四个面中的接收光面 ABC(透射面)为正三角形(实物棱镜的 ABC 前面还有一段圆柱体)，其他三个面 △OAC、△OAB、△OBC 是以 O 为顶点的直角等腰三角形，这三个面均镀银作为半透明反射面，它们之间相互垂直(如不严格垂直，则又引起入射线与出射线的平行性误差)。

图中假设入射光线不与 ABC 面垂直到达 1 点，经折射后到达 OAB 反射面的 2 点，反射至 OAC 面的 3 点，又反射至 OBC 的 4 点，再反射至 ABC 面的 5 点，最后折射出来，并保持与入射光线平行。全过程经过了两次折射和三次反射。

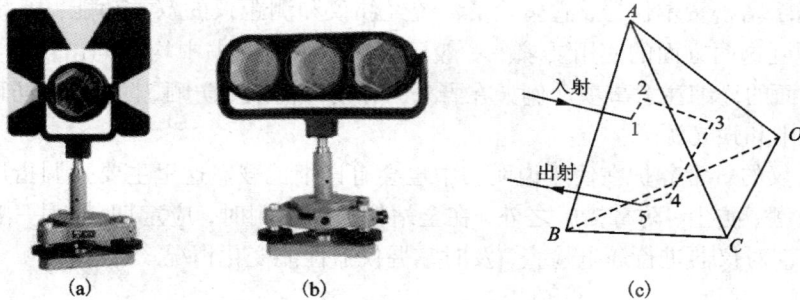

图 4-15　反射棱镜及其光路图

现在的全站仪许多都有免棱镜测量的功能。免棱镜测量在大坝工程、桥涵建设、造船工业、高楼建筑、边坡移动等变形监测和无接触测量中发挥着重大作用。如徕卡 TCR 系列全站仪，无合作目标时测程可达 1000 m。

5. 全站仪的距离测量与计算

全站仪可以通过键盘操作，选择测量出的距离为水平距离或倾斜距离。另外，测距之前还必须根据仪器说明书进行仪器和棱镜常数的设定，进行气象改正条件的设定。如果是很精密的距离测量，还需进行竖直角精确测量进行倾斜改正，根据距离长短进行地球曲率改正，最后才能得到精确的水平距离。

(1)常数改正

包括加常数改正和乘常数改正两项。加常数 C 是由于发光管的发射面、接收面与仪器中心不一致；反光镜的等效反射面与反光镜中心不一致；内光路产生相位延迟及电子元件的相位延迟使得测距仪测出的距离值与实际距离值不一致。此常数在仪器出厂时预置在仪器中。但是由于仪器在长期使用和搬运过程中的震动、电子元件的老化等，加常数还会变化，因此还会有剩余加常数，这个加常数要经过仪器检测求定，在测距中加以改正。

仪器乘常数 R 主要是指仪器实际的测尺频率与设计时的频率有了偏移，使测出的距离存在着随距离而变化的系统误差，其比例因子称为乘常数。此项差值也应通过检测求定，在测距中加以改正。

（2）气象改正

当距离大于 2 km 或温度变化较大时，要求进行气象改正计算。由于各类仪器采用波长及标准温度不尽相同，因此气象改正公式中个别系数也略有不同。如某红外测距仪以 $t = 15℃$，$P = 101.3$ kPa 为标准状态，在一般大气状态下，其改正公式为：

$$\Delta D = [278.96 - 0.3872p/(1 + 0.00366t)]D \qquad (4-22)$$

式中，ΔD 为距离改正值，单位 mm；p 为气压值，单位 mmHg；t 为摄氏温度，单位℃；D 为测量的斜距，单位 km。

（3）平距计算

利用测定的斜距和天顶距 z 用下式进行平距计算：

$$D = D_{斜} \cdot \sin(z) \qquad (4-33)$$

式中，天顶距 z 必须是精确测定的。

6. 全站仪的使用安全与保养

全站仪属于精密贵重仪器，它包含了传统经纬仪和测距仪的双重功能，因此在操作使用时也必须兼顾到这两方面的使用要求。一般厂家在使用说明书中均会列出仪器在使用操作、运输、保管方面的详细注意事项。例如在野外工作时须防震、防晒、防高温、防雨淋、防强电磁，不瞄准太阳和强光源。

关于全站仪的日常养护在使用说明书中也会有详细记载。这里主要强调指出，除了一般光学仪器的防潮、防尘、防霉措施之外，在全站仪长期不用时，应定期（一月一次）对蓄电池充电检查，定期对仪器进行通电检查，及时掌握仪器性能变化情况。

四、光电测距误差分析与处理措施

光电测距误差的大小与仪器设备本身的质量水平、观测时的操作方法以及外界条件环境有着密切的关系。

1. 仪器设备误差的影响

测距仪器设备的误差影响主要有加常数、乘常数、周期误差、测相误差等。

（1）加常数改正误差影响

该项误差与待测距离的长短无关，加常数设定好后，每次观测都会加上此加常数。但如果此加常数测定本身含有误差，则会产生对测距结果的影响。由于该影响属于大小相等、方向一定的系统误差，因此实际工作中必须对加常数进行准确测定和进行相应改正。

实际中可用两段解析法进行仪器加常数的准确测定，工作的基本过程为：

①在平地上设置一条长约近百米的直线 AB，如图 4-16。

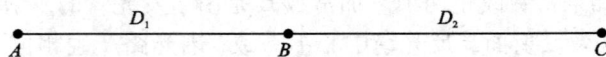

图 4-16　加常数的测定

110

②用仪器分别测出 D_1、D_2 及总长 D（注意气象改正），考虑加常数的影响，有

$$(D_1 + k) + (D_2 + k) = D + k，即 k = D - (D_1 + D_2)$$

（2）乘常数改正误差影响

根据前面的测距原理分析，仪器的调制频率决定"光尺"的长度，频率的变化会引起尺长的变化，从而产生测距误差。乘常数是对精测频率进行修正的改正因子，是针对相位法测距而言的，而且只针对相位法中的精测尺频率，与粗测尺无关。它主要是因为精测尺的光尺长度经一段时间使用后，由于光电器件老化，实际频率与设计频率产生偏移，使测量成果存在着随距离变化的系统误差。

频率误差影响在中远程精密测距中不容忽视，作业前后应及时进行频率检校。

（3）周期误差

相位法光电测距中会发生以一定距离为周期而重复出现的误差，称为周期误差。周期误差不是固定误差，但也不是比例误差，它出现的机会与距离有关，但其影响的大小并不与距离成比例。它主要是由于机内固定的同频信号串扰产生的。这种串扰主要由机内电信号的串扰（电串扰）而产生，如发射信号通过电子开关、电源线等通道或空间渠道的耦合串到接收部分，也可能由光串扰产生，如内光路漏光而串到接收部分。如果发生这些串扰，则会引起测相误差，进而引起测距的误差。

一般来说，周期误差的周长取决于精测尺长，加大测距信号强度会有利于减小周期误差。如发现周期误差振幅过大，则须送厂调整。

（4）测相误差

相位的测定误差肯定会引起距离结果的误差。测相误差由多种误差综合而成。这些误差有测相设备本身的误差、内外光路光强相差悬殊而产生的辐相误差、发射光照准部位改变所致的照准误差，以及仪器信噪比引起的误差。此外，由仪器内部的固定干扰信号而引起的周期误差也会在测相结果中反映出来。

测相误差带有一定的偶然性，可通过重复观测削弱其影响。

（5）光速误差

光在真空中的传播速度是测距仪中的基本应用数据，根据本章开头的介绍，第15届国际计量大会已经认定光在真空中的传播速度为 $c = (299792.458 \pm 0.001)$ km/s，可见该速度的精度已达数亿分之一，对测距误差的影响甚微，可以忽略不计。

2. 操作观测误差

测距仪、全站仪的操作误差主要指仪器和目标反射棱镜的对中误差。对中误差影响的大小与方向均是随机的，属于非比例性质的偶然误差。一般只要是经过精确检定过的对中器，可使对中误差控制在 1~2 mm。

棱镜杆竖得太高时目标的偏差难以掌控，将棱镜倒过来置于地面则目标稳定、偏差有限。如无法直接而准确地瞄准目标，则可进行偏心观测（如大树、电杆、烟囱、油罐等）。

3. 外界条件影响

光电测距中的外界条件主要是指气象条件。气象条件也是影响电磁波测距精度的主要因素，如何克服和进一步减少该项影响，一直是电磁波测距技术的重要课题，而对测距进行气象改正正是减小该项影响的有效手段。通常全站仪的说明书中均列有仪器气象改正的公式，并详细注明改正操作的具体步骤。测距前，可以先检查一下仪器中的原气象值及相关参数，

如温度、气压、比例改正、加常数等。当野外测量的气象条件发生较大变化时，须及时修改仪器的气象参数。仪器内部会对新的气象参数及加常数进行自动计算和改正处理。

练习题 4

1. 精密钢尺量距与普通钢尺量距的区别有哪些？

2. 两个小组对下图中的 AB 和 BC 进行钢尺量距，第一小组量得 AB 为 $D_{往} = 86.337$ m，$D_{返} = 86.356$ m，第二小组量得 BC 的距离 $D_{往} = 136.356$ m，$D_{返} = 136.302$ m。请计算两个小组的测量结果，并分析说明哪个小组的测量精度较高。

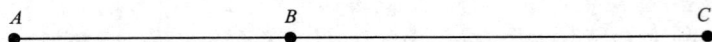

```
A ●————————————— B ●————————————————— C ●
```

3. 关于视距测量，下列表述正确的有_____。

A. 水准仪与经纬仪进行视距测量的基本原理相同；

B. 水准测量的视距与经纬仪测量的视距情况相同；

C. 横基线尺视距测量与普通视距测量原理不同，测量精度也不同；

D. 视距测量的数学基础是解析几何原理；

E. 全站仪也能进行视距测量。

4. 在 A 点的经纬仪观测 B 点的标尺上、下丝读数为 $l_{上} = 2.525$，$l_{下} = 1.856$，望远镜瞄准中丝时的竖盘（盘左）读数为 $L = 85°55'36''$，请问该中丝的标尺读数大概是多少，并计算出 AB 间的斜距和平距。

5. 完成下表中的精密钢尺量距（往测）计算。尺长方程式为：$l = l_0 + \Delta l_0 + \alpha(t - t_0)l_0 = 30$ m + 8 mm + $0.0125(t - 20) \times 30$。

尺　段	丈量次数	后端读数 /m	前端读数 /m	尺段长度 /m	尺长改正	温度 改正数	改正后 尺段长度	高　差 平距化算
A ~ 1	1	0.032	29.850					
	2	0.044	29.863			27.5℃		0.360 m
	3	0.060	29.877					
	平均							
1 ~ 2	1	0.057	29.670					
	2	0.076	29.688			28.0℃		0.320 m
	3	0.078	29.691					
	平均							
2 ~ B	1	0.064	9.570					
	2	0.072	9.579			29.0℃		0.250 m
	3	0.083	9.589					
	平均							

改正后 AB 往测总长：　　　　　　　　　　　　　　　　　　较差：

改正后 AB 返测总长：68.950 m　　　　　　　　　　相对误差：$k =$

最后结果：

6. 说明某红外测距仪的测距精度表达式 $m = \pm(2\text{ mm} + 2\text{ ppm}D)$ 的含义，当测出一段长 2.568 km 的距离时，估算其误差是多少？

7. 下述关于光电测距说法错误的是_____

①只要反射器的棱镜受光面大致垂直测线方向，反射器就会把光反射给测距仪接收；

②不必根据测程长短增减棱镜的个数；

③反射器与测距仪配合使用，不要随意更换；

④每个反射器都有确定的加常数和乘常数；

⑤有些测距仪不用反射棱镜也能测距；

⑥可见光与红外光在同一棱镜中的传播速度不同，但折射率相等；

⑦激光从空气中进入棱镜，频率不变，但波长变小；

⑧微波测距的载波传播速度与光电测距相同，但反射器不同；

⑨气象改正就是折射率的改正，气象代表性误差也就是折射率代表性误差。

8. 光电测距中有哪些误差是偶然误差，哪些是系统误差；哪些是比例误差，哪些是非比例误差，它们是如何影响所测距离的？

9. 测距仪的加常数 ΔD_k 主要是_____引起的。

①测距仪对中点偏心；反射器对中点偏心；仪器内部光路、电路的安装偏心。

②通过在比长台上对测距仪和反射器的鉴定。

③反射器等效中心偏心、棱镜光学延迟；测距仪等效中心偏心；仪器内部光电信号延迟。

10. 在相同的条件下光电测距两条直线，一条长 150 m，另一条长 350 m，测距仪的测距精度是 $\pm(10\text{ mm} + 5\text{ ppm}D)$。问这两条直线的测量误差与测量精度是否相同？为什么？

实训9　全站仪综合测量

20 ___年___月___日___午　天气_____　专业班级_____　第___小组

观测：　　　　　记录：　　　　　组员：　　　　　仪器：

目的要求 与 注意事项	1. 掌握水平角、竖直角、距离测量的各项操作、记录、计算； 2. 老师演示一遍三个方向一测回的观测过程，同学同步记录、计算，得出结果； 3. 小组成员轮流进行一次完整的仪器操作、记录、计算工作。可以自己观测、自己记录、自己计算。限差参照前面各次实训要求。	示意图：

测　站：　　　　　仪器高(I)：　　　　　测站坐标：X =　　　　　　　Y =

H =　　　　　测站位置

目　　标								
斜　距(L)								
天顶距(z)	° ′ ″	° ′ ″	° ′ ″	° ′ ″	° ′ ″	° ′ ″	° ′ ″	° ′ ″
指标差、 竖直角	″ 、 ° ′ ″		″ 、 ° ′ ″		″ 、 ° ′ ″		″ 、 ° ′ ″	
平距(S)								
水平方向值	° ′ ″	° ′ ″	° ′ ″	° ′ ″	° ′ ″	° ′ ″	° ′ ″	° ′ ″
2C、平均值	″ 、 ° ′ ″		″ 、 ° ′ ″		″ 、 ° ′ ″		″ 、 ° ′ ″	
X								
Y								
截尺高(J)								
高差(h)								
高　程								
备　注								

(1)你所使用全站仪的距离测量标称精度公式为：_____。

(2)根据上述公式计算某条边距离测量的相对误差为：_____。

(3)光电测距与视距测量的主要区别是：_____。

个人小结：

老师评分：

114

实训 10　钢尺量距与仪器加常数测定

20 ＿＿年＿＿月＿＿日＿＿午　　天气＿＿＿＿＿＿＿专业班级＿＿＿＿＿＿＿＿＿　第＿＿小组	
观测：　　　　　记录：　　　　组员：　　　　　　仪器：	
目的要求 与 注意事项	1.学习与体会钢尺量距的基本方法，测量出图示直线 *ABC* 的长度； 2.掌握加常数的测定方法，测定出本小组所使用的仪器与棱镜的加常数； 3.注意：钢尺量距与加常数测定为两项工作，小组须分步进行。

钢尺量距示意图及读数记录、计算：

```
A                    B                   C
```

仪器与棱镜加常数测定示意图及读数、记录与计算：

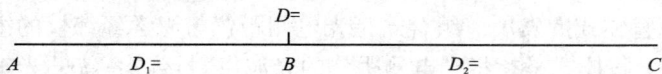

$$D=$$

```
A        D_1=          B          D_2=           C
```

注：$k = D - (D_1 + D_2)$

(1)公式 $(D_1 + k) + (D_2 + k) = D + k$ 的含义为：＿＿＿＿＿＿＿＿＿＿＿＿＿。

(2)加常数由＿＿＿＿＿＿＿＿和＿＿＿＿＿＿＿＿两部分组成。

(3)为什么配套使用的全站仪和棱镜不能随便互换？＿＿＿＿＿＿＿＿＿＿＿＿

个人小结：

老师评分：

模块5　全站仪的实际应用

【教学目标】了解全站仪测量的基本原理；熟悉全站仪的构造名称和操作要领；掌握全站仪测量的基本技能。

【技能要求】能用全站仪测量角度、距离和坐标；能用全站仪进行角度、距离和坐标放样。

任务5-1　了解全站仪及其构造

全站仪是光电测距仪与电子经纬仪及数字终端机(数据记录兼数据处理)相结合的智能型光电测量仪器。人工设站瞄准目标后，可以在一个测站上完成角度测量、距离测量、坐标测量和施工放样测量等工作。广泛用于大比例尺地形测图及地上大型建筑和地下隧道施工等精密工程测量或变形监测等领域。

全站仪的发展经历了从组合式到整体式的发展。组合式指光电测距仪与光学经纬仪的组合及光电测距仪与电子经纬仪的组合，整体式是指将光电测距仪的光波发射接收系统的光轴和经纬仪的视准轴组合为同轴的一体式全站仪。

速测仪是相对钢尺量距而言的。钢尺量距需要一定的工作条件(如场地平整、直线定向等)，且测量效率不高。视距测量出现后，人们可以用光学仪器直接测量两点间距离。由于此时的距离测量是通过光学方法来实现，因此称这种速测仪为"光学速测仪"。电磁波测距出现之后，测量的距离更远，测量时间更短，测量精度更高。这时人们将距离由电磁波测距仪测定的速测仪笼统地称之为"电子速测仪"。之后，随着电子测角技术的出现，这一"电子速测仪"的概念又相应地发生了变化，出现了半站型电子速测仪和全站型电子速测仪。半站型电子速测仪是指用光学方法测角的电子速测仪，也有称之为"测距经纬仪"。全站型电子速测仪则是由电子测角、电子测距、电子计算和数据存储单元等组成的三维坐标测量系统，测量结果能自动显示，并能与外围设备交换信息。由于全站型电子速测仪较完善地实现了测量和处理过程的电子化和一体化，所以人们也通常称之为全站型电子速测仪或简称全站仪。

下面以科力达 KTS440(RC/C)全站仪系列为例做具体介绍。

一、科力达 KTS440(RC/C)全站仪的特点及使用注意事项

1.仪器特点

1)功能全面。科力达 KTS440(RC/C)全站仪具备丰富的测量程序，能够进行各种程序测量，直接对仪器进行参数设置、数据存储，适用于进行各种专业测量和工程测量。

2)SD 卡功能。具有高记忆容量、快速传输数据、极大的移动灵活性以及很好的安全性等功能，在作业当中各种数据都可以方便地保存到 SD 卡中，通过笔记本电脑插槽或读卡器就可以轻松地在电脑上读取 SD 卡内的数据。在进行 SD 卡内的文件操作过程当中不能拔取

SD 卡，否则会导致数据丢失或者损坏。SD 卡上每 1 兆（MB）的内存可存储 15000 个数据。

3）强大的内存管理。大容量内存，并可以方便地进行文件系统管理，实现数据的增加、删除、修改、传输等。

4）绝对编码度盘。预装绝对数码度盘，仪器开机即可直接进行测量。即使中途重置电源，方位角信息也不会丢失。

5）免棱镜测距。该系列全站仪中带激光测距的 KTS440（RC/C）免棱镜测距功能可直接对各种材质、不同颜色的物体（如建筑物的墙面、电线杆、电线、悬崖壁、山体、泥土、木桩等）进行远距离、高精度的测量。

6）测量程序丰富。此新型全站仪具备常用的基本测量程序（角度测量、距离测量、坐标测量）与特殊测量程序，可进行悬高测量、偏心测量、对边测量、放样、后方交会，满足各个专业测量的要求。

2. 使用注意事项

1）严禁将仪器直接置于地上，以免砂土对仪器、中心螺旋及螺孔造成损坏。

2）作业前应仔细、全面检查仪器，确定仪器各项指标、功能、初始设置和改正参数均符合要求后，再进行测量。

3）在烈日、雨天或潮湿环境下作业时，请务必在测伞的遮掩下进行，以免影响仪器的精度或损坏仪器。此外，在烈日下作业应避免将物镜直接照准太阳，若需要可安装滤光镜。

4）全站仪是精密仪器，务必小心轻放，不使用时应将其装入箱内，置于干燥处，注意防震、防潮、防尘。

5）若仪器工作处的温度与存放处的温度相差太大，应先将仪器留在箱内，直至它适应环境温度后再使用。

6）仪器使用完毕，应用绒布或毛刷清除表面灰尘；若被雨淋湿，切勿通电开机，应该用干净的软布轻轻擦干，并放在通风处一段时间。

7）取下电池务必先关闭电源，否则会造成内部线路的损坏。关箱时，应确保仪器和箱子内部的干燥，如果内部潮湿将会损坏仪器。

8）若仪器长期不使用，应将电池卸下，并与主机分开存放。电池应每月充电一次。

9）外露光学件需要清洁时，应用脱脂棉或镜头纸轻轻擦净，切不可使用其他物品擦拭。

10）仪器运输时应将其置于箱内，运输时应小心，避免挤压、碰撞和剧烈震动。长途运输最好在箱子周围放一些软垫。

11）若发现仪器功能异常，非专业维修人员不可擅自拆开仪器，以免发生不必要的损失。

12）免棱镜型 KTS440（RC）系列全站仪发射光是激光，使用时不能对准眼睛。

二、科力达 KTS440（RC/C）全站仪的组成与功能介绍

1. 仪器各部件名称

与经纬仪相同，仪器由基座与照准部两大部分组成。在用三联脚架法进行导线测量时，可以将照准部从基座中取出，安装到下一站的棱镜基座上，以此加快仪器安置速度，提高工作效率。照准部由望远镜、度盘（测角系统）、测距系统、电源、数据处理器、通讯接口、显示屏、键盘等组成。各部分名称见"彩图 5 - 1"（见书后彩图插页）。

2. 键盘功能介绍

KTS440(RC)的键盘有 28 个按键，即电源开关键 1 个、照明键 1 个、软键 4 个、操作键 10 个和字母数字键 12 个，如图 5 – 2。

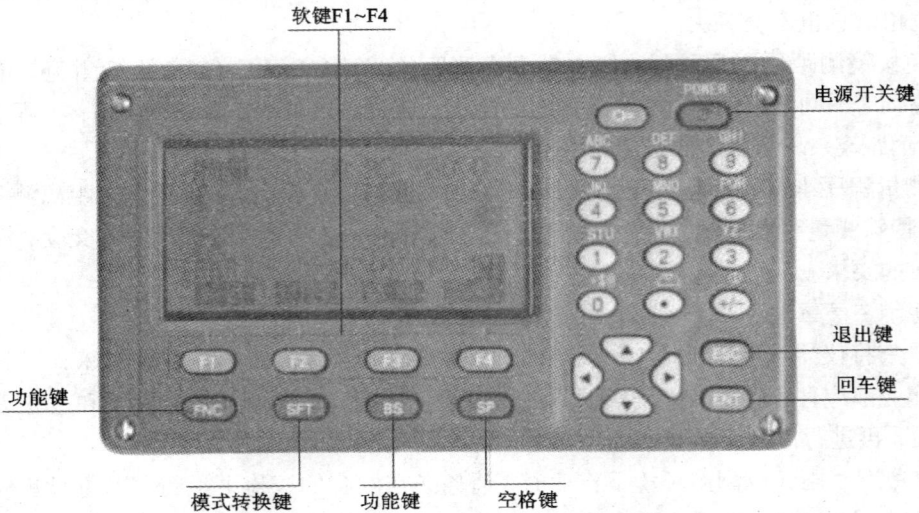

图 5 – 2 中标注：软键F1~F4、电源开关键、退出键、回车键、空格键、功能键、模式转换键、功能键。

图 5 – 2 KTS440(RC)全站仪屏幕及功能键

键盘上各键各大致分为功能键和操作键，功能键主要体现按键所具有的不同功能目的，操作键则体现按键的指令性操作过程。

各主要功能键的操作大致如下：

电源开关键：打开电源按【POWER】即可，关闭电源需按住【POWER】3 秒。

照明键：按【☼═】，打开或关闭显示屏及望远镜分划板的照明。

软键 F1 ~ F4：KTS440(RC)显示屏的底部显示出软键的功能，这些功能通过键盘左下角对应的 F1 至 F4 来选取。

【FNC】：翻页功能键，整体控制 F1 ~ F4。若要查看另一页的功能按【FNC】。仪器出厂时在测量模式下各软键的换页功能见表 5 – 1。

表 5 – 1 软键功能

第一页		第二页		第三页	
名　称	功　能	名称	功　能	名称	功　能
平距(斜距/高差)	开始距离测量	置零	水平角置零	对边	开始对边测量
切　换	选择测距类型	坐标	开始坐标测量	后交	开始后方会测量
置　角	预置水平角	放样	开始放样测量	菜单	显示菜单模式
参　数	距离测量参数设置	记录	记录观测数据	高度	设置仪器高和目标高

118

3. 操作键

操作键主要体现在指令性操作,包括指令性操作键和数字操作键,见表 5 – 2 及表 5 – 3。

表 5 – 2　指令性操作键功能

名　称	功　能
【ESC】	取消前一操作,退回到前一个显示屏或前一个模式
【FNC】	1. 软键功能菜单,翻页 2. 在放样、对边、悬高等功能中可输入目标高功能
【SFT】	打开或关闭转换(SHIFT)模式(在输入法中切换字母和数字功能)
【BS】	退格键,删除左边一格
【SP】	1. 在输入法中输入空格 2. 在非输入法中为修改测距参数功能
【▲】	1. 光标上移向上选取选择项 2. 在数据列表和查找中查阅上一个数据
【▼】	1. 光标下移向下选取选择项 2. 在数据列表和查找中查阅下一个数据
【◄】	1. 光标左移向左选取另一选择项 2. 在数据列表和查找中查阅上一页数据
【►】	1. 光标右移向右选取另一选择项 2. 在数据列表和查找中查阅下一页数据
【ENT】	确认输入或存入该行数据并换行

表 5 – 3　数字输入模式下数字操作键的功能

名　称	功　能
STU　　GHI 【1】~【9】	字母输入(输入按键上方的字母)
【1】~【9】	数字输入或选取菜单项
【.】	1. 在数字输入功能中小数点输入 2. 在字符输入法中可输入 :\# 3. 在非输入法中打开(SHIFT)模式后可进入倾斜自动补偿界面
【+/–】	1. 在数字输入功能中输入负号 2. 在字符输入功能中可输入 * / + 3. 在非输入功能中打开(SHIFT)模式后可进入激光指向和激光对中界面

4. 屏幕显示符号

在测量模式下要用到若干个符号,这些符号及其含义见表 5 – 4。

表 5 - 4　测量模式下符号含义

符 号	含 义
PC	棱镜常数
PPM	气象改正数
ZA	天顶距(天顶 0°)
VA	垂直角(水平 0°/水平 0° ± 90°)
%	坡度
S	斜距
H	平距
V	高差
HAR	右角
HAL	左角
HAh	水平角锁定
⊥	倾斜补偿有效

任务 5 - 2　做好全站仪测量前的准备工作

一、仪器取出和存放

开箱取出仪器：轻轻地放下箱子，让其盖朝上，打开箱子的锁栓，开箱盖，一手抓提把，一手托基座，取出仪器。

仪器存放入箱：将仪器从脚架上卸下前须先松开照准部制动螺旋，盖好望远镜镜盖，使照准部的垂直制动手轮和基座的水准器朝上，将仪器平卧(望远镜物镜端朝下)放入箱中，轻轻旋紧垂直制动手轮，盖好箱盖，关上锁栓。

二、仪器安置

安置仪器的三脚架应使用专用的有中心连接螺旋的三角架。

1. 架设三角架

一手扶稳三角架，另一手解开三角架底部的捆绑皮带，松开三个架腿的固紧螺丝，将三角架拉伸到适当高度(架头高度与操作者齐胸)，固紧架腿螺丝，打开使三角架架头顶面近似水平，且位于测站点的正上方。

2. 安置仪器和对点

将仪器小心地安置到三角架上，拧紧中心连接螺旋，调整光学对点器，使十字丝成像清晰。双手握住两条架腿，通过观察对中器调节两条架腿的位置，使仪器对中。

3. 利用圆水准器粗平仪器

调整三角架两条腿的长度，使全站仪圆水准气泡居中。

4. 利用管水准器精平仪器

①松开水平制动螺旋，转动仪器，使管水准器平行于某一对脚螺旋 A、B 的连线。通过旋转脚螺旋 A、B，使管水准器气泡居中，如图 5 - 3 所示。注意水准管气泡移动的方向与左手大拇指旋转的方向一致。

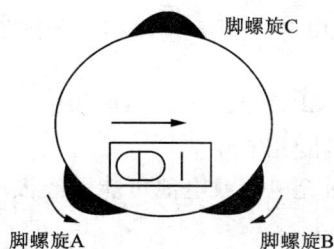

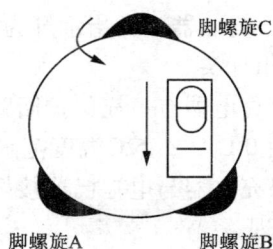

图 5 - 3　　　　　　　　　　　　　　　　图 5 - 4

②将仪器旋转 90 ℃，使其垂直于脚螺旋 A、B 的连线。旋转脚螺旋 C，使管水准器气泡居中，如图 5 - 4。

5. 精确对中与整平

通过对光学对点器的观察，轻微松开中心连接螺旋，平移仪器（不可旋转仪器），使仪器精确对准测站点。再拧紧中心连接螺旋，再次精平仪器。

如果仪器没有同时满足精确对中和整平，须重复上述对中整平的操作步骤，直到对中整平同时满足（对中、整平误差均不超过 1 mm）。

三、电池的装卸、信息和充电

1. 电池的装卸

测量前请将电池充足电。取下机载电池时，必须先关掉仪器电源，否则仪器容易被损坏。

装上电池：将电池底部定位导块插入到仪器上的电池导槽内，一手轻扶仪器，一手按电池顶部的电池锁紧杆，听到咔嚓响声。

取下电池：按住电池顶部的电池锁紧杆，往外取出电池。

2. 电池电量信息

5 ~ 3：有 70% ~ 100% 电量充足，可操作使用。

2：还剩余 50% 电量。出现此信息时，电池尚可使用 1 小时左右；可考虑准备好备用电池或充电后再使用。

1：10% ~ 50%。此时电量已经不多，尽快结束操作，更换电池并充电。

0：0 ~ 10%。此时到缺电关机大约可持续几分钟，电池已无电应立即更换电池并充电。

特别注意：

①电池工作时间的长短取决于环境条件，如：周围温度、充电时间和充电的次数等等，为安全起见，建议用户提前充电或准备一些充好电的备用电池。

②电池剩余容量显示级别与当前的测量模式有关。例如在角度测量模式下，电池剩余电

量够用，但不能保证此电池在距离测量模式下也能用。因为距离测量模式耗电高于角度测量模式，当从角度模式转换为距离模式时，由于电池电量不足，有时会终止测距。

3.电池充电注意事项

☆ 电池充电应用专用充电器，本仪器配用 KC-20 充电器。

☆ 充电时先将充电器接好电源 220 V，从仪器上取下电池盒，将充电器插头插入电池盒的充电插座，充电器上的指示灯为橙色表示正在充电，充电 6 小时后或指示灯为绿色表示充电结束，拔出插头。

☆ 尽管充电器有过充保护回路，充电结束后还是应将电源插头从插座中拔出。

☆ 要在 0℃ ~ ±45℃ 温度范围内充电，超出此范围可能充电异常。

☆ 如果充电器与电池已连接好，指示灯却不亮，此时充电器或电池可能已经损坏，请找专业人员修理。

☆ 充电电池可重复充电 300 ~ 500 次，电池完全放电会缩短其使用寿命。

☆ 为更好地获得电池的最长使用寿命，请保证每月充电一次。

四、反射棱镜

当全站仪用红外光进行距离测量等作业时，需在目标处放置反射棱镜。反射棱镜有单棱镜、三棱镜组，可通过基座连接器将棱镜组与基座连接，再安置到三角架上，也可直接安置在对中杆上。棱镜组由用户根据作业需要自行配置。

棱镜组的配置可参照图 5-5 所示。

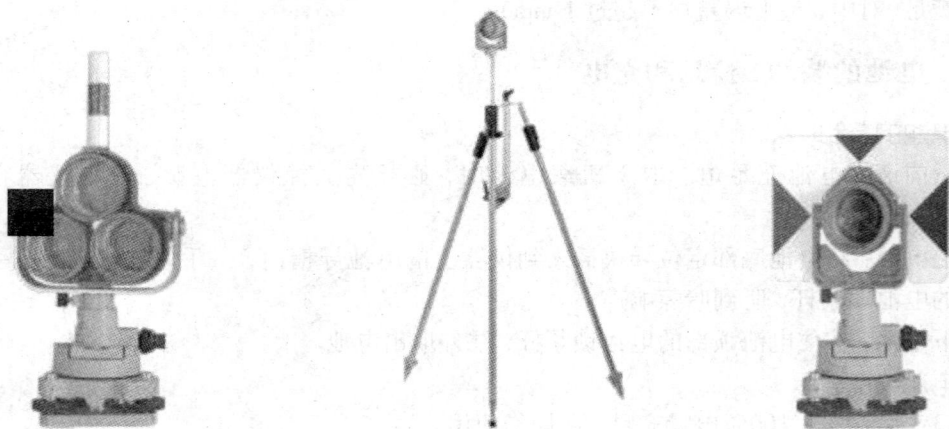

图 5-5 棱镜配置

五、望远镜目镜调整和目标照准

①将望远镜对准明亮天空，旋转目镜筒，调焦看清十字丝（先朝自己方向旋转目镜筒，再慢慢旋进调焦清楚十字丝）。

②利用粗瞄准器内的三角形标志瞄准目标点，瞄准时眼睛与瞄准器之间应保留有一定距离。

③利用望远镜调焦螺旋使目标成像清晰。

当眼睛在目镜端上下左右移动发现有视差时,说明调焦或目镜屈光度未调好,这将影响观测的精度,应仔细调焦并调节目镜筒消除视差。

六、开/关机和仪器初始设置

1.开/关机

开机步骤见表 5 – 5。

表 5 – 5　开机步骤

操作	显示	备注
按【POWER】	型号:KTS-440RC 编号:S12926 版本:09.10.10	电源打开后,显示如左图,仪器自动进行自检
	检测到 SD 卡连接　　　　　　　5	若插入 SD 卡,仪器便进行 SD 卡检测
	测量　　　　　　PC　　　　　-30 ⊥　　　　　　　PPM　　　　　0 S　　　　111.374 m　　　　5 ZA　　　92°36′25″ HAR　　120°30′10″　　　P1 斜距　　切换　　置角　　参数	自检正常后,仪器进入测量界面

关机:按住【POWER】3 秒。

2.仪器初始设置

仪器初始设置包含仪器当时所处的气象条件(如温度、湿度、气压等)、仪器与棱镜的常数等。操作者须根据仪器说明书指示进行该项初始设置。当气象条件发生较大改变(如季节交换),或者棱镜变动时,均需进行此项设置操作。

任务 5 – 3　全站仪基本测量操作

本节介绍在测量模式下的三种测量,即角度测量、距离测量和坐标测量。

一、角度测量

1.水平角的测量(水平方向置零)

测定两点间的夹角如图 5 – 6 所示,首先照准后视点的方向并将水平角(HAR)设置成零,然后照准前视点，所显示的 HAR 值即为两点间水平夹角，操作步骤见表 5－6。

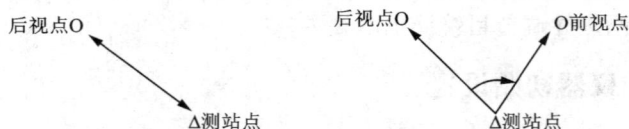

图 5－6　两点间水平角的测量

表 5－6　水平角置零步骤

操作过程	操作键	显示
（1）用水平制动钮和微动螺旋精确照准后视点，在测量模式第 2 页菜单下按【置零】，【置零】出现闪烁时，再按一次【置零】	【置零】＋【置零】	测量.　　　　PC　　　　　　－30 ⊥　　　　　　PPM　　　　　　0 　　　　　　　∎5 ZA　　92°36′25″ HAR　　0°00′00″　　　　　P2 置零　　坐标　　放样　　记录
（2）精确照准前视点，所显示的 HAR 值即为两点间的夹角 56°40′23°	照准前视点	测量.　　　　PC　　　　　　－30 ⊥　　　　　　PPM　　　　　　0 　　　　　　　∎5 ZA　　92°36′25″ HAR　56°40′23″　　　　P2 置零　　坐标　　放样　　记录

2. 将水平方向设置成所需方向值

利用【置角】功能设置所需方向值。可以将仪器照准方向设置成任何所需方向值。操作步骤见表 5－7。

表 5－7　将水平方向设置成所需方向值步骤

操作过程	操作键	显示
（1）照准目标后，在测量模式第 1 页菜单下，按【置角】键，显示窗如右图所示，等待输入已知方向值。其中右角和左角分别用［HAR］和［HAL］表示。	【置角】	设置水平角 HAR　　0°00′00″　　∎5 确定

续表 5 - 7

操作过程	操作键	显示
（2）由键盘输入已知方向值后按【确定】或【ENT】键，此时，显示出输入的已知方向值 30°25′18°。	输入已知方向值 + 【ENT】	设置水平角 HAR　　30°25′18″　　📶5 确定 --- 测量.　　　　PC　　　-30 ⊥　　　　　　PPM　　　0 　　　　　📶5 ZA　　92°36′25″ HAR　　30°25′18″　　P1 斜距　　切换　　置角　　参数

☆ 输入规则：

● 在输入度、分、秒之间按【□】键来设定角度符号。

● 修改已输入的数据时：

【BS】：删除光标左侧的一个字符。

【ESC】：删除所输入的数据。

● 停止输入操作：【ESC】

二、距离、角度测量

1. 测距注意事项

1）KTS440（RC）系列全站仪在测量过程中，应该避免在红外测距模式或激光测距条件下对准强反射目标（如交通灯）进行距离测量。

2）当测距进行时，如有行人、汽车、动物、摆动的树枝等通过测距光路，会有部分光束反射回仪器，从而导致距离结果的不准确。在无反射器测量模式及配合反射片测量模式下，测量时要避免光束被遮挡干扰。

3）无棱镜测距：

● 确保激光束不被靠近光路的任何高反射率的物体反射。

● 当启动距离测量时，EDM 会对光路上的物体进行测距。如果此时在光路上有临时障碍物（如通过的汽车，或下大雨、雪或是弥漫着雾），EDM 所测量的距离是到最近障碍物的距离。

● 当进行较长距离测量时，激光束偏离视准线会影响测量精度。这是因为发散的激光束的反射点可能不与十字丝照准的点重合。因此要求精确调整以确保激光束与视准线一致。

● 不要用两台仪器对准同一个目标同时测量。

4）红色激光配合反射片测距

激光也可用于对反射片测距。同样，为保证测量精度，要求激光束垂直于反射片，且需经过精确调整，确保不同反射棱镜的附加常数正确无误。

2. 距离测量参数设置

进行距离测量之前设置好以下参数：大气改正、棱镜常数改正、测距模式。

大气改正：全站仪所发射的红外光的光速随着大气温度和压力的改变而改变，本仪器一旦设置了大气改正值，即可自动对测距结果实施大气改正。

改正数公式如下：

$$PPM = 273.8 - 0.2900 \times 气压值(hPa) / [1 + 0.00366 \times 温度值(℃)]$$

若使用的气压单位是 mmHg 时，按 $1hPa = 0.75$ mmHg 进行换算。不顾及大气改正时，将 PPM 值设为零。KTS 系列全站仪标准气象条件（即仪器气象改正值为 0 时的气象条件）气压：1013 hPa，温度：20℃。

距离测量模式：利用棱镜测距时，不同测距模式下的测量时间和距离值的最小显示。

1）精测

精度：$\pm(2 + 2PPM \times D)$ mm（D 为距离，以公里为单位）

测量时间：　　　　　3 s

最小显示：　　　　　1 mm

2）跟踪测量

测量时间：　　　　　1 s

最小显示：　　　　　10 mm

距离测量模式设置操作见表 5 – 8。

表 5 – 8　距离测量模式设置

操　作	显　示
在距离测量第 1 页菜单下，按【参数】进入距离测量参数设置屏幕，显示如右图所示。设置下列各参数： 1. 温度 2. 气压 3. 大气改正数 PPM 4. 棱镜常数改正值 5. 测距模式 6. 反射体类型 设置完上述参数后按【ENT】键。	温度：　20 ℃ 气压：　1013.0 hPa PPM ：　0 ppm　　　↓5 PC ：　-30 mm 模式：　单次精测 反射体类型：无棱镜

设置方法及内容的说明见表 5 – 9。

表 5 – 9　设置方法及内容说明

设置项目	设置方法
温度	方法①：输入温度、气压值后，仪器自动计算出大气改正并显示在 PPM 一栏中
气压	
大气改正数 PPM	方法②：直接输入大气改正数 PPM，此时温度、气压值将被清除
棱镜常数	输入所用棱镜的棱镜常数改正数
测距模式	按◀或▶在以下几种模式中选择：重复精测、N 次精测、单次精测、跟踪测量
反射体类型	设置反射体类型：棱镜/无棱镜/反射片

3. 距离和角度测量

KTS440(RC)可以同时对角度和距离进行测量。

距离类型选择和距离测量操作步骤见表 5 – 10。

表 5 – 10　距离类型选择和距离测量操作步骤

操作过程	操作键	显示
(1)在测量模式第 1 页菜单下，选择所需距离类型。 每按一次【切换】，显示屏改变一次距离类型： S：斜距 H：平距 V：高差	【切换】	测量.　　　PC　　　-30 ⊥　　　　PPM　　　0 S　　　　　m　　　15 ZA　　92°36′25″ HAR　　30°25′18″　　P1 斜距　切换　置角　参数
(2)按【斜距】开始距离测量，此时有关测距信息(测距类型、棱镜常数改正数、大气改正数和测距模式)将闪烁显示在显示窗上	【斜距】	距离测量 距离　棱镜常数=-30 PPM = 0 重复精测 停止
(3)距离测量完成时仪器发出一声短响，并将测得的距离值"S"、垂直角(天顶距)"ZA"和水平角"HAR"值显示出来。 在 N 次精测求取平均值测量时，所得距离值显示为 $S-1$，$S-2$……		重复测距时的结果显示： 距离测量　　PC　　　-30 ⊥　　　　PPM　　　0 S　　2.648 m　　15 ZA　　92°36′25″ HAR　　30°25′18″ 停止

操作过程	操作键	显示
		距离测量　　PC　　　　－30 ⊥　　　　PPM　　　　　0 S-1　　　　2.645m　　　　▮5 　　ZA　　92° 36′ 25″ 　　HAR　　30° 25′ 18″ 　　　　　　　　　　　　　停止
(4)进行重复测距时,按【停止】,停止测距和显示测距结果。 在 N 次精测模式下,仪器在完成指定测距次数后,显示出距离值的平均值	【停止】	测量　　　　PC　　　　－30 ⊥　　　　PPM　　　　　0 S　　　　2.648m　　　　▮5 ZA　　92° 36′ 25″ HAR　　30° 25′ 18″　　P1 斜距　　切换　　置角　　参数

三、坐标测量

在预先输入仪器高和目标高后,根据测站点的坐标,便可直接测定目标点的三维坐标。坐标测量示意图如图 5 –7。

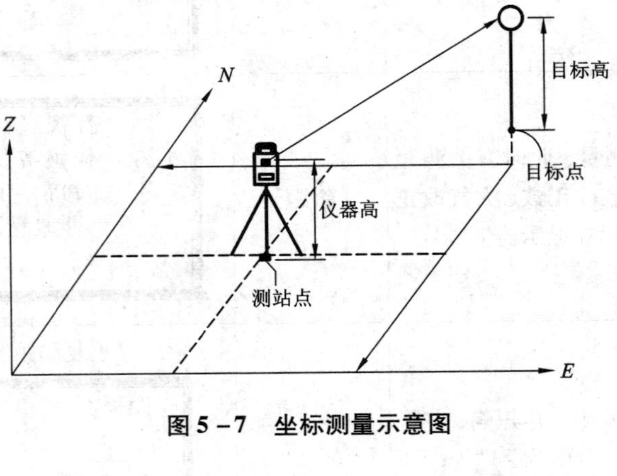

图 5 –7　坐标测量示意图

后视方位角可通过输入测站点和后视点坐标后,照准后视点进行设置。坐标测量前需做好如下准备工作:输入测站坐标和设置好方位角(或测站点坐标及后视点坐标)。

1. 测站数据输入

开始坐标测量之前,需要先输入测站坐标、仪器高和目标高。仪器高和目标高可使用卷尺量取。坐标数据可预先输入仪器。测站数据、后视点数据均可以事先记录在所选择的工作文件中,关于工作文件的选取方法请参阅使用说明书"18.1 选取工作文件"。坐标测量也可以在测量模式第 3 页菜单下,按菜单进入菜单模式后选"1、坐标测量"来进行。测站数据输入操作步骤见表 5 – 11。

表 5 – 11　测站数据输入操作步骤

操作过程	操作键	显示
(1)在测量模式的第 2 页菜单下,按【坐标】,显示坐标测量菜单,如右图所示	【坐标】	坐标测量 1. 测量 2. 设置测站　　　🔋5 3. 设置后视
(2)选取"2、设置测站"后按【ENT】(或直接按数字键2),输入测站数据,显示如右图所示	"2、设置测站"+【ENT】	N0 :　　　　　1234.688 E0 :　　　　　1748.234 Z0 :　　　　　121.579　🔋5 仪器高 :　　　　0.000 m 目标高 :　　　　0.000 m 取值　记录　　　　　确定
(3)输入下列各数据项: N0,E0,Z0(测站点坐标)、仪器高、目标高。每输入一数据项后按【ENT】,若按【记录】,则记录测站数据,再按【存储】将测站数据存入工作文件	输入测站数据+【ENT】	N0 :　　　　　1234.688 E0 :　　　　　1748.234 Z0 :　　　　　121.579　🔋5 仪器高 :　　　　1.600 m 目标高 :　　　　2.000m 　记录　　　　　　确定
(4)按【确定】结束测站数据输入操作,显示返回坐标测量菜单屏幕	【确定】	坐标测量 1. 测量 2. 设置测站　　　🔋5 3. 设置后视

若希望使用预先存入的坐标数据作为测站点的坐标,可在测站数据输入显示下按[取值]读取所需的坐标数据。读取的既可以是内存中的已知坐标数据,也可以是所指定工作文件中的坐标数据。操作步骤见表 5 – 12。

表 5 – 12　读取预先存入的数据作为测站数据操作步骤

操作过程	操作键	显示
（1）在测站数据输入显示下按【取值】，出现坐标点号显示，如右图所示，其中测站点或坐标点：表示存储于指定工作文件中的坐标数据对应的点号	【取值】	点　　1 测站　　1 测站　　2　　　　　🔋5 坐标　　1 查阅　　　查找
（2）按【▲】或者【▼】使光标位于待读取点的点名上；也可在按【查找】后，在如右图所示的"点名"行上直接输入待读取点的点名。（只能查找光标以下的点号，不包括光标） 点名：表示存储于内部存储器中的坐标数据对应的点号。 ▲ 查阅上一个数据 ▼ 查阅下一个数据 ◄ 查阅上一页数据 ► 查阅下一页数据	【查找】	查找 点名：　　1　　🔋5 确定
（3）按【查阅】读取所选点，并显示其坐标数据，显示如右图所示。 按【最前】/【最后】键可查看作业中的其他数据。 按【ESC】可返回取值列表	【查阅】	N：　　　　　　1234.688 E：　　　　　　1748.234 Z：　　　　　　121.579 点名：100 目标高：　　　　2.000 m 最前　　最后　　　P1↓ 编码　　　　　　　↑ 　　　　　：KOLIDA 最前　　最后　　　P2↓
（4）按【ENT】键，返回测站设置屏幕。	【ENT】	N0：　　　　　1234.688 E0：　　　　　1748.234 Z0：　　　　　121.579　🔋5 仪器高：　　　1.600 m 目标高：　　　2.000m 取值　　　记录　　确定
（5）按【确定】键，返回坐标测量菜单屏幕	【确定】	坐标测量 1. 测量 2. 设置测站　　　　🔋5 3. 设置后视

2.方位角设置

后视方位角可通过输入后视坐标或后视方位角度来设置。先将仪器照准后视点,通过按键操作输入测站点和后视点的坐标后,仪器可自行计算测站点到后视点方向的方位角,从而自动完成后视方向方位角的设置。

(1)角度定后视

后视方位角的设置可通过直接输入方位角来设置。操作步骤见表5-13。

表5-13 输入方位角定后视步骤

操作过程	操作键	显示
(1)在坐标测量菜单屏幕下,用▲▼选取"3、设置后视"后按【ENT】(或直接按数字键3),显示如右图所示,选择"1、角度定后视"	"1、角度定后视"	设置后视 1. 角度定后视 2. 坐标定后视　　　　📶5
(2)输入方位角,并按【确定】。	输入方位角 + 【确定】	设置方位角 HAR　　85°03′10″　📶5 确定
(3)照准后视点后按【是】	【是】	设置方位角 请照准后视　　　　📶5 　　HAR　　85°03′10″ 　　否　　　　是 记录后视数据
(4)结束方位角设置,返回坐标测量菜单屏幕		坐标测量 1. 测量 2. 设置测站　　　　📶5 3. 设置后视

(2)坐标定后视

后视方位角的设置也可通过输入后视坐标来设置,系统根据测站点和后视点坐标计算出方位角并使其在屏幕上显示。操作步骤见表5-14。

3.坐标测量

在完成了测站数据的输入和后视方位角的设置后,通过距离和角度测量便可确定未知目标点的坐标,如图5-8所示。

表 5 – 14　坐标定后视操作步骤

操作过程	操作键	显示
（1）在设置后视菜单中，选择"2、坐标定后视"	"2、坐标定后视"	设置后视 1. 角度定后视 2. 坐标定后视　　　　↕5
（2）输入后视点坐标 NBS、EBS 和 ZBS 的值，每输入完一个数据后按【ENT】，然后按【确定】。 若要调用仪器中的数据，按【取值】键	后视坐标 + 【ENT】 + 【确定】	后视坐标 NBS：　　　　1382.450 m EBS：　　　　3455.235 m ZBS：　　　　　234.344 m 取值　　　　　　　　确定
（3）系统根据设置的测站点和后视点坐标计算出后视方位角，屏幕显示如右图所示。 （HAR 为应照准的后视方位角）		设置方位角 请照准后视　　　　　↕5 HAR　　　85° 03′ 10″ 否　　　　　　　　是
（4）照准后视点，按【是】，结束方位角设置返回坐标测量菜单屏幕		坐标测量 测量 设置测站　　　　　　↕5 设置后视

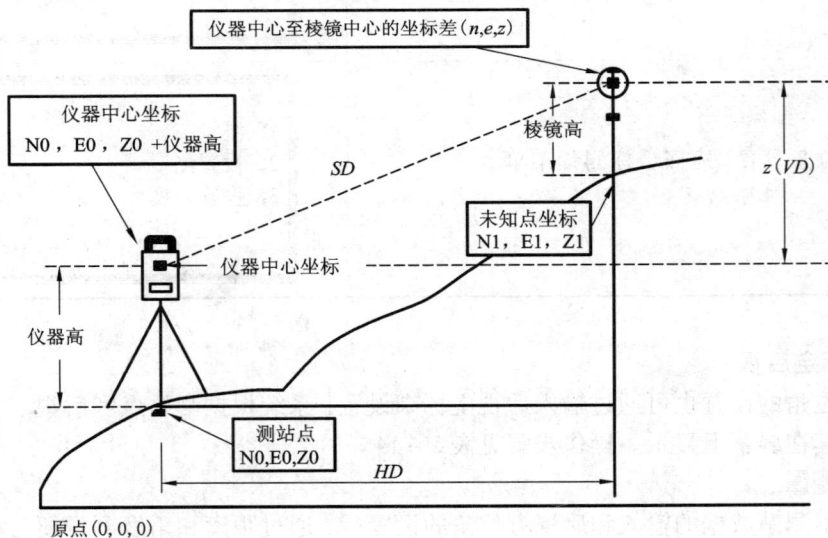

图 5 – 8　坐标测量示意图

坐标测量操作步骤见表 5－15：

表 5－15　坐标测量操作步骤

操作过程	操作键	显示
（1）精确照准目标棱镜中心后，在坐标测量菜单屏幕下选择"1、测量"后按【ENT】（或直接按数字键 1），显示如右图所示	选择"1、测量"＋【ENT】	坐标测量 坐标　镜常数 ＝0 PPM=0　　　　　5 单次精测 停止
（2）测量完成后，显示出目标点的坐标值以及到目标点的距离、垂直角和水平角，如右图所示（若仪器设置为重复测量模式，按【停止】键来停止测量并显示测量值）		N :　　　　1607.962 E :　　　　1831.507 Z :　　　　121.800　5 S　　　　382.450 m HAR　　　12°34′34″ 停止 N :　　　　1607.962 E :　　　　1831.507 Z :　　　　121.800　5 S　　　　382.450 m HAR　　　12°34′34″ 记录　测站　观测
（3）若需将坐标数据记录于工作文件按【记录】，显示如右图所示。输入下列各数据项： 1）点名：目标点点号 2）编码：编码或备注信息等每输入完一数据项后按▼。当光标位于编码行时，显示【编码】功能键，按此功能，显示编码列表，按【▲】或者【▼】使光标位于待选取的编码上，选择预先输入内存的一个编码，按【ENT】返回。 或输入编码对应的序列号直接调用，比如输入数字 1，就可调用编码文件中相对应的编码。 按【存储】记录数据	【记录】＋【存储】	N :　　　　1607.962 E :　　　　1831.507 Z :　　　　121.800 点名：　　　KOLIDA 编码： 存储　标高　编码 001: 1VS 002: 123 查阅　查找　删除　添加 N :　　　　1607.962 E :　　　　1831.507 Z :　　　　121.800 点名：　　　KOLIDA 编码：　　　　1VS 存储　标高　编码 记录坐标数据

操作过程	操作键	显示
(4)照准下一目标点,按"观测"开始下一目标点的坐标测量。按【测站】可进入测站数据输入屏幕,重新输入测站数据。重新输入的测站数据将对下一观测起作用。因此当目标高发生变化时,应在测量前输入变化后的值	【观测】	N : 1212.992 m E : 2230.196 m Z : 821.579 m ⬧5 S 482.450 m HAR 92° 34′ 39″ 测站 观测
(5)按【ESC】结束坐标测量并返回坐标测量菜单屏幕	【ESC】	坐标测量 1. 观测 2. 设置测站 ⬧5 3. 设置后视

任务 5 – 4　全站仪放样测量

测量的外业工作分为测定和测设两大类。测定是将野外已有的客观物体测量出其坐标大小,或测绘成图,如房产测量、竣工测量、地形测图等;测设是将规划设计好的物体图形或坐标测量到实地并在现场标定出位置(打桩)。在放样测量中,通过对照准点的水平角、距离或坐标的测量,仪器所显示的是预先输入的待放样值与实测值之差。放样测量通常使用盘左位置进行。

全站仪放样的步骤:

1)设置测站点。设置步骤与坐标测量中相同。

2)设置后视方位角。设置办法也与坐标测量中完全相同。

3)输入放样数据。分两种方式:①输入放样点的距离和角度;②输入放样点的坐标(Np、Ep、Zp),此时仪器会自动计算出测站到放样点的距离和角度。

4)进行放样。有两种途径:①在主菜单中选择"2、放样",设置输入好以上数据后,直接按确定开始放样;②设置好以上数据后,退回到放样菜单屏幕,选择"1、观测"进行放样。

一、极坐标放样测量

极坐标中用角度和距离作为坐标参数,因此极坐标放样也就是按角度距离放样。实际中,仪器先照准已知参考方向(对后视),根据转过的水平角和待放样的距离来确定待放样的点,如图5–9所示。

放样的操作步骤见表5–16。

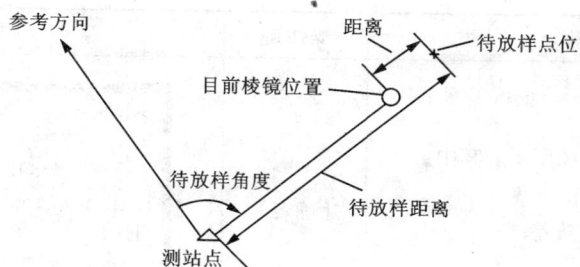

图 5－9 极坐标放样示意图

表 5－16 角度距离放样操作步骤

操作过程	操作键	显示
(1)照准参考方向,在测量模式第 2 页菜单下按两次【置零】,将参考方向设置为零,显示如右图所示。 目的:后视的角度方向置零	【置零】 + 【置零】	测量.　　　　　　PC　　－30 　　　　　　　PPM　　0　　↓5 ZA　　　89°59′54″ HAR　　　0°00′00″　　P1 斜距　切换　置角　参数
(2)在测量模式第 2 页菜单下按【放样】,屏幕显示如右图所示	【放样】	放样 1.观测 2.放样　　　　　　↓5 3.设置测站 4.设置后视 5.测距参数
(3)选择"2、放样"后按【ENT】,显示如右图所示。输入下列数据项: 1.放样距离 2.放样的角度 每输完一数据项后按【ENT】	选择"2、 放样" + 【ENT】	放样值(1) Np:　　　　　1223.455 Ep:　　　　　2445.670 Zp:　　　　　1209.747 目标高:　　　　1.620 m　↓ 记录　取值　　　确定 放样值(2)　　　　　　↑ 距离:　　　　23.450 m 角度:　　45°12′05″ 记录　　　　　　确定

操作过程	操作键	显示
(4)按【确定】，显示如右图所示。其中： SO.S：至待放样点的距离值； dHA：至待放样点的水平角差值； 中断输入按【ESC】	【确定】	SO. S S ZA　　　　89° 45′ 23″ HAR　　 150° 16′ 54″ dHA　　 -0° 00′ 06″ 记录　切换　　<-->　斜距
(5)按【< - - >】，屏幕显示如右图所示。在第 1 行中所显示的角度值为角度实测值与放样值之差值，而箭头方向为仪器照准部应转动的方向	【< - - >】	← 15° 34′ 28″ ↑6.324 S　　　6.324 m ZA　　　 89° 45′ 23″ HAR　　150° 16′ 54″ 记录　切换　　<-->　斜距
(6)转动仪器照准部致使第 1 行所显示的角度值为 0°。当角度实测值与放样值之差值在 ±30″范围内时，屏幕上显示两个箭头。 箭头含义： ←：从测站上看去，向左移动棱镜。 ➡：从测站上看去，向右移动棱镜。 恢复放样观测屏幕：【< - - >】		⬌ 0° 00′ 00″ ↑6.324 S　　　6.324 m ZA　　　 89° 45′ 23″ HAR　　150° 16′ 54″ 记录　切换　　<-->　斜距
(7)在望远镜照准方向上安置棱镜并照准。按【斜距】开始距离放样测量。屏幕显示如右图所示。 按【切换】可以选择放样测量模式	【斜距】	放样 放样　　镜常数 = 0 PPM =0　　　　　　5 单次精测 停止
(8)距离测量进行后，屏幕显示如右图所示。在第 2 行中所显示的距离值为距离放样值与实测值之差值，而箭头方向为棱镜应移动的方向		⬌ 0° 00′ 00″ ↑ 2.456 S　　　12.234 m ZA　　　 89° 45′ 23″ HAR　　150° 16′ 54″ 记录　切换　　<-->　斜距

续表 5 – 16

操作过程	操作键	显示
(9)按箭头方向前后移动棱镜致使第 2 行显示的距离值为 0，再按【切换】选择【平距】、【高差】进行测量。当距离放样值与实测值之差值在 ±1 cm 范围内时，屏幕上显示两个箭头(选用重复测量或者跟踪测量进行放样时，无须任何按键操作，照准移动的棱镜便可显示测量结果) ↕：向靠近测站方向移动棱镜 ↕：向远离测站方向移动棱镜	【切换】	↔　　 0° 00′ 00″ ↕　　　0.000 S　　　　12.234 m ZA　　　89° 45′ 23″ 　HAR　　150° 16′ 54 记录　　切换　　<-->　　斜距
(10)当距离放样值与实测值之差值同时显示为 0 时，定出待放样点位(地下打桩、打钉)		↔　　 0° 00′ 00″ ↕　　　0.000 S　　　　12.234 m ZA　　　89° 45′ 23″ 　HAR　　150° 16′ 54 记录　　切换　　<-->　　斜距
(11)按【ESC】返回放样测量菜单屏幕	【ESC】	放样 1. 观测 2. 放样　　　　　　↥5 3. 设置测站 4. 设置后视角 5. 测距参数

二、直角坐标放样测量

直角坐标放样测量用于在实地上测设出其坐标值为已知的点。在输入放样点的坐标后，仪器自动计算出所需水平角和平距值并存储于内部存储器中。借助于角度放样和距离放样功能便可测设待放样点的位置。图 5 – 10 为坐标放样的示意图。

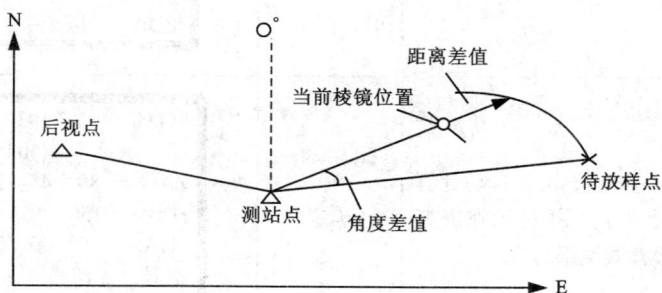

图 5 – 10　坐标放样示意图

在菜单模式下选择"2、放样"也可以进行坐标放样。可以预先向仪器输入大批量的坐标数据，作为放样的坐标点资料。为进行高程 Z 的放样，可将棱镜安置在测杆等物上，往仪器输入相应的棱镜高。坐标放样操作步骤见表 5-17：

表 5-17　坐标放样操作步骤

操作过程	操作键	显示
(1)在测量模式的第 2 页菜单下按【放样】，进入放样测量菜单屏幕	【放样】	放样 1. 观测 2. 放样 3. 设置测站 4. 设置后视 5. 测距参数
(2)选择"3、设置测站"后按【ENT】（或直接按数字键3）。 输入测站数据(方法同上)。 输入棱镜高(目标高)，检查量取由棱镜中心至测杆底部的距离	"3、设置测站" + 【ENT】	N0:　　　123.789 E0:　　　100.346 Z0:　　　320.679　　↑5 仪器高:　　　1.650 m 目标高:　　　2.100 m 取值　　记录　　确定
(3)测站数据输入完毕后按【确定】进入放样测量菜单。选择"4、设置后视"后按【ENT】（或直接按数字键4），进入角度配置屏幕	"4、设置后视" + 【ENT】	放样 1. 观测 2. 放样 3. 设置测站 4. 设置后视 5. 测距参数
(4)选择"2、放样"后按【ENT】，在 Np、Ep、Zp 中分别输入待放样点的三个坐标值，每输入完一个数据项后按【ENT】 中断输入：【ESC】 读取数据：【取值】 记录数据：【记录】	"2、放样" + 【ENT】	放样值(1) Np :　　　1223.455 Ep :　　　2445.670 Zp :　　　1209.747 目标高:　　　1.620 m　　↓ 记录　　取值　　　确定
(5)在上述数据输入完毕后，仪器自动计算出放样所需距离和水平角，并显示在屏幕上。按【确定】进入放样观测屏幕	【确定】	SO.H　　　-2.193 m H　　　　　0.043 m ZA　　　89°45′23″ HAR　　　150°16′54″ dHA　　　-0°00′06″ 记录　切换　<-->　　平距

续表 5 - 17

操作过程	操作键	显示
(6)按"距离放样测量"中介绍的第 5 至第 10 步操作定出待放样点的平面位置。为了确定出待放样点的高程,按【切换】使之显示【坐标】。按【坐标】开始高程放样测量,屏幕显示如右图所示	【切换】+【坐标】	SO. N　　　　0.001 m E　　　　　-0.006 m Z　　　　　5.321 m HAR　　150° 16′ 54″ dHA　　　0° 00′ 02″ 记录　切换　<-->　坐标
(7)测量停止后显示出放样观测屏幕。按【<--】后按【坐标】使之显示放样引导屏幕。其中第 3 行位置上所显示的值为至待放样点的高差,而由两个三角形组成的箭头指示棱镜应移动的方向。(若欲使至待放样的差值以坐标形式显示,在测量停止后再按一次【<--】)	【<--】+【坐标】	←　　　0° 00′ 00″ ↓　　　-0.006 m ↓　　　0.300 m ZA　　89° 45′ 20″ HAR　150° 16′ 54″ 记录　切换　<-->　坐标
(8)按【坐标】,向上或者向下移动棱镜致使所显示的高差值为 0 m(该值接近于 0 m 时,屏幕显示出两个箭头)。当第 1、2、3 行的显示值均为 0 时,测杆底部所对应的位置即为待放样点的位置。箭头含义: ↑:向上移动棱镜　↓:向下移动棱镜 注:按 FUN 键可改目标高	【坐标】	↔　　0° 00′ 00″ ↔　　0.000 m ↔　　0.003 m ZA　　89° 45′ 20″ HAR　150° 16′ 54″ 记录　切换　<-->　坐标
(9)按 ESC 返回放样测量菜单屏幕。从第(4)步开始重复,放样下一个点。	【ESC】	放样 1. 观测 2. 放样 3. 设置测站 4. 设置后视 5. 测距参数

全站仪其他测量操作见《科力达 KTS440(RC/C)全站仪使用说明书》。

练习题 5

一、选择题

1.全站仪由光电测距仪、电子经纬仪和(　　)组成。

A.电子水准仪　　　　　　　　B.坐标测量仪

C.读数感应仪　　　　　　　　D.数据处理系统

2.全站仪进行距离和坐标测量前,需设置正确的大气改正数,设置的方法可以是直接输入测量时的气温和(　　)。

A. 气压　　　　　　　　B. 湿度　　　　　　　　C. 海拔　　　　　　　　D. 风力

3. 根据全站仪坐标测量原理，在测站点瞄准后视点后，方向值应设置为（　　）。

A. 测站点至后视点的方位角　　　　　　B. 后视点至测站点的方位角

C. 0°0′0″　　　　　　　　　　　　D. 90°

4. 全站仪测量点的高程的原理是（　　）。

A. 水准测量原理　　　　　　　　　　B. 导线测量原理

C. 三角测量原理　　　　　　　　　　D. 三角高程测量原理

5. 全站仪在进行角度测量时，若不输入棱镜常数和大气改正数（　　）所测角度值。

A. 影响　　　　　　　　　　　　　B. 不影响

C. 水平角影响，竖直角不影响　　　　D. 水平角不影响，竖直角影响

6. 用全站仪进行点位放样时，若仪器高和棱镜高输入不正确（　　）影响点的平面位置。

A. 影响　　　　　　　　　　　　　B. 不影响

C. 盘左影响，盘右不影响　　　　　　D. 盘右影响，盘左不影响

7. 全站仪主要技术指标有最大测程、测角精度、放大倍率和（　　）。

A. 最小测程　　　　　　　　　　　B. 缩小倍率

C. 自动化和信息化程度　　　　　　　D. 测距精度

8. 若全站仪标称精度为 $\pm(3\ \mathrm{mm} + 2 \times \mathrm{ppm}\ D)$，用此全站仪测量 2 km 长距离，其误差大小为（　　）。

A. $\pm7\ \mathrm{mm}$　　　　　B. $\pm5\ \mathrm{mm}$　　　　　C. $\pm3\ \mathrm{mm}$　　　　　D. $\pm2\ \mathrm{mm}$

二、简答题

1. 简述全站仪整平对中的操作步骤。

2. 简述全站仪测量角度和距离的操作步骤。

3. 简述全站仪测量点的坐标的原理和操作步骤。

4. 简述全站仪点位坐标放样的操作步骤。

实训 11　全站仪角度和距离测量

一、实训目标

1. 熟悉全站仪各主要部件的名称和作用。
2. 熟悉全站仪安装、瞄准和测量方法，掌握其基本操作要领。
3. 掌握全站仪测量距离、测量角度的方法。

二、计划与设备

1. 学生分组：每组 3 人，设组长 1 人。
2. 仪器设备：全站仪、三脚架、棱镜、棱镜基座、棱镜三脚架、记录板。
3. 实训时间：4 学时。
4. 实训场地：实训场或校园运动场。
5. 实训任务：测量三角形三个角度和三边距离，要求每人测两边距离和一个角度。
6. 测量依据：《城市测量规范》(CJJ/T8—2011)。

三、实施

1. 每组在实训场地上用划线笔标定 A、B、C 三个点(三点顺时针排列，间距 15~25 m 为宜)。
2. 在 A 点上安置全站仪，整平对中。
3. 在 B、C 两点上架设棱镜三脚架并安置棱镜。
4. 瞄准棱镜。瞄准时将望远镜十字丝中心对准棱镜的镜心。
5. 角度测量。按角度测量操作步骤，测量出水平角∠A，并记录数据。
6. 距离测量。按距离测量操作步骤，测量出两边距离 AB、AC(此操作可和角度测量同步进行)，记录数据。
7. 另外两同学分别测出∠B 的大小，BC、BA 的距离和∠C 的大小，CA、CB 的距离。

四、记录并提交成果

将角度和距离测量结果记录于表 5-18 中。

表 5-18　全站仪角度测量、距离测量记录表

组号：_____　成员：_____　日期：____年___月___日　天气：_____

测站	目标	水平方向值/ (°′″)	竖直角/ (°′″)	斜距/m	平距/m	测量者
A	B					
	C					
B	C					
	A					
C	A					
	B					

五、注意事项

按教材科力达 KTS440(RC/C)全站仪使用注意事项中的要求。

实训 12 全站仪坐标测量

一、实训目标

1. 进一步掌握全站仪的结构和使用方法。

2. 掌握利用全站仪进行坐标测量的方法。

二、计划与设备

1. 学生分组：每组 3 人，分别观测、记录、扶镜，设组长 1 人。

2. 仪器设备：全站仪、三脚架、棱镜、棱镜基座、棱镜三脚架、记录板、小卷尺。

3. 实训时间：4 学时。

4. 实训场地：实训场或校园运动场。

5. 实训任务：每人轮流独立完成全站仪测站设置、定向和坐标测量的基本操作，至少测定 5 个点的坐标。

6. 测量依据：《城市测量规范》(CJJ/T8—2011)。

三、实施

1. 安置全站仪于控制点 A 点，安置棱镜于控制点 B 点。

2. 设置测距参数(温度、气压、棱镜常数)。

3. 设置测站，输入测站点点名、坐标、仪器高、目标高。

4. 定向设置，输入定向点坐标或测站点到定向点的方位角。

5. 建站完成后，将棱镜置于待测点上，瞄准棱镜，测量并记录数据，至少测 5 个点坐标。

四、记录并提交成果

实训完成后，提交测量成果，参见表 5 – 19。

表 5 – 19 全站仪坐标测量记录表

测量：_____ 记录：_____ 扶尺：_____ 日期：____年___月___日 天气：_____

测站点点号：_____ 定向点点号：_____ 仪器高：_____ m 目标高：_____ m

	点　号	X/m	Y/m	Z/m
	测站点(　)			
	定向点(　)			
待测点				

五、注意事项

按教材科力达 KTS440(RC/C)全站仪使用注意事项中的要求。

实训 13 全站仪坐标点位放样

一、实训目标

1. 进一步掌握全站仪的结构和使用方法。

2. 掌握利用全站仪进行坐标点位放样的方法。

二、计划与设备

1. 学生分组：每组 3 人，分别观测、记录、扶镜，设组长 1 人。

2. 仪器设备：全站仪、三脚架、棱镜、棱镜杆、棱镜三脚架、记录板。

3. 实训时间：4 学时。

4. 实训场地：实训场或校园运动场。

5. 实训任务：每人轮流独立完成全站仪测站设置、定向和坐标放样的基本操作，至少测设两个已知坐标点位。

6. 测量依据：《城市测量规范》(CJJ/T 8—2011)。

三、实施

1. 安置全站仪于控制点 A 点，安置棱镜于控制点 B 点。

2. 设置测距参数(温度、气压、棱镜常数)。

3. 设置测站，输入测站点点名、坐标。

4. 定向设置，输入定向点坐标或测站点到定向点的方位角。

5. 建站完成后，按表 5－17 坐标放样操作(4)～(9)步骤进行操作，每人至少测设两个点，并对放样点进行坐标检测。

四、记录并提交成果

实训完成后，提交测量成果，参见表 5－20。

表 5－20 全站仪坐标点位放样成果表

测量：_____ 记录：_____ 扶尺：_____ 日期：___年___月___日 天气：_____

点名	X/m	Y/m	点名	X/m	Y/m
测站点(A)			后视点(B)		
放样点 1			检测坐标		
放样点 2			检测坐标		
放样点 3			检测坐标		

五、注意事项

按科力达 KTS440(RC/C)全站仪使用注意事项中的要求。

模块6 施工测量的基础工作

【教学目标】了解施工测量的基本知识、基本方法与基本过程；弄懂曲线测量的各项公式推导；掌握地形图的基本应用。

【技能抽查】掌握施工测量极坐标放样、直角坐标放样，高差放样，轴线放样，距离交会控制放样，熟悉曲线测设步骤，熟练应用地形图的基本功能。

任务6-1 了解施工测量的基本知识

一、施工测量的概念与特点

设计图中主要以点、线、面及其相互关系表示建筑物、构筑物的形状和大小。施工测量的目的，是以控制点为基础，将设计图上的点、线、面测量到实地施工现场。实现这一目的的测量技术过程称为工程放样，简称"放样"，或称"测设"。经过施工测量表示在实地的点位称为施工点，或称放样点。

与地形图测量相比，施工测量具有如下特点：

①目的不同，过程相反。

②精度远高于地形测图。

③施工测量的工作内容由施工进度决定，与施工组织计划相协调。

④场地复杂，受施工干扰大。

二、施工测量的主要内容

在工程施工阶段所进行的各项测量工作都称为施工测量，其主要内容大致如下：

1）建立施工控制网。施工控制网的大小与精度根据工程范围的大小、级别等级来确定。例如高层建筑的控制精度肯定要比低层建筑的控制精度要高，高速公路的控制网精度也要高于普通公路的控制网精度，等等。

2）建（构）筑物的定位放线。如工业、民用建筑物的纵横轴线放样，道路中线的定线测量，等等。

3）基础施工测量。如建筑物地下的基础施工测量，道路工程的土方工程量测算等。

4）主体施工测量。与主体施工进度相一致的各项测量服务工作，主要是将设计图上的点、线、面在施工现场进行平面与高程放样。

5）构件安装施工测量。包括各类建筑物与构筑物的构件安装施工放样测量。

除此之外，有些高大建筑和重大土木工程在施工过程中还要同时进行变形观测，如高楼大厦的沉降变形与倾斜变形观测，水利大坝的沉降与位移变形测量，等等。对一些隐蔽施工作业，还要按设计要求进行及时的竣工测量，如地下室内部封闭的管道、管线工程等。

三、施工测量一般注意事项

1. 充分做好内业准备工作

①熟悉设计图纸,仔细阅读图纸上的各种文字说明与技术要求,认清设计图上的各种图形及图形上的点、线、面,并弄清楚它们之间的相互关系。

②检查图纸,核实图纸上的有关数据,做好施工测量的数据准备。

③了解施工工作计划和安排,协调测量与施工的关系,制订施工测量计划。

2. 熟悉现场实际情况

①核查或检测有关的控制点,确认点位准确可靠。

②查清工地范围的地形地物状态。

③熟悉施工的进展状况。

3. 加强测量标志的管理、保护

测量标志,包括控制点和放样点。控制点是施工测量的基础,放样点是施工的依据。施工的复杂性和多样性,有可能造成测量标志受损或丢失。测量过程中应加强测量标志的管理、保护,及时恢复受损的测量标志。对于将要被损坏的重要测量标志,可及时将其引测至方便安全的地方。

任务 6 - 2　熟悉施工测量的精度

施工测量的精度要求主要取决于设计中对建筑物、构筑物本身的精度要求。因此,实际中要根据工程项目的规模、等级、施工难度大小等具体情况,按照设计要求,对施工测量的各个环节,如对施工测区控制网的建立、建筑物轴线的定位、平面与高程的传递等测量工作,均要进行误差分析与估算,制订测量方案,确定出施工测量各环节、各步骤的各项精度要求,以便在测量工作过程中有据可循、有的放矢。

一、建设工程的施工精度

建设工程的施工精度包括施工测量的精度与施工本身的误差两部分。

针对各种不同种类、规格的建设工程,国家均制定有相应的技术规范、规程。例如,对于混凝土建筑工程,《混凝土结构工程施工质量验收规范》中便有各项关于施工误差的标准规定,如表 6 - 1、表 6 - 2、表 6 - 3 便是其中部分规定。

该《混凝土结构工程施工质量验收规范》中,还有关于预制构件的尺寸允许偏差,现浇及预制构件在各个方向、弯曲度、垂直度、中心线的偏差,以及关于孔洞尺寸偏差、平整度等的详细规定,实际工作中须认真查询。一般来说,对于不同类别(不同规模、高度、跨度、难度)的建筑物,其建筑施工的尺寸精度要求便有不同,具体要求应遵循有关现行建筑规范标准。除上述《混凝土结构工程施工质量验收规范》之外,目前较常应用的还有《高层建筑结构设计与施工规程》《建筑安装工程施工及验收技术规范》等等。

表 6-1　现浇结构模板安装的允许偏差

项目		允许偏差/mm	检验方法
轴线位置		5	钢尺检查
底模上表面标高		±5	水准仪或拉线、钢尺检查
截面内部尺寸	基础	±10	钢尺检查
	柱、墙、梁	+4，-5	钢尺检查
层高垂直度	不大于 5 m	6	经纬仪或吊线、钢尺检查
	大于 5 m	8	经纬仪或吊线、钢尺检查
相邻两板表面高低差		2	钢尺检查
表面平整度		5	2 m 靠尺和塞尺检查

注：检查轴线位置时，应沿纵、横两个方面量测，并取其中的较大值。

表 6-2　预制结构模板安装的允许偏差

项目		允许偏差/mm	检查方法
长度	板、梁	±5	钢尺量两角边，取其中较大值
	薄腹梁、桁架	±10	
	柱	0，-10	
	墙板	0，-5	
宽度	板、墙板	0，-5	钢尺量一端及中部，取其中较大值
	梁、薄腹梁、桁架、柱	+2，-5	
高（厚）度	板	+2，-3	钢尺量一端及中部，取其中较大值
	墙板	0，-5	
	梁、薄腹梁、桁架、柱	+2，-5	
侧向弯曲	梁、板、柱	$l/1000$ 且 ≤15	拉线、钢尺量最大弯曲处
	墙板、薄腹梁、桁架	$l/1000$ 且 ≤15	
板的表面平整度		3	2 m 靠尺和塞尺检查
相邻两板表面高低差		1	钢尺检查
对角线差	板	7	钢尺量两个对角线
	墙板	5	
翘曲	板、墙板	$l/1500$	调平尺在两端量测
设计起拱	薄腹梁、桁架、梁	±3	拉线、钢尺量跨中

注：l 为构件长度（mm）。

表6-3　现浇结构尺寸的允许偏差

项目		允许偏差/mm	检验方法
轴线位置	基础	15	钢尺检查
	独立基础	10	
	墙、柱、梁	8	
	剪力墙	5	
垂直度	层高 ≤5 m	8	经纬仪或吊线、钢尺检查
	层高 >5 m	10	经纬仪或吊线、钢尺检查
	全高(H)	$H/1000$ 且 ≤ 30	经纬仪、钢尺检查
标高	层高	±10	水准仪或拉线、钢尺检查
	全高	±30	
截面尺寸		+8.5	钢尺检查
电梯井	井筒长、宽对定位中心线	+25,0	钢尺检查
	井筒全高(H)垂直度	$H/1000$ 且 ≤ 30	经纬仪、钢尺检查
表面平整度		8	2 m靠尺和塞尺检查
预埋设施中心线位置	预埋件	10	钢尺检查
	预埋螺栓	5	
	预埋管	5	
预留洞中心线位置		15	钢尺检查

注：检查轴线、中心线位置时，应沿纵、横两个方向量测，并取其中的较大值。

二、施工测量控制网的要求

与其他测量工作相仿，施工测量也要遵循"从高级到低级，先整体后局部，先控制后碎部，步步有检核"的四项基本原则。施工控制测量作为施工测量的工作基础，必须从整体原则出发，尽量使用当地统一的坐标系统作为控制基础。施工测量控制网的建立应同时满足工程设计要求和施工测量的要求，尽量避免重复控制测量，所建立的控制点方便保存，便于应用。

施工测量控制网的选择可参照《GB 50026—2007 工程测量规范》中的规定，该规范第8.2.2条规定"对于建筑场地大于 1 km² 的工程项目或重要工业区，应建立一级或一级以上精度的平面控制网；对于场地面积小于 1 km² 的工程项目或一般建筑区，可建立二级精度的平面控制网。场区平面控制网相对于勘察阶段控制点的定位精度，不应大于 5 cm"。可见，在大中型建筑施工场地中，当施工现场测区地势平坦、整齐规则时，为了方便测量控制与建筑施工，测量中可使用建筑方格网进行现场施工控制。

建筑方格网是一种将各边组成正方形或矩形，且与拟建的建（构）筑物主要轴线平行的施工控制网。图6-1某种建筑方格网的示意图，图中的 Z1、Z2、Z3 是方格网中从左到右的三条主轴线，S1、S2、S3 是从上到下的三条主轴线，工作中可先测设这几条主轴线（经纬仪标定方向、钢尺丈量距离），主轴线检查合格后，再根据主轴线测设其余平行轴线（钢尺量距、平移连线）。其中主轴线的相关位置需根据工程项目的规划平面总图和施工场地的实际情况确定。

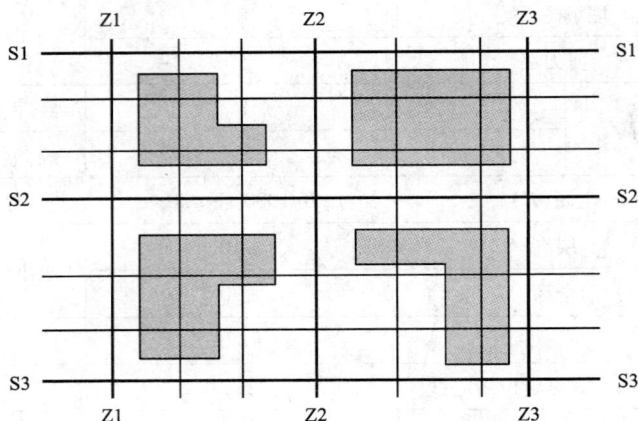

图 6 - 1 建筑方格网示意图

《GB 50026—2007 工程测量规范》8.2.4 条规定了建筑方格网测设的主要技术要求，如表 6 - 4 所示。

表 6 - 4 建筑方格网技术要求

等级	边长/m	测角中误差/(″)	边长相对中误差
一级	100 ~ 300	5	≤1/30000
二级	100 ~ 300	8	≤1/20000

对于高程控制，8.2.10 条规定"大中型施工项目的场区高程控制测量精度，不应低于三等水准测量"。据此，对于小型或普通工程项目的场区高程控制，按四等或等外水准测量的精度要求即可。

三、施工测量的精度要求

施工测量的精度最终会体现为施工现场点位的精度。施工测量应从工程设计与施工精度要求出发，确定与之相匹配的测量技术和相应的测量精度等级，制定满足精度要求的施工测量方案，使实地放样点的精度满足施工需要。

《GB 50026—2007 工程测量规范》第 8.3.11 条规定了建筑施工放样测量的总要求，包括各类基础桩位、轴线、立柱、承重墙边框线的放样偏差、水平轴线与标高的竖向传递等，均见表 6 - 5。

148

表6-5 《工程测量规范》规定的施工放样总要求

项 目	内 容	允许偏差/mm	建筑物施工放样、轴线投测和标高传递的允许偏差		每层	3
基础桩位放样	单排桩或群桩中的边桩	±10	轴线竖向投测	总高H（m）	H≤30	5
					30<H≤60	10
	群桩	±20			60<H≤90	15
各施工层上放线	外廓主轴线长度L（m）	L≤30	±5		90<H≤120	20
		30<L≤60	±10		120<H≤150	25
		60<L≤90	±15		150<H	30
		90<L	±20	标高竖向传递	总高H（m）	每层	±3
	细部轴线	±2			H≤30	±5
	承重墙、梁、柱边线	±3			30<H≤60	±10
	非承重墙边线	±3			60<H≤90	±15
	门窗洞口线	±3			90<H≤120	±20
					120<H≤150	±25
					150<H	±30

除上述表8.3.11之外,《GB 50026—2007工程测量规范》还对柱子、桁架、梁的安装及构筑物的施工测量精度进行了详细规定,以及针对水工建筑物、桥梁、隧道的施工测量精度进行了相关规定。

北京市建设委员会、北京市质量技术监督局联合发布的《建筑施工测量技术规程》(编号：DB11/T446—2007,2007年3月15日实施)详细规定了在各施工阶段(包括室内外装修阶段)时,施工测量工作的程序、方法、精度要求,同时对一些特殊建设工程、超高层建筑工程的施工测量也进行了详细规定。

任务6-3 掌握测设的几项基本工作

施工测量中有些针对具体测量元素的测设工作,如针对一个已知的角度、一段已知的距离、一个设计好的高程,都需要将它们一一测设到实地。在线路施工测量中有时还需要按设计好的线路坡度在实地放样。

一、已知水平角的测设

如图6-2所示,要将水平角β在实地放样出来,通常可按如下步骤进行：

1）在角的顶点B架设经纬仪(或全站仪)。

2）盘左,以起始方向BA为后视方向定向,度盘归零,旋转β角度,指挥立尺人员在前方适当位置地面标定出方向位置(在地面打桩、钉或画交叉记号)。

3）盘右,同样以起始方向BA为后视方向

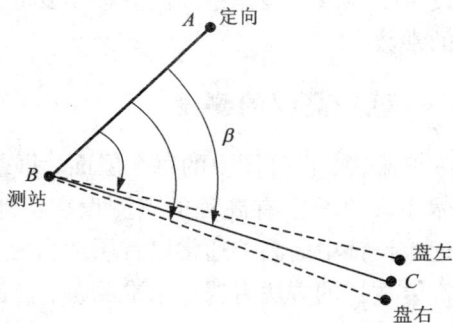

图6-2 水平角度的测设

定向，度盘归零，旋转 β 角度，指挥立尺人员在地面标定出方向位置。

取盘左、盘右两个方向线的中间位置就是我们要测设的位置。

上述用盘左、盘右两个盘位测设取平均值的方法有两个好处，一是防止工作马虎出现粗差，二是可以抵消经纬仪两倍照准差 $2C$ 的影响从而提高精度。如果测量人员了解自己仪器的 $2C$ 值不大（通常须符合规范要求），同时又清楚该角度放样所引起的点位误差又不会超限的话，也可只用一个盘左或一个盘右放样。角度测设引起的点位误差主要是使得方向点（C 点）发生横向偏差，偏差的大小可按以下公式估算。

$$\Delta_{(横向)} = S \times \Delta\beta / \rho'' \tag{6-1}$$

式中，S 为仪器测站至标定点 C 处的距离（m）；$\Delta\beta$ 为角度测设误差（"）；$\rho = 206265''$。

如果要求更高精度的测设，则完成上述初步测设之后，可用多个测回精确测定出已经放样到实地的角度，与原设计角度值相比较，检查是否满足要求，如超出误差范围则注意及时调整。

二、已知水平距离的测设

距离的测设有各种办法。可用钢尺放样（包括普通钢尺测量和精密钢尺测量）、全站仪光电测距、经纬仪视距放样。其中经纬仪视距放样精度较低，现已基本摒弃。

1. 钢尺放样

钢尺放样就是将设计好的距离值（大多为水平距离）用钢尺量距的方法测设到实地。根据量距的精密程度，可分为普通方法和精密方法（施工测量中一般为普通方法）。

1）普通方法。直接用钢尺量距定出直线的终点。如要保证精确可靠，可进行往返丈量确定，并视情况调整直线终点位置。量距读数时注意尺头的起始刻线对齐、用力稳定，尺尾拉力适当、读数果断准确。

2）精密方法。先按钢尺丈量的一般方法量距定出直线的终点打桩。然后用精密丈量方法丈量所测设距离（进行尺长、温度、拉力、倾斜等各项改正），根据丈量结果调整直线终点位置。

2. 全站仪放样

全站仪（或其他光电测距仪）放样距离的方法大致为：安置仪器→瞄准测设方向→指挥立镜→测水平距→根据误差前（后）移动棱镜→再测距（直到所测距离正好等于待测距离），即得测设水平距离。操作中须注意棱镜要立直，仪器读数显示结果要稳定，并注意检查仪器与棱镜的常数。

三、已知高程的测设

一般来说，设计图上的每个层面、每条线、每个点，均有它们各自的高程。用一定的测量技术手段将图上有高程的点测设在实地位置，称为施工测量中的高程放样，亦称高差放样。建筑设计中的高差通常以首层地面为 ±0 m 作为基准面起算。

高差放样的方法有普通水准测量、传递孔悬挂钢尺量距、液体静力水准、精密三角高程测量、GPS 测量等，实际工作中可以选用其中一种或几种，这里主要介绍用水准测量的方法进行高差放样。

1. 一般情况下的水准测量高差放样

如图 6-3(a)所示，已知 A 点高程，需放样出比 A 点高 h(图中 $h<0$)的 B 点到实地上。则可先在 B 点处打下木桩，先测出木桩顶部的高程，一般该木桩顶部与 A 点之间的高差不可能刚好为 h，还相差一小段距离 c，此时可用小钢尺往下量距 c，标出 B 点位置。

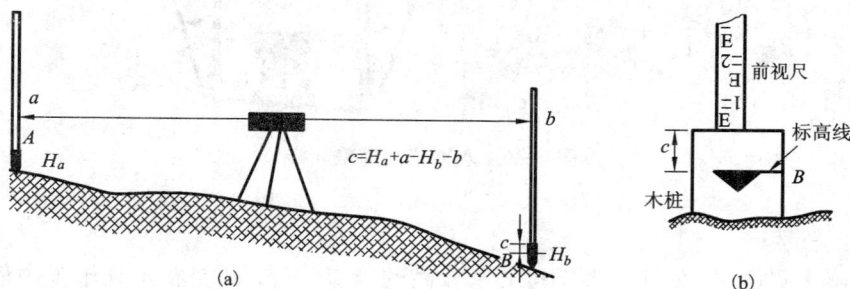

图 6-3 水准仪高差放样

标定 B 位置就是要在木桩侧面画一条标高线，然后紧贴标高线向下画一个三角形，如图 6-3(b)。标高线就表示 B 点的位置，B 点与 A 点的高差等于 h。

在建筑施工测量中，为了方便木工师傅进行模板的施工，需要在立柱钢筋的恰当位置统一标定出一个固定的高度标志；或者在室内砌墙工作中，也需要在立柱上标定出一定的高度位置。此时也可用小钢尺代替水准标尺进行已知高程的测设。图 6-4，图 6-5 分别代表小钢尺的尺头朝上、朝下的情形，标定高程的位置便是尺头位置(图中"标定处")。

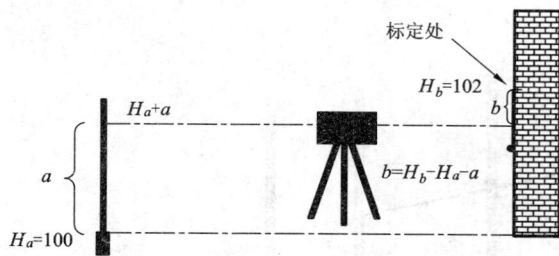

图 6-4 小钢尺尺头朝上高差放样

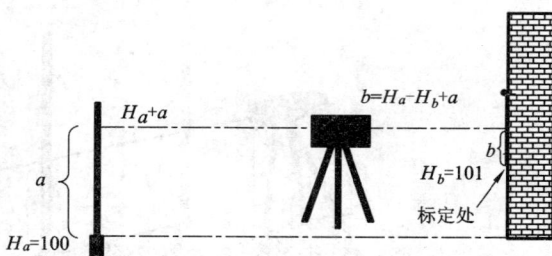

图 6-5 小钢尺尺头朝下高差放样

2. 大高差情况下的水准测量放样

在建(构)筑物的基坑施工建设中，有时会出现大高差放样的情况。如图 6-6 所示，已知点 A 与待测点 B 存在大高差 h 的情况，图中以两个测站（或两台水准仪）加悬挂钢尺的方法进行大高差放样，具体过程如下。

①水准仪在高处 A 点附近观测后视读数 a_1 及前视读数 b_1；

②水准仪在低处 B 点附近观测后视读数 a_2；

③计算前视读数 b_2，并对前尺进行观测读数，标出 B 点位置。

图 6-6 中的读数 b_1、a_2，是直接在悬挂钢尺上的读数，实际中注意钢尺底部的吊锤重量应参考钢尺的尺长方程，必要时还要进行温度改正。

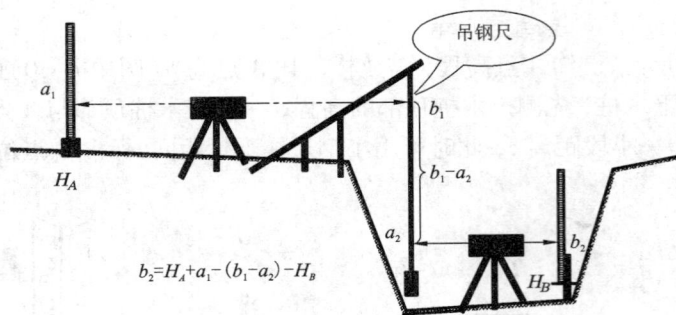

吊钢尺

a_1

b_1

b_1-a_2

a_2

b_2

$b_2=H_A+a_1-(b_1-a_2)-H_B$

H_A

H_B

图 6 - 6　水准仪大高差放样

3. 坡度线的放样

在线路施工测量中,对于一些精度要求较高的管道工程,或是在道路施工中最后的路面材料铺设阶段,均需要比较精准地将所设计的斜坡的坡度线测设出来,以此来指导斜坡管道或斜坡路面的高度施工定位。

如图 6 - 7 所示,先将坡度直线两端点 A、B 的高程精确放样至实地,然后在直线一端 A架设水准仪(注意使水准仪的两个脚螺旋的连线与 AB 方向垂直),准确量测好水准仪高度 i,在另一端 B 竖立标尺并瞄准,调节水准仪第 3 个脚螺旋使仪器在标尺上的读数也刚好为 i(坡度较大时可重新量测和使用新的仪器高 i),如此便获得了一条与路面坡度线平行的视准线,然后按此标尺读数不变,测设出坡度直线上其他各点的高度桩。拉一根细线连接 A、B 高程点,可检查各高度桩的标志点位置是否位于一条直线。

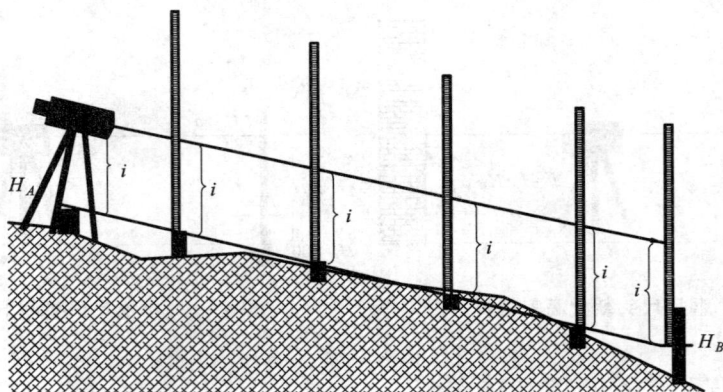

H_A

i　i　i　i　i　i

H_B

图 6 - 7　坡度直线测设放样

任务 6 - 4　熟悉与掌握施工放样的工作方法

一般来说,施工放样工作按如下步骤进行:①在放样之前,检验设计图上有关的定位元素;②必要时对定位元素进行相应的计算与换算处理;③在工作现场将拟订的点位测设出来并设立标志；④检查放样点位的准确性、可靠性。

与测绘测定的基本原理相类似，测量放样的直接定位元素是角度、距离、高差，间接定位元素是点位坐标和高程，因此放样的基本技术工作主要有角度放样、距离放样、高差放样三种。在全站仪通用的今天，很多情况下可以直接用坐标参数放样。如果施工现场的通视条件较好，卫星通信顺畅，也可以直接用卫星定位进行坐标放样。这里主要介绍利用角度、距离、高差为参数的放样工作，及这些工作的方式方法与工作过程和要求。

一、按角度放样

按角度放样又称角度交会法放样。如图 $6-13$(a)所示，A、B 为已知点，P 为要放样的未知点，根据设计图纸和已知控制点坐标计算出 $\angle BAP$ 的值 α，$\angle ABP$ 的值 β。放样方法如下：

1)在 A 点架设经纬仪，以 B 为后视方向，按角度 α 旋转仪器瞄准，获得 AP 方向线，并在 P 点附近确定方向点 1、2，设立标志点一般是先在地面打入木桩后再在木桩上面打入小铁钉，所有工作均由仪器竖丝瞄准目标、指示方向进行。如果仪器 $2C$ 值较大，则须计算盘左、盘右方向值的平均值，用此平均值作为盘左读数重新放样。或分别按盘左、盘右放样之后取中点位置。

2)在 B 点架设经纬仪，以 A 为后视方向，按角度 β 旋转仪器瞄准，获得 BP 方向线，并在 P 点附近确定方向点 3、4。较大 $2C$ 值的处理方法与上述相同。

3)方向线 $1-2$ 与方向线 $3-4$ 的交点就是放样点 P 的位置。

实际上，上述过程与前方交会的测量过程原理相同，测量方法也类似。只不过前方交会是为了测定地面未知点的坐标，而角度放样是按图上设计的 P 点的理论坐标将其测设到实地上。

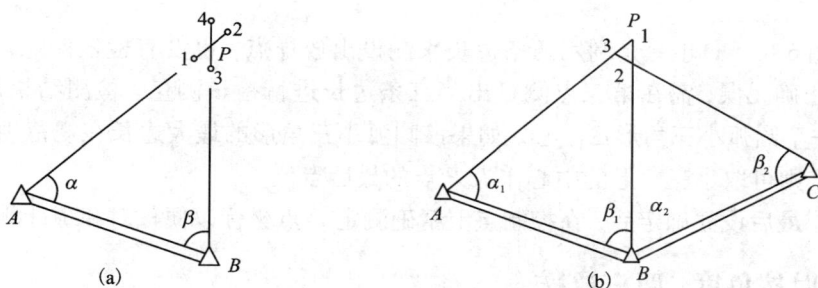

图 6-8 按角度放样点位

图 6-8(a)只是利用两个角值来测设出放样点，并无检核保障，在精密工程施工中，若要确保放样出的点位正确无误，则需在第三点架设仪器进行检核测量，检测结果形成图 $6-8$(b)所示的一个误差小三角形 $\triangle_{1-2-3}$，如小三角形的最大边长在规范规定的点位误差范围之内，则可取小三角形的中心作为 P 点的最后点位。

P 点标志最后设立确定后，在控制点上精确测定 P 点坐标以便核对和统计测点精度。

二、按距离放样

按距离放样也是交会的方法，因此又称距离交会法放样。在已有其他点位的前提下，不必架设仪器直接用钢尺放样，方便快捷。如图 6-9(a)所示，A、B 为已知点位，P 为要放样的未知点，根据设计图纸计算出的 AP 的距离为 S_1，BP 距离为 S_2。放样方法如下：

1)用钢尺或金属测绳量距，从 A 点沿 P 点方向量出距离 S_1，并以 A 点为圆心，以 S_1 为半径在 P 点附近划出小圆弧 R_1。

2)同样从 B 点开始量出距离 S_2，并以 B 点为圆心，以 S_2 为半径在 P 点附近划出小圆弧 R_2。

3)两个小圆弧 R_1、R_2 的交点就是放样点 P 的位置。

【实用技术】工作中可以先计算好 $S_1 + S_2 = S$，令一人将钢尺端点在 A 点对齐，另一人在 B 点将钢尺对准 S 读数位置，则钢尺的 S_1 读数位置就是 P 点。

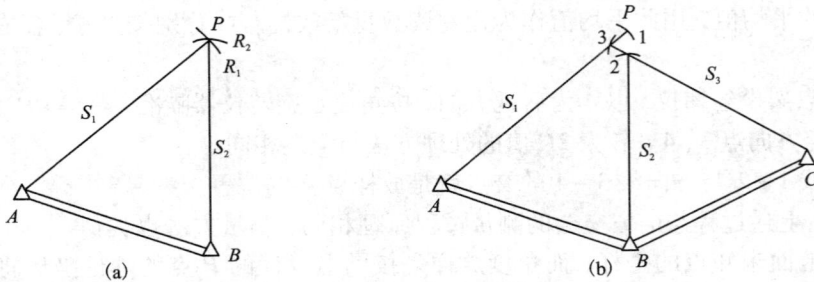

图 6-9　按距离放样点位

同样，图 6-9(a)也只是利用两条边长来测设出放样点，也没有检核保障，若要确保放样出的点位正确无误，需在第三点测量出第三条边长进行检核测量，检测结果形成图 6-9(b)所示的一个圆弧小三角形 $\triangle_{1-2-3}$，如果该圆弧小三角形的最大边长在规范规定的点位误差范围之内，则可取小三角形的中心作为 P 点的最后点位。

P 点标志最后设立确定后，在控制点上精确测定 P 点坐标以便核对和统计测点精度。

三、同时按角度、距离放样

当使用全站仪时，实际工作中往往同时按角度和距离进行放样。此方法又称极坐标放样。放样过程如下(图 6-10)：

1)在已知点 A 点架设经纬仪，用另一已知点 B 作为后方向定向，根据设计图计算出的 AP 与 AB 的夹角 α，使经纬仪望远镜瞄准 P 的方向。

2)根据设计图计算出的 A 点至 P 点的距离 S_1，用钢尺测量出该距离 S_1，则尺段终点位置就是所求的放样点 P。注意量距时需沿仪器指示的方向进行。如果是全站仪放样，则用光电测距代替钢尺量距。

3)在 P 点位置打下木桩并在木桩顶部钉下小铁钉，然后重新测角量边检查一遍，以确定打下的桩位和铁钉位置正确无误，否则重新定位。

154

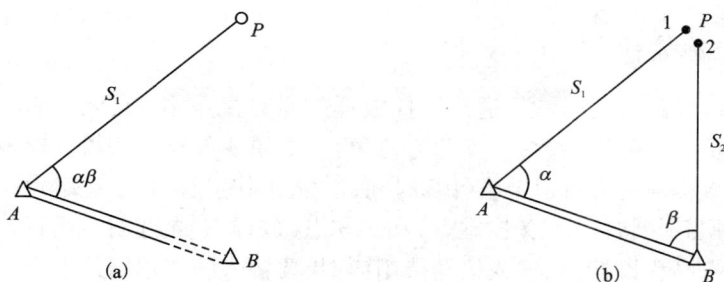

图 6 - 10　极坐标法点位放样

工作中同样须注意测角量边的精度。仪器指示方向时，如 $2C$ 值较大，要用盘左盘右读数取平均值之后对方向值进行必要调整，边长测量精度应考虑能满足施工的精度要求。现代全站仪还有跟踪测距、精密测距、跟踪放样等功能，必要时可按照施工现场情况，参照个人习惯根据仪器说明书的介绍使用。

实际上，上述测量过程与支导线一个测站的测量过程相类似，只不过支导线测量中是先在地面定好位置再测定其坐标，而这里放样测量是将图上 P 点的设计坐标测设到实地上。数学中的极坐标系是以一个角度和一个距离来描述点的位置的，所以，这种放样方法又称为极坐标放样法。

同样，图 6 - 10(a) 也只是利用两个参数来测设出放样点，也没有检核保障，若要确保放样出的点位正确无误，需在另一已知点 B 架设仪器，根据计算出的另一套参数 β、S_2 进行检核放样测量，结果形成图 6 - 10(b) 所示的两个放样点 1、2，如果这两点之间的距离在规范规定的点位误差范围之内，则可取两点的中心位置作为 P 点的最后点位。

P 点标志最后设立确定后，应精确测定 P 点坐标以便核对和统计测点放样精度。

【例 6 - 1】　如图 6 - 11 示意图，已知 A 点坐标为 (2015.15，1546.37)，B 点坐标为 (2025.52，1605.23)，试计算用极坐标法放样 P 点 (2035.4，1560.7) 所需要的数据及放样步骤。

【解】　考虑在 A 点设站进行放样测量。先用坐标反算公式计算出放样的参数 β_A、S_{AP}，计算过程如图 6 - 11 所示。然后按上述的三个步骤进行实地放样测量。

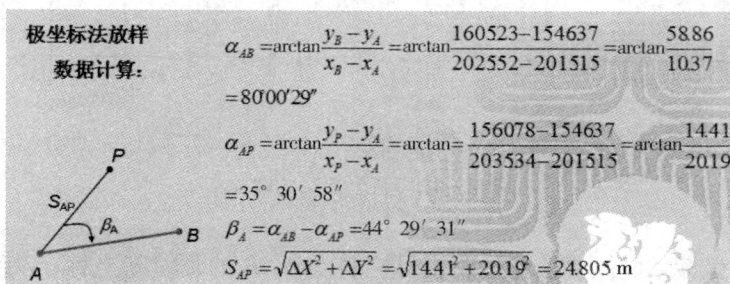

极坐标法放样
数据计算：

$$\alpha_{AB} = \arctan\frac{y_B - y_A}{x_B - x_A} = \arctan\frac{160523 - 154637}{202552 - 201515} = \arctan\frac{58.86}{10.37}$$

$$= 80°00'29''$$

$$\alpha_{AP} = \arctan\frac{y_P - y_A}{x_P - x_A} = \arctan\frac{156078 - 154637}{203534 - 201515} = \arctan\frac{14.41}{20.19}$$

$$= 35°30'58''$$

$$\beta_A = \alpha_{AB} - \alpha_{AP} = 44°29'31''$$

$$S_{AP} = \sqrt{\Delta X^2 + \Delta Y^2} = \sqrt{14.41^2 + 20.19^2} = 24.805 \text{ m}$$

图 6 - 11　极坐标法点位放样实例

155

四、直角坐标放样

上述极坐标放样的方法通常只适用于要放样的点数量不多，且测站有专门的计算人员，可帮助仪器操作员计算放样参数(距离与方位角)。如果要放样的点数量较多时，使用全站仪的三维直角坐标放样功能则可以节省计算时间，大大加快放样进度。实际中可事先在仪器中建好一个文件(项目)，将已知点(控制点)和未知点(放样点)的坐标、高程(例如道路交叉点既有平面坐标又有高程设计)均输入仪器待用(如果要输入的点达到几十上百个时，则先用电脑编辑成文档格式资料，再用数据线或 U 盘传入仪器)。

野外放样作业步骤一般为：安置仪器→对起始方向→建站操作(调用已知点并输入相关数据如仪器高、棱镜高)→坐标放样(从仪器内调用放样点)→定位打桩→复核检查。考虑高程的三维坐标放样通常在道路市政、园林绿化工程中应用较多，高程的显示主要是可以对土地填、挖起到现场指示作用。

五、轴线坐标法放样

由于建筑工程施工现场的障碍物较多(建筑材料堆放、基础开挖堆土、机械施工等)，通常会使测设建筑物的轴线增加许多困难。实践证明，设立轴线坐标系来进行轴线测设会方便很多，能大大加快工作进度。

该方法的实质是以一栋或几栋相连的建筑为对象，设立新的坐标系进行坐标测量(放样)。以图 6 - 12(a)所示的某工业厂房设计轴线图为例，设立新坐标系的过程为：确定某固定控制点为测站点(图中为 A 点)，选取距该测站点 A 较近的轴线交叉点为新坐标系的原点 O'，以轴线为坐标轴方向建立新坐标系 $O'X'Y'$，如图 6 - 12(b)所示。

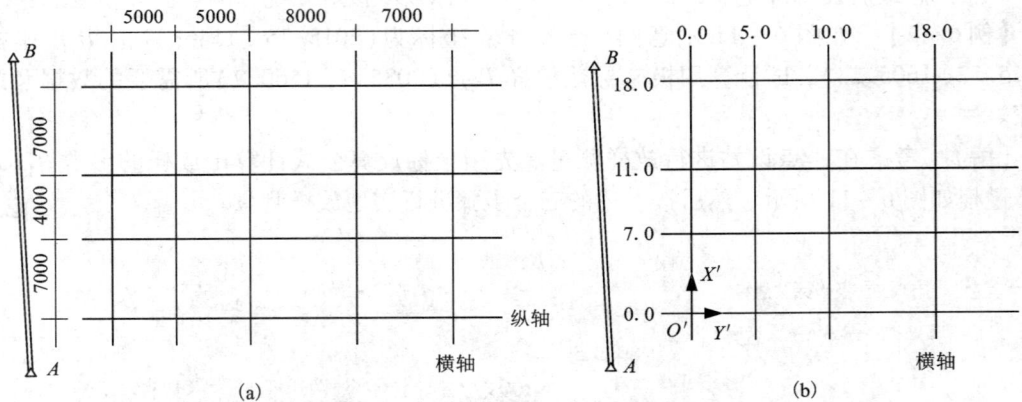

图 6 - 12 新坐标系的建立

建立轴线新坐标系的主要任务是要获得控制点 A、B 的临时新坐标，以便能在 A 点使用临时新坐标测量放样。获得新坐标有两个方法，一是在个人电脑上利用 CAD 软件对图形进行平移、旋转操作(捕捉原坐标系原点平移至 O' 点，捕捉轴线顺时针旋转 α 角度，α 为轴线 $O'X'$ 在原坐标系中的方位角)；第二是直接用以下公式进行计算：

$$\begin{cases} X'_P = (X_P - X_0)\cos\alpha + (Y_P - Y_0)\sin\alpha \\ Y'_P = (Y_P - Y_0)\cos\alpha - (X_P - X_0)\sin\alpha \end{cases} \qquad (6-2)$$

式中，X'_P、Y'_P 为任一点在新坐标系中的坐标；

　　　　X_P、Y_P 为任一点在原坐标系中的坐标；

　　　　X_0、Y_0 为新坐标系原点在原坐标系中的坐标；

　　　　α 为 $O'X'$ 在原坐标系中的方位角。

当然，如果知道某点新坐标，也可以反求出该点在原坐标系中的坐标。例如用全站仪支导线测量出的控制点（支导线点）是在新坐标系统状态下测定的（是原坐标还是新坐标由仪器建站确定），则可以反算出支导线点的原坐标系统坐标，计算公式为：

$$\begin{cases} X_P = X_0 + X'_P\cos\alpha - Y'_P\sin\alpha \\ Y_P = Y_0 + X_P\sin\alpha + Y_P\cos\alpha \end{cases} \qquad (6-3)$$

式中各符号意义同上。

有了新坐标系，设计图上各条轴线上的坐标便清晰可见，测设时无须像以前那样要考虑两个坐标 X 及 Y 的变化，而只需要考虑一个坐标便可（X' 或 Y'），因此这时也不需要事先往仪器内部选取输入放样点的坐标，只需要用仪器的坐标测量状态测出轴线上某点的坐标，让其中之一（X' 或 Y'）满足其轴线所在的该方向坐标值即可。例如，要测设图 6 - 12（b）中的四条长纵轴到实地，只需保证仪器显示的北坐标（X' 坐标）分别等于 0.0、7.0、11.0、18.0 便可，而无须顾忌东坐标（Y' 坐标）是多少，这样就可以在很大程度上迅速避开施工现场的各种障碍物，从而将轴线测设到地面上。

【反复强调】测量工作的一个最重要原则是"步步有检查"。上述各种点位放样方法中，不论采用哪一种，在放样工作的中间过程和收尾阶段，均应进行一些必要的检查。如可利用其他控制点对已放样点位进行检查，也可用钢尺对建筑物的某些边长直接量距进行抽样检查，以确保放样工作的精确度。

六、建筑施工测量案例介绍

在某房地产公司开发的小区别墅群建设中，随着工程的推进，测量小组所进行的放样工作主要进行了基坑放样、承台放样、柱位放样、轴线投测等。标高位置放样主要用水准仪施测，这里主要介绍平面位置的放样工作。

首先，在办理好相关手续之后，由国土与规划建设部门主持给予整个地块的规划用地红线与建筑红线的放样工作，确定地块的位置与建筑边界范围。同时提供至少两个平面控制点和高程点（水准点）给施工单位。施工方可根据这些已知的控制点，先进行五秒级导线控制测量，再对整个小区的道路进行放线与施工。建筑施工阶段进行的测量工作顺序如下。

1. 基坑放样

所有房屋地基基坑由山坡地开挖而得，未设计桩基础打桩。在设计单位规划设计的总平面图上（"彩图 6 - 13"左图，见书后彩图插页），对每幢别墅均提供有两个坐标点（这两个点对整幢房屋起定位作用），如"彩图 6 - 13"右图某幢的两个坐标点（为表述方便，将其两点命名为 M、N）。测量小组利用已知的控制点，用全站仪进行坐标放样并在放样点打桩（钢筋桩），同时测定现场地面高程，告知此处需往下开挖的深度（参考基础承台的底标高），也可书写高度纸条用透明胶带缠绕在钢筋桩上。接着核对基础（承台）平面图（"彩图 6 - 14"，见书后彩图插页），根据图中周边承台的大小，大致确定矩形基坑的尺寸，用钢尺进行距离交会放线（可用直角三角形的"勾3股4弦5"定出垂线边上的一点之后再延长或缩短至确定点位）。一般基坑开挖边线以各边的最外部承台的外边线为准，再往外退出30至50 cm，以方便工人施工通行。基坑边线用白石灰沿钢尺划实线清晰标明。基坑线的放样精度约为5~10 cm。

2. 承台放样

基坑开挖完成、场地平整之后，利用坐标点 M、N，先放样出各条纵、横轴线，然后在轴线的基础上放样出承台的外框线。此时如果 M、N 点的桩位因基坑施工遭到破坏，还需先恢复 M、N 位置。放样的方法同样按钢尺距离交会的方法，放样精度应较前面的基坑放线稍高，约为5 cm 左右。承台放样使用的图纸为"彩图6-14"（见书后彩图插页），根据图中各承台边线与轴线的距离关系进行放样，放样的轴线与承台边框用白石灰划线。

3. 立柱放样

承台基础水泥垫层施工完成凝固之后，便可进行立柱的边框放样。放样的方法最好用激光经纬仪，先定出两条位于楼房中轴线附近的纵、横主轴线，如"彩图6-14"中的⑥号轴与Ⓒ轴（或Ⓓ轴），然后用长钢尺往两边量距定出其他轴线的位置，每根轴线定2~3点便可连线，连线用木工的墨线弹线标定。轴线定好之后便可用短钢尺量距确定立柱与承台的边框线，也同样用墨线弹线标定。立柱放样使用的图纸如"彩图6-15"所示（见书后彩图插页）。承台边框线位置仍用"彩图6-14"。

4. 轴线传递

建筑物首层平面（±0）下面的钢筋混凝土结构施工完成之后，将要用原土回填。回填之前必须将基坑底的轴线往上传递。实际中不可能将放出的每一条轴线均往上传递，对建筑占地面积不大的别墅楼，一般只需在建筑平面的中部位置选择两条较长的互相垂直的轴线往上传递。通常选择两条对整栋楼房起控制作用的互相垂直的纵、横轴线，如上述的⑥-⑥轴与Ⓒ-Ⓒ轴，将它们往上平移传递。传递的方法通常用吊铅垂球的办法。如图6-16(a)所示，需要将⑥-⑥轴往上传递，便用吊垂线对准地面的⑥-⑥轴线，使⑥-⑥线与铅垂线共竖直面，再瞄准铅垂线在立柱上的投影位置，用红油漆画一个等腰三角形。在轴的另一端用同样方法画出另一个类似三角形，下次连接两个等腰三角形的底边便获得了往上平移后的⑥-⑥轴线。同样方法可获得另一垂直方向上的控制轴线Ⓒ-Ⓒ轴，如图6-16(b)。

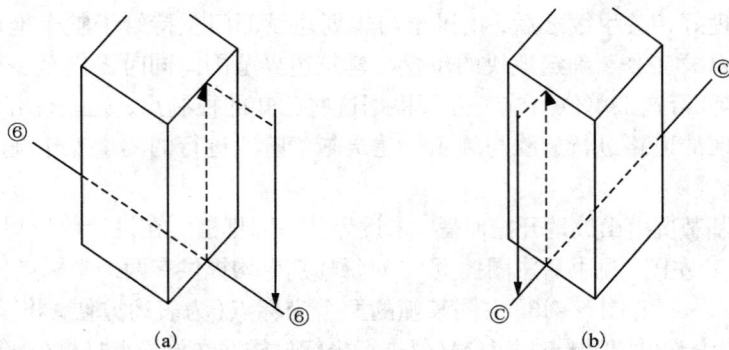

图6-16 轴线传递示意图

这项工作又称轴线投测。测量人员应紧跟施工的进度,将基础底层的轴线及时地一层层往上传递。有了这两条互相垂直的轴线,其余轴线及立柱、承重墙的边框线放样与前述相同。如果是面积较大的大楼,则可用设计长宽 10 cm 左右的传递孔进行投测传递,而且是多条轴线往上传递并相互检查无误,传递的方法除上述铅垂线的方法之外,还须综合利用其余方法,如激光垂线仪的投测、全站仪、GPS 的利用等,至少两种以上的办法互相印证检查。这里激光垂线仪又称激光准直仪、激光垂准仪、激光投线仪(激光扫平仪)等,"彩图 6 – 17"、"彩图 2 – 26"(参见书后彩图插页)为几款激光投线仪器。

任务 6 – 5 学习曲线放样测量计算

现代工程中有许多工程属于线状工程(或称线路工程)的范畴,如各种铁路、公路、桥梁、输电线、给排水、供气、输油管道等。这些线路工程中大部分由直线组成,但有时在线路拐弯时,需要在线路上安排一些曲线来连接两端的直线段线路。

一、曲线放样概述

线路上的曲线有平曲线和竖曲线,前者是指投影到测区设计平面(即测区平均高程面)上的曲线,而后者是位于沿线路中线位置竖直面上的曲线。平曲线中一般有圆曲线、缓和曲线。竖曲线可设计成圆曲线或抛物线,另外,在横断面上的路面有时也设计成曲线类型。

根据《工程测量规范》第 6.2.5 条规定,线路测量定测除应测定各特征桩如桥梁、隧道等控制桩外,还要根据竖曲线的变化适当加桩。平面上两相邻中线桩的间距,直线部分不应大于 50 m,平曲线部分宜为 20 m;当公路曲线半径为 30 ~ 60 m 或缓和曲线长度为 30 ~ 50 m 时,其中线桩间距不应大于 10 m;对于曲线半径小于 30 m、缓和曲线长度小于 30 m 或回头曲线段,中线桩间距不应大于 5 m。

中线桩的放样测量误差,《工程测量规范》第 6.2.5 条对于直线和曲线给予不同的规定要求,分别如表 6 – 6 中表 6 – 7 所示。

表 6 – 6 直线段中线桩位测量限差

线路名称	纵向误差/m	横向误差/cm
铁路、一级及以上公路	$\dfrac{S}{2000} + 0.1$	10
二级及以下公路	$\dfrac{S}{1000} + 0.1$	10

注:S 为转点桩至中线桩的距离(m)。

表 6 – 7 曲线段中线桩位测量闭合差限差

线路名称	纵向相对闭合差/m		横向闭合差/cm	
	平地	山地	平地	山地
铁路、一级及以上公路	1/2000	1/1000	10	10
二级及以下公路	1/1000	1/500	10	15

二、圆曲线设计与测设

圆曲线在铁路、公路、河道、水渠以及工民建工程中都是经常出现的。实际中，设计师首先在一张现势性比较好，比例尺适中（如 1∶5000）的地形图上进行规划选线工作，然后去实地踏勘调查，根据各方意见反复修改确定。设计选线时先在地形图上粗略定出线路的中线位置与走向，形成各个交点（JD1、JD2、…），如果 JD 点处的转折角 α（如图 6–17）很小，在规范规定的相应道路等级取值范围之内，则可以在此处直接设计成两段直线相连，而不设圆曲线。如果转折角 α 较大，则须在 JD 点处设计一半径为 R 的圆曲线将前后的直线连接起来，如图 6–17 所示。半径 R 的选择根据实地的具体情况，亦可参照相应的设计规范与标准进行，如《公路工程技术标准》（JTG B01—2003）关于圆曲线半径的设计要求见表 6–7。

表 6–7 圆曲线最小半径

设计速度/(km·h⁻¹)		120	100	80	60	40	30	20
一般值/m		1000	700	400	200	100	65	30
极限值/m		650	400	250	125	60	30	15
不设超高最小半径/m	路拱 ≤2.0%	5500	4000	2500	1500	600	350	150
	路拱 >2.0%	7500	5250	3350	1900	800	450	200

表中"一般值"是指一般情况下的圆曲线最小半径设计值，"极限值"是指受到地形条件限制时的极限最小半径设计值，"不设超高最小半径"是指在曲线上的横断面仍按直线上的双向路拱横坡设计（即忽略圆周运动的离心力影响）时，应考虑的最小半径。

圆曲线有三个主点：曲线起点（直圆点 ZY）、曲线中点 QZ、曲线终点（圆直点 YZ）。

圆曲线要素是指：曲线半径 R、转折角 α、切线长 T、曲线长 L、外矢距 E，切曲差 $2T-L$。其中曲线半径 R、转折角 α 在这里是已知数据，其余要素均可根据 R、α 推算得出，推算公式及示意图如图 6–17 所示。

圆曲线要素计算：

切线长 $T = R\tan\dfrac{\alpha}{2}$

曲线长 $L = R \cdot \alpha \cdot \pi/180°$

外矢距 $E = R\left(\dfrac{1}{\cos\dfrac{\alpha}{2}} - 1\right)$

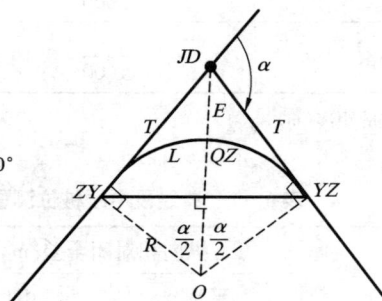

图 6–17 圆曲线要素计算

圆曲线的测设方法很多。在以前没有全站仪的时代可用偏角法、切线支距法、弦线偏距法等方法测设，现在这些方法由于全站仪和卫星导航定位仪（如 GPS）的使用已经逐步退出历史舞台。当前比较流行的是，针对设计图上提供的曲线各点坐标，直接将全站仪设置在控制点上摆站，后视另一控制点并检查无误之后，用极坐标法或直角坐标法放样测设各曲线点坐标。现场条件好的地方可直接用 GPS – RTK 放样测量。

三、缓和曲线设计与测设

1. 缓和曲线设计的必要性

众所周知，作圆周运动的物体必定会受到一个离心力的作用，其大小为

$$J = \frac{Mv^2}{R} \tag{6-4}$$

式中，M 为物体的质量，v 为物体运行的速度，R 为圆周的半径。离心力 J 的方向为物体指向圆心方向的反方向，它的作用就是试图将高速运行的列车或汽车沿着离心力的方向向外抛出去。为了抵消离心力的影响，设计时必须考虑将列车的外轨较内轨有所抬高，抬高的数值 h_0 按下式计算（参考文献[13]P90）：

$$h_0 = 11.8 \frac{v^2}{R} \tag{6-5}$$

很明显，在直线与圆曲线连接处不能把外轨突然抬高到 h_0，而需要有一段距离供逐渐抬高外轨之用。为此，在直线与圆曲线之间加设一段过渡曲线，这段过渡曲线便称为缓和曲线。因此，缓和曲线是指曲率半径从某一个值连续匀变为另一个值的曲线。缓和曲线的这一过渡段在公路设计中又称超高缓和段，即从直线上的双向路拱横坡，过渡到圆曲线上具有超高横坡度的单向坡断面。超高缓和段可以缓和行车方向的变化和离心力的作用，减少行车震荡。图 6-18 便是连接直线与圆曲线之间的缓和曲线，其曲率半径 ρ 从 ∞ 逐渐变化成圆曲线的半径 R，离心力从 O 逐渐加大变化为 Mv^2/R（假设车辆行驶的速度 v 不变）。

有时候，在道路复杂的拐弯抹角处，需要设计两条甚至两条以上不同半径的圆曲线组成复合曲线，这样在连接两条不同半径的圆曲线之间也需要设计一条缓和曲线。这条缓和曲线的曲率半径则从第一条圆曲线的半径 R_1 逐渐变化为第二条圆曲线的半径 R_2，如图 6-19 所示。

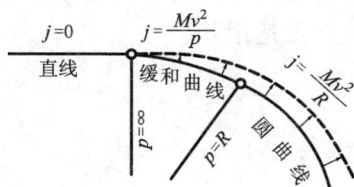

图 6-18 连接直线与圆曲线的缓和曲线   图 6-19 两圆之间的缓和曲线

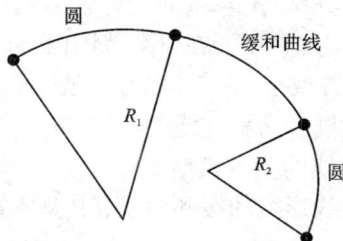

综合上述情况，缓和曲线的设置具有以下诸多用途：减小离心力的变化，提高乘车的舒适与稳定性；便于驾驶员操纵方向盘，利于平稳行车；与圆曲线配合得当，增加道路曲线美观。所以说，缓和曲线是一条曲率连续变化的曲线，是设置在直线与圆曲线之间，或半径相

差较大的两个转向相同的圆曲线之间的一种曲率连续变化的曲线。

《公路工程技术标准》（JTG B01—2003）规定，除四级公路可不设缓和曲线外，其余各级公路都应设置缓和曲线。在现代高速公路上，有时缓和曲线所占的比例超过了直线和圆曲线。在城市道路中，特别是那些架空的快车道，缓和曲线同样被广泛地使用。

2.缓和曲线设计的最小长度

根据上述分析来看，缓和曲线越长，其缓和效果就越好；但太长的缓和曲线也没有必要，因为这会增加工程造价，给测设与施工带来不便。缓和曲线的最小长度应按发挥其作用的要求来确定。《公路工程技术标准》规定：按行车速度要求来求缓和曲线最小长度，同时考虑行车时间（3 s）和附加纵坡的要求，具体如表6-8所示。

表6-8 缓和曲线长度的设计要求

公路等级	高速公路				一		二		三		四	
计算行车速度/(km·h⁻¹)	120	100	80	60	100	60	80	40	60	30	40	20
缓和曲线最小长度/m	100	85	70	50	85	50	70	35	50	25	35	20

注：四级公路为超高、加宽缓和段长度。

3.缓和曲线设计的几种形式

线路中的缓和曲线设计通常有如下几种形式：

1）回旋线（$\rho = \dfrac{c}{l}$）。这是一种常用的缓和曲线形式，我国《公路工程技术标准》第3.0.13条要求"缓和曲线采用回旋曲线"。下面要详细介绍的也是这种回旋曲线的缓和曲线。

2）三次抛物线（$y = \dfrac{x^3}{6c}$）。这种形式的缓和曲线具有"线形简单、设计方便、平立面有效长度长，现场应用、养护经验丰富等特点，我国目前设计的高速铁路仍以三次抛物线形缓和曲线为首选线形"（参考文献[14]"高速铁路缓和曲线设计研究"）。关于三次抛物线的数学模型推导、曲线要素的计算公式、桩位坐标的计算，可参阅参考文献[15]"三次抛物线缓和曲线的计算"。

3）双纽线（$\rho^2 = 2a^2\cos 2\theta$）。双纽线是1694年雅各布·伯努利发现提出，因此也称伯努利双纽线。"这种线形在一般范围内可以满足缓和曲线的设计要求，但在计算缓和曲线长度上不方便，以致于……"（参考文献[16]"公路缓和曲线的设计及运用"）。

4.回旋线缓和曲线

1）曲线的基本模型。

回旋线形式的缓和曲线，其基本数学模型为（图6-20）：

$$\rho = C/l \qquad\qquad (6-6)$$

式中，ρ为缓和曲线上某一点P的曲率半径；l为P点至ZH点间的曲线长；C为曲线变更率。

式（6-6）中的变更率C分两种情况来取值，当缓和曲线用来连接直线和圆曲线时，C值满足如下关系式：

$$C = \frac{d \times v^2}{i \times g}$$

式中，d 为轮轨间距（两铁轨中心线之间的距离），v 为行车速度，i 为缓和曲线外轨纵向坡度，g 为重力加速度。

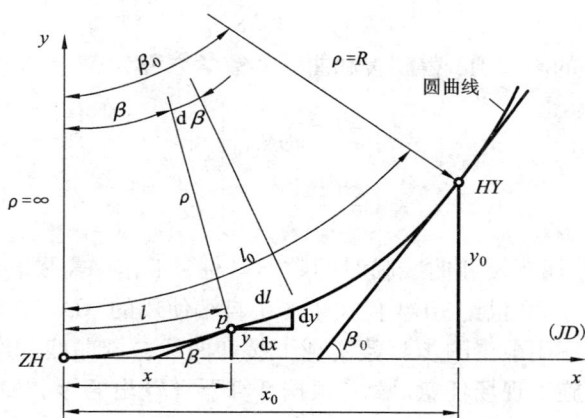

图 6 - 20　缓和曲线数学模型示意图

当缓和曲线连接两条不同半径的圆曲线时，其 C 值满足关系式：

$$C = \frac{l_{012} R_1 R_2}{R_1 - R_2}$$

式中，l_{012} 为两圆之间的缓和曲线长度，R_1、R_2 为两条圆曲线的半径（注意 $R_1 > R_2$）。

2）曲线的数学方程。

图 6 - 20 中，建立以 ZH 点为坐标原点，过 ZH 点的缓和曲线切线为 x 轴，ZH 点上缓和曲线的半径为 y 轴的直角坐标系。取缓和曲线上一微分段 $\mathrm{d}l$，其对应的中心角为 $\mathrm{d}\beta$，则有

$$\mathrm{d}\beta = \frac{\mathrm{d}l}{\rho}$$

根据式（6 - 6），有 $C = \rho l = R l_0$，即 $\rho = \dfrac{R l_0}{l}$，代入上式后积分得

$$\beta = \frac{l^2}{2 R l_0} \tag{6 - 7}$$

当 $l = l_0$ 时，$\beta = \beta_0 = \dfrac{l_0}{2R}$。可见，缓和曲线所对应的曲线夹角（中心角），与相同弧长的圆曲线所对应的曲线夹角（圆心角）相比较，其大小也是不同的，缓和曲线只有圆曲线的 $1/2$。

又

$$\left.\begin{array}{l} \mathrm{d}y = \mathrm{d}l \cdot \sin\beta \\ \mathrm{d}x = \mathrm{d}l \cdot \cos\beta \end{array}\right\} \tag{6 - 8}$$

将 $\sin\beta$、$\cos\beta$ 按级数展开，有

$$\sin\beta = \beta - \frac{\beta^3}{3!} + \frac{\beta^5}{5!} - \cdots\cdots$$

$$\cos\beta = 1 - \frac{\beta^2}{2!} + \frac{\beta^4}{4!} - \cdots\cdots$$

将 $\sin\beta$、$\cos\beta$ 的展开式及式（6 - 7）代入式（6 - 8）后积分，得到

$$\left.\begin{array}{l} y = \dfrac{l^3}{6Rl_0} - \dfrac{l^7}{336R^3 l_0^3} + \dfrac{l^{11}}{42240R^5 l_0^5} \\[3mm] x = l - \dfrac{l^5}{40R^2 l_0^2} + \dfrac{l^9}{3456R^4 l_0^4} \end{array}\right\}$$

略去精度影响之外的高次项，得到缓和曲线的数学方程为

$$\left.\begin{array}{l} x = l - \dfrac{l^5}{40R^2 l_0^2} \\[3mm] y = \dfrac{l^3}{6Rl_0} \end{array}\right\} \tag{6-9}$$

式(6-9)中的 x、y 属于缓和曲线临时的数学坐标，工作中需要转换成测区的现场测量坐标。图6-21为作者于20世纪90年代在生产中自编使用的"CASIO fx-4500 计算器"缓和曲线计算程序清单，程序用最少的步骤数实现了缓和曲线与圆曲线相结合逐桩坐标的计算。实际测设时，全站仪在施工现场任意设站，根据计算器计算出的缓和曲线或圆曲线上的任意点坐标进行放样。

13 (缓和曲线 各点逐桩坐标) (适合于缓和曲线与圆曲线的各种情况组合，如单缓、单圆、缓圆、圆缓、缓圆缓、圆缓圆等六种情况)	A：B：L：R：T Prog B：Q=W+180 G：K X=A+Rec(T，W△Y=B+W△ U=X：V=Y Lbl 0：{N}：Z=N−G Z＞L=＞GoTO 2△ H=RL X=Z−Z⁵/40/H² Y=Z³/6/H Prog D：Gotpo 0 Lbl 1：Z≤L=＞Goto 0△ Lbl 2：J=F+180(N−G−L)/R/π X=RsinJ+M：Y=P+R(1−cosJ) Prog D：Goto 0	A、B：JD坐标；L：缓曲长；R：圆半径；T：总切线长 C、D：起始边某点坐标，输出相应W、S G：ZH或ZY点桩号；K：顺正 (+1) 逆负 (−1) 输出ZH或ZY点坐标X、Y 定义和输入缓曲或圆曲任意点桩号N 计算缓和曲线任意点独立坐标 (子程D) 输出缓和曲线任意点坐标X、Y 计算圆曲线任意点独立坐标 (子程D) 输出圆曲线任意点坐标X、Y
D (子程序)	W=tan⁻¹(Y/X S=√(X²+Y²) X=U+Scos(Q+KW△ Y=V+Ssin(Q+KW△	输出缓曲或圆曲任意点坐标X、Y
B (子程序)	Pol(C−A，D−B W＜0 ⇒ W=W+360△W△ S=V△	(坐标反算子程序)

图6-21　CASIO fx-4500 计算器编程计算程序清单

3) 曲线的要素计算。

如图6-22(a)所示，圆曲线两端加设缓和曲线 l_0 之后，曲线的主点有：直缓点 ZH；缓圆点 HY；曲中点 QZ；圆缓点 YH；缓直点 HZ。图中的 β_0、δ_0、m、P 为缓和曲线常数。

①缓和曲线角 β_0。

过 HY 点的切线与过 ZH 点的切线的交角 β_0，称缓和曲线角。根据公式(6-7)，当 $l = l_0$ 时，缓和曲线角 β_0 为：

$$\beta_0 = \frac{l_0}{2R} \tag{6-10}$$

②缓和曲线偏角 δ_0。

过 ZH 点的切线与 ZH 及 HY 两点连线的夹角，称缓和曲线偏角 δ_0，偏角大小为(参考文

164

献[12]P92)：

$$\delta_0 = \frac{\beta_0}{3} = \frac{l_0}{6R} \tag{6-11}$$

如果是过 ZH 点的切线与 ZH 点及缓和曲线上任意点连线的夹角，称缓和曲线上任意一点的曲线偏角 δ，其大小为(参考文献[17]P165)：

$$\delta = \frac{\beta}{3} = \frac{l^2}{6Rl_0} \tag{6-11'}$$

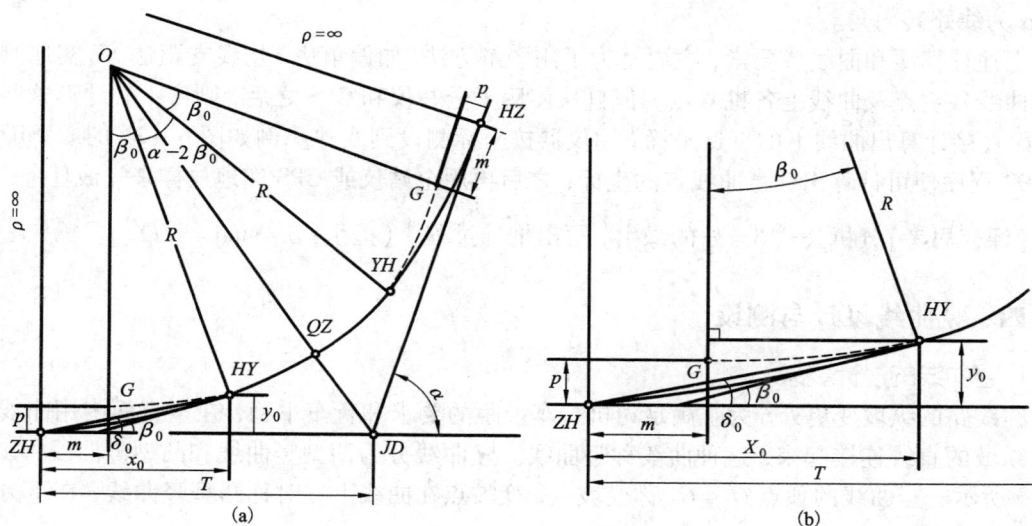

图 6-22 缓和曲线要素示意图

③附加切距 m。

自圆心 O 向过 ZH(或 HZ)点的切线作垂线，垂足至 ZH(HZ)点的距离为 m。

$$m = x_0 - R\sin\beta_0 \tag{6-12}$$

将 $\sin\beta_0$ 按级数展开，并将 $x_0 = l_0 - \dfrac{l_0^3}{40R^2}$ 及 $\beta_0 = \dfrac{l_0}{2R}$ 代入，得

$$m = \frac{l_0}{2} - \frac{l_0^3}{240R^2} \tag{6-13}$$

④圆曲线内移值 P。

将圆曲线的两端向外延伸，与圆心 O 向过 ZH(HZ)点的切线所作的垂线相交于 G 点，则 G 点与切线的距离 P 称圆曲线的内移值。参见图 6-22(b)，内移值 P 的大小为：

$$P = R\cos\beta_0 + y_0 - R = y_0 - R(1 - \cos\beta_0)$$

将 $\cos\beta_0$ 按级数展开，并注意到 $y_0 = \dfrac{l_0^2}{6R} - \dfrac{l_0^4}{336R^3}$ 及 $\beta_0 = \dfrac{l_0}{2R}$，有：

$$P = \frac{l_0^2}{24R} - \frac{l_0^4}{2688R^3} \tag{6-14}$$

⑤加设缓和曲线后，曲线综合要素计算公式为

$$T = (R + P) \tan \frac{\alpha}{2} + m$$

$$L = L_0 + 2l_0 = \frac{\pi R}{180°}(\alpha - 2\beta_0) + 2l_0$$ (6-15)

$$E = (R + P) \sec \frac{\alpha}{2} - R$$

$$q = 2T - L$$

式中，T 为切线长；L 为曲线长（L_0 为圆曲线长，为缓和曲线长）；E_0 为外矢距；q 为切曲差；α 为线路转向角。

上述计算缓和曲线各要素，主要是为了用图解方法（如偏角法、切线支距法等）实地测设缓和曲线各主点及曲线上各桩号点。但自从使用了全站仪和 GPS 之后，则可不必计算这些要素，而直接计算出曲线上的桩点坐标，用仪器按坐标测设到实地。例如图 6-21 的 CASIO fx-4500 程序便可计算出任意曲线点的坐标，之后再用全站仪或 GPS 实地放样来完成任务。

【课外思考】分析公式 $\delta = \frac{\beta}{3}$ 的缘由，写出推导过程。（提示：$\delta \approx \sin\delta = y/l$）

四、竖曲线设计与测设

1. 竖曲线的设计要求

在线路的纵坡变更处，为了满足司机行车视距的要求和行车平稳，在竖直面内用曲线将两段纵坡的直线连接起来，这种曲线称竖曲线。竖曲线分为凹型竖曲线和凸型竖曲线，如图 6-23 所示。竖曲线的顶点 O_1、O_2 称变坡点，变坡点在曲线上方时称凸型竖曲线，在下方时称凹型竖曲线。

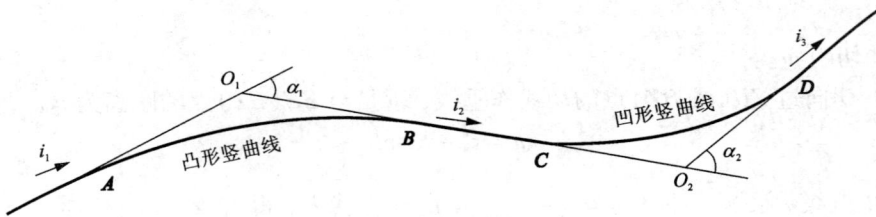

图 6-23　竖曲线设置示意图

竖曲线一般设计成圆曲线或抛物线。不过，抛物线型竖曲线的结构比较复杂，维护困难，我国铁路工程普遍采用圆曲线型竖曲线。

无论是凹型竖曲线或凸型竖曲线，竖曲线的曲率半径与竖曲线的长度在设计上均要考虑三个因素：车辆在竖曲线上行驶的缓和冲击，司机视线距离（包括前灯照射距离），车辆经过时间。我国主要考虑按照设计行车速度，在竖曲线上的行车时间不能小于 3 秒钟。《公路工程技术标准》规定的竖曲线设计最小半径与曲线长度的最小值要求如表 6-9 所示。

铁路的竖曲线设计要求根据铁路线路的不同等级，可查阅《新建铁路测量工程规范》、《铁路技术管理规程》等标准要求。

表 6 – 9　竖曲线设计半径要求

设计速度/(km·h⁻¹)		120	100	80	60	40	30	20
凸形竖曲线半径/m	一般值	17000	10000	4500	2000	700	400	200
	极限值	11000	6500	3000	1400	450	250	100
凹形竖曲线半径/m	一般值	6000	4500	3000	1500	700	400	200
	极限值	4000	3000	2000	1000	450	250	100
竖曲线最小长度/m		100	85	70	50	35	25	20

2. 竖曲线的要素计算

《公路工程技术标准》对公路的最大纵坡有明确规定,如表 6 – 10 所示。

表 6 – 10　竖曲线设计最大纵坡要求

设计速度/(km·h⁻¹)	120	100	80	60	40	30	20
最大纵坡(%)	3	4	5	6	7	8	9

表中纵坡的计算公式为: $i = \dfrac{h}{s}$, 式中 h 为一段斜坡的起始高差, s 为斜坡的水平投影距离。例如在图 6 – 24 中,有: $i_1 = \dfrac{h_0}{s_1}$, $i_2 = \dfrac{h_0}{s_2}$。于是有:

$$
\left.
\begin{aligned}
&\alpha = \beta_1 + \beta_2 = \mathrm{artan}\,i_1 + \mathrm{artan}\,i_2 \\
&\tan\alpha = \tan(\beta_1 + \beta_2) = \frac{\tan\beta_1 + \tan\beta_2}{1 - \tan\beta_1 \tan\beta_2} = \frac{i_1 + i_2}{1 - i_1 i_2} \\
&\tan\frac{\alpha}{2} = \frac{\sqrt{1 + \tan^2\alpha} - 1}{\tan\alpha} = \frac{\sqrt{(1 + i_1^2)(1 + i_2^2)} + i_1 i_2 - 1}{i_1 + i_2}
\end{aligned}
\right\}
\tag{6 – 16}
$$

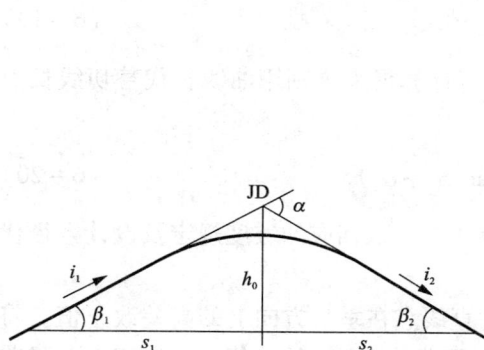

图 6 – 24　竖曲线纵坡计算

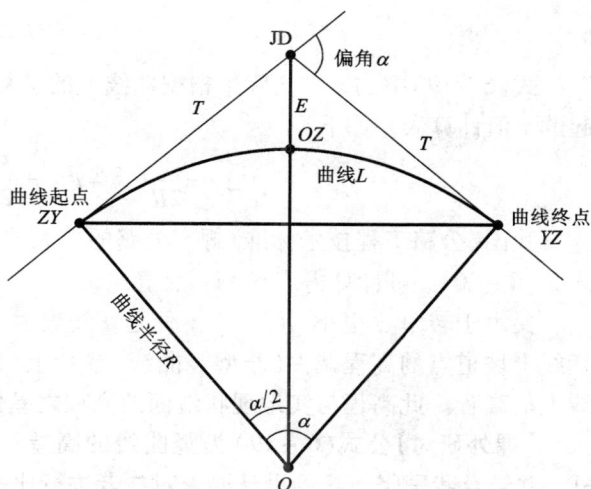

图 6 – 25　竖曲线要素计算

167

与平曲线设计中的圆曲线要素计算相同（图6-24），同样有：

$$
\left.
\begin{aligned}
T &= R\tan\frac{\alpha}{2} \\
L &= R \cdot \alpha \cdot \frac{\pi}{180} \\
E &= R\left(\frac{1}{\cos\frac{\alpha}{2}} - 1\right) = R\left(\sqrt{1 + \tan^2\frac{\alpha}{2}} - 1\right)
\end{aligned}
\right\}
\tag{6-17}
$$

计算时将公式(6-16)中的各项结果代入即可。

由于竖曲线的转角 α 一般都很小，许多教材采用近似公式计算上述曲线要素。如文献[2]P106 的各要素计算公式为：

$$
\left.
\begin{aligned}
T &= R\tan\frac{\alpha}{2} \approx R \times \frac{1}{2}\tan\alpha \approx \frac{R}{2}(i_1 - i_2) \\
L &= R \cdot \alpha \cdot \frac{\pi}{180} \approx 2T \\
E &\approx \frac{T^2}{2R}
\end{aligned}
\right\}
\tag{6-18}
$$

上式中最后一项可根据后面的式(6-19)获得。

3. 竖曲线的高差计算与测设

竖曲线上各点高差的计算也是用近似表达式推导而来。在图6-26中，建立以 A 为原点、切线 AC 方向为 X 轴、AO 为 Y 轴的临时坐标系。连接圆心 O 与曲线上任一点 P，延长与切线相交于 P'，由于转角 α 很小，可认为 P 点至起点 A 的曲线长与 AP' 的长度相等，均为 x。则在直角三角形 AOP' 中，有：

$$R^2 + x^2 = (R + y)$$

即：

$$2Ry = x^2 - y^2$$

由于 y^2 与 x^2 相差很远，可略去不计，于是有：$2Ry = x^2$，即：

$$y = \frac{x^2}{2R} \tag{6-19}$$

式(6-19)中的 x 在实际中根据曲线上的桩号进行计算得来。则用曲线长代替切线长引起的 y 值计算误差如下：

$$\Delta y = \frac{1}{2R}(x^2 - l^2) = \frac{R}{2}(\tan^2\alpha_x - \alpha_x^2) \tag{6-20}$$

我国《公路工程技术标准》规定公路的最大坡度为9%。取相应的坡度规定及设计半径代入式(6-20)，可计算得表6-11数值：

又由于转角 α 很小，可认为 y 便是切线坡道上的直线点在垂直方向上的高差改正值。将切线上坡道点的高程减去（凸型竖曲线）或加上（凹型竖曲线）相应的 y 值，即为该点在竖曲线上的高程。此高程与实地现状地面的高程之差便是施工时在该点的填、挖高度。

【课外研讨】公式(6-19)为竖曲线的高差计算近似公式，试推导出严密的高差计算公式，并结合我国竖曲线的设计要求对二者进行比较，获得其计算误差的影响大小。

表 6-11 对 y 值计算的误差影响

设计速度/(km·h⁻¹)	120	100	80	60	40	30	20
竖曲线半径/m	17000	1000	4500	2000	700	400	200
最大纵坡/%	3	4	5	6	7	8	9
对应倾角	1°43′06.09″	2°17′26.2″	2°51′44.66″	3°26′01.07″	4°00′15.02″	4°34′26.12″	5°08′33.95″
y 值计算相对误差 $\Delta y/R(10^{-6})$	0.26964	0.85154	2.07906	4.30791	7.97426	13.5853	21.7361
y 值计算绝对误差 $\Delta y/m$	0.005	0.009	0.009	0.009	0.006	0.005	0.004

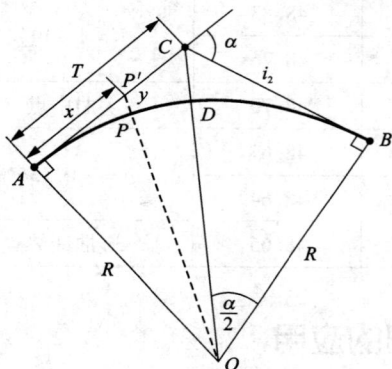

图 6-26 竖曲线标高近似计算

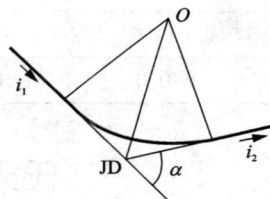

图 6-27 凹形竖曲线计算示意图

【例 6-2】测设凹形竖曲线时,已知 $i_1 = -1.114\%$,$i_2 = +0.154\%$,变坡点 JD 的桩号为 $K_1 + 670$,高程为 48.60 m,设计半径 R 为 5000 m。现要求计算各测设元素,推算竖曲线起点、中点、终点的桩号及高程,列表计算曲线上每隔 10 m 里程桩的高程改正数与设计高程。

【解】 计算示意图参见图 6-27。按公式(6-16),得:

$$\alpha = \text{artan} i_1 + \text{artan} i_2$$
$$= \text{artan} 0.01114 + \text{artan} 0.00154$$
$$= 0°38′17.69″ + 0°05′17.65″$$
$$= 0°43′35.34″$$

按公式(6-17),得:

$$T = R\tan\frac{\alpha}{2} = 5000 \times \tan 0°21′47.67″ = 31.699 \text{ m}$$

$$L = R \cdot \alpha \cdot \pi/180 = 5000 \times 0°43′35.34″ \times \pi/180 = 63.398 \text{ m}$$

$$E = R\left(\sqrt{1 + \tan^2\frac{\alpha}{2}} - 1\right) = 0.100 \text{ m}$$

曲线起点桩号 $= K_1 + (670 - 31.699) = K_1 + 638.301$

曲中点桩号 $= K_1 + (638.301 + 63.398/2) = K_1 + 670$

曲线终点桩号 $= K_1 + (638.301 + 63.398) = K_1 + 701.699$

曲线起点高程 $= 48.60 + 31.699 \times 1.114\% = 48.953$ m

曲中点高程 $= 48.60 + E = 48.60 + 0.1 = 48.70$ m

终点高程 $= 48.60 + 31.699 \times 0.154\% = 48.649$ m

其余各点按 11 m 整桩号用公式(6 – 19)计算高程改正值与设计的高程值如表 6 – 12 所示。表中单位为米，计算结果精确至厘米。

表 6 – 12　竖曲线设计高程计算

桩号	距离	高程改正	坡道高程	曲线高程	备注
K1 + 638.301	0.0	0.0	48.95	48.95	竖曲线起点
+ 650	11.7	0.01	48.82	48.83	$i = 1.114\%$
+ 660	21.7	0.05	48.71	48.76	
+ 670	31.7	0.1	48.60	48.70	曲中点
+ 680	21.7	0.05	48.62	48.67	$i = +0.154\%$
+ 690	11.7	0.01	48.63	48.64	
+ 701.699	0.0	0.0	48.65	48.65	竖曲线终点

任务 6 – 6　地形图的应用

在工程建设中，地形图的测绘与应用通常在建设施工之前与施工完成之后的阶段。工程项目在规划设计阶段必须依据大比例尺地形图。工程完工之时必须测量制作竣工地形图。对于施工过程中未按原设计图完成的隐蔽工程(如地下封闭基坑、地下管道等)，平时还须及时测量竣工地形图。

一、地形图概述

1. 地形图分类

地形图是"按一定比例表示地形、地貌、地物的平面位置和高程的数学投影图"(参考文献[1])。地形图按其表现形式与表达内容，有如下各种。

①线划地形图。即普通地形图，又简称地形图。在电脑中存储管理的是数字线划图(DLG)，工程建设中也多是数字线划图。

②数字地形图。以数字形式存储在电子计算机中，又称电子地形图。包括数字线划图(DLG)、数字正射影像图(DOM)、数字化专题地形图等。

③影像地形图。具有影像内容、数学基础、图廓整饰的地形图，如数字正射影像图(DOM)、专题影像图等。

④工程地形图。在各种工程的规划、设计、施工中使用的大比例尺地形图。比例尺一般为 1:500 至 1:5000 不等。竣工地形图也属于此类。

⑤专题地形图。用于各种专题工作或项目研究的地形图，如洞庭湖区域地形图、三江源

自然保护区地形图等。

我国有八种基本比例尺地形图（1∶100 万、1∶50 万、1∶25 万、1∶10 万、1∶5 万、1∶2.5 万、1∶1 万、1∶5000），其中前三种为小比例尺地形图，中间四种为中比例尺地形图，最后 1∶5000 为大比例尺地形图。

2. 地形图的精度要求

《GB 50026—2007 工程测量规范》规定，地形图地物点的图上精度，相对于邻近图根点的点位中误差，在城镇建筑、工矿区为 0.6 mm，一般地区为 0.8 mm，水域地区为 1.5 mm。

地形点的高程精度，其相对于邻近图根点的高程中误差，对于平坦地带（地面倾角 $\alpha < 3°$）、丘陵地带（$3° < \alpha < 10°$）、山地（$10° < \alpha < 25°$）、高山地（$\alpha \geqslant 25°$），分别不能超过地形图上基本等高距的 1/3、1/2、2/3、1 倍。

二、地形图的比例尺及其精度

地形图的比例尺是指线段在图上的长度与其在实地的水平长度之比。设线段图上长为 l，实地水平距离为 L，则地形图的比例尺为

$$比例尺 = \frac{1}{M} = \frac{1}{L} = \frac{1}{L/l} \tag{6-21}$$

式中，$M = L/l$ 称为比例尺分母，表示地形图上地物缩小的倍率。

【例 6-3】　量得一条路两端的水平距离为 98.6 m，试求在 1∶500 地形图上应画出的长度。

解　按公式（6-21）有

$$l = \frac{L}{M} = \frac{98.6}{500} = 0.1972 \text{ m} = 19.72 \text{ cm}$$

【例 6-4】　设在 1∶1000 图上量出一房屋的长为 3.24 cm，宽为 2.24 cm，求这房屋的占地面积。

解　由公式（6-21）有

$$L_1 = l_1 \cdot M = 3.24 \times 1000 = 3240 \text{ cm} = 32.4 \text{ m}$$
$$L_2 = l_2 \cdot M = 2.24 \times 1000 = 2240 \text{ cm} = 22.4 \text{ m}$$
$$面积 \ S = 32.4 \times 22.4 = 725.76 \text{ m}^2$$

注意，数字比例尺的分母越大，则比值越小，比例尺也就越小；分母越小，则比值越大，比例尺也就越大。

除数字比例尺以外，地形图比例尺还有图示比例尺，图示比例尺又有直线比例尺、斜线比例尺、经纬线比例尺。

不同比例尺的地形图具有不同的精度。通常定义图上 0.1 mm 代表的地面长度称为地形图的比例尺精度，如以 ε 表示，则有

$$\varepsilon = 0.1 \text{ mm} \times M \tag{6-22}$$

由上式可以算出不同比例尺地形图的精度：

当比例尺为 1∶500 时　　　　　$\varepsilon = 0.05$ m

当比例尺为 1∶1000 时　　　　　$\varepsilon = 0.1$ m

当比例尺为 1∶2000 时　　　　　$\varepsilon = 0.2$ m

当比例尺为 1 : 5000 时 $\qquad \varepsilon = 0.5$ m

根据比例尺的精度可以选择适当的测图比例尺。例如，要求在图上能表示出大于实地 0.2 m 大小的物体时，则由公式(6-22)可计算出比例尺分母为

$$M = \varepsilon / 0.1 = 200/0.1 = 2000$$

这就是说，测图比例尺不应小于 1 : 2000。

三、地形图的符号表示

地形、地貌、地物构成了地形图的三个基本要素。因此，地形图中形形色色的符号也可按其功能分成三大类：地形符号、地貌符号、地物符号。

在地物符号中，如果按符号比例大小的不同还可分为比例符号、非比例符号、半比例符号。比例符号是面状符号，如房屋、水塘、菜地等。非比例符号是点状(点位)符号，如测量控制点、电线杆、树木、水井等。半比例符号是线状符号，其长度按比例表示，宽度则不能按比例表示，如电线、围墙、小路等。除此之外，还有用文字、数字、符号表达的注记符号。

1. 地形符号——等高线

地形是指地面的立体形态，表示地面上的高低起伏程度。地形图中的地形符号就是指等高线，对于无须描绘等高线的平缓地区则无此地形符号。等高线是指用高程相等的相邻点连接而成的闭合曲线，即高程等值线。根据高程的定义，等高线又可理解为水准面与地表面的交线。当范围不大时，可将水准面看成是水平面，如图 6-28 所示。

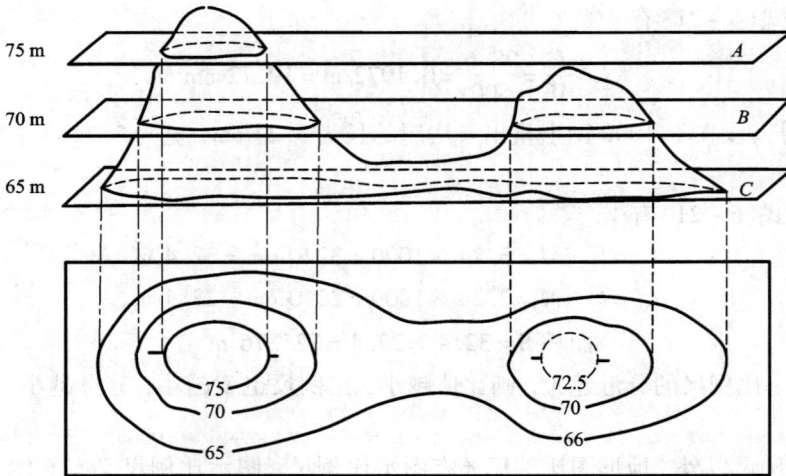

图 6-28　等高线的概念

我们可以从等高线的疏密程度判断出地形的平缓陡斜(坡度越陡，等高线越密；坡度越平缓，等高线越稀疏)。"彩图 6-29"(参见书后彩图插页)是用等高线表示的几种常用地形图(山顶、山坡、山脊、山谷、鞍部、陡崖)。从图中可以看出，山头或山顶是一座山最高的地方。山坡是山体四周的斜坡面。山脊是各条等高线同时急拐弯且凹向上坡方向。山谷则刚好与山脊情况相反。将各条等高线急拐弯的拐点相连便成为山脊线或山谷线。鞍部是两个山头之间的地形，鞍部的位置有四条相邻的等高线，两两相对的等高线高程相等。陡崖、悬崖的

等高线相重合或相交。

等高线分首曲线、计曲线、间曲线、助曲线四种。当地形图中出现等高线时，前两种必须使用，后两种根据情况选用(主要是工程施工中需要表示平缓地带的地形时使用)。根据基本等高距(简称等高距)绘出的等高线就是首曲线。等高距即相邻两条首曲线之间的高差。而计曲线是用来方便计算高程(或高差)用的，图上加粗绘制，每相隔四条首曲线绘一条计曲线，每两根相邻计曲线之间的高差为五倍等高距。间曲线在两条相邻等高线之间内插，表示二分之一等高距。助曲线继续内插，表示四分之一等高距。

各种比例尺的基本等高距通常并不相同。等高距的选定与测图比例尺有关，有时也与测区的地形有关，当地形较平缓时等高距设置可较小一些，地形坡度较大时等高距可选得稍大一些，通常1:500、1:1000、1:2000的大比例尺地形测图可视地形情况分别选取0.5 m(或1 m)、1 m、2 m的等高距。

2.地貌符号

地貌指地表的面貌，也指地表的覆盖物。据此，我们可以将能表示地表覆盖物特性的要素都划归为地貌符号，如高山上的冰川，山坡上的森林，江河湖泊的水面，连绵不断的沙漠、草原、戈壁，疏林地、灌木林地、荒草地，各种地质地貌，各种农作物地貌等等，这些都使用相应的地貌符号注记，有时还加以文字说明来加强注记。

部分地貌符号的样式见图6-30。

3.地物符号

地物是指附着在地表上的自然或人工物体，它们一般具有自己确定的位置和固定的名称，大的如山脉、河流、海洋等，小的如水塘、小山、小河等，自然的如山川、沙漠、草原等，人工的则有公路、铁路、楼房等建设物体。地物符号的表达为：地物的位置一般用实线描绘该地物所占据的范围大小，然后给予名称注记，如山川、河流、公路、大桥的名称，建筑物的单位名称，等等。

图6-30列出51种最传统常用的地形图符号，图中符号来源未按比例尺分类，有些是中小比例尺地形图使用，有些是与大比例尺地形图通用。而不同类型比例尺的地形图其图式符号有所区别，它们的比例符号、非比例符号、半比例符号也会根据比例尺大小发生转化。

按图6-30中的编排序号，1~4为控制点符号，符号的中心"点"代表控制点的平面坐标位置，符号的旁边注有点的名称和点的高程；5~20、30~32、36为点状(点位)符号，指示物体的中心点位，其中9、10、17根据实际情况可按比例测绘出边界线；21~29为比例符号；33~34、48~51如宽度较大须按比例测绘其边界范围，较小则按线性符号测绘；35、39、42~44、46~47为线状符号，长度按比例绘出，中心线按位置测绘，因此又称半比例符号；37~38、40~41长、宽均按比例测绘，亦为比例符号。45的双线沟为比例符号，单线沟为线状符号；52~56的水涯线(水压线)及河岸堤坝均按比例实测，注意54的涨潮方向与水流方向相反，56的轮渡中心线按实际位置测绘；57~60均按实测绘成比例符号；61~68均测绘有地类边界线，为带地貌的比例符号。

另外，地形图上还有大量的注记符号，注记符号包括名称注记和说明注记，名称注记是对地物的名称进行注记，如道路、河流、山岭、水库、村庄、行政区域等的名称。说明注记包括文字说明和数字说明，是对地形、地貌、地物的进一步解释和补充说明。对地形的说明注记就是等高线的高程(计曲线高程)，山顶、山脚、平地、水面、涵洞等高程点的高程(数字说

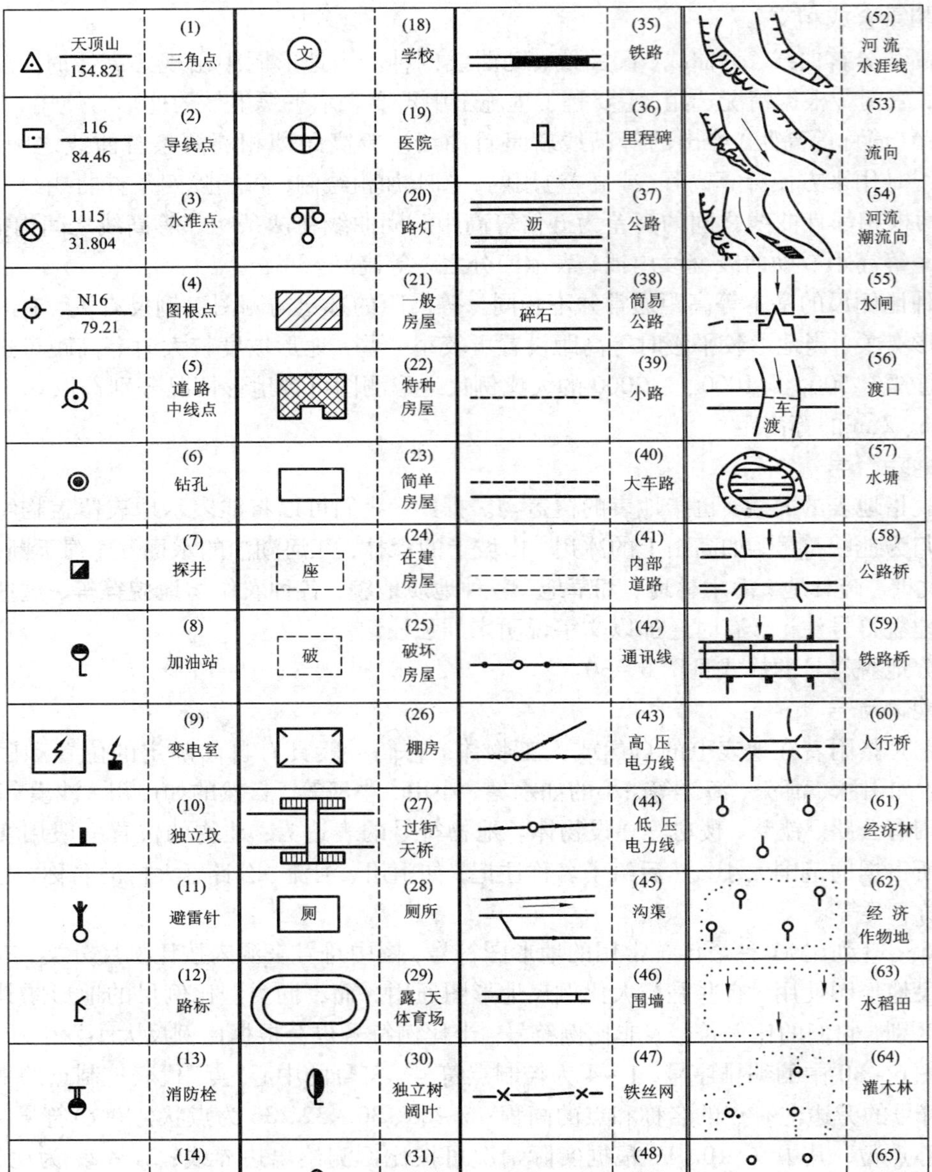

天顶山 △ 154.821	(1) 三角点	文	(18) 学校		(35) 铁路		(52) 河流 水涯线
⊡ 116 84.46	(2) 导线点	⊕	(19) 医院	冂	(36) 里程碑		(53) 流向
⊗ 1115 31.804	(3) 水准点		(20) 路灯	沥	(37) 公路		(54) 河流 潮流向
⊙ N16 79.21	(4) 图根点		(21) 一般 房屋	碎石	(38) 简易 公路		(55) 水闸
⊙	(5) 道 路 中线点		(22) 特种 房屋		(39) 小路	车 渡	(56) 渡口
◉	(6) 钻孔		(23) 简单 房屋		(40) 大车路		(57) 水塘
◪	(7) 探井	座	(24) 在建 房屋		(41) 内部 道路		(58) 公路桥
⚲	(8) 加油站	破	(25) 破坏 房屋		(42) 通讯线		(59) 铁路桥
⚡	(9) 变电室		(26) 棚房		(43) 高 压 电力线		(60) 人行桥
⊥	(10) 独立坟		(27) 过街 天桥		(44) 低 压 电力线		(61) 经济林
⚘	(11) 避雷针	厕	(28) 厕所		(45) 沟渠		(62) 经济 作物地
	(12) 路标		(29) 露天 体育场		(46) 围墙		(63) 水稻田
	(13) 消防栓		(30) 独立树 阔叶	×——×——	(47) 铁丝网		(64) 灌木林
⌗	(14) 水井	♀	(31) 独立树 果树		(48) 加固 斜坡		(65) 林地
	(15) 泉	⊗	(32) 开采 矿井		(49) 未加固 斜坡		(66) 旱地
⋒	(16) 山洞		(33) 土质 陡崖		(50) 加固 陡坎		(67) 盐碱地
	(17) 石堆		(34) 石质 陡崖		(51) 未加固 陡坎		(68) 草地

图 6－30　几种主要地形图符号示例

明）。对地貌的说明注记是用文字进一步解释地貌的名称，如灌木、杉、松、棉、麻、砂石、沥青等。对地物的说明注记是进一步说明物体的性质、数量和质量，如房屋的结构、层数，公路的等级，河流的水深、流速，高压线的输电电压等。

四、地形图的分幅与编号

地形图的分幅有梯形分幅和矩形分幅两种形式。梯形分幅又称国际分幅，是按国际统一规定的经纬线（大地坐标）为基础划分的。规定在整个地球表面自0°子午线开始，按6°经度差画出60条经线，同时从赤道开始按4°纬度差在北半球、南半球共画出45条纬线，形成各个像梯形样的小方块，每一个小方块就对应一幅1∶100万的地形图，将这些图幅按一定规则编号，则世界各地位置就有了自己所在的1∶100万图幅编号。

我国所有基本比例尺地形图分幅编号均在1∶100万地图分幅的基础上进行。新中国成立以来，国家已经几次发布和实施关于地形图分幅和编号的国家标准，最近的两次是20世纪90年代国家技术监督局发布的《国家基本比例尺地形图分幅和编号》（GB/T 13989—92）国家标准（该标准自1993年起实施），以及2012年6月29日由国家质量监督检验检疫总局和国家标准化管理委员会发布的《国家基本比例尺地形图分幅和编号》（GB/T 13989—2012）国家标准（该标准自2012年10月1日起实施）。

在测绘建设工程地形图时，为了工作方便，往往使用矩形分幅来对测区地形图进行分幅编号。矩形分幅也就是按纵横直角坐标线进行分幅，它是一种自由度很大的灵活性分幅。它可以根据测区范围的大小、形状来确定，测区范围越小灵活度越大，主要为了测图、用图和管理的方便。测区范围较大时，对1∶5000可采用矩形分幅也可采用梯形分幅。而对线路工程中的带状地形图，为了减少拼图、接图的麻烦，可采用任意坐标方向线分幅。

表6-13为矩形分幅的常用图幅规格情况（表中列出正方形分幅情况）。

表6-13　矩形分幅的常用规格

比例尺	图廓大小 /cm²	实地面积 /km²	一幅1∶5000地形图 中包含的图幅数	坐标格线的坐标值 /m
1∶5000	40×40	4	1	500的整倍数
1∶2000	50×50	1	4	200的整倍数
1∶1000	50×50	0.25	16	100的整倍数
1∶500	50×50	0.0625	64	50的整倍数

矩形图幅的编号通常有两种情况。

1）按坐标编号。

当测区已与国家控制网连接时，图幅编号由下列两项组成：

①图幅所在投影带的轴子午线经度；

②图幅西南角的纵、横坐标（以公里为单位）。

图6-31所示的1∶5000比例尺地形图幅编号为"114°-3108.0-656.0"，表示图幅所在投影带的轴子午线经度为114°，图幅西南角的坐标为$X=3108.0$公里，$Y=656.0$公里。

对于轴子午线经度，主要用于了解整个测区的地理位置，故一般可不在图上标注，而写在技术总结报告中。

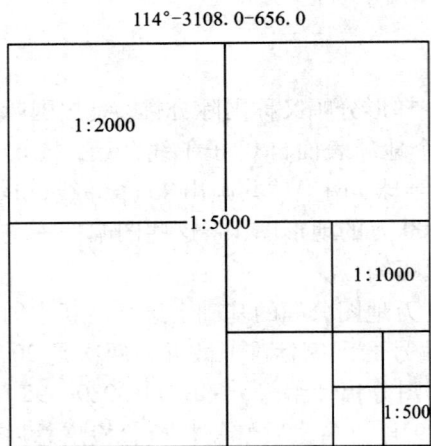

图 6 – 31 矩形分幅关系示意图

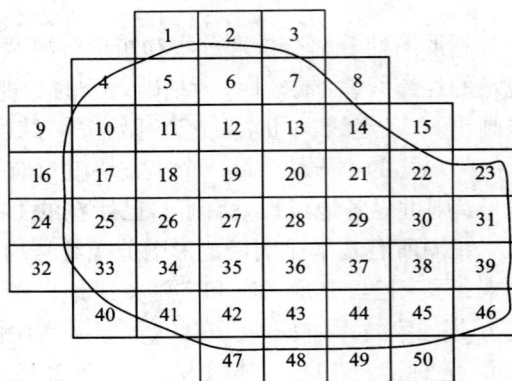

图 6 – 32 图幅按数字顺序编号

当测区未与国家控制网连接而采用任意直角坐标（独立坐标）时，图幅编号由下列两项组成：

①测区坐标起算点的纵横坐标；

②图幅西南角的纵、横坐标（以公里为单位）。

例如，图号为"20，20 – 14 – 16"的图幅，表示测区起算点的坐标为 $X = 20$ 公里，$Y = 20$ 公里；本图幅西南角的坐标为 $X = 14$ 公里，$Y = 16$ 公里。

2）按数字顺序分幅编号。

对于小面积测区的图幅，通常采用工程代号或按数字顺序号等方法进行编号，如图 6 – 33 所示，虚线表示测区范围，数字表示图号，其数字排列顺序为从左到右，从上到下。

实际工作中，也有可能同时使用坐标编号和顺序编号两种办法，二者并无冲突。

也可以采用基本图号法编号，即以 1∶5000 地形图作为基础，在它的编号后面加上罗马数字或字母字符作为较大比例尺图幅的编号。

五、地形图的阅读

如果是一张中小比例尺的地形图，会储存有大量的地理、社会信息，要对这些信息准确无误地认识和理解，就必须对地形图进行仔细认真地阅读。对于工程地形图，则主要读清楚图中的主要地形地物与地貌情况，判断出工程项目的大概范围，了解测区内的高程情况，查找图上的已有控制点，等等。通常，地形图阅读需注意以下三个方面：①读懂图廓注记；②了解图中地形，判明重要地物、重要单位分布情况；③搜集图中可用的重要控制点位资料。

1. 图廓与图廓注记

图廓是指一幅图的绘图有效区域范围以外的部分，图廓线就是一幅图的范围界线，该线又称内图廓线。除内图廓线外，还有一条由内图廓线往外平移出去的外图廓线，一般外图廓线与内图廓线相距约 10 mm 左右。根据地形图的方位，图廓的上、下、左、右称为北图廓、南图廓、西图廓、东图廓。

图廓注记又称图廓附注，即附在地形图图廓线外用于指导查阅地形图的说明。下面结合图 6-33 对图廓注记的内容逐一介绍与认识。

1）图名——通常以该幅图所在区域内最为突出的地名、地物、单位来命名，如图 6-33 中的王家庄。图名印刷在北图廓正中位置，字体加粗，大小适当。

2）图号——地形图的图号也位于图廓外的上方中间位置，紧贴在图名的旁边或下方。大比例尺地形图的图号一般用该幅图西南角的平面直角坐标，按 $X-Y$ 的形式编排，如 64.0-54.0，表示西南角的 X 坐标（尾数）为 64.0 km，Y 坐标为 54.0 km。

3）比例尺——数字比例尺标注在地形图正下方的图廓外。

4）序号——为了方便工作，在进行一个独立测区的地形测量时，通常会按工程代号顺序对整个测区制作一个图幅接合表，直接用阿拉伯数字的顺序编排，给每幅地形图编一个序号，如 1、2、3，…，该序号通常标注在图廓外的右上角。在用独立坐标系测图时，序号有时也就是图幅的编号。

5）小接图表——绘在图廓的左上方，中间的斜线框是本图"王家庄"图幅，与之相邻的东、西、南、北各图幅有相应的图名及编号，便于查找。

6）测量单位——西图廓外是测绘单位名称，有时此处注有两个单位名称，一个是地形图的施测单位，另一个是地形图的所有权单位（测图工作委托方）。

7）坐标系统—— 指明地形测量所使用的控制点属于何种坐标系统及坐标系的原点情况。图 6-33 中是任意直角坐标系，也即独立坐标系。

8）高程系统——指明控制点的高程系统名称。如果是地方高程系统，须清楚与国家高程系统的换算方法。

9）图示比例尺——直线比例尺或斜线比例尺。有些小比例尺（小于 1:100 万）地形图还有经纬线比例尺。

10）等高距——基本等高距，是两条相邻等高线的高程差。

11）测量时间——测量的具体年度月份，顺便说明测量方法（如数字化测图）。测量时间反映出地形图的现势性，据此可以判断图的可用程度。

12）工作人员——测量员、绘图员、检查员签名信息。

13）图例——在中小比例尺地形图上，东图廓外印有常用的各种地物地貌符号，方便查阅。

14）坐标格网线——沿图廓线位置标注有纵、横坐标分格线，从南往北为纵坐标增加，自西向东横坐标增加。坐标格线分球面坐标和直角坐标两种，大比例尺地形图一般只有直角坐标，坐标格线按图上 10 cm 分格，图幅之中也相应绘有十字格网线（方便坐标量算）。

15）三北方向示意图——绘在南图廓外，表示该幅图中三个北方向之间的关系。

16）坡度尺——也绘在南图廓外。可用两脚规直接对地形图上的等高线量取（用两条或六条）一定距离之后，与坡度尺进行比对，从而可获得山坡的倾斜角度。工程设计师则喜欢直接读取坡度尺中的坡度大小（百分比）。

17）密级。

国家公文的秘密等级分为"绝密"、"机密"、"秘密"三种，地形图也按此分类，普通地形

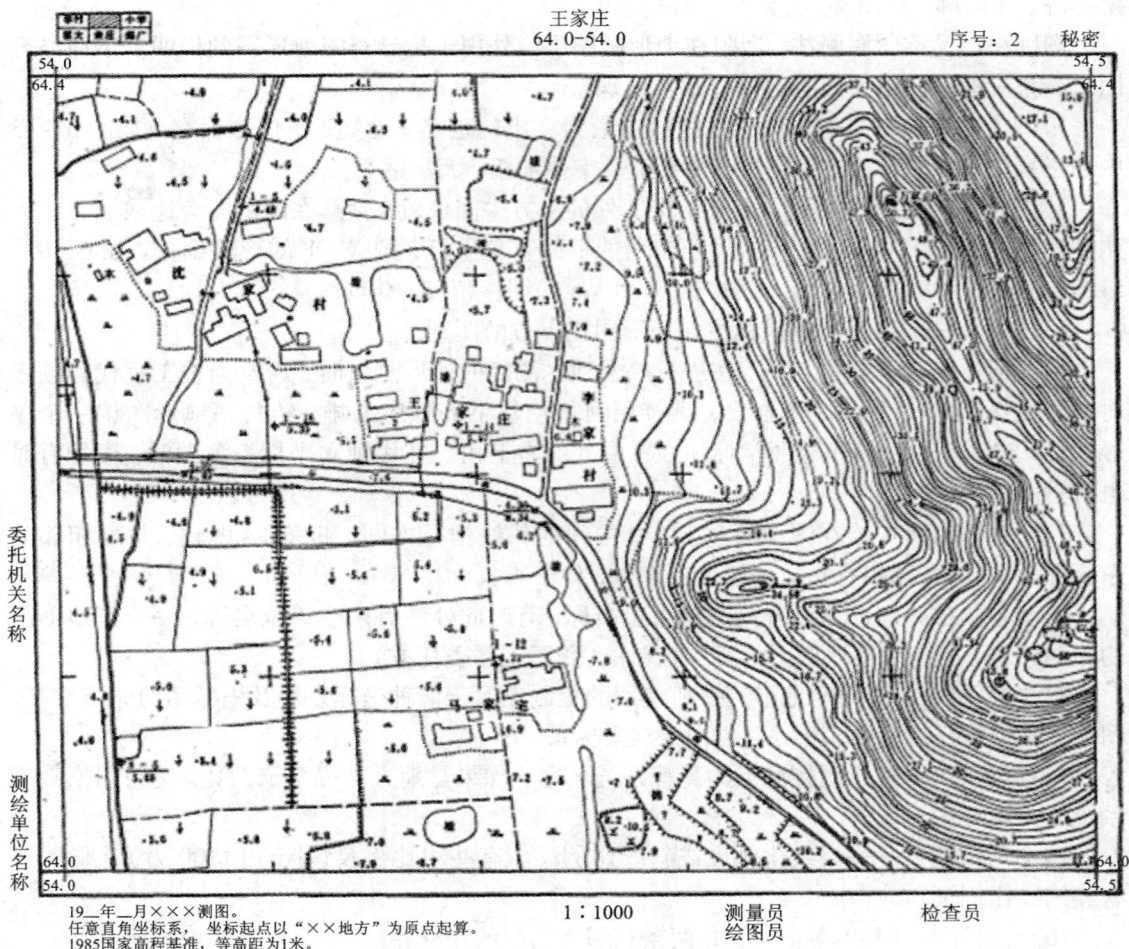

委
托
机
关
名
称

测
绘
单
位
名
称

19__年__月×××测图。
任意直角坐标系，坐标起点以"××地方"为原点起算。
1985国家高程基准，等高距为1米。

1:1000　　测量员　　　　　检查员
　　　　　　　绘图员

图 6-33　大比例尺地形图

图可分为秘密一类，中等程度的军用地形图可分为"机密"，专用的保密军事设施地形图可为"绝密"。使用者根据地形图右上角标注的秘密等级进行使用和做好保密工作。

2. 地形图内容的阅读

地形图具体内容的阅读指对图廓线以内有效绘图区域的各项内容进行阅读，包括图上的地形、地貌、地物及相应的注记。现以图 6-34 为例进行地形图内容的阅读（该图为整幅地形图的一部分）。

1）根据等高线的高程、地形点、示坡线判明坡度走向。

等高线中的计曲线加粗绘制，并标注有高程。山坡或平地测量有高程地形点，有些地形点同时又是地物点，如屋角点、路边线点等。可以通过计曲线的高程和地形点的高程变化情况判断出地势坡度的走向、雨水的汇集方向、水沟的流向等。图 6-34 中计曲线高程分别有 90、100、110…等，可以计算等高线基本等高距为 2 m。从整个区域的等高线分布情况来看，

178

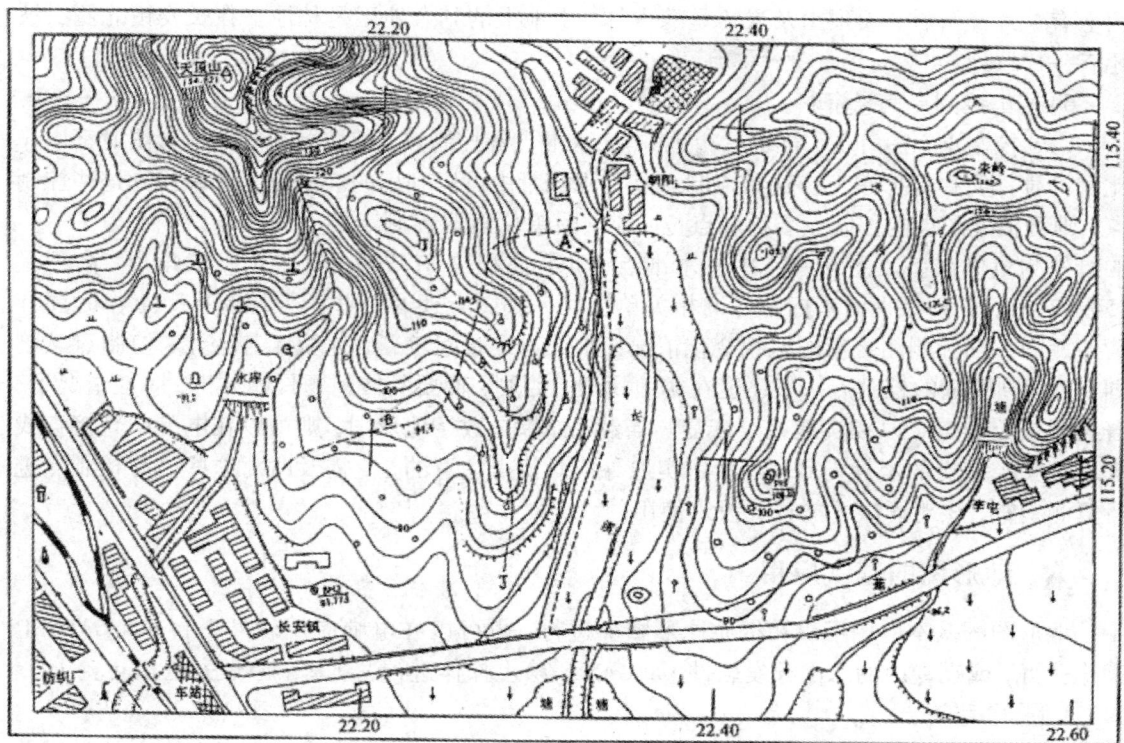

图 6 – 34 地形图内容的阅读

该地区域处于由北向南倾斜的北高南低地势。图中最高的天顶山上面有三角控制点，高程为154.821 m。朱岭是朝阳村东面的最高峰，高程是130.8 m，较低的是图的最南部的两个水塘。

2）根据等高线的疏密程度判别地形陡斜，区分山地、平地与丘陵。

图中天顶山山顶周边的等高线较密，地形坡度较陡，其余山坡则稍微平缓。如需获得准确的坡度大小，可使用坡度尺量测比对，或直接在图上量测计算。

3）根据等高线的凹向判别山脊、山谷，区分山地、平地的分布。

从天顶山、朱岭的山顶向四周延伸，形成一些不同形状、规格、程度的山脊、山谷，这些山脊、山谷有的圆滑，有的尖锐；有的较长，有的较短。图中的 JJ 便是比较突出明显的山脊（线），GG 是比较突出的山谷（线）。

4）根据居民点地物的分布判定村镇集市位置和经济概况。

图内有三个村镇，分布在地势比较平缓的山脚地段，其中长安镇是该地区较大的集镇，另两个是村（屯）。三地间均有公路、电力线、通信线相连。长安镇与外界有铁路相连，从长安镇至朝阳村还有过山小路。该地区的交通、邮电比较发达。

【课堂练习】 判断图 6 – 34 的比例尺为多少，量测从火车站步行到李屯的距离，如果在长安镇后山的水库与李屯后山的水塘之间修一条水渠，判断水流的方向。

5）根据植被符号综合分析地表的种植情况。

图中平坦耕地以稻田为主，长溪右侧的山脚坡地及李屯西南山脚是香蕉园，在长溪左侧山上有一片经济林，天顶山及朱岭是灌木林，山地上的其余地区是林地。在长安镇北侧山坡还有一片坟地。

6）搜集控制点信息资料。

GPS 控制点、三角点、导线点、图根点、水准点等控制点，其位置在编绘地形图时都以非比例符号标明在地形图上。这些控制点是工程测量中可以利用的。实际中如果找到这些控制点，则可根据图上的控制点名称和点位，到供图单位索取控制点的有关数据资料，为下一步的野外测量做准备。图 6-34 中有水准点 BM_2，高程是 81.773 m；天顶山三角点，高程是154.821 m，三角点平面坐标需咨询相关单位。另外图上还有一些图根控制点。工作时要弄清楚测图日期和测图之后的地貌变化情况，如果测量时间较新，地貌无甚变化，控制点又刻划清晰，则图上的控制点一般还能在实地找到。否则，便要具体问题具体分析，一般情况下，普通图根控制点难以在实地找寻恢复。当然，如果是数字地形图，则可以在电脑中直接查找提取相关控制点的坐标与高程，然后实地寻找。值得注意的是，需及时对这些已有控制点进行复测检查，核对无误才能正式投入使用。

六、地形图的基本应用

地形图的基本应用可以在纸质地形图上进行，也可以在电脑应用软件平台（如 CAD）上操作获得，或在专门的二次开发软件（如 CASS 等）上操作进行，其基本原理完全相同。

1. 图上定位

地形图图上定位的基本内容有：量测图上点的坐标、高程，确定地面点在图上的对应关系，计算点与点之间的长度、方位角、坡度等。

1）量测坐标。大比例尺地形图的四条内图廓线上均注有实地坐标值，其中东、西两条图廓线上标注的是 X 坐标值，南、北两条图廓线上标注的是 Y 坐标值，西南角的坐标植是本幅图的最小坐标值，而图幅中间也绘有与图廓线上的坐标线相对应的十字交叉坐标格线。当量测图上某点坐标时，便利用图幅中与该点最近的西南方位的坐标格线十字交叉点为基准点进行量测。

2）量测距离。要得到图上两点之间的距离，可以利用图上量测的点的平面直角坐标，按公式（1-10）计算图上点与点之间的距离。当两点之间距离较短，且地形图变形误差影响可忽略时，可以直接丈量图上两点之间的长度，然后把丈量的长度乘以地形图的比例尺分母 M，便得到点之间的实际长度。

3）确定方向角。要知道图上两点连线的坐标方位角，可以利用在图上量测的点的直角坐标，按坐标反算公式计算。也可以利用量角器直接在图上量得。量算磁方位角、真方位角时应注意三北方向的关系。

4）确定坡度。利用地形图上的坡度尺可测定地表的坡度情况。量测时用二脚规在地形图上卡住 2 根或 6 根等高线的宽度为 $b_2 = H_A + a_1 - b_1 + a_2 - H_B = a_1 - b_1 + a_2 - h$，然后在坡度尺上找出匹配的坡度。如果地形图上无坡度尺，则可以直接量出两点间的高差 h 与距离 s，用高差与距离相除，同样可获得两点间的坡度百分比，即：

$$i = \frac{h}{s} \times 100\% \tag{6-23}$$

5）读取高程。点的高程一般可以直接从地形图上估读。

6）判断位置。野外工作人员通常根据自己的实践经验，观察手中的地形图，结合实地附近已有的地形地物与地貌关系，来判定自己在图上的位置。野外定点前必须先将地形图的方向与实地方向相吻合一致，称作野外定向。野外定向可根据地形、地物目估定向，也可利用罗盘仪定向。

2. 图上选线

在各种线形工程，如管道工程、电力线工程、道路工程中，经常需要根据规范提出的坡度在地形图上选定出确定的路线，称为图上选线。选线的步骤参见【例 6 - 5】。

【例 6 - 5】　图 6 - 35 所示是某一地形图的局部，基本等高距 $h_j = 2$ m，比例尺 1：5000，A、B 为道路的起点和终点，试按 5% 的坡度进行图上选线。

①计算两条等高线之间的线路长 l：

$$l = (h_j/i)/M = (2000/0.05)/5000 = 8 \text{ mm}$$

②以起点 A（高程 100 m）为圆心，以 8 mm 为半径画弧分别交等高线（高程 102 m）于 1、1′点。再分别以 1、1′点为圆心，以 8 mm 为半径画弧交等高线（高程 104 m）于 2、2′点。以此类推，一直至 B 点附近为止。

③ 分别连接各交点形成两条上山的路线，即 A、1′、2′、…、B 的线路 1 和 A、1、2、…、B 的线路 2。最后，根据道路的长短、地形条件、道路工程施工的难度、效益等因素，从两条路线中选取其中一条路线。

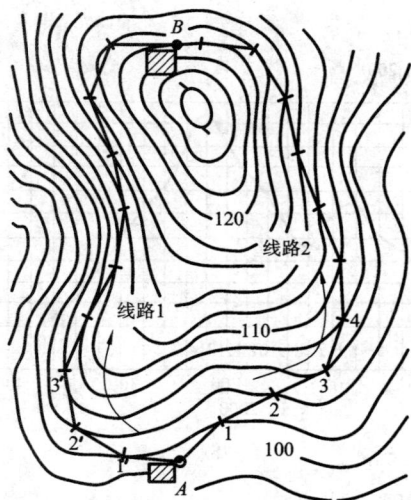

图 6 - 35　图上选线

图 6 - 36　桥涵

3. 确定汇水范围

跨越山谷的道路有跨谷桥梁或涵洞。图 6 - 36 所示的道路在山谷上设计修造一座桥涵。在设计桥涵时，桥下水流量大小是决定涵洞直径大小的重要参数。从图可见，道路的北面是高山包围的山谷，通过涵洞的水流是 A、B 两山脊之间的雨水汇集而成，水流量（单位时间内水流过的体积）与山坡雨水的汇集范围有关，同时考虑该地最近五十年的单次最大降雨量，即单位时间内的降雨毫米数。

利用地形图确定雨水汇集范围的主要方法如下。

1)在图上标出设计的道路(或桥涵)中心线与山脊线(分水线)的交点 A、B。

2)自 A、B 点分别沿山脊线往山顶方向划分范围线相连(见图 6-36 中的虚线),该范围线及道路中心线 AB 所包围的区域就是雨水汇集范围,其中 AB 间有排水沟通向桥涵。图中的小箭头表示雨水落地后的流向。

4. 绘断面图

利用地形图绘断面图,即沿地形图上某一给定方向,绘制地形剖面图,直观地体现该方向地表面的起伏形态,图 6-37 绘制的是一条纵断面图。沿 AB 方向绘制断面图的方法如下。

1)按 AB 方向在地形图上画一直线,标出直线与地形图等高线相交的点号,如 1、2、…。如图 6-37(a)。

2)在另一张方格纸上画纵横轴坐标线。一般横轴的比例尺与地形图比例尺相同,为 1/M,纵轴比例尺是横轴的 10 倍或 20 倍,为 10/M 或 20/M。M 是比例尺的分母。

3)在横轴上按距离标出直线与等高线的交点位置,根据交点对应的高程在纵轴方向上展出交点位置,如图 6-37(b)。

4)光滑均匀联结各点,便构成直线 AB 方向的地形断面图,如图 6-37(b)。

为了更形象地体现地表的起伏状态,绘制纵断面图时,纵横坐标轴应按不同的比例设置。一般地,高程的比例是水平距离比例的 10 倍。如图 6-37(b)所示,纵坐标轴与高程的比例是 1:200,横坐标轴与直线 AB 的比例是 1:2000。

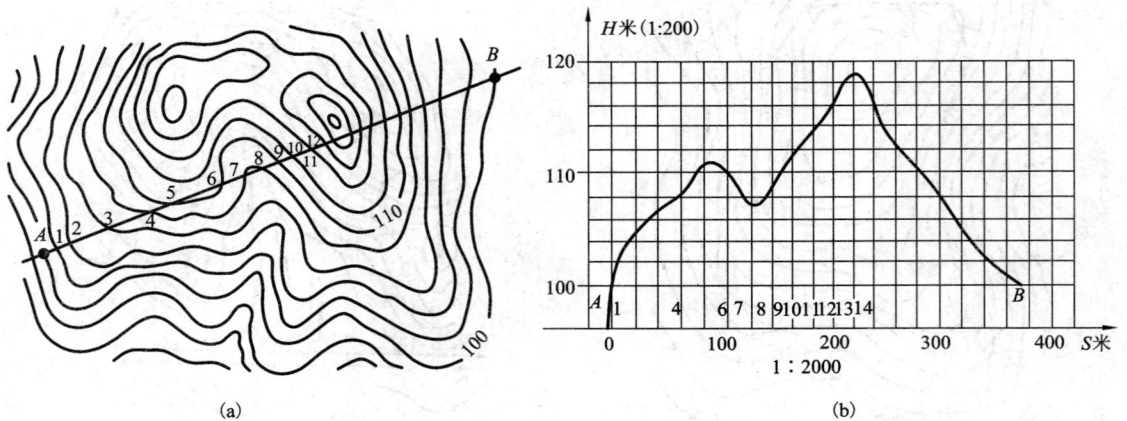

(a)   (b)

图 6-37   绘制断面图

绘制断面图的工作还经常应用于线路工程的纵剖面设计中。图 6-38 便是某公路 K8+080~K8+340 路段的纵断面图设计。

5. 地域面积的测算

工程建设中地域面积的测算,可以在地形图上用几何法、求积仪法、解析法等方法求得。几何法中又有方格网法、梯形法、三角形法等。关于几何法、求积仪法进行面积测算的工作过程,可见"参考文献[1]",这里仅介绍解析法面积计算。

182

说明:
1. 本图单位以米计。
2. 本图比例横向为1:2000,纵向为1:200

现状月芽河桥
8+225.000　8+260.000　8+295.000
7.9 500
$R=6\,960.412$
$T=35.000$
$E=0.088$

设计路面高

现状高

-0.500%　80.000

设计中心路线	坡度及距离	-0.500% 80.000

桩号	路面标高	路基标高	原地面标高	填(+)挖(-)高
8+080.000	7.040	6.240	6.220	0.020
8+100.000	7.414	6.341	6.240	0.101
8+120.000	7.242	6.442	6.230	0.212
8+140.000	7.343	6.543	6.250	0.293
8+160.000	7.444	6.644	5.759	0.885
8+180.000	7.545	6.745	5.700	1.045
8+180.000	7.647	6.847	5.710	1.238
8+220.000	7.748	6.948	6.060	0.787
8+240.000	7.833	7.033	5.930	1.103
8+260.000	7.862	7.062	3.690	3.372
8+280.000	7.834	7.034	5.460	1.574
8+300.000	7.550	6.950	3.630	3.320
8+320.000	7.550	6.950	3.630	3.350
8+340.000	7.550	6.750	3.500	3.250

直线曲线交叉口　直线 L=81.171　161.71 / 161.71　直线 L=178.829

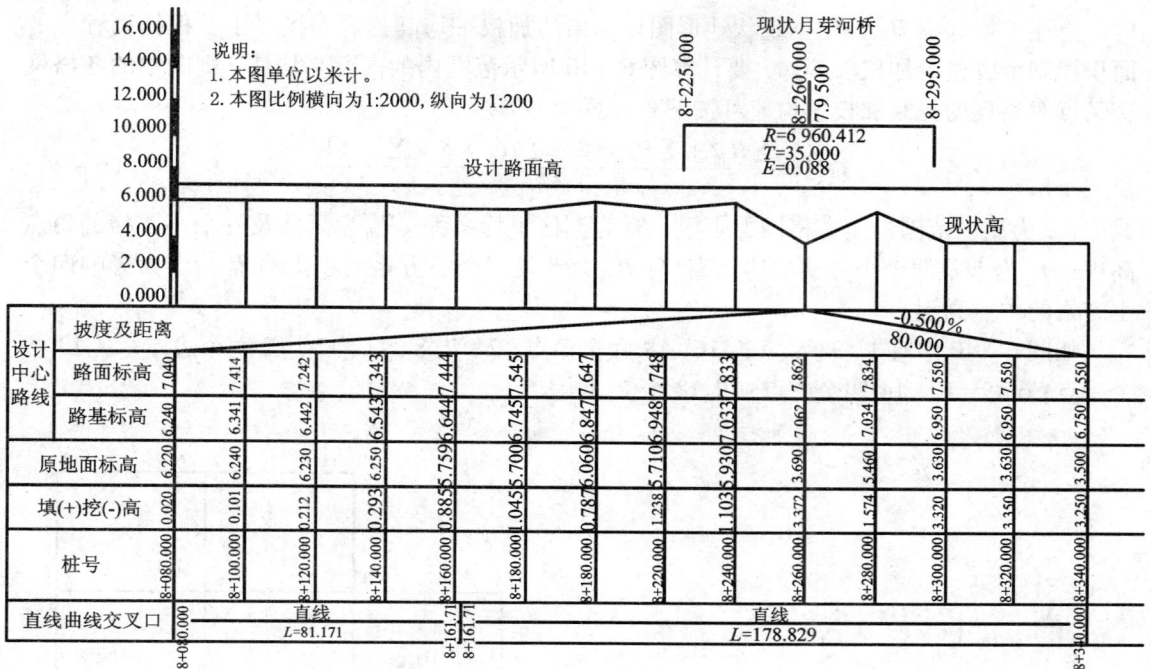

图 6 – 38 某公路 K8 +080 ~ K8 +340 路段纵断面图设计

解析法主要适合于已知拐点坐标的多边形面积计算。实际工作中也可以用仪器测出各边界点的坐标来计算多边形的面积。有些全站仪也有此项面积测量的自动计算功能。

如图 6 – 39 所示,设地形图上某一用地范围的边界点为 1,2,…,n,它们的坐标分别为 (X_1,Y_1)、(X_2,Y_2)、…、(X_n,Y_n),利用解析法计算该多边形面积的公式为

$$S=\frac{1}{2}\Big\{\sum_{i=1}^{n-1}(X_iY_{i+1}-X_{i+1}Y_i)+\cdots+(X_nY_1-X_1Y_n)\Big\} \tag{6-24}$$

解析法计算面积的公式有许多表现形式,由于在多边形计算的起点、终点之间编号顺序发生变化,一般还会加以特别说明。公式(6 – 24)无须特别说明,是用解析法计算多边形面积的严密公式,式中 $n\geqslant 3$。当 $n=3$ 时为三角形,当 $n=4$ 时为四边形,以此类推。

图 6 – 38 中如果按逆时针方向计算则结果为负值,但绝对值大小不变。

6. 土方量的测算

土方量的计算实质上也就是体积的计算,其计算的宗旨公式是 $V=S\times h$。但实际工作中,土方体积包含有各种各样的情形,如坑塘洼地填土,道路建设开挖,土地填挖平整,山头爆破取石,海岸吹填沙,等等。针对不同的情形使用不同的计算方法如平均高程法、方格网法、断面法、等高线法等,可获得理想的计算效果与精度。

1)平均高程法。

平均高程法是经常使用的一种土方量计算方法,在以前的纸质地形图使用年代尤其适用,其实质就是总面积 S 乘平均高差 h,即

$$V=S\times h=S\times|H_{平}-H_{设}| \tag{6-25}$$

式中，V 为填（或挖）总土方量；S 为填（或挖）总面积；$H_{平}$ 为平均高程；$H_{设}$ 为设计高程。

上述平均高程 $H_{平}$ 为根据现状地形图计算出的加权平均高程。加权时主要根据高程点的面积控制范围进行加权。例如，要计算图 6-40 所示范围内的高程平均值，则图中的各格网交叉点对高程的控制加权平均值可按下式计算：

$$H_m = \frac{\sum H_{角} + \sum H_{边} \times 2 + \sum H_{拐} \times 3 + \sum_{中} \times 4}{4n} \qquad (6-26)$$

式中，n 为测区范围内小方格网的个数；H_m 为测区平均高程；$H_{角}$ 为只涉及一个小方格的角点高程；$H_{边}$ 为涉及两个小方格的边点高程；$H_{拐}$ 为涉及三个小方格的拐点高程；$H_{中}$ 为影响四个小方格的中点高程。

如图 6-40 中有 1、3、4、12、16、18 六个角点；2、7、8、11、15、17 六个边点；5、13 两个拐点；6、9、10、14 四个中点；共 18 个交叉点。

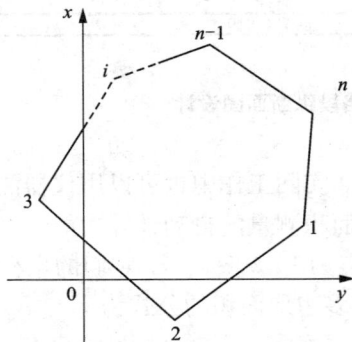

图 6-39　解析法计算面积

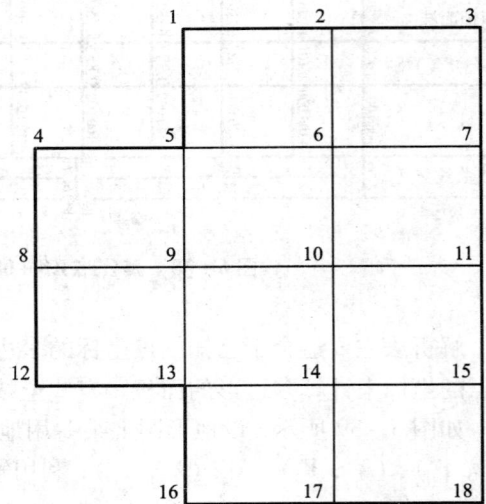

图 6-40　高程点的权影响

式（6-26）只是计算高程加权平均值的理论公式。实际中的边界不可能像图 6-40 那样刚好是位于方格线上，因此其高程的加权平均值计算就应根据实际情况考虑。而目前的平均高程计算已普遍用计算机的机内软件自动进行。

2. 方格网法

前面介绍了用方格网计算面积的情形。与此相类似，土方体积也可按此法进行。这种方法一般适合于大范围的填（挖）厚度比较均匀的情况，而在当今电子地形图盛行的年代更是大行其道。下面的例子适合于用纸质地形图或电子地形图进行土石方工程计算。

图 6-41 是一块地进行填、挖土地平整的地形图的局部，图中等高距为 1 m，等高线高程分别有 51、52、…、58 m。工作时先根据设计的平土高程 $H_{设}$ 绘出填、挖分界线（图中虚线，高程为 $H_{设} = 54.4$ m），按一定边长（如可按图上 1 cm×1 cm 或 2 cm×2 cm）绘纵、横方格线 1、2、3、4、5、6 及 A、B、C、D，然后进行如下计算。

①用内插法计算方格网交叉点的高程并标注在交叉点右上方，如图 6-41 所示。

184

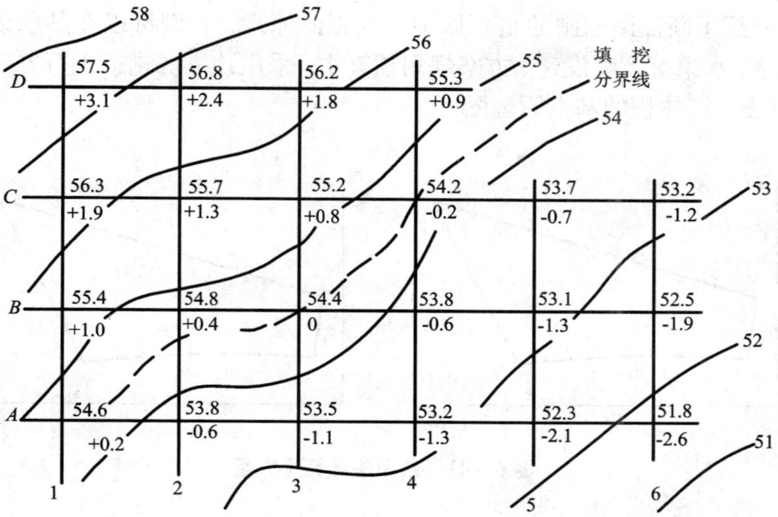

图 6 – 41   用方格网计算土方量

②根据平土设计高程和各交叉点高程计算各点的填(挖)高差,标注于交叉点的右下方。图中"+"表示挖方,"–"表示填方。

③用上述的交叉点高差取平均值计算小方格的填(挖)高差 h_m。对于填(挖)分界线所在的方格,则需分开计算。

④计算小方格的挖(填)方量体积 $V = S \times h_m$,这里 S 为小方格的实地面积。对于填(挖)分界线所在的方格,同样需分开计算。

⑤累加各小方格的体积,得总的工程挖(填)方量。

3. 等高线法

等高线法主要适合于整座山体自上而下的采挖过程,露天矿往下开采也属于这种情况。图 6 – 42 的示意图是应用这种方法的典型案例图。

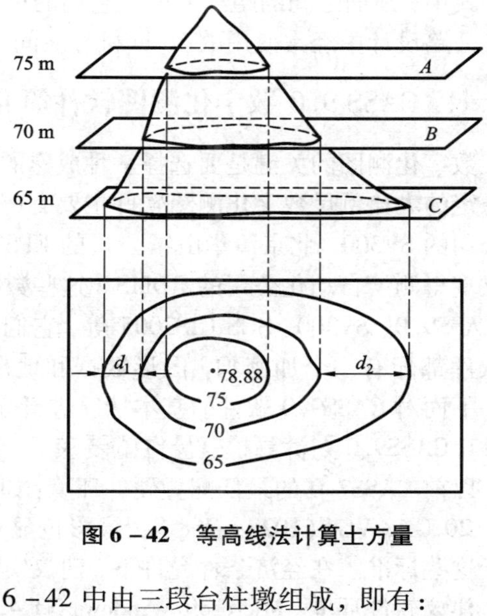

图中,规划将整个山头爆破平土至 65 m 等高线位置,要求预算工程量大小。

实际中,可用求积仪量测出各条等高线所包含的面积,分别计算相邻等高线之间台柱体的体积,然后累加则得总土石方工程量。图 6 – 42 中由三段台柱墩组成,即有:

图 6 – 42   等高线法计算土方量

$$V = \frac{h}{2}(S_{65} + S_{70}) + \frac{h}{2}(S_{70} + S_{75}) + \frac{3.88}{2}(S_{75} + 0)$$

将 $h = 5$ m 代入,同时将各条等高线围成的实地面积代入,便可计算得总工程方量。

4. 断面法

图 6 - 37 介绍了断面图绘制的基本原理。根据此原理，我们可以在某些线路工程设计，例如铁路、公路、水渠等工程设计、方案规划预算中，采用该方法进行土石方工程计算。图 6 - 43 是用断面法计算体积的基本原理图。

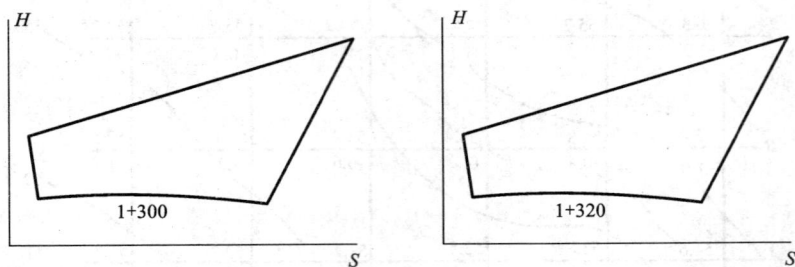

图 6 - 43 断面法计算土方量

图中，绘出了公路沿线某两条相邻里程桩 1 + 300、1 + 320 所在的横断面图，它们分别反映了各自在横断面方向的地表形态，同时也反映出各自在横断面位置需要开挖(或回填)至基本高程面的面积 S_{1+300}、S_{1+320}。显然，只要求出这两个断面的面积，用它们的平均值与断面之间的距离相乘，便得到这两断面之间的体积。计算公式为

$$V = \frac{1}{2}(S_{1+300} + S_{1+320}) \times L \qquad (6-27)$$

式中，断面之间的距离 L 就是它们的里程桩桩号之差，图 6 - 44 两条断面相距 $L = 20$ m，这是公路设计中经常使用的 20 m 桩号之间的距离。

七、CASS 9.0 数字化测图软件简介

数字化测图的关键是要选择一种成熟的、技术先进的数字测图软件。目前市场上比较成熟稳定的大比例尺数字化测图软件主要有广州南方测绘仪器公司的 CASS9.0、北京威远图仪器公司的 SV300、北京清华山维公司的 EPSW2008、广州开思测绘软件公司的 SCS GIS2005、武汉瑞得测绘自动化公司的 RDMS。这些数字化测图软件大多是在 AutoCAD 平面上开发的，如 CASS9.0、SV300、SCS GIS2005 等，它们均可以充分应用 AutoCAD 强大的图形编辑功能。各软件都配有一个加密狗，图形数据和地形编码一般不相互兼容，只供在一台计算机上使用。下面对 CASS9.0 软件的基本情况进行介绍。

1. CASS9.0 对计算机软硬件的要求

以前 CASS7.0 的最低配置硬件环境：CPU 为 P Ⅲ 600 以上，内存不小于 512MB，硬盘不小于 20 GB，VGA(1028 × 768 以上)彩色显示器。这些要求均很低，现在的电脑配置均远远高于这些标准。在经济条件允许下，建议实际中尽量使用较高配置。

建议软件环境：Microsoft Windows NT 4.0 SP 6a 或更高版本、Microsoft Windows 9X、Microsoft Windows 2000、Microsoft Windows XP 系列，安装 AutoCAD 2006 以上的版本(中、英文版均可，但必须是完全安装)。

2. CASS9.0 的安装和驱动

CASS9.0 包装盒内有软件加密狗一个，程序光盘一片，说明书一套。CASS9.0 安装以前

必须安装 AutoCAD 程序，AutoCAD 是美国 AutoDesk 公司的产品，用户需找相应代理商自行购买。

CASS9.0 的安装应该在安装完 AutoCAD 并运行一次后才进行。打开 CASS9.0 文件夹，找到 setup.ese 文件并双击它，进入安装界面，用户选择安装路径进行安装。软件安装完成后，自动转入软件加密狗驱动程序的安装，用户可根据提示完成安装。

3. CASS9.0 的操作界面

CASS9.0 启动后的界面如"彩图 6-44"所示（参见书后彩图插页），它与 AutoCAD2008（下面以 AutoCAD2008 为例进行讲解）的界面及基本操作是相同的，二者的区别在于下拉菜单及屏幕菜单的内容不同。CASS9.0 称"彩图 6-44"所示的界面为图形窗口，窗口内各区的功能如下：

1）下拉菜单区：包括主要的测量功能。

2）屏幕菜单：包括各种类别的地物　地貌符号，是操作较频繁的区域。

3）绘图区：是主要工作区，显示及操作具体图形。

4）工具条：包括各种 AutoCAD 命令、测量功能，快捷工具。

用户可以通过图形窗口执行 CASS9.0 和 AutoCAD 的全部命令并进行绘图数据库自动实时联动更新。

练习题 6

1. 工程施工测量中，下列表述正确的有 _____。

A. 工程验收时的精度包括了现场施工的精度和施工测量的精度，同时也包含其他误差如控制点的精度、工程变形误差等；

B. 施工测量的精度高于中小比例尺的测图精度，但低于大比例尺测图精度；

C. 全站仪中按直角坐标放样与按极坐标放样的实质相同，均是用极坐标法进行测量；

D. 激光经纬仪、激光铅垂仪、激光投线仪各自的工作原理相同，工作方法、用途也相同；

E. 一般来说，地形图的比例尺越大，精度越高；

F. "GB/T 13989—2012"规定，1∶2000、1∶1000、1∶500 这三种比例尺地形图必须按梯形分幅；

G. 在一幅地形图中，等高线越密，坡度越陡，等高线越稀疏，坡度越平缓；

H. 山脊线的等高线向上凸，山谷线则相反。

2. 在图 6-7 的坡度直线放样中，由于两端点 A、B 之间距离较远，为了减小仪器 i 角误差对放样结果的影响，现将仪器移至 AB 中间进行坡度线的放样，写出具体的工作步骤与检查办法。

3. 针对某种型号全站仪，仔细阅读其说明书，分别写出利用极坐标放样与利用直角坐标放样的全过程。假设已知点坐标为 $A(1958.362, 5436.678)$，$B(2255.896, 5688.367)$，未知点 $P(2033.678, 5789.986)$。

4. 如下图，水准点 A 的高程为 17.505 m，欲测设基坑某位置 C 点的高程为 15.00 m，设 B 点为基坑的转点，将水准仪安置在 A、B 间时，其后视读数 0.262，前视读数为 1.861 m，将水准仪安置在基坑底时，用水准尺倒立于 B、C 点，得到后视读数为 1.550 m，试问当前视读数为多少时，尺底即是测设的高程位置？

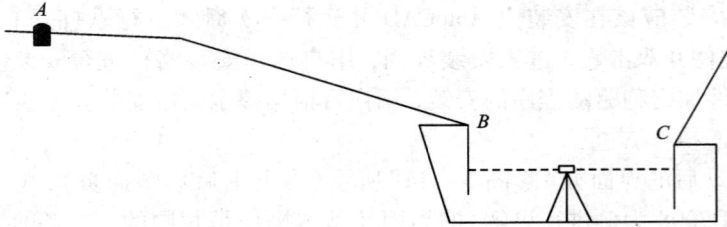

5. 如右图所示，圆曲线的中间一部分 AB 位于陡峭坚固的岩壁内，拟开凿隧道。已知曲线之 A 点距 ZY 点路程为 25 m，B 点距 YZ 点路程为 35 m，R = 800 m，转向角 $\alpha_{右} = 25°25'$，ZY 点里程为 DK19 + 521.00，求峭壁隧道内各测点的里程及测设资料，并介绍测设方法。

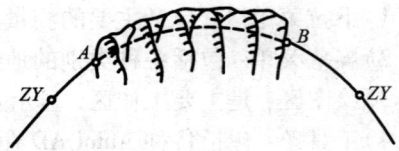

6. 原设计某山区公路圆曲线，半径 $R = 800$ m，圆曲线总长 $L = 400$ m。现改变计划，将圆曲线两端各修改成为 90 m 的缓和曲线。请绘图说明前后曲线的变化情况，计算曲线各要素。

7. 下图是某条道路的一段路线平面设计图和《逐桩坐标表》。图中曲线部分从 ZH(K0 + 972.002)到 HY(K1 + 012.002)为缓和曲线，HY(K1 + 012.002)到 YH(K1 + 160.170)为圆曲线，YH(K1 + 160.170)到 HZ(K1 + 200.170)为缓和曲线，其余各已知数据均如图所示。请编程计算桩号为 K0 + 990、K1 + 090、K1 + 190 的三点坐标。

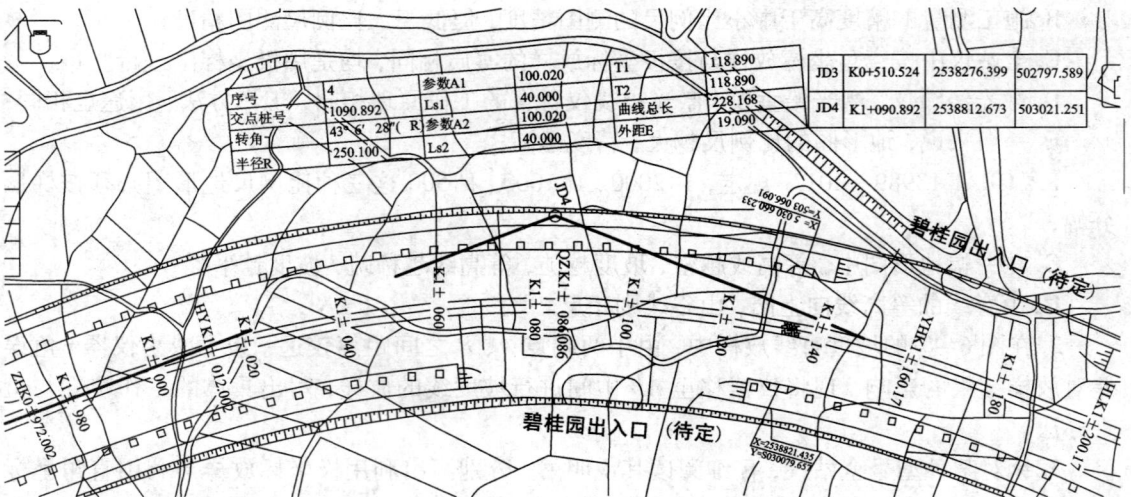

K0+960	2538691.867	502970.867	22'38'22"				
K0+972.002	2538702.945	502975.487	22'38'22" ZH	K1+100	2538809.067	503044.91	47'22'51"
K0+980	2538710.323	502978.573	22'48'46"	K1+120	2538822.007	503060.153	51'57'45"
K1+000	2538728.64	5029B6.6	24'50'56"	K1+140	2538833.688	503076.381	56'32'40"
K1+012.002	2538739.429	502991.858	27'13'16" HY	K1+160	2538844.035	503093.49	61'7'35"
K1+020	2538746.481	502995.629	29'3'12"	K1+160.17	2538844.117	503093.639	61'9'55" YH
K1+040	2538763.557	503006.03	33'38'7"	K1+180	2538853.099	503111.314	64'34'33"
K1+060	2538779.749	503017.762	38'13'2"	K1+200	2538861.439	503129.492	65'44'49"
K1+080	2538794.951	503030.749	42'47'56"	K1+200.17	2538861.509	503129.647	65'44'49" HZ
K1+086.086	2538799.366	503034.938	44'11'35" QZ	K1+220	2538869.654	503147.727	65'44'49"

8.下图是某地的地形剖面图,其中纵坐标的图上间隔为 0.5 cm,横坐标的间隔为 1 cm,读图回答问题。

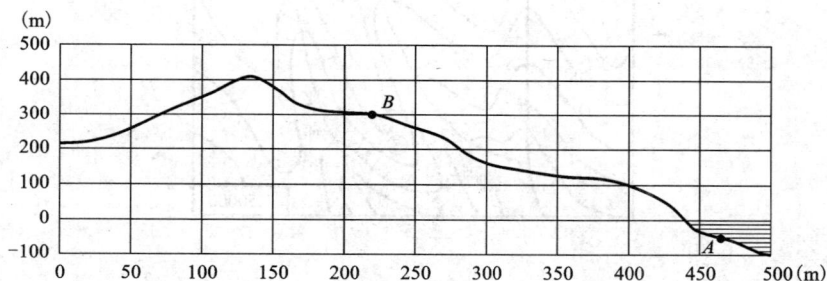

问题一:图中的垂直高度比例为_____,水平距离的比例为_____。

问题二:图中 B 点的绝对高程和相对于 A 点的相对高程分别是_____。

A. 350 m 和 200 m   B. 300 m 和 350 m   C. 300 m 和 250 m   D. 200 m 和 300 m

9.将 1:100000 的地图复印三次,每次放大一倍,则新图的比例尺为_____。

10.下面的等高线图表示的地形名称依次是_____。

A. 山谷、山脊、山顶、盆地

B. 山脊、山谷、山顶、盆地

C. 山谷、山脊、盆地、山顶

D. 山脊、山谷、盆地、山顶

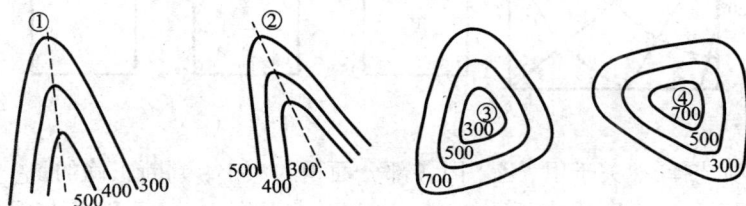

11. 下面过 MN 线所作的地形剖面图是_____。

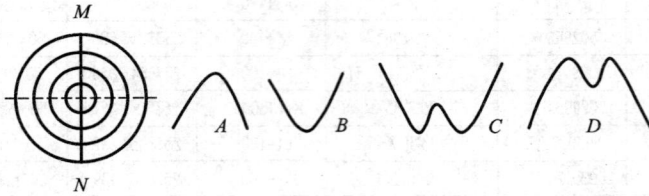

12. 读如下某地局部临时地形图，分析回答问题。

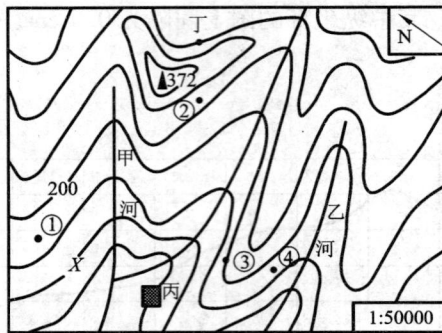

问题1. 图中等高线 X 的数值最有可能是_____。

A. 100 m   B. 150 m   C. 200 m   D. 250 m

问题2. 图中丁地与丙村的相对高差可能为_____。

A. 200 m   B. 250 m   C. 300 m   D. 400 m

问题3. 图中的①②③④四地中最不能看丙村的地点是_____（①；②；③；④）。

问题4. 图中甲河流的流向大致是_____。

A. 南北走向   B. 东西走向   C. 东北—西南走向   D. 西北—东南走向

13. 读北半球某区域经纬网图，回答相关问题。

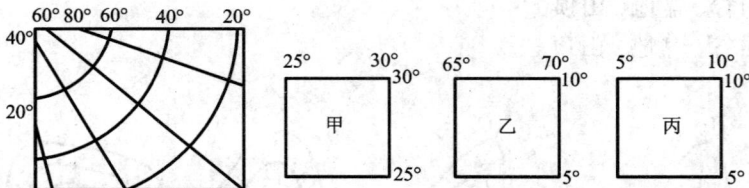

问题一（多项选择），关于甲、乙、丙各部分面积的大小，判断正确的是_____。

A. 甲与乙相等   B. 甲大于乙   C. 甲小于乙   D. 乙与丙相等

E. 上述回答有两个正确

问题二，甲、乙、丙三地的相互位置关系是：甲在乙的_____方，乙在丙的方,丙在甲的_____方。

14.下图为某地等高线图,读图回答问题(多项或单项选择)。

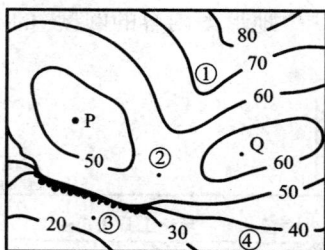

问题一,对图中各地地形的正确叙述是_____。

A.①为山脊   B.②为鞍部   C.③为陡崖   D.④为山谷

问题二,图中陡崖顶部的海拔高度可能为_____。

A.40 m   B.45 m   C.55 m   D.65 m

问题三,P、Q两地的相对高度_____。

A.不少于 10 m   B.不超过 10 m   C.可能为 5 m   D.不可能为 15 m

问题四,图中观赏陡崖的最佳位置是_____。

A.①地   B.②地   C.③地   D.④地

15.下图为某地等高线示意图,读图回答问题。

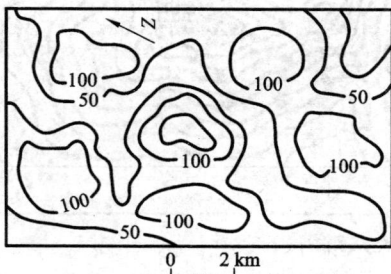

问题一,对该地区的叙述正确的是_____。

A.该地区地形类型为山地

B.图中显示出该地区的最大高差范围为 50 ~ 250 m

C.该地区地形类型为丘陵

D.图中显示出该地区的最大高差范围为 100 ~ 200 m

问题二,若图中发育了一条较大的河流,其流向是_____。

A.由南向北   B.由北向南   C.由西向东   D.由东向西

问题三,目估加心算该图所包含的面积大小约为_____。

A.6 km²   B.60 km²   C.600 km²   D.6000 km²

16.绘制"彩图 6 - 45"(见书后彩图插页)中从 A 到 B 的剖面图,并判断两点间是否通视。

图中 A、B 两点的高程分别为 $H_A = 1365$ m，$H_B = 1555$ m。

17. 查阅南方 CASS 测量绘图软件经历的版本号，选择两种其他的常用测图软件与南方 CASS 进行比较，叙述它们的各自特点。

18. 阅读如下地形图，按教材中"地形图内容的阅读"的顺序整理出相关内容。

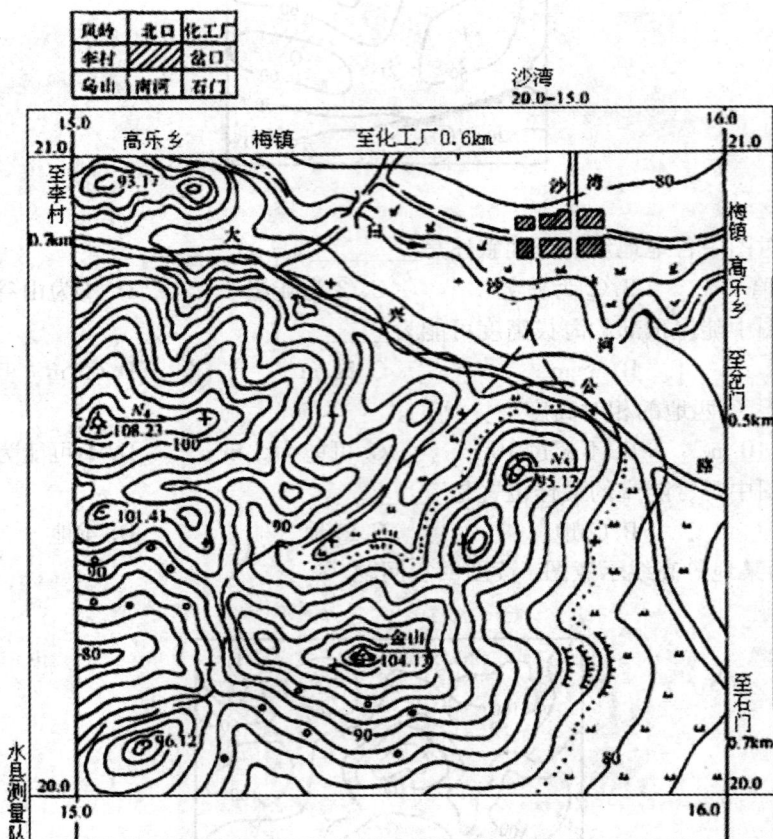

实训14　建筑物轴线与承台放样

20___年___月___日___午　天气_____　专业班级_____　第___小组

观测：_____　　记录：_____　　组员：_____　　仪器：_____

目的要求与注意事项	1. 找一块30 m×20 m大小的平坦场地，按"彩图6-14"(参见书后彩图插页)所示尺寸，先将字母轴 *A*~*F* 及数字轴①~⑪轴放样到实地，再按图中尺寸放出各承台边框线，然后按"彩图6-15"(参见书后彩图插页)放出柱框线。 2. 老师根据班上人数进行分组(4~5人为1组，共分8组)，给各组分配好具体任务。具体任务可按如下划分：1组：负责操作经纬仪，将仪器架在 *D* 轴与⑥轴交叉点，用仪器放出 *D* 轴与⑥轴。之后该组作为检查组，用仪器及钢尺检查其余各组的工作误差；2组：字母轴 *A* ~*C*、*E*~*F* 轴放线；3组：数字轴①~⑤轴放线；4组：数字轴⑦~⑪放线；5组：*A*~*C* 轴上的承台放线；6组：*D*~*F* 轴承台放线；7组：*A*~*C* 轴上的立柱放线(按"彩图6-15"尺寸)；8组：*D*~*F* 轴立柱放线(按"彩图6-15"尺寸)。 3. 共需要至少8把钢尺，其中前4组用较长钢尺，后4组用短钢尺。如果地面为水泥地，则可用墨线弹线；如果地面为泥地，则用铁钉及白细线标定。承台边框线可用白灰线，柱边框线用墨线。
放线示意图	

简答：

(1)你所进行的工作为_____。

(2)规范规定的轴线误差为_____，规范名称为《_____》。

(3)工作误差情况统计_____。

个人小结：

老师评分：

实训 15 水准仪大高差放样

20___年___月___日___午   天气_____   专业班级_____   第___小组
观测:_____   记录:_____   组员:_____   仪器:_____

目的要求 与 注意事项	1. 参照图 6 - 6"水准仪大高差放样示意图",进行大高差放样实训。 2. 老师根据班上人数进行分组(4~5 人为 1 组),已知点高程为 5. 328 m,待放样的未知点高程假设为 - 1. 879 m。各组自己找寻场地,如已知点可为三楼的阳台栏杆面位置,未知点可用透明胶纸板标定在外墙立面。 3. 每组需要水准仪一台、水准尺一套,钢尺、透明胶、纸片、直尺、文具等若干。 4. 每两小组可以使用同一已知点单独放样,未知点位置也可以比较接近,使放样结果互相检查核对。
放 线 示 意 图 、 公 式 计 算	

简答:
(1)你所用到的核心公式为_____。
(2)规范规定的放样误差为_____,规范名称为《_____》。
(3)工作误差情况结果_____。

个人小结:

老师评分:

194

模块 7　民用建筑施工测量

【教学目标】清楚民用建筑施工测量的准备工作；掌握建筑物柱位的定位与放线方法；熟悉建筑物基础施工测量、墙体施工测量、高程传递测量的方法；掌握高层建筑物的施工测量方法步骤。

【技能抽查】进行建筑物的定位和放线。

民用建筑是指供人们居住、生活和进行社会活动用的建筑物，如住宅、医院、办公楼、学校等。民用建筑分为单层、低层(2~3 层)、多层(4~8 层)和高层(9 层以上)、超高层(建筑高度超过 100 m)。民用建筑施工测量就是按照设计的要求将民用建筑物的平面位置和高程测设出来。施工测量的过程主要包括建筑物定位、细部轴线放样、基础施工测量和墙体工程施工测量等。

任务 7-1　施工测量准备工作

在进行施工测量之前，应做好以下准备工作。

一、熟悉设计图纸

设计图纸是施工测量的主要依据，测设前应充分熟悉各种与测量有关的设计图纸，了解施工建筑物与相邻地物的相互关系以及建筑物本身的内部尺寸关系，准确无误地获取测设工作中所需要的各种定位数据。民用建筑物施工图按专业分为结构图、建筑图、给排水图、电气图、暖通图等。与测设工作有关的设计图纸主要如下。

1. 建筑总平面图

建筑总平面图给出了建筑场地上所有建筑物和道路的平面位置及其主要点的坐标，标出了相邻建筑物之间的尺寸关系，注明了各栋建筑物室内地坪高程，是测设建筑物总体位置和高程的重要依据。图 7-1 为某建设项目的建筑总平面图。

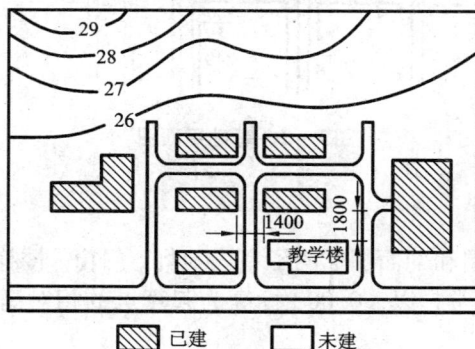

图 7-1　建筑总平面图

2. 建筑平面图

如图 7-2 所示，建筑平面图标明了建筑物首层、标准层等各楼层的总尺寸，以及楼层内部各轴线之间的尺寸关系，它是测设建筑物细部轴线的依据。

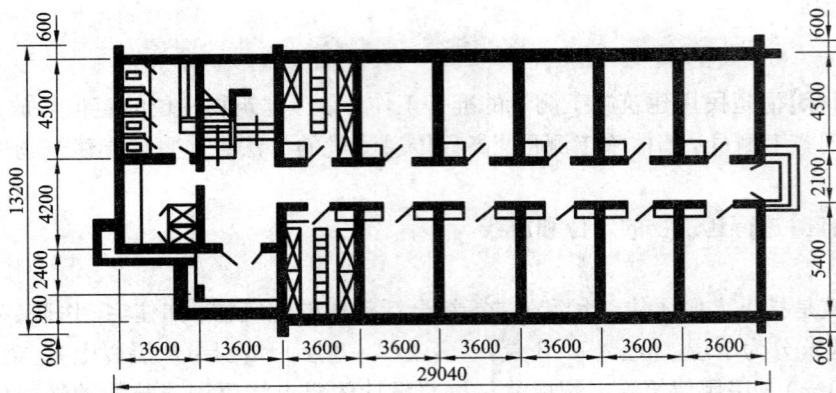

图 7-2　建筑平面图

3. 基础平面图及基础详图

如图 7-3，基础平面图及基础详图标明了基础形式、基础平面布置、基础中心或中线的位置，基础边线与定位轴线之间的尺寸关系，基础横断面的形状和大小以及基础不同部位的设计标高等，它是测设基槽（坑）开挖边线和开挖深度的依据，也是基础定位及细部放样的依据。

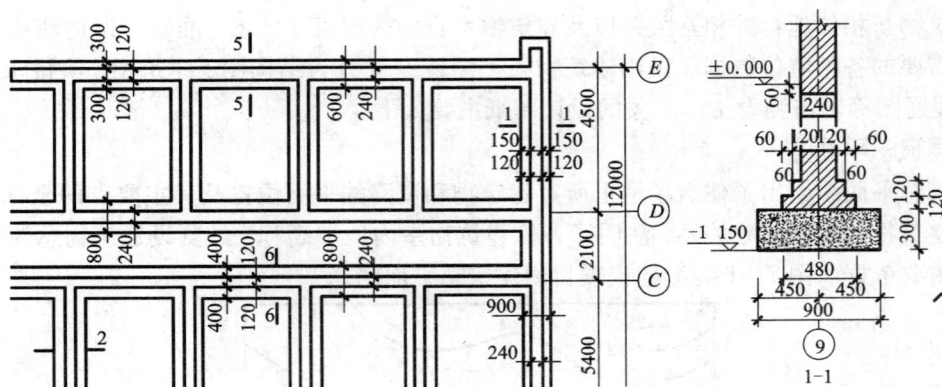

图 7-3　基础平面图

4. 立面图和剖面图

如图 7-4 所示，立面图和剖面图标明了室内地坪、门窗、楼梯平台、楼板、屋面及屋架等的设计高程，这些高程通常是以 ±0.000 标高为起算点的相对高程，它是测设建筑物各部位高程的依据。

在熟悉图纸的过程中，应仔细核对各种图纸上相同部位的尺寸是否一致，同一图纸上总

196

尺寸与各有关部位尺寸之和是否一致，以免发生错误。还有就是，仔细查验电子图与纸质图是否一致，核对设计单位（应盖章）、设计审核人员（签名）、设计日期、变更情况等。通常情况下，测量人员最好以盖章签名的纸质图为工作依据。如设计发生变更，在接收变更资料时须办好相应手续。

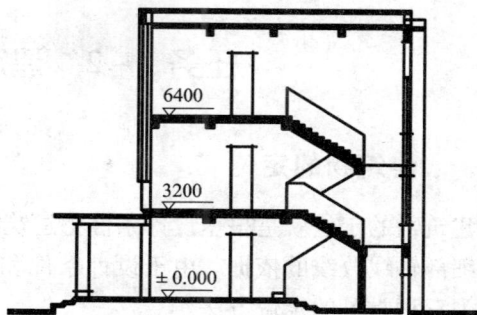

图 7-4　立面图和剖面图

二、现场踏勘

为了解建筑施工现场上地物、地貌以及原有测量控制点的分布情况，应进行现场踏勘，并对建筑施工现场上的平面控制点和水准点进行检核，以便获得正确的测量基础数据，然后根据实际情况考虑测设方案。

三、确定测设方案和准备测设数据

在熟悉设计图纸、掌握施工计划和施工进度的基础上，结合现场条件和实际情况，在满足工程测量规范（GB 50026—2007）关于建筑物施工放样的主要技术要求的前提下，拟订测设方案。测设方案包括测设方法、测设步骤、采用的仪器工具、精度要求、时间安排等。

在每次现场测设之前，应根据设计图纸和测量控制点的分布情况，准备好相应的测设数据并对数据进行检核，需要时还可绘出测设略图，把测设数据标注在略图上，使现场测设时更方便、快速，并减少出错的可能。

例如，现场已有 A、B 两个平面控制点，欲用经纬仪和钢尺按极坐标法将如图 7-2 所示的设计建筑物测设于实地上。定位测量一般测设建筑物的四个大角（或轴线交叉点），即如图 7-5（a）所示的 1、2、3、4 点，其中第 4 点是虚点，应先根据有关数据计算出该虚点坐标；此外，应根据 A、B 点的已知坐标和 1~4 点的设计坐标计算各点的测设角度值和距离值，以备现场测设之用。如果是用全站仪直角坐标法测设，则需准备好控制点 A、B 及每个角点的坐标，核查无误后一起输入仪器（建立固定文件），以备外业现场使用方便。

测设细部轴线点时，一般用经纬仪定线，然后以主轴线点为起点，用钢尺依次测设次要轴线点。准备测设数据时，应根据其建筑平面的轴线间距，计算每条次要轴线至主轴线的距离，并绘出标有测设数据的草图，如图 7-5（b）所示。

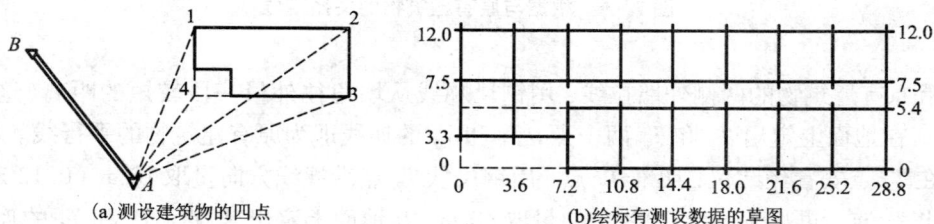

(a) 测设建筑物的四点　　　　　　(b) 绘标有测设数据的草图

图 7-5　测设数据草图

任务 7 - 2   建筑物的定位和放线

一、建筑物的定位

建筑物的定位就是根据设计条件将建筑物四周外廓主要轴线测设到地面上，作为基础放线和细部轴线放线的依据。由于设计条件和现场条件不同，建筑物的定位方法也有所不同，以下为三种常见的定位方法。

1. 根据控制点定位

如果待定位建筑物的定位点设计坐标已知，且附近有高级控制点可供利用，可根据实际情况选用极坐标法、角度交会法或距离交会法来测设定位点。在这三种方法中，极坐标法是用得最多的一种定位方法。

2. 根据建筑方格网和建筑基线定位

如果待定位建筑物的定位点设计坐标已知，并且建筑场地已设有建筑方格网或建筑基线，可利用直角坐标法测设定位点。

3. 根据与原有建筑物和道路的关系定位

如果设计图上只给出新建筑物与附近原有建筑物或道路的相互关系，而没有提供建筑物定位点的坐标，周围又没有测量控制点、建筑方格网和建筑基线可供利用，此时可根据原有建筑物的边线或道路中心线将新建筑物的定位点测设出来。具体测设方法随实际情况的不同而有所区别，但基本过程是一致的。下面分别说明具体测设的方法。

(1)根据原有建筑物定位

如图 7 - 6 所示，拟建建筑物的外墙边线与原有建筑物的外墙边线在同一条直线上，两栋建筑物的间距为 10 m，拟建建筑物四周长轴为 40 m，短轴为 18 m，轴线与外墙边线间距为 0.12 m，可按下述方法测设其四个轴线的交点：

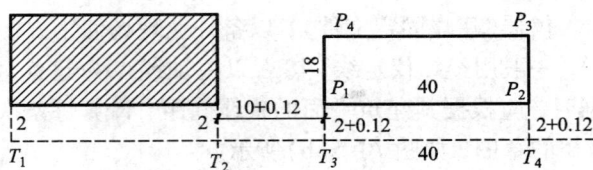

图 7 - 6   根据与原有建筑物的关系定位

①沿原有建筑物的两侧外墙拉线，用钢尺顺线从墙角往外量一段较短的距离（这里假设为 2 m），在地面上定出 T_1 和 T_2 两个点，T_1 和 T_2 的连线即为原有建筑物的平行线。

②在 T_1 点安置经纬仪，照准 T_2 点，用钢尺从 T_2 点沿视线方向量取 10 m + 0.12 m，在地面上定出 T_3 点，再从 T_3 点沿视线方向量取 40 m，在地面上定出 T_4 点，T_3 和 T_4 的连线即为拟建建筑物的平行线，其长度等于长轴尺寸 40 m。

③在 T_3 点安置经纬仪，照准 T_4 点，逆时针测设 90°，在视线方向上量取 2 m + 0.12 m，在地面上定出 P_1 点，再从 P_1 点沿视线方向量取 18 m，在地面上定出 P_4 点。同理，在 T_4 点

安置经纬仪,照准 T_3 点,顺时针测设 $90°$,在视线方向上量取 $2\ m + 0.12\ m$,在地面上定出 P_2 点,再从 P_2 点沿视线方向量取 $18\ m$,在地面上定出 P_3 点。则 P_1、P_2、P_3、P_4 点即为拟建建筑物的四个定位轴线点。操作时注意仪器的 $2C$ 值不要太大,否则须盘左盘右观测定向后取平均位置。

④在 P_1、P_2、P_3 和 P_4 点上安置经纬仪,检核四个大角是否为 $90°$,用钢尺丈量四条轴线的长度,检核长轴是否为 $40\ m$,短轴是否为 $18\ m$。

(2)根据原有道路定位

如图 7-7 所示,拟建建筑物的轴线与道路中心线平行,轴线与道路中心线的距离见图,测设方法如下:

①在每条道路上选两个合适的位置,分别用钢尺测量该处道路的宽度,并找出道路中心点 C_1,C_2,C_3 和 C_4。

②分别在 C_1,C_2 两个中心点上安置经纬仪,测设 $90°$,用钢尺测设水平距离 $12\ m$,在地面上得到道路中心线的平行线 $T_1 T_2$,同理作出 C_3 和 C_4 的平行线 $T_3 T_4$。

③用经纬仪向内延长或向外延长这两条线,其交点即为拟建建筑物的第一个定位点 P_1,再在 P_1 点安置经纬仪,瞄准 T_2 方向量出距离 $50\ m$ 确定 P_2 点。仪器逆时针测设 $90°$ 量测 $20\ m$ 距离定出 T_4 点附近的 P_4 点。

④在 P_2 点安置经纬仪,瞄准 P_1 顺时针测设直角和水平距离 $20\ m$,在地面上定出 P_3 点。在 P_1,P_2,P_3 和 P_4 点上安置经纬仪,检核角度是否为 $90°$,用钢尺丈量四条轴线的长度,检核长轴是否为 $50\ m$,短轴是否为 $20\ m$。

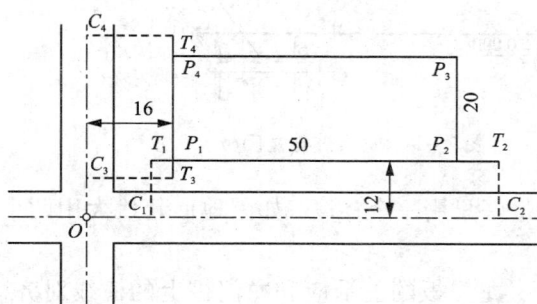

图 7-7 根据与原有道路的关系定位

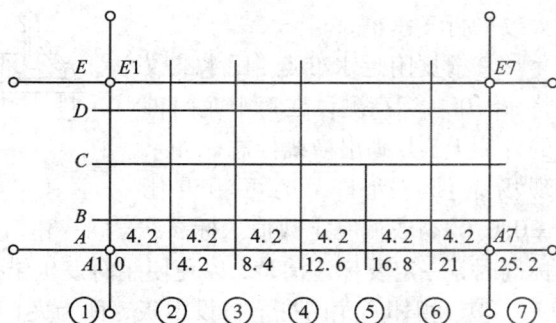

图 7-8 测设细部轴线交点

二、建筑物的放线

建筑物的放线是指根据现场已测设好的建筑物定位点,详细测设其他各轴线交点的位置,并将其延长到安全的地方做好标志。然后以轴线为依据,按基础宽度和放坡要求用白灰撒出基础开挖边线。放样方法如下:

1. 测设细部轴线交点

如图 7-8 所示,A 轴,E 轴,①轴、⑦轴是四条建筑物的外墙主轴线,其轴线交点 $A1$、$A7$、$E1$、$E7$ 是建筑物的四个定位点,这些定位点已在地面上测设完毕,各主次轴线间隔如图

7-8 所示，现欲测设次要轴线与主轴线的交点。

在 A1 点安置经纬仪，照准 A7 点，把钢尺的零端对准 A1 点，沿视线方向拉钢尺，在钢尺上读数等于①轴和②轴间距(4.2 m)的地方打下木桩，打的过程中要经常用仪器检查桩顶是否偏离视线方向，钢尺读数是否还在桩顶上，如有偏移要及时调整。打好桩后，用经纬仪视线指挥在桩顶上画一条纵线，再拉好钢尺，在读数等于轴间距处画一条横线，两线交点即 A 轴与②轴的交点 A2。

在测设 A 轴与③轴的交点 A3 时，方法同上，注意仍然要将钢尺的零端对准 A1 点，并沿视线方向拉尺，而钢尺读数应为①轴和③轴间距(8.4 m)，这种做法可以减小钢尺对点误差，避免轴线总长度增长或减短。如此依次测设 A 轴与其他有关轴线的交点。测设完最后一个交点后，用钢尺检查各相邻轴线桩的间距是否等于设计值，误差应小于 1/3000。

测设完 A 轴上的轴线点后，用同样的方法测设 E 轴、1 轴和 7 轴上的轴线点。

2. 引测轴线

在基槽或基坑开挖时，上述定位桩和细部轴线桩均会被挖掉，为了使开挖后各阶段施工能准确地恢复各轴线位置，应把各轴线延长到开挖范围以外的地方并做好标志，这个工作称为引测轴线，具体有设置龙门板和轴线控制桩两种形式。

(1)设置龙门板

①如图 7-9 所示，在建筑物四角和中间隔墙的两端，距基槽边线约 1~2 m 以外，竖直钉设大木桩，称为龙门桩，并使桩的外侧面大致平行于基槽；

②根据附近水准点，用水准仪将 ±0.000 标高测设在每个龙门桩的外侧上，并画出横线标志。如果现场条件不允许，也可测设比

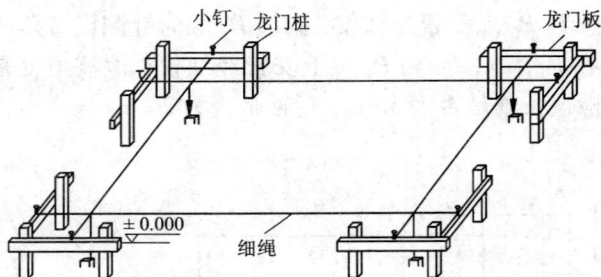

图 7-9　龙门桩与龙门板

±0.0.00高或低一定数值的标高线，同一建筑物最好只用一个标高，如因地形起伏大用两个标高时，一定要标注清楚，以免使用时发生错误。

③在相邻两龙门桩上钉设木板，称为龙门板，龙门板的上沿应和龙门桩上的横线对齐，使龙门板的顶面标高在一个水平面上，并且标高为 ±0.000，或比 ±0.000 高低一定的数值，龙门板顶面标高的误差应在 ±5 mm 以内。

④根据轴线桩，用经纬仪将各轴线投测到龙门板的顶面，并钉上小钉作为轴线标志，此小钉也称为轴线钉，投测误差应在 ±5 mm 以内。

⑤用钢尺沿龙门板顶面检查轴线钉的间距，其相对误差不应超过 1/3000。

恢复轴线时，将经纬仪安置在一个轴线钉上方，照准相应的另一个轴线钉，其视线即为轴线方向，往下转动望远镜，便可将轴线投测到基槽或基坑内。

(2)轴线控制桩

由于龙门板需要较多木料，而且占用场地，使用机械开挖时容易被破坏，因此也可以在基槽或基坑外各轴线的延长线上测设轴线控制桩，作为以后恢复轴线的依据。即使采用了龙门板，为了防止被碰动，对主要轴线也应测设轴线控制桩。

　　轴线控制桩一般设在开挖边线 4 m 以外的地方,并用水泥砂浆加固。最好是附近有固定建筑物和构筑物,这时应将轴线投测在这些物体上,使轴线更容易得到保护,以便今后能及时恢复轴线。

　　轴线控制桩的引测主要采用经纬仪法,当引测到较远的地方时,要注意采用盘左和盘右两次投测取中数法来引测,以减少引测误差和避免错误的出现。

　　模块 6 中所介绍的“新坐标法”放样轴线(轴线控制桩),充分利用了全站仪的直角坐标测量功能,既可以对任意轴线桩、轴线交点放样,也可以进行轴线引测,实践证明又快又好(原理如图 6 – 12 所示)。

　　3.开挖边线撒灰线

　　基槽,尤其是基坑的开挖,需要撒出白灰线作为开挖的外边线。图 7 – 10 为基槽开挖示意图,如果是基坑,则只需扩大基底的宽度尺寸。

　　先按基础剖面图给出的设计尺寸计算基坑或基槽的开挖宽度 2d。

$$d = B + mh \qquad (7 – 1)$$

式中,B 为基底宽度,可由基础剖面图中查取;h 为基坑或基槽深度;m 为边坡坡度的分母。

　　根据计算结果,在地面上以轴线为中线往两边各量出 d,拉线并撒上白灰,即为开挖边线。开挖边线的精度要求不高,能达到 10 cm 即可。

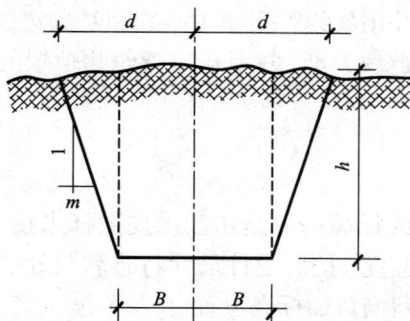

图 7 – 10　基槽宽度

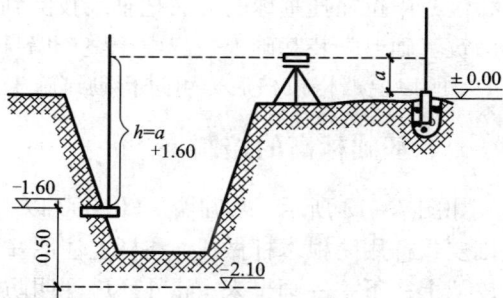

图 7 – 11　基槽水平桩测设

任务 7 – 3　建筑物基础施工测量

一、基槽开挖的深度控制

　　如图 7 – 11 所示,为了控制基槽开挖深度,当基槽挖到接近槽底设计高程时,应在槽壁上测设一些水平桩,使水平桩的上表面离槽底设计高程为某一整分米数(例如 5 dm),用以控制挖槽深度,也可作为槽底清理和打基础垫层时掌握标高的依据。一般在基槽各拐角处、深度变化处和基槽壁上每隔 3 ~ 4 m 左右测设一个水平桩,然后拉上白线,线下 0.50 m 即为槽底设计高程。

　　测设水平桩时,以画在龙门板或周围固定地物的 ± 0.000 标高线为已知高程点,用水准仪进行测设，小型建筑物也可用连通水管法进行测设。水平桩上的高程误差应在 ±10 mm 以内。

例如，设龙门板顶面标高为 ±0.000，槽底设计标高为 -2.1 m，水平桩高于槽底0.50 m，即水平桩高程为 -1.6 m，用水准仪后视龙门板顶面上的水准尺，读数 $a = 1.356$ m，则水平桩上标尺的应有读数为：

$$0 + 1.356 - (-1.6) = 2.956（m）$$

测设时沿槽壁上下移动水准尺，当读数为 2.956 m 时沿尺底水平地将桩打进槽壁，然后检核该桩的标高，如超限便进行调整，直至误差在规定范围以内。

垫层面标高的测设可以以水平桩为依据在槽壁上弹线，也可在槽底打入垂直桩，使桩顶如果是机械开挖，一般是一次挖到设计槽底或坑底的标高，因此要在施工现场安置水准仪，边挖边测，随时指挥挖土机，调整挖土深度，使槽底或坑底的标高略高于设计标高（一般为10 cm，留给人工清土）。挖完后，为了给人工清底和打垫层提供标高依据，还应在槽壁或坑壁上打水平桩，水平桩的标高一般为垫层面的标高。

二、基槽底口和垫层轴线投测

如图 7-12 所示，基槽挖至规定标高并清底后，将经纬仪安置在轴线控制桩上，瞄准轴线另一端的控制桩，即可把轴线投测到槽底，作为确定槽底边线的基准线。垫层打好后，用经纬仪或用拉绳挂垂球的方法把轴线投测到垫层上，并用墨线弹出墙中心线和基础边线，以便砌筑基础或安装基础模板。由于整个墙身砌筑均以此线为准，这是确定建筑物位置的关键环节，所以要严格校核后方可进行砌筑施工。

三、基础标高的控制

如图 7-13 所示，基础墙（±0.000 以下的砖墙）的标高一般是用基础皮数杆来控制的，基础皮数杆用一根木杆做成，在杆上注明 ±0.000 的位置，按照设计尺寸将砖和灰缝的厚度分皮从上往下一一画出来，此外还应注明防潮层和预留洞口的标高位置。

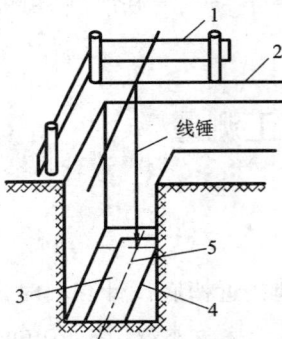

图 7-12 基槽底口和垫层轴线投测图

1—龙门板；2—细线；3—垫层；4—基础边线；5—墙中线

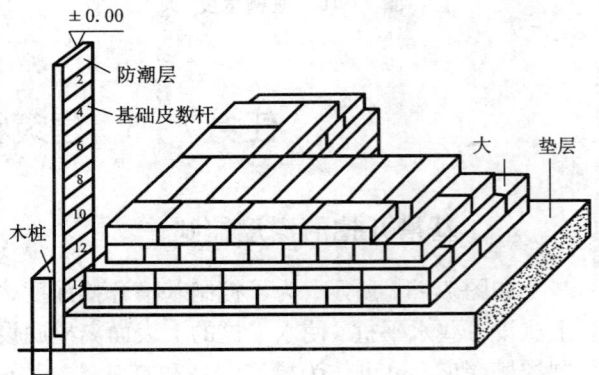

图 7-13 基础皮数杆

立皮数杆时，可先在立杆处打一个木桩，用水准仪在木桩侧面测设一条高于垫层设计标高某一数值(如 10 cm)的水平线,然后将皮数杆上标高相同的一条线与木桩上的水平线对齐,并用大铁钉把皮数杆和木桩钉在一起,作为砌筑基础墙的标高依据。对于采用钢筋混凝土的基础,可用水准仪将设计标高测设于模板上。

基础施工结束后,应检查基础面的标高是否满足设计要求(也可以检查防潮层)。可用水准仪测出基础面上的若干高程,和设计高程相比较,允许误差为 ±10 mm。

任务 7 - 4　墙体施工测量

一、一层楼房墙体施工测量

1. 墙体轴线测设

基础工程结束后,应对龙门板或轴线控制桩进行检查复核,经复核无误后,可根据轴线控制桩或龙门板上的轴线钉,用经纬仪法或拉线法把首层楼房的墙体轴线测设到防潮层上,然后用钢尺检查墙体轴线的间距和总长是否等于设计值,用经纬仪检查外墙轴线四个主要交角是否等于90°。符合要求后,把墙体轴线延长到基础外墙侧面上并弹出墨线及作出标志(油漆三角形标志),作为向上投测各层楼房墙体轴线的依据,如图 7 - 14 所示。同时还应把门、窗和其他洞口的边线也在基础外墙侧面上作出标志。

墙体砌筑前,根据墙体轴线和墙体厚度弹出墙体边线,照此进行墙体砌筑。砌筑到一定高度后,用吊锤线将基础外墙侧面上的轴线引测到地面以上的墙体上。以免基础覆土后看不见轴线标志。如果轴线处是钢筋混凝土柱,则在拆柱模后将轴线引测到桩身上。

2. 墙体标高测设

如图 7 - 15 所示,墙体砌筑时,其标高用墙身"皮数杆"控制。在皮数杆上根据设计尺寸,按砖和灰缝厚度画线,并标明门、窗、过梁、楼板等的标高位置。杆上标高注记从±0.000向上增加。

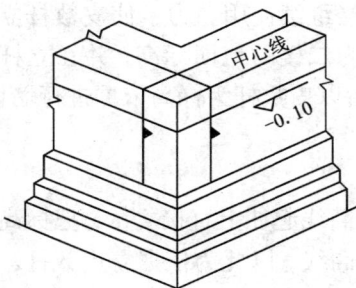

图 7 - 14　墙体轴线与标高线标注图

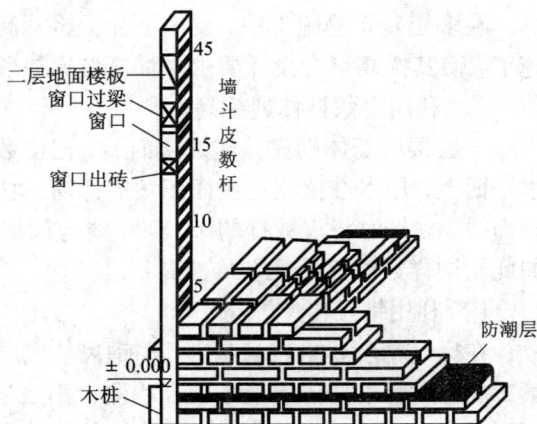

图 7 - 15　墙身皮数杆

墙身皮数杆一般立在建筑物的拐角和内墙处，固定在木桩或基础墙上。为了便于施工，采用里脚手架时，皮数杆立在墙的外边；采用外脚手架时，皮数杆应立在墙里边。立皮数杆时，先用水准仪在立杆处的木桩或基础墙上测设出 ±0.000 标高线，测量误差在 ±3 mm 以内，然后把皮数杆上的 ±0.000 线与该线对齐，用吊锤校正并用钉钉牢，必要时可在皮数杆上加两根钉斜撑，以保证皮数杆的稳定。

墙体砌筑到一定高度后(1.5 m 左右)，应在内、外墙面上测设出 +0.50 m 标高的水平墨线，称为" +50 线"。外墙的 +50 线作为向上传递各楼层标高的依据，内墙的 +50 线作为室内地面施工及室内装修的标高依据。

二、二层以上楼房墙体施工测量

1.墙体轴线投测

每层楼面建好后，为了保证继续往上砌筑墙体时，墙体轴线均与基础轴线在同一铅垂面上，应将基础或一层墙面上的轴线投测到楼面上，并在楼面上重新弹出墙体的轴线，检查无误。多层建筑从下往上进行轴线投测的方法是：将较重的垂球悬挂在楼面的边缘，慢慢移动，使垂球尖对准地面上的轴线标志，或者使吊锤线下部沿垂直墙面方向与底层墙面上的轴线标志对齐，吊锤线上部在楼面边缘的位置就是墙体轴线的位置，在此画一条短线作为标志，便在楼面上得到轴线的一个端点，同法投测另一端点，两端点的连线即为墙体轴线。

建筑物的主轴线一般都要投测到楼面上来，弹出墨线后，再用钢尺检查轴线间的距离，其相对误差不得大于 1/3000，符合要求之后，再以这些主轴线为依据，用钢尺内分法测设其他细部轴线。在困难的情况下至少要测设两条垂直相交的主轴线，检查交角合格后，用经纬仪和钢尺测设其他主轴线，再根据主轴线测设细部轴线。

吊锤线法受风的影响较大，因此应在风小的时候作业，投测时应等待吊锤稳定下来后再在楼面上定点。此外，每层楼面的轴线均应直接由底层投测上来，以保证建筑物的总竖直度，只要注意这些问题，用吊锤线法进行多层楼房的轴线投测的精度是有保证的。

2.墙体标高传递

在多层建筑物施工中，要由下往上将标高传递到新的施工楼层，以便控制新楼层的墙体施工，使其标高符合设计要求。标高传递一般有以下两种方法。

(1)利用皮数杆传递标高

一层楼房墙体砌完并建好楼面后，把皮数杆移到二楼继续使用。为了使皮数杆立在同一水平面上，用水准仪测定楼面四角的标高，取平均值作为二楼的地面标高，并在立杆处绘出标高线，立杆时将皮数杆的 ±0.000 线与该线对齐，然后以皮数杆为标高依据进行墙体砌筑。如此用同样方法逐层往上传递高程。

(2)利用钢尺传递标高

在标高精度要求较高时，可用钢尺从底层的 +50 标高线起往上直接丈量，把标高传递到第二层，然后根据传递上来的高程测设第二层的地面标高线，以此为依据立皮数杆。在墙体砌到一定高度后，用水准仪测设该层的 +50 标高线，再以此为准用钢尺往上一层传递，依此类推，逐层传递标高。

任务 7 – 5 高层建筑施工测量

高层建筑由于体形大、层数多、高度高、造型多样化、建筑结构复杂、设备和装修标准高,因此,在施工过程中对建筑物各部分的水平位置、轴线尺寸、垂直度和标高的要求都十分严格,对施工测量的精度要求也高。为确保施工测量符合精度要求,应事先认真研究和制订测量方案,选择符合精度要求的测量仪器,拟订出各种误差控制和检核措施。并密切配合工程进度,以便及时、快速、准确地进行测量放线,为下一步施工提供平面和标高依据。

高层建筑施工测量的工作内容很多,这里主要介绍建筑物定位、基础施工、轴线投测和高程传递等几方面的测量工作。

一、高层建筑定位测量

高层、超高层建筑定位测量的主要特点是精度要求高。实际中主要根据设计与规范要求进行各项测量工作,工作方法形式多样。要求测量使用的仪器、设备均在检定合格有效期内,工作中发现异常应及时检查;包括控制测量工作在内的各项测量工作均应进行初测、复测、检测;对每一层的纵横主轴线进行复合测量与检查,用钢丝垂球传递、激光准直仪投测、全站仪外围轴线投测,GPS 楼面定位测量等多种方法,保障建筑物平面定位测量的精度要求。

1. 测设施工方格网

进行高层建筑的定位放线是确定建筑物平面位置和进行基础施工的关键环节,施测时必须保证精度,因此可以采用测设专用的施工方格网的形式来定位。施工方格网是测设在基坑开挖范围以外一定距离,平行于建筑物主要轴线方向的矩形控制网。在没有全站仪主要靠光学经纬仪测角、钢尺量距定位的时代,建立大范围、高精度的建筑施工方格网,是保障测量工作质量、提高工作效率的基本保证。施工方格网一般在总平面图上进行布置设计,

2. 测设主轴线控制桩

在施工方格网的四边上,根据建筑物主要轴线与方格网的间距,测设主要轴线的控制桩。测设时要以施工方格网各边的两端控制点为准,用经纬仪定线,用钢尺量距来打桩定点。测设好这些轴线控制桩后,施工时便可方便、准确地在现场确定建筑物的四个主要角点。除了四廓的轴线外,建筑物的中轴线等重要轴线也应在施工方格网边线上测设出来,与四廓的轴线一起称为施工控制网中的控制线,一般要求控制线的间距为 30 ~ 50 m。控制线的增多可为以后测设细部轴线带来方便,施工方格网控制线的测距精度不低于 1/10000,测角精度不低于 ±10″。

如果高层建筑准备采用经纬仪法进行轴线投测,还应把应投测轴线的控制桩往更远处、更安全稳固的地方引测,这些桩与建筑物的距离应大于建筑物的高度,以免用经纬仪投测时仰角太大。

3. 用全站仪放样

计算出建筑物主要轴线交叉点的坐标。当建筑物不是很高时,如果在建筑物周边建立有高精度的平面控制网,可用全站仪坐标放样确定建筑物主要轴线交叉点,然后向细部轴线引测。但当建筑物慢慢升高之后,如果全站仪观测仰角稍大,则通视条件受限且坐标测量误差

增大，该方法不再适用。

4. GPS 测量

如果建筑物施工面层的 GPS 工作环境好（通视条件好，远离电磁发射塔等），可考虑使用该方法。放样时可先将轴线点坐标输入仪器手簿，用 RTK 坐标放样功能放样各点，或对已经放样好的轴线（墨线）交叉点进行检查。

每相隔一段施工高度（如每隔 3 层），进行一次 GPS 静态作业，精确检查楼面的轴线定位精度情况，必要时给予恢复校正。

二、高层建筑基础施工测量

1. 测设基坑开挖边线

高层建筑一般都有地下室，因此要进行基坑开挖。开挖前，先根据建筑物的轴线控制桩确定角桩以及建筑物的外围边线，再根据边坡的设计坡度和基础施工所需工作面的宽度，测设出基坑的开挖边线并撒出灰线，供挖掘机开挖取土。

2. 基坑开挖时的测量工作

高层建筑的基坑一般都很深，需要放坡并进行边坡支护加固，开挖过程中，除了用水准仪控制开挖深度外，还应经常用经纬仪或拉线检查边坡的位置，防止出现坑底边线内收，致使基础位置不够。也应防止开挖过多，破坏边坡的稳定和加大开挖量。另外，根据工作要求实时进行基坑的变形监测工作。

3. 基础放线及标高控制

（1）基础放线

基坑开挖完成后，有三种情况：一是直接打垫层，然后做箱形基础或筏板基础，这时要求在垫层上测设基础的各条边界线、梁轴线、墙宽线和柱位线等；二是在基坑底部打桩或挖孔，做桩基础，这时要求在坑底测设各条轴线和桩孔的定位线，桩做完后，还要测设桩承台和承重梁的中心线；三是先做桩，然后在桩上做箱基或筏基，组成复合基础，这时的测量工作是前两种情况的结合。

测设轴线时，有时为了通视和量距方便，不是测设真正的轴线，而是测设其平行线，这时一定要在现场标注清楚，以免用错。另外，一些基础桩、梁、柱、墙的中线不一定与建筑轴线重合，而是偏移某个尺寸，因此要认真按图施测，防止出错。

如果是在垫层上放线，可把有关轴线和边线直接用墨线弹在垫层上，由于基础轴线的位置决定了整个高层建筑的平面位置和尺寸，因此施测时要严格检核，保证精度。如果是在基坑下做桩基，则测设轴线和桩位时，宜在基坑护壁上设立轴线控制桩，以便能保留较长时间，也便于施工时用来复核桩位和测设桩顶上的承台和基础梁等。

从地面往下投测轴线时，一般是用经纬仪投测法，由于俯角较大，为了提高精度，每个轴线点均应盘左、盘右各投测一次，然后取中数。

（2）基础标高测设

基坑开挖接近完成时，应及时用水准仪根据地面上的 ±0.000 水平线将高程引测到坑底，并在基坑护坡的钢板或混凝土桩上做好标高为负的整米数的标高线。由于基坑较深，引测时可多设几站观测，也可用悬吊钢尺代替水准尺进行观测。

三、高层建筑的轴线投测

随着结构层的升高，要将首层轴线逐层往上投测作为施工的依据。此时建筑物纵横主轴线的投测最为重要，因为它们是各层放线和结构垂直度控制的依据。随着高层建筑物设计高度的增加，施工中对竖向偏差的控制要求就越高，轴线竖向投测的精度和方法就必须与其适应，以保证工程质量。

有关规范对于不同结构的高层建筑施工的竖向精度有不同的要求，见表 7-1（H 为建筑总高度）。为了保证总的竖向施工误差不超限，层间垂直度测量偏差不应超过 3 mm，建筑全高垂直度测量偏差不应超过 $3H/10000$。

表 7-1　高层建筑竖向及标高施工偏差限差/mm

结构类型	竖向施工偏差限差		标高偏差限差	
	每层	全高	每层	全高
现浇混凝土	8	$H/1000$（最大 30）	±10	±30
装配式框架	5	$H/1000$（最大 20）	±5	±30
大模板施工	5	$H/1000$（最大 30）	±10	±30
滑模施工	5	$H/1000$（最大 50）	±10	±30

下面介绍几种常见的投测方法。

1. 经纬仪法

当施工场地比较宽阔时，可使用经纬仪法进行竖向投测，将建筑物底层的轴线投测到所需要的楼层。如图 7-16 所示，安置经纬仪于轴线控制桩上，严格对中整平，盘左照准建筑物底部的轴线标志，往上转动望远镜，用其竖丝指挥在施工层楼面边缘上画一点，然后盘右再次照准建筑物底部的轴线标志，同法在该处楼面边缘上画出另一点，取两点的中间点作为轴线的端点。其他轴线端点的投测与此法相同。当楼层建得较高时，经纬仪投测时的仰角较大，操作不方便，误差也较大，此时应将轴线控制桩用经纬仪引测到更远处（大于建筑物高度），然后继续往上投测。

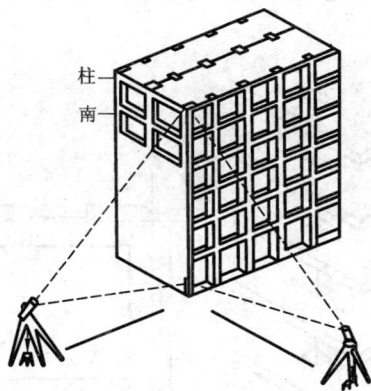

图 7-16　经纬仪轴线竖向投测

如果周围场地有限，也可引测到附近建筑物的屋顶。如图 7-17 所示，先在轴线控制桩 A_1 上安置经纬仪，照准建筑物底部的轴线标志，将轴线投测到在建楼楼顶 A_2 点处，然后在 A_2 安置经纬仪，照准 A_1 点，将轴线投测到附近建筑物屋屋顶 A_3 点处，以后就可在 A_3 点安置经纬仪，投测更高楼层的轴线。注意上述投测工作均应采用盘左、盘右取中法进行，以减小投测误差。

所有主轴线投测上来后，应进行角度和距离的检验，合格后再以此为依据测设其他轴线。为了保证投测的质量，仪器必须经过严格的检验和校正，投测宜选在阴天、早晨及无风的时候进行，以尽量减少日照及风力带来的不利影响。

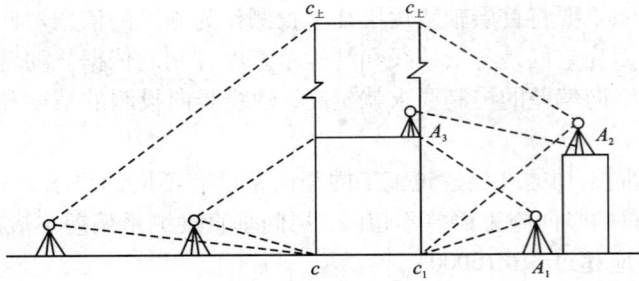

图 7-17　减小经纬仪投测角

2. 吊线坠法

当周围建筑物密集、施工场地窄小、无法在建筑物以外的轴线上安置经纬仪时，可采用此法进行竖向投测。该法与一般的吊锤线法的原理是一样的，只是线坠的质量更大，吊线（细钢丝）的强度更高。此外，为了减少风力的影响，应将吊锤线的位置放在建筑物内部。

如图 7-18 所示，首先在一层地面上埋设轴线点的固定标志，轴线点之间应构成矩形或十字形等，作为整栋高层建筑的轴线控制网。各标志上方的每层楼板都预留孔洞，供吊锤线通过。投测时，在施工层楼面上的预留孔上安置挂有吊线坠的十字架，慢慢移动十字架，当吊锤尖静止地对准地面固定标志时，十字架的中心就是应投测的点，同理测设其他轴线点。

使用吊线坠法进行轴线投测，经济、简单又直观，精度也比较可靠，但投测时费时、费力，正逐渐被下面所述的垂准仪法所替代。

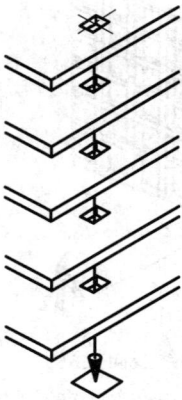

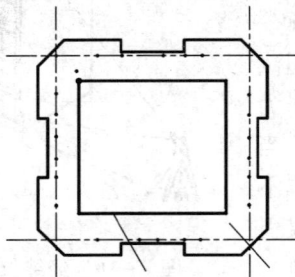

图 7-18　吊线坠法投测

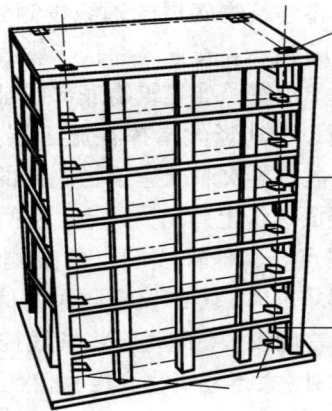

图 7-19　轴线控制桩与投测孔

3. 垂准仪法

垂准仪法就是利用能提供铅直向上（或向下）视线的专用测量仪器，进行竖向投测。常用的仪器有垂准经纬仪、激光经纬仪和激光垂准仪等。用垂准仪法进行高层建筑的轴线投测，具有占地小、精度高、速度快的优点，在高层建筑施工中得到广泛的应用。

　　垂准仪法需要事先在建筑底层设置轴线控制网，建立稳固的轴线标志，在标志上方每层楼板都预留 30 cm×30 cm 的垂准孔，供视线通过，如图 7-19 所示。

　　(1)垂准经纬仪

　　如图 7-20 (a)所示，该仪器的特点是在望远镜的目镜位置上配有弯曲成 90°的目镜，使仪器铅直指向正上方时，测量员能方便地进行观测。此外该仪器的中轴是空心的，使仪器也能观测正下方的目标。

　　使用时，将仪器安置在首层地面的轴线点标志上，严格对中整平，由弯管目镜观测。当仪器水平转动一周，若视线一直指向楼上一确定点时，说明视线方向处于铅直状态，可以向上投测。投测时，视线通过楼板上预留的孔洞，将轴线点投测到施工层楼板的透明板上定点，为了提高投测精度，应将仪器照准部水平旋转一周，在透明板上投测多个点，这些点应构成一微小圆圈，然后取小圆圈的中心作为轴线点的位置。同法用盘右再投测一次，取两次的中点作为最后结果。由于投测时仪器安置在施工层下面，因此在施测过程中要注意对仪器和人员的安全采取保护措施，防止被落物击伤。

　　如果把垂准经纬仪安置在浇筑后的施工层上，将望远镜调成铅直向下的状态，视线通过楼板上预留的孔洞，照准首层地面的轴线点标志，也可将下面的轴线点投测到施工层上来，如图 7-20 (b)所示。该法较安全，也能保证精度。

　　该仪器竖向投测方向观测中误差不大于 ±6″，即 100 m 高处投测点位误差为 ±3 mm，相当于约 1/30000 的铅垂度，完全能满足高层建筑对竖向的精度要求。

　　(2)激光经纬仪

　　如图 7-21 所示，它是在望远镜筒上安装一个氦氖激光器，用一组导光系统把望远镜的光学系统联系起来，组成激光发射系统，再配上电源，便成为激光经纬仪。为了测量时观测目标方便，激光束进入发射系统前设有遮光转换开关。遮去发射的激光束，就可在目镜(或通过弯管目镜)处观测目标，而不必关闭电源。

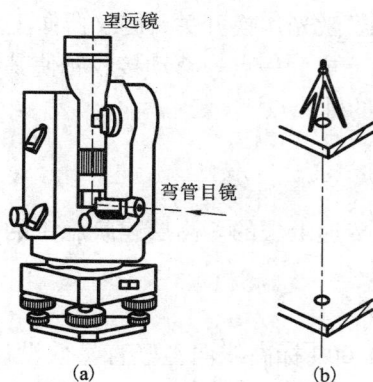

图 7-20　垂准经纬仪图

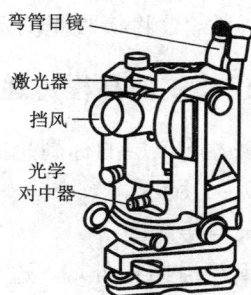

图 7-21　激光经纬仪

　　激光经纬仪用于高层建筑物的轴线投测，其方法与配弯管目镜的经纬仪是一样的，只不过是用可见激光代替人眼观测。投测时，在施工层预留孔的中央设置用透明聚酯膜片绘制的接收靶，在地面轴线点处对中整平仪器，启辉激光器，调节望远镜调焦螺旋，使投射在接收靶上的激光束光斑最小,再缓慢地水平旋转仪器,检查接收靶上的光斑中心是否始终在同一点,或划出一个很小的圆圈,以保证激光束垂直。移动接收靶使其靶心与激光光斑中心(或激光小圆圈中心)重合,将接收靶固定,则靶心即为欲投测的轴线点。

(3)激光垂准仪

如图7-22所示,主要由氦氖激光器、竖轴、水准管、基座等部分组成。

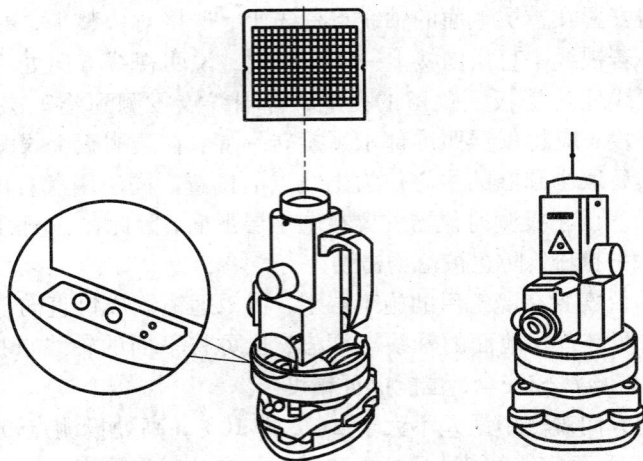

图7-22 激光垂准仪

该激光垂准仪是在光学垂准系统的基础上添加了半导体激光器,可以分别给出上下同轴的两条激光铅垂线,并与望远镜视准轴同心、同轴、同焦。使用时,先在施工层目标面上安放好网格激光靶,在测站点上安置激光垂准仪,按电源开关打开电源,按"对点/垂准"激光切换开关,使仪器向下发射激光,转动激光光斑调焦螺旋,使激光光斑聚焦于地面上一点,然后按常规的对中整平操作安置好仪器;按"对点/垂准"激光切换开关,使仪器向上发射激光,转动激光光斑调焦螺旋,使激光光斑聚焦于目标面上成为一点。移动接收靶使其靶心与激光光斑中心重合,将接收靶固定,则靶心即为欲投测的轴线点。

四、高层建筑的高程传递

高层建筑各施工层的标高是由底层±0.000标高线传递上去的。高层建筑施工的标高偏差限差见表7-1所示。

1.用钢尺直接测量

一般用钢尺沿结构外墙、边柱或楼梯间由底层±0.000标高线向上竖直量取设计高差,即可得到施工层的设计标高线。用这种方法传递高程时,应至少由三处底层标高线向上传递,以便于相互校核,测量读数最好由不同人员进行。由底层传递到上面同一施工层的几个标高点必须用水准仪进行校核,检查各标高点是否在同一水平面上,其误差应不超过±3 mm。合格后以其平均标高为准,作为该层的地面标高。若建筑高度超过一尺段(30 m或50 m),可每隔一个尺段的高度精确测设新的起始标高线,作为继续向上传递高程的依据。工作中的钢尺应经过检定,建筑物超高时应使用精密钢尺量距方法量测。

2.利用皮数杆传递高程

在皮数杆上自 ±0.000 标高线起,门窗口、过梁、楼板等构件的标高都已注明。一层楼砌好后,则从一层皮数杆起一层一层往上接。

3.悬吊钢尺法

在外墙或楼梯间悬吊一根钢尺,分别在地面和楼面上安置水准仪,将标高传递到楼面上。用于高层建筑传递高程的钢尺应经过检定,量取高差时尺身应铅直和使用规定的拉力,并应进行温度改正。

如图 7-23 所示,当一层墙体砌筑到 1.5 m 标高后,用水准仪在内墙面上测设一条 +50 mm 的标高线,作为首层地面施工及室内装修的依据。以后每砌一层,就通过吊钢尺从下层的 +50 mm 标高线处向上量出设计层高,标定出上一层的 +50 mm 标高线。

根据图 7-23 中的相互位置关系,第二层 $(a_2 - b_2) + (a_1 - b_1) = l_1$,可解出 b_2:

$$b_2 = a_2 - l_1 + (a_1 - b_1) \tag{7-2}$$

在进行第二层水准测量时,上下移动水准尺,使其读数为 b_2,沿水准尺底部在墙面上划线,即可得到该层的 +50 mm 标高线。

同理,第三层的 b_3 为

$$b_3 = a_3 - (l_1 + l_2) + (a_1 - b_1) \tag{7-3}$$

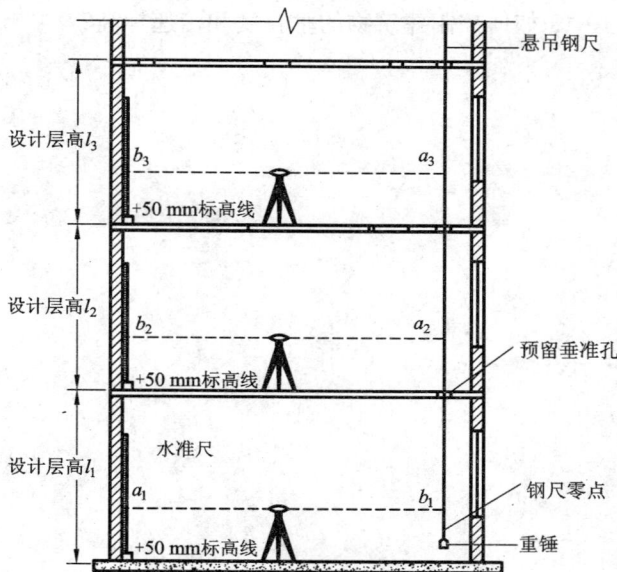

图 7-23　悬吊钢尺法传递高程

练习题 7

一、选择题

1.施工测量是工程施工阶段进行的测量工作的总称,其中包括(　)(　)(　)。

A. 规划阶段的地形测量 B. 场地平整测量

C. 基础施工测量 D. 主体施工测量

2. 施工测量的任务是按照设计的要求，把建筑物的（　）测设到地面上，作为（　）并配合施工进度（　）。

A. 平面位置和高程 B. 施工的依据

C. 保证施工安全 D. 保证施工质量

3. 设计图纸是施工测量的主要依据，下面哪张图纸与施工测量无关（　）。

A. 建筑总平面图 B. 墙身节点详图

C. 基础平面图 D. 建筑平面图

4. 因施工现场场地窄小，高层建筑物轴线的投测方法不应选择（　）

A. 吊线坠法 B. 外控法

C. 激光垂准仪

二、简答题

1. 在进行民用建筑施工测量前应做好哪些准备工作？

2. 民用建筑施工测量主要包括哪些工作？

3. 一般民用建筑条形基础施工过程中要进行哪些测量工作？

4. 一般民用建筑墙体施工过程中如何投测轴线？如何传递标高？

5. 在高层建筑施工中，如何控制建筑物的垂直度和传递标高？

模块 8　工业建筑施工测量

【教学目标】了解工业建筑施工测量的基本内容组成，测量的基本方法与基本过程；掌握导线测量的简易平差计算；领会预制构件安装测量的要点；熟悉烟囱、水塔、管道施工测量的方法与过程；了解桥梁施工测量的过程。

【技能抽查】简易导线控制测量、厂房柱列轴线测设、厂房吊装测量。

任务 8－1　概述

一、工业建筑施工测量的特点

工业建筑施工主要以厂房建设为主，有时配合进行一些集体宿舍的建设。建设的楼层有单层、低层、多层。结构主要有钢结构、钢筋混凝土结构、混合结构等。厂房通常跨度大、柱列轴线多。

工业建筑总的放样测量程序与民用建筑基本相同，但由于其结构类型、施工方法和用途的不同，精度要求也有所不同。有些工业厂房采用预制构件，直接在现场装配施工。装配厂房的预制构件有柱子、吊车梁和屋架等。对于装配式的工业建筑，其施工测量的工作目的是要保证各种预制构件准确安装到位。

20 世纪末之前相当长的一段时间内，我国的民用建筑发展不够兴旺，工业建筑则经常会出现规模庞大、程度复杂、施工难度较高的情况，因此对工业建筑施工测量的要求也较高。进入到新世纪之后，我国民用建筑得到生机勃勃的发展，尤其是许多大中城市的房地产业，到如今仍处于一日千里的井喷发展状态，上百米甚至数百米以上的高层、超高层的住宅、酒店、大厦，像雨后春笋般拔地而起，这无疑给我们的施工测量也增加了相应的难度。可以这样说，当今中国的民用建筑与工业建筑其施工测量难度、测量精度要求已经不分伯仲了。而有所不同的，主要是某些工业建筑可能具有更加复杂化的结构与布局，有更加特殊的组成部分，如高、精、尖的大型工业装配厂房(车间)、科学实验设施，高耸的烟囱、水塔，精密的特大型桥梁等等。这些特殊的工业建(构)筑物的施工测量无疑具有其相应的特殊性。

二、工业建筑施工测量的主要内容

一般来说，工业建筑施工测量的具体任务主要有以下各项。

1)测区基础控制测量——三角形网、导线(网)、卫星定位。通常这项工作是必须进行的。

2)地形地貌现状测量——主要是形成方格网高程模型图，供设计施工方概算和进行场地的土方工程施工指导。这项工作应在总体规划、设计之前完成较好。

3)矩形控制网测设——该项工作视情况考虑是否进行。如果测区的已有控制点能够满足施工控制要求，则无须进行图 6-1 所示的矩形控制网的测设。矩形控制网主要是用于以前没有全站仪的时代，测量人员用经纬仪确定方向的同时，用钢尺量距离。而有了全站仪之后，光电测距精度较经纬仪视距测量精度大大提高，故可以直接用全站仪将建筑物轴线放样到实地。具体放样方法可参见图 6-12 所示办法。实际中为了工作方便，往往在建筑物基坑边测量放样出建筑物的偏移轴线（如偏移出轴线 1 m、半米的 1 m 控制线、半米控制线）。

4）厂区道路放线——建筑施工之前须先进行一些道路的预施工，以方便厂区的交通运输。

5）基础施工测量放样——这部分的测量工作内容较多，包括桩基础定位以及基坑开挖、基础承台定位、地梁、基础柱等基础设施的定位放线。利用桩基础开挖承台土坑之后，应立即按模块 6 中的图 6-12 所示办法测设出建筑物的轴线或轴线偏移线（可统称为轴线控制线），以方便承台、地梁及承台上立柱的测设放线。注意，将轴线控制线的木桩放样测设到实地之后，便在位于轴线木桩上的铁钉上拉紧一根线，形成俗称"白线"的连线。为了将"白线"投放到钢筋笼上以便进行立柱模板的安装施工，此时可用装有机油的小木桶进行反射投影（这样较使用铅垂球投影定位更加方便快捷）。"彩图 8-1"（见书后彩图插页）为使用油桶放线的操作示意图。在"彩图 8-1"中，油桶中的机油表面是一个水平表面，实物"白线"在油桶中反射成像形成一条"黑线"，根据物体的光学反射原理，这两条平行线形成了一个铅锤面。当测量人员用眼睛瞄准这两条线重合时，便可以指挥同伴在实地标定出所投线点位。

【课堂思考】如果不小心打翻了油桶中的机油，测量员可以用水或反光镜放在桶中来代替吗？

6）厂房柱列轴线的测设与恢复、轴线的传递——根据现场情况，可偏离轴线一定距离（如 1 m、半米）恢复测设轴线控制线（分别称 1 m 控制线、半米控制线）。这项工作在基础施工时进行一次，基础施工完成后还要用全站仪重新准确测量标定一次（通常在 ±0 混凝土表面标定，弹出墨线），以后一层层往上传递，直到顶层。轴线的传递可利用吊铅垂球、开传递孔、激光投射等方法。必要时结合使用全站仪放样，可方便获得垂直轴线。条件许可时用 GPS-RTK 放样也会方便快捷。放样过程中注意精度检查。

7）建筑柱框边线弹墨线工作——此项工作也是在每个楼层重复进行，紧随柱列轴线的弹墨线工作进行。同时还要对楼梯踏步起始线、楼梯构造柱、电梯井等进行放样弹线。

（8）构件安装测量——用于装配式工业建筑测量。各种测量放样工作与上述各项有异曲同工之处，主要是平面定位测量，有时也需要考虑高度的构件安装测设。

除此之外，根据具体情况有时还要进行烟囱施工测量、水塔施工测量、管线施工测量等，同时根据设计要求进行变形监测的各项工作。

三、工业建筑施工测量的技术要求

工业用途的建筑物（构筑物）类型很多，最常见的有厂房、烟囱、水塔、桥梁、大坝等，另外还有工矿企业的轨道交通、高空运输系统、大型设备设施等等。显然，针对各种不同类别、不同级别的建筑（构筑）物，其测设精度要求是不相同的。通常情况下，我们可以执行我国现行国家标准《工程测量规范 GB50026—2007》进行相关的测量技术工作。如果是对于水利水电、矿山地质、精密工程等不同行业，也可以选择执行相应的国家行业测绘标准，如《电力工程测量规范》《冶金矿山测量规范》《精密工程测量规范》《城市轨道交通工程测量规范》《新建铁路测量工程规范》《高速铁路工程测量规范》等等。一般情况下，工业厂房控制网的测设精度可以按 10″级精度的控制网进行，即测角中误差≤±10″、边长相对误差≤1/1 万。对于大中型的工矿企业，其首级控制网的精度可以根据工程范围的大小，提高至 5″级、2.5″级（四等），甚至 1.8″级（三等）。

　　施工放样的部分精度要求可以参阅本教材模块 6。对于装配式的厂房施工安装测量放样精度，请参考《工程测量规范》第 8.3.12 条规定（见表 8−1）。

表 8−1　柱子、桁架和梁安装测量的允许偏差

测量内容		允许偏差/mm
钢柱垫板标高		±2
钢柱 ±0 标高检查		±2
混凝土柱（预制）±0 标高检查		±3
柱子垂直度检查	钢柱牛腿	5
	柱高 10 m 以内	10
	柱高 10 m 以上	$H/1000,H \leqslant 20$
桁架和实腹梁、桁架和钢架的支承节点间相邻高差的偏差		±5
梁间距		±3
梁面垫板标高		±2

注：H 为柱子高度（mm）。

　　注意：上述表 8−1 中主要为高度和垂直度的放样要求，平面要求只有梁间距，偏差不能超过 3 mm。

任务 8−2　厂房（矩形）控制网的测设

　　在许多建筑工程测量的教材中，甚至在某些测量规范中，均介绍有厂房矩形控制网的测设，似乎这是工业建筑施工测量中一项必不可少的工作。厂房矩形控制网也就是通常所说的建筑方格网，它的建立是为下一步测设建筑物的柱列轴线服务的，模块 6 中的图 6−1 便是其中的一种。

　　其实，在全站仪全面进入建筑施工测量行业近十多年来，上述矩形控制网的测设已经基本处于淘汰的状态。因为全站仪测量放样在精度上已经完全可以与传统的经纬仪加钢尺的测量放样方法相媲美，而且更加体现出其机动灵活的优越性。如果条件允许（主要是附近建筑物的遮挡影响），GPS−RTK 也是较好的测量放样方法。这里主要介绍几种使用全站仪进行厂区（厂房）控制测量的方法。

一、导线控制测量

　　自从有了全站仪之后，导线控制测量的应用显得尤为广泛。其实，我们在用全站仪进行地形测图时也是在应用导线测量——只不过这些都是一个测站、一条导线边的支导线，在用

极坐标放样点位时同样也是如此。在城乡建筑区内，在茂密森林中，在高山峡谷地带，在地下轨道建设中，导线控制测量也是必须的。

导线就是将控制点用直线连接起来而形成的折线，这些控制点称为导线点。通过观测导线边的边长和转折角，再进行平差计算而获得导线点的平面坐标，即为导线控制测量，简称导线测量。导线测量的布设形式有附合导线、闭合导线、支导线、导线网等形式，如图 8 – 3 所示。

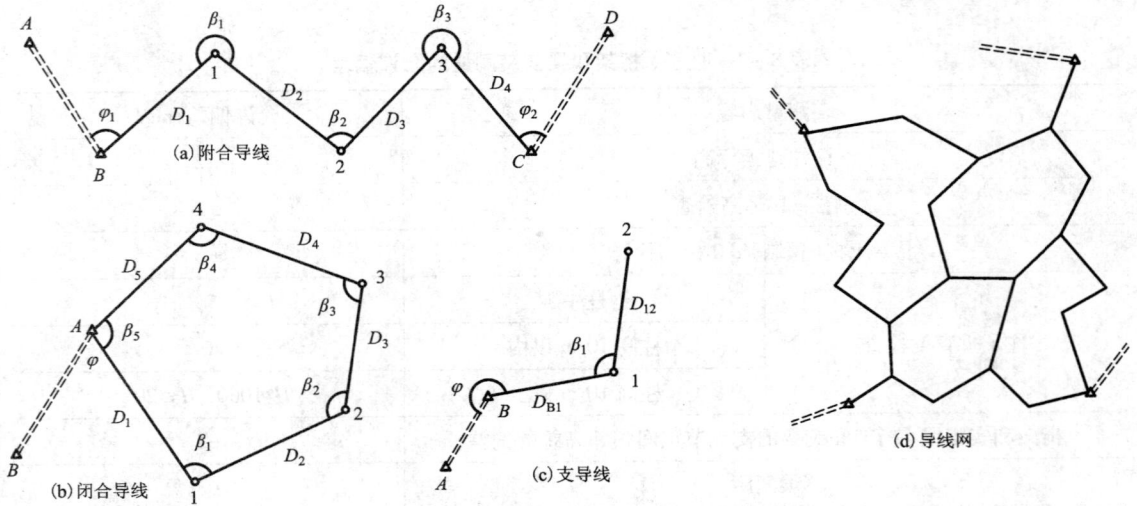

图 8 – 3　导线测量布设示意图

导线测量的平差计算工作可选择平差软件计算，目前市场上有"清华山维""南方测量""武汉大学"等开发的测量平差计算软件。需要注意的是，有些软件在计算过程中可能不会很顺利流畅，显示的结果（尤其是精度描述）也五花八门，实际工作中最好用不同软件互算核对。下面的附合导线计算例题是用手工计算的简易平差案例，可以与平差软件计算的结果进行验证比较。

【例 8 – 1】　图 8 – 4 为某二级导线测量示意图。已知四个控制点的坐标见表 8 – 2，观测出的 6 个角值和 5 条边长亦见表 8 – 2，现要求按近似平差的方法进行导线计算，求出各导线点的坐标。

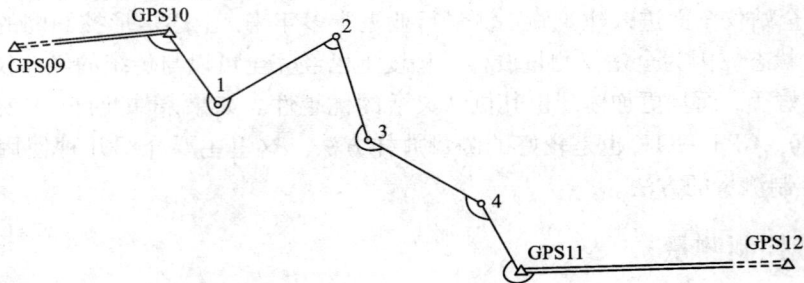

图 8 – 4　导线测量示意图

解：此为标准的附合导线图形分布，4 个未知点，5 条观测边长，6 个观测角值，有 11 − 4 × 2 = 3 个多余观测。导线测量的全部计算过程列于表 8 − 2 之中。

表 8 − 2　常用附合导线坐标计算表

点名	角度观测值改正数 v_i	方位角 /(° ′ ″)	边长 /m	坐标值			
				$\Delta x'/m$ v_{x_i}/mm	$\Delta y'$	x	y
S12		268 00 51				87512.708	3056.079
S11	248 31 50 +4	336 32 45	247.290	226.859 +6	−98.425 −2	87489.672	2391.705
4	150 58 24 +4	307 31 13	352.796	214.868 +5	−279.816 −5	87716.537	2293.278
3	219 13 38 +3	346 44 54	351.704	342.339 +9	−80.621 −1	87931.410	2013.457
2	66 06 53 +3	232 51 50	373.764	−225.645 +6	−297.966 −6	88273.758	1932.835
1	281 06 43 +4	333 58 37	266.581	239.554 +6	−116.958 −2	88048.119	1634.863
S10	109 23 51 +4	263 22 32		$\Delta X_{理论}=$ 798.007	$\Delta Y_{理论}=$ −873.802	88287.679	1517.903
S09				797.975 −32	−873.786 +16	88243.072	1133.815
Σ	1075 21 19 +22		1592.135				

辅助计算	$f_{\beta限}=16''\sqrt{6}=39''$，$f_\beta=1075°21'19''+268°00'51''−263°22'32''−6×180°=−22''<f_{\beta限}$（合格！） $f_x=−0.032$，$f_y=+0.016$，$f_s=0.036$，$K=f_s/\sum S=0.036/1592.135=1/44200<K_限=1/10000$（合格！） $\sum\lvert\Delta X\rvert=1249.265$，$\sum\lvert\Delta Y\rvert=873.786$

二、三角形网控制测量

由无数个单三角形连在一起形成三角网，测量出网中的所有三角形内角，再根据已知条件计算出网中各个三角形顶点的坐标，这便是以前的三角测量。我国 20 世纪建立的全国性一、二、三、四等国家控制网，主要就是用三角测量方法获得的。进入新世纪前后，由于测距仪、全站仪的快速发展，测边网、边角网逐渐获得普遍应用。《GB 50026—2007 工程测量规范》将测角网、测边网、测边测角网通称为三角形网。在计算机软件、硬件技术已达相当水平的今天，使用全站仪边角测量形成边角网，能够大大提高控制网的精度。因此，只要通视条件许可，建立边角测量网作为施工测区的首级控制网应成为我们的首选。首级控制网的精度等级依工程测量规范要求视测区大小而定。

图 8－5 是某厂区的平面控制网指示图。图中的首级控制网是由三个三角形组成的边角网，起始控制点为 V1054、V1056 两个 5 秒点，DF、CN、DC、DX 为四个未知点。其余 S8、bgs－1、bgs－2 为后来工作中增加的导线支点。

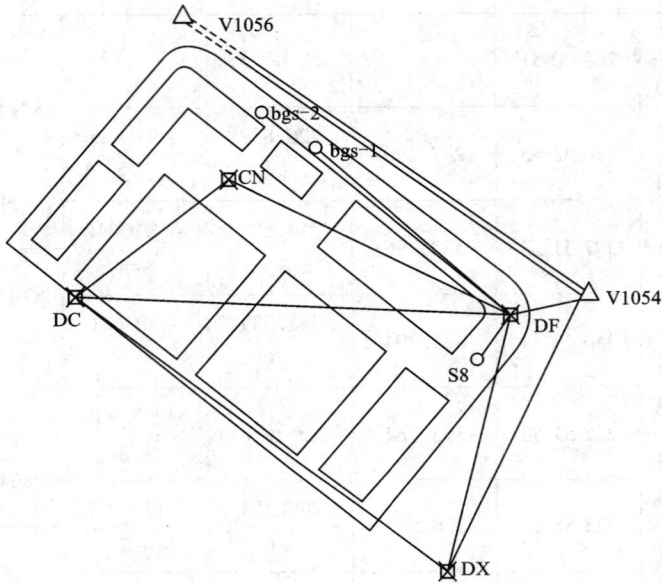

图 8－5　某厂区平面控制网

三、交会法控制测量

根据现场条件和已知控制点的点位情况，有时使用交会法控制测量能快速获得所需要的控制点。常用的交会测量方法有前方交会、侧方交会、后方交会和边角后方交会。图 8－6 是三种传统的交会法控制测量示意图。

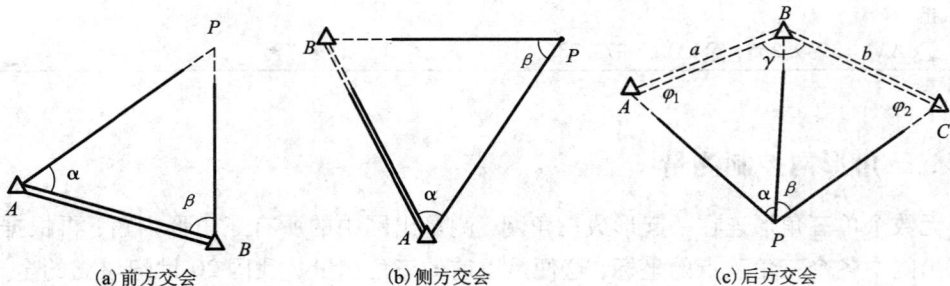

(a) 前方交会　　　　　(b) 侧方交会　　　　　(c) 后方交会

图 8－6　三种传统的交会法测量示意图

上述三种交会测量方法均是以经纬仪测角为基础的。在全站仪盛行的今天，可以采用一种工作效率高、又能保证一定精度的交会测量方法——边角后方交会。无论在地形测图、施工放样，或是验收测量等各种野外测量工作中，只要是需要建立交会控制点的地方，边角后方交会便是首选。由于这种方法选择待定点位置的自由度较大，因此又称作自由设站交会测量。下面是边角后方交会测量的计算案例。

【例 8－2】 现对右图所示的未知点 P 进行边角后方交会测量，测得 PA、PB 边长及其夹角，试计算未知点 P 的坐标。观测值及已知点坐标均如图所示。

$A\begin{pmatrix}52259.756\\58890.507\end{pmatrix}$

$B\begin{pmatrix}58248.843\\58925.371\end{pmatrix}$

84.704

81.608

P 25°17′09″

解 根据已知坐标反算出 AB 边的方位角及边长为：

$$S_{AB} = 36.532 \text{ m}, \quad \alpha_{AB} = 107°22′51″$$

用三角函数中的余弦定理计算 P 点夹角为：

$$\beta = \cos^{-1}\frac{S_1^2 + S_2^2 - S_{AB}^2}{2S_1S_2} = 25°17′23″$$

此结果与观测角值 25°17′09″ 相差 14″，可按下式估算误差大小：

$$\Delta S(\text{横向}) = \frac{14″ \times 84.704}{206265″} = 0.0057 \text{ m}$$

$$相对误差(横向) = \frac{\Delta S}{S} = \frac{14″}{206265″} \approx \frac{1}{14700}$$

即此案例中的测量点位相对误差约为 1/14700（横向）。此精度可媲美工程测量规范中规定的三级导线的精度。

解算本例中的三角形只需两个观测值，因此可以按如下几个途径进行解算：

途径①：用两个边长观测值 84.704 m 及 81.608 m，计算得 $P = 25°17′23″$，$A = 72°36′42″$，$B = 82°05′55″$，P 点坐标为（58175.052，58890.518）；

途径②：用一个观测边长 81.608 m 及一个观测角值 25°17′09″，计算得 $A = 72°35′08″$，$B = 82°07′43″$，P 点坐标为（58175.034，58890.557）；

途径③：用另一个观测边长 84.704 m 及观测角度 25°17′09″，可计算得 $A = 72°40′28″$，$B = 82°02′33″$，P 点坐标为（58175.052，58890.425）。

上述途径③的计算结果中 Y 坐标误差稍大，可弃之不用，采纳途径①和途径②的结果，取二者平均值，得 P 点坐标为（58175.043，58890.538）。

注意：上述途径③的结果中 Y 坐标误差较大，这与 AP 边长测量精度无甚关系，主要是从 A 点到 P 点的方位角已接近 180°，Y 坐标增量很小，导致 Y 坐标增量（亦即 Y 坐标）计算精度降低（其原理参见参考文献[1]第六章 235 页例 6－26）。

最后用清华山维平差软件计算验证，结果如图 8－7 所示。

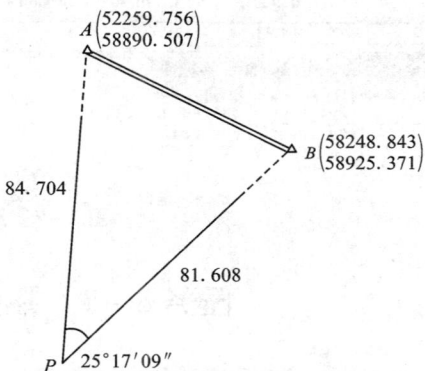

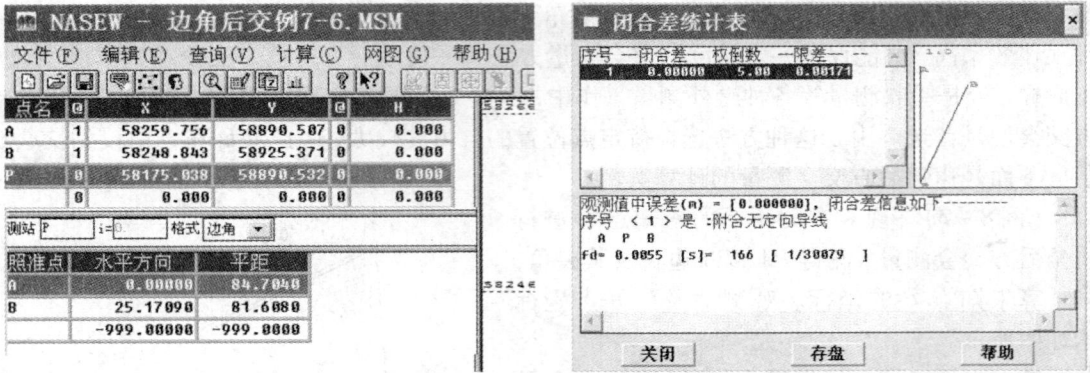

图 8 - 7　清华山维平差软件计算结果

任务 8 - 3　熟练掌握厂房施工过程测量

工业厂房的施工过程与测量工作大致如下：

1) 打桩。这是在软质土层上建房必须要进行的工序。在很多地区，现在主要使用静压管桩施工，设计图通常要求管桩的深度直达岩层或硬质持力土层。厂房的荷载通过柱子、地梁、承台向下传递给管桩，管桩再通过压强力和摩擦力传递给其底下持力层和周边的介质。与打桩相配合的测量工作主要就是桩孔放样定位（坐标定位或轴线控制定位），以及沉桩过程中的桩身轴线垂直度检测（吊锤球）和沉桩深度测量。

2) 基础施工。包括基坑（如果有的话）、承台坑、地梁槽开挖，承台、地梁、柱子的钢筋混凝土施工等，土方回填，±0 标高面以下的地板浇筑。相应的测量工作主要有承台边线、地梁边线、柱子边框线的定位放样。

3) ±0 以上的柱、梁、板、墙（承重墙，如果有的话）、楼梯的钢筋混凝土工程。测量放线主要负责柱、楼梯与承重墙（如果有的话）的定位放线工作。

4) 天面工程。如楼梯间、电梯间、设备间等。测量放线主要负责柱子的定位放线。

以下分别介绍施工过程中的一些最重要和主要的测量放样工作。

一、厂房柱列轴线测设

以前，在测设有矩形控制网的条件下，厂房柱列轴线的测设是根据厂房平面图上所注的柱间距和跨距尺寸，用钢尺沿矩形控制网各边量出其附近柱列轴线的控制点位置，打入大木桩，桩顶用小钉标示出点位，作为柱基测设和施工安装的依据。但是有了全站仪之后，测量员便无须施测矩形控制网，而直接将柱列轴线放样到实地。这里所称柱列轴线就是指设计图上的纵横控制轴线，纵轴一般用英文字母顺序表示，横轴用数字顺序表示，所以通常又称纵轴为字母轴，横轴为数字轴。"彩图 8 - 8"（见书后彩图插页）为某厂房其中一栋研发车间的桩基础设计平面图。图中命名标注的轴线纵轴有 3 条，横轴有 5 条，其余轴线未命名标注，未命名的轴线通常无须测设到实地（节省工作量）。

在没有开挖基坑之前，而且材料设备也没有进场时，要将图中的数字轴与字母轴测设到实地，并不是一件难事。只需将坐标轴的两端坐标取出并输入全站仪中，用全站仪坐标放样即可。如果材料设备已进场(桩机、挖机、车辆、建材等)、基坑或承台坑已经开挖,那么要将轴线放到实地就有相当的难度。此时还是建议按图 6 - 12 所示的新坐标放样办法进行轴线放样施测(可快速标定出轴线),同样为了工作方便,实际中往往测量放样出建筑物的偏移轴线(如偏移出轴线 1 m、半米)。

　　厂房柱列轴线(控制线)的测设首先是在基坑、承台开挖后进行一次,然后待基坑、承台、地梁等基础施工完毕、到达 ±0 标高位置时重新放样并核对检查。±0 地坪的部分轴线(控制线)可直接用全站仪独立坐标法施测,在地面放出两条主控制线(一般将位于建筑物中央附近的纵、横控制线视为主控制线)的端点和交叉点之后,应将仪器置于该交叉点,对纵、横轴的端点进行检查调整,确保两条主控制线相互垂直(端点偏差横向不超过 2 mm)。之后,便可以根据标准控制线往上一层一层传递,传递方法与前述相同,有吊铅垂球、开传递孔、激光投射、全站仪、GPS - RTK 等。

二、柱基测设

　　柱基指柱的基础。框架式建筑物主要依靠柱子承重,柱子立在承台之上,承台又依托在桩的顶部,桩深入地下直达基岩从而将重力传向地下深处。对柱基承台的测量就是要确定承台的边缘线,此边缘线是钢筋师傅捆扎摆放钢筋笼的参照位置,更是木工师傅装模定位的依据。承台的形状有正方形、矩形、六边形等,从彩图 8 - 8 可领略到承台的几种样式。

　　承台边框的放样方法可根据现场条件与承台的样式来确定。如果是矩形承台,可以借助轴线控制线用钢尺量距确定。如果是其他样式的承台,则直接用全站仪放到点位较快。如果综合考虑,用全站仪或 GPS - RTK 直接定点放样,或再配合钢尺量距,均能获得又快又好的效果。放样后应交换人员用钢尺进行全面检查,以确保放样的正确性和精度的可靠性(注:承台的精度不用太高,达到 1 ~ 2 cm 便可)。承台线的标定通常用白石灰划线。如果承台坑底渗水、泥浆没有及时排出、无法用石灰划线时,则可在承台线拐点处打下长铁钉标注。

三、其他部位测设

　　厂房其他部位测设主要有桩孔放样(打小木桩或铁钉系红绳)、承台上的柱子边框线放样定位(缠绕胶带)、地梁边框线的定位(混凝土垫层上弹墨线),承重墙的墙体边线定位(弹墨线)、电梯孔位(弹墨线)、楼梯踏步线(弹墨线)的放样定位等。高程定位有基坑、承台坑标高确定,±0 标高指示确定,每个楼层的层高测量检查,各层的 1 m 标高线指示定位,墙体轴线(或边线)放样,等等。

　　厂房基础桩施工(打桩)之前,有大量的桩位需要定位放样。由于每个桩孔位置必须测量放样到点位,因此不能按上述图 6 - 12 所示新坐标方法放样。桩孔一般数量较多,故通常用全站仪或 GPS - RTK 集中放样。

　　承台制作完成后,承台之上的柱子边框线、地梁边框线,也需要测量人员根据轴线控制线放样出来。地梁线放样精度介于承台与柱子之间,而柱子的测量施工精度要求是最高的(偏差最大不超过 5 mm)。各层柱子边框线的放样弹墨线工作,最好是在相应楼层的轴线控制线放样弹线完成的前提下,用钢尺量距定位进行。

　　所有的高程测量可用水准测量、静力水准测量、三角高程测量等方法。无论用何方法,须小心谨慎,做到步步有检查,核对无误才能供施工使用。楼层往上高程的传递可直接在传递孔用钢尺丈量，丈量须使用多个传递孔，再用水准测量方法在楼层上进行检查核对。

任务 8 - 4　熟悉了解厂房预制构件安装测量

在规模化的标准厂房施工生产中，为了降低成本、节省时间，通常先行对大量厂房构件尤其是对重复使用的构件进行预先制造，然后运输到施工现场组合安装。构件主要有钢制构件和钢筋混凝土构件。构件的组成部分主要有柱、梁、屋架，另有板、墙等铝制品构件。

一、柱子吊装测量

柱子安装是预制厂房预制构件安装中最重要的基础安装工作。柱子吊装之前应根据设计图纸全面检查柱基尺寸及柱基间距尺寸、轴线控制线尺寸。它们的准确可靠性对柱子的顺利安装起决定性作用，甚至影响到整个厂房构件的安装质量。

1. 柱子安装应满足的要求

柱子的生产质量偏差与生产时的模子安装制作偏差有关。对于运输到达现场的预制构件，尤其是柱、梁等重要预制构件，测量人员应加强检查核对。检核时可按《混凝土结构工程施工质量验收规范》《建筑安装工程施工及验收技术规范》等标准执行。

柱子的安装要求主要有以下几条：

1）柱子中心线应与相应的柱列轴线一致，其允许偏差为 ±5 mm。如果柱子截面尺寸与设计要求相差过大，尤其是柱子底端出现过大或过小的截面尺寸，则会导致柱子插入柱基杯口时无法插入到位或插入后缝隙过大。通常柱基的杯口仅较杯底大 2 ~ 3 cm（图 8 - 9 为 25 mm）。

2）牛腿顶面及柱顶面的实际标高应与设计标高一致，其允许误差为 ±（5 ~ 8 mm），柱高大于 5 m 时为 ±8 mm。图 8 - 10 中的牛腿顶部标高为 H_L（图中自柱基顶面计算）。

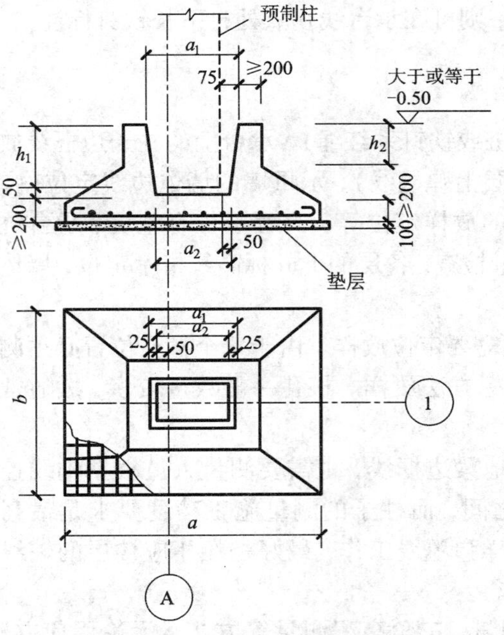

图 8 - 9　某厂房柱基设计平面图 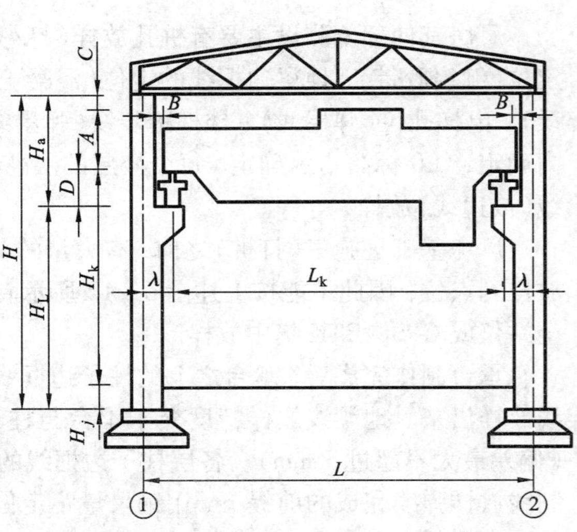　　　　图 8 - 10　厂房构件安装组成示意图

3)柱身垂直允许误差：安装好的柱子应用经纬仪检测或吊铅垂线检查。当柱高不大于 5 m 时为 ±5 mm；当柱高 5~10 m 时，为 ±10 mm；当柱高超过 10 m 时，则为柱高的 1/1000，但不得大于 15 mm。

2. 柱子安装前的准备工作

(1)投测柱列轴线

在杯形基础拆模以后，由柱列轴线控制桩(线)用经纬仪把柱列轴线投测在杯口顶面上(如图 8-11)，并弹出墨线，用红漆画上"▶"标志，作为吊装柱子时确定轴线方向的依据。当柱列轴线不通过柱子中心线时，应在杯形基础顶面上加弹柱中心线。此外，还要在各个柱基的杯口内壁，用水准仪测设一条一般为 -60 cm 的标高线(杯口顶面标高一般为 -50 cm)，并用"▼"表示。也可测设一条已知标高线，从该线起向下量取一

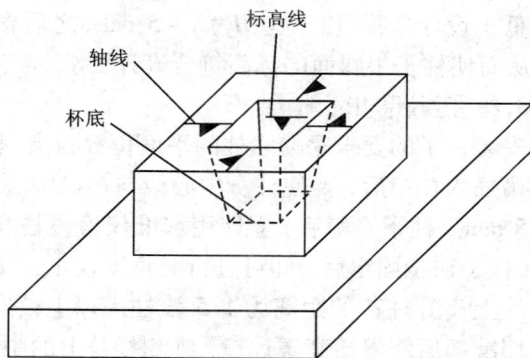

图 8-11　柱基弹线示意图

个整分米数即为杯底的设计标高，用以检查杯底标高是否正确，从而控制柱牛腿顶面的标高位置。

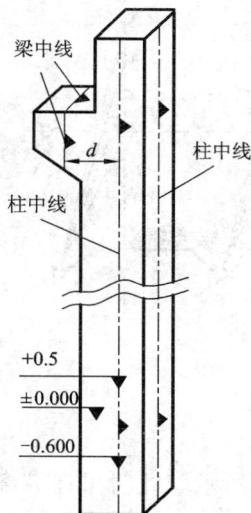

图 8-12　柱身弹线

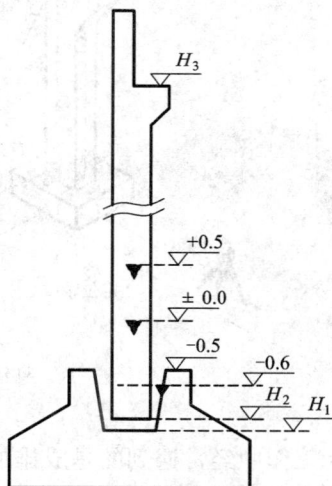

图 8-13　柱底找平

(2)柱身弹线

柱子吊装前，应将每根柱子按轴线位置进行编号，以便使柱子在吊装时能对号入座。在柱身的三个面上弹出柱中心线，在每条中心线的上端和近杯口处紧贴中心线用红色油漆画上"▶"标志，同时用"▼"标定出柱子上的相关标高位置，以供安装时照准与校对(如图 8-12)。注意标定标高时，须定出一条 +0.5 m 的标高线，以备将来浇灌混凝土地面之后可继续

使用(安装吊车梁、矮房墙体等)。

（3）柱身检查与杯底找平

如图 8 – 13 所示，为了保证吊装后的柱子牛腿面符合设计高程 H_3，必须控制柱子的底面标高位置 H_2。常用的工作方法是沿柱子中心线用钢尺量出 – 0.6 m 的标高线(此线可预先弹出)，此线与杯口内的 – 0.6 m 标高线进行比较，从而确定杯底找平厚度。浇筑杯底时，通常使其低于设计高程(设计为 H_2)3 ~ 5 cm，之后根据钢尺确定的找平厚度用水泥砂浆进行找平，从而使柱子牛腿面的标高符合设计要求。

3. 柱子安装时的测量工作

安装柱子的要求是使立柱的平面位置与高程均符合设计要求，同时保证柱身垂直。当柱子起吊插入杯口后，要使柱身中心线与杯口中心线对齐，用木楔或钢楔初步固定，容许误差为 ±5 mm。柱子立稳后，立即用水准仪检测柱身上的 ±0.000 m 标高线，其允许误差为 ±3 mm。柱子初步固定后，即可进行竖直度校正，校正方法如图 8 – 14(a)所示。在柱基的纵横中心线上离开柱基的距离为 1.5 倍柱高以上处安置两台经纬仪，用望远镜照准柱底中心线，固定照准部后缓慢抬高望远镜，观测柱身上的中心标志或所弹的中心墨线，若同十字丝竖丝重合，则柱子在此方向是竖直的；若不重合，则应调整使柱子垂直。柱子垂直度检查的允许误差参见表 8 – 1。

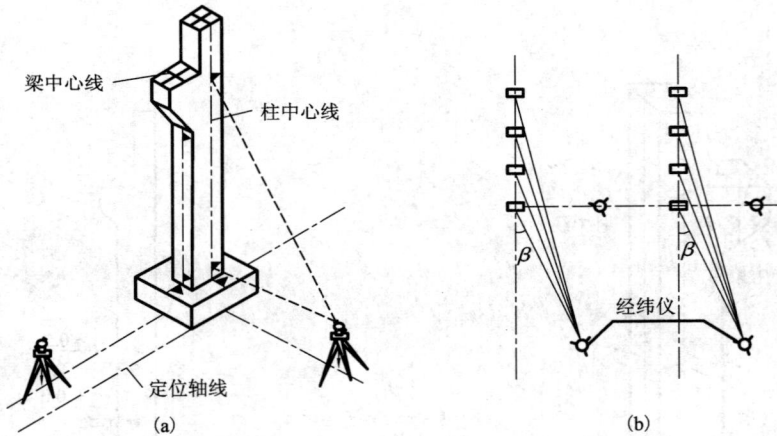

图 8 – 14　柱子竖直度检查校正

实际工作中经常遇到的是成排的柱子，如图 8 – 14(b)所示。此时可在偏离中心线 3 m以内，尽量靠近柱子轴线的地方安置经纬仪或全站仪，使 $\beta < 15°$，这样安置一次仪器便可校正几根柱子。此时应注意经纬仪不能瞄准杯口中线，而要瞄准柱底中线。对于截面变化的柱子，其柱身中心标志点则不在同一立面上，此时也只能将仪器安置在纵、横轴线方向上进行校正。

柱子校正以后，应检测柱子纵、横两个方向柱身的垂直度偏差值。满足要求后，要立即对柱杯灌浆，固定柱子位置。

4. 柱子垂直校正的注意事项

1)所用经纬仪必须严格校正，操作时，应使照准部水准管气泡严格居中。

2）校正时，除注意柱子垂直外，还应随时检查柱子中线是否对准杯口柱列轴线标志，以防柱子吊装就位后，产生水平位移。

3）对于截面变化的柱子，校正时经纬仪必须安置于相应柱子的轴线上。

4）在日照下校正，应考虑日照使柱顶向阴面弯曲的影响，为避免此影响，宜在早晨或阴天进行。当柱子长小于 10 m 时，一般可不考虑温差的影响。

二、吊车梁吊装测量

1.吊装前的准备工作

1）如图 8 – 15 所示，吊装前在吊车梁顶面及两端侧面上，弹出梁的中心线。同时在地面上，测设并弹出建筑轴线与吊车轨道中心线。通常吊车轨道中心线也是吊车梁中心线。

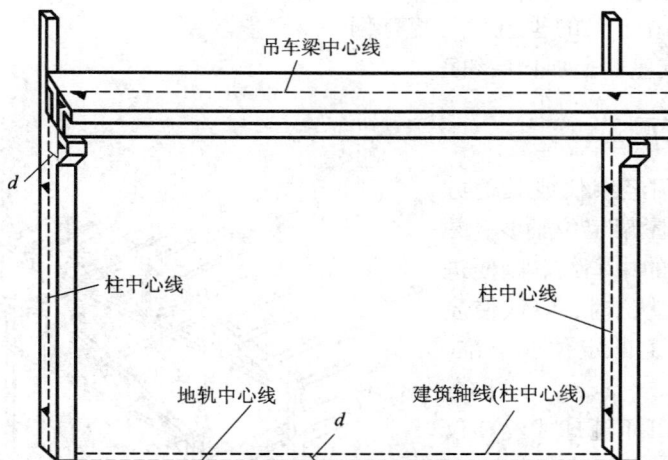

图 8 – 15 吊车梁预弹线

2）也可在地面轨道中心线上安置经纬仪，将地面轨道中心线投测到牛腿面上。吊装时，只需要使梁端中心线与牛腿面上的中心线吻合，吊车梁即就位。注意要在柱子上和地面上同时检查，梁的中心线与柱的中心线相距均为 d。

（3）根据柱面上 ±0.000 m 标高线，用钢尺沿柱面向上量出吊车梁顶面设计标高线，确保相应立柱的牛腿面标高一致（与设计相同）。

2.吊装时的测量工作

吊装前将各项测量工作准备就绪之后，吊装时的测量工作就显得轻松而愉快。吊车梁安装测量主要就是要求梁中心线与柱子中心线及地面轨道中心线三者的相互位置关系正确一致，梁间距一致，梁面标高一致。各自的允许误差可参见表 8 – 1，一般为 3 mm 左右。

3.吊装后的测量校正工作

吊车梁安装就位后，应根据柱面上控制吊车梁面的标高线对梁面进行测量检查。在保障安全的前提下，可置水准仪于吊车梁顶面上，检查梁面各位置的标高，如不能满足设计要求且相差太远时，应考虑调整。

吊车梁平面位置的校正，可用经纬仪在整个车间的两端将地面上定出的吊车梁中心线投测到两端的柱上，先检查校正整条吊车梁的两端（在矩形车间的长边方向可能包含数根吊车梁，如"图 8-16"所示）。然后，在已校好的吊车梁两端中心拉紧细钢丝线，中间发生偏离的吊车梁便一目了然。用撬棍或其他工具拨正中间各根吊车梁，使各吊车梁顶面中心线与细钢丝线重合从而达到设计位置。顶面中心线对定位中心线的位置偏差不得大于规范要求。此外还要检测两列吊车梁间的跨距，看是否符合设计要求。

图 8-16　吊车梁车间

在校正吊车梁平面位置时，可使用吊锤球的方法，同时检查吊车梁的垂直度，若有偏差，可在吊车梁的支座面上加垫层纠正。

三、屋架安装测量

屋架吊装前，用经纬仪或其他方法在柱顶面上放出屋架定位轴线，并应弹出屋架两端头的中心线，以便进行定位。屋架吊装就位时，应该使屋架的中心线与柱顶上的定位线对准，允许误差为 ±5 mm。

屋架的垂直度可用锤球或经纬仪进行检查。用经纬仪检查时，可在屋架上安装三把卡尺（图 8-17），一把卡尺安装在屋架顶中部附近，另外两把分别安装在屋架的两端。自屋架几何中心沿卡尺向外量出一定距离，一般为 500 mm，并作出标志。然后在地面上距屋架中线同样距离处安置经纬仪，观测三把卡尺上的标志是否在同一竖面内，若屋架竖向偏差较大，则用机具校正，最后将屋架固定。垂直

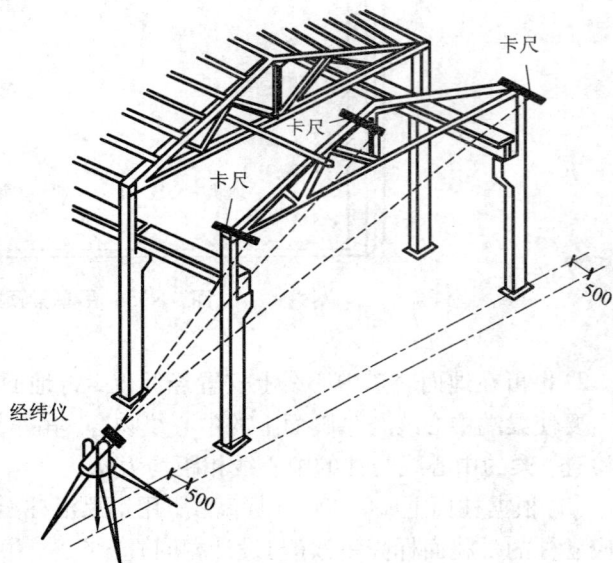

图 8-17　屋架安装测量

度允许偏差为：薄腹梁为 5 mm；桁架为屋架高的 1/250。"彩图 8-18"（见书后彩图插页）是屋架吊装的实景图。

任务 8-5　了解烟囱、水塔施工测量

烟囱和水塔均属于高耸构筑物，它们的筒身均为圆形。相比之下，烟囱可能更加高耸，而水塔的顶部具有储水设备（彩图 8-19）。不过，二者的施工测量过程大同小异，现主要以

烟囱为例加以说明介绍。

烟囱是一种特殊构筑物,其特点是基础面积小、主体高,因此不论是砖结构还是钢混结构,施工要求都很严格。当烟囱高度 H 大于 100 m 时,筒身中心线的垂直偏差应小于 $0.0005H$,烟囱砌筑圆环的直径偏差值不得大于 3 cm。烟囱施工测量的主要任务是严格控制烟囱中心的位置,保证烟囱主体的竖直度。以下介绍其施测步骤。

一、烟囱的定位

施工以前,根据烟囱的设计等级要求,进行必要的控制测量,控制测量用全站仪围绕烟囱四周建立边角控制网较好,建立时一方面须保证控制网的精度,另一方面须注意控制点间的通视情况,避免当烟囱修建起来后会降低通视条件而导致控制点间无法通视对后方向。在建好控制网的前提下,在实地放样定出烟囱的中心位置 O,打入大木桩,上部钉一小钉,以示中心精确点位。并同时在实地标定出烟囱的两条相互垂直的轴线,如图 8-20 所示。为了避免控制轴线因施工遭到破坏,可在轴线上多设置几个控制桩,并钉上小铁钉,各控制桩到烟囱中心 O 的距离,视烟囱高度而定,最远处的控制点可为烟囱高度的 1.5 倍左右。各桩应做成半永久性的,并妥善保存。同时用水准测量测出 A、B、C、D 各控制桩的高程,作为烟囱基础施工和筒身施工的高程依据。

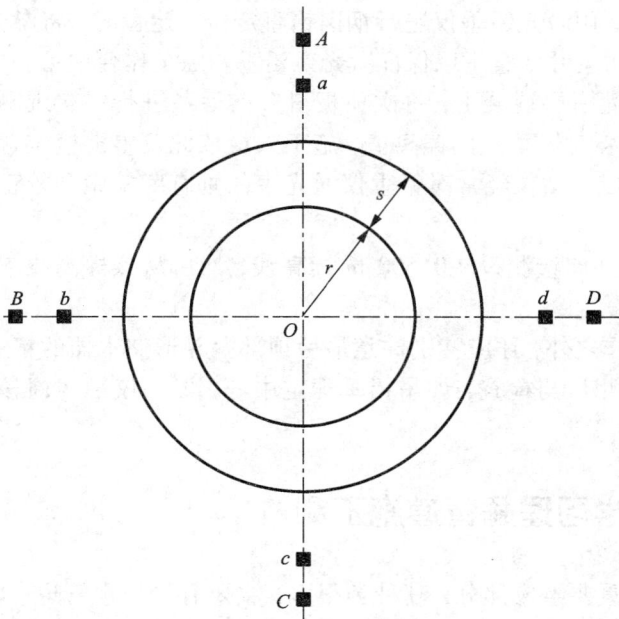

图 8-20　烟囱基础定位

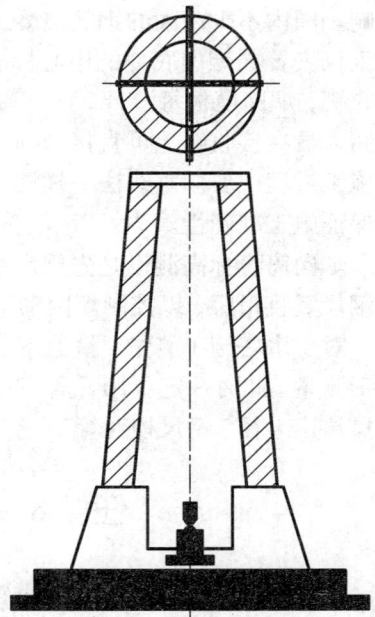

图 8-21　烟囱施工测量

二、基础施工测量

基坑的开挖方法依施工场地的实际情况而定。当现场比较开阔,时常采用"大开口法"进行施工。图 8-20 中以中心点 O 为圆心,以"烟囱底部半径 r + 烟囱厚度 s + 基坑放坡宽度"

为半径，在地面上用皮尺画圆并撒上灰线，标定挖坑范围。当挖到设计深度时，坑内测设水平桩作为检查坑底标高和垫层施工的依据。同时在基坑边缘的轴线上打上小木桩加铁钉精确定位（如图 8-20 中的 a、b、c、d 点），用于修坡和确定基础中心。

当烟囱基础的钢筋混凝土施工时，应在基础面上中心点处埋设钢筋十字标志。十字标志可根据定位轴线 ac、bd 交叉获得，然后用全站仪进行直接放样检查核对。中心点十字标志一经确定便不能再行移动，它是以后烟囱施工中作为竖向投点和控制烟囱半径的依据。

三、烟囱施工测量

在烟囱施工中，应随时将烟囱地面的中心点引测到施工的作业面上。高度不大的烟囱一般多采用锤球引测，如图 8-21 所示，在施工面上固定一根枋子，下悬 8~12 kg 的锤球（质量依高度而定），逐渐移动枋子，直到锤球对准中心点为止。一般情况砖烟囱每砌一步架（约 1.2 m）引测一次；混凝土烟囱升一次模板（约 2.5 m）引测一次；每升高 10 m，要用经纬仪或全站仪检查一次。检查时把仪器安置在控制桩 A、B、C、D 上，瞄准相应定位桩 a、b、c、d，用盘左、盘右分中法，分别把各轴线投测到施工面上并做标记，然后按标记拉两根小线绳，其交点即为中心点。定出中心点后，与锤球引测的中心点相比较，以作检核，并以经纬仪新引测标定的中心点为准，校正施工中心位置。工作前注意检校仪器使仪器视准轴与横轴严格垂直，安置仪器与烟囱相距应大于已施工高度的 1.5 倍，以此控制倾角对视准轴误差的影响。国内不少高大的钢筋混凝土烟囱，用激光铅垂仪进行烟囱铅直定位。定位时，将激光铅垂仪安置在烟囱底部的中心标志上，并对中、整平以保证激光束铅垂。在工作台中央安置接收靶，烟囱模板每滑升 25~30 cm 浇灌一层混凝土，每次模板滑升前后各进行一次观测。观测人员在接收靶上可直接得到滑模中心对铅垂线的偏离值，施工人员依此调整滑模位置。在施工过程中要同垂线法一样用经纬仪或全站仪经常对铅垂仪激光束的垂直度检验和校正，以保证施工准确性。

烟囱筒身标高测设是先用水准仪在烟囱壁测设 +0.500 m 标高线，然后从该标高线起，用钢尺竖直量距，以控制烟囱砌筑的高度。

对于水塔施工测量，除上述各项工作之外，还应特别注意最后顶部漏斗形储水器的精密施工测量，此时一定要用几种方法进行测量与检查，如吊铅垂球定中心、经纬仪轴线检核、木尺坊定半径、钢尺校对等。

任务 8-6   学习理解管道施工测量

管道工程是工业建设和城市建设的重要组成部分，其种类很多，主要有给排水管道、煤气管道、热力管道、输油管道、通讯管道和其他工业管道。为了合理地敷设各种管道，应首先进行规划设计，确定管道中线的位置并给出定位的数据，即管道的起点、转向点、终点的坐标、高程。然后将图纸上所设计的中线测设于实地，作为指导施工的依据。施工测量的主要任务，就是按工程进度的要求向施工人员随时提供中线方向和标高位置。

一、准备工作

（1）熟悉图纸和现场情况

施工前要收集管道测设所需要的管道平面图、断面图、附属构筑物图及相关资料，并熟悉和核对设计图纸，了解精度要求和工程进度安排；进入施工现场熟悉地形环境；对已有的地下管道进行调查，以免破坏造成不必要的损失；找出各控制桩点的位置，如测量控制点密度不够，需进行补充导线控制测量或 GPS – RTK 控制测量。

（2）校核中线

如果设计阶段在地面上标定的中线位置与施工所需要的中线位置相同，且各桩点完好，则仅需检核原设计中线，不重新测设。如有部分桩点丢损或部分施工中线有所变动，则根据设计资料重新恢复旧点或按改线资料测设新点。

（3）加密水准点

为了在施工过程中便于引测高程，应根据设计阶段布设的水准点，在沿线附近每隔约 150 m 增设临时水准点。

二、地下管道放线

（1）测设施工控制桩。在施工时，中线上的各桩将被挖掉，应在不受施工干扰、便于引测和保存点位处测设中线控制桩（见图 8 – 22），用以恢复管道中线；测设地物位置控制桩，用以恢复管道附属构筑物的位置。中线控制桩的位置，一般是测设在管道起止点及各转点处中心线的延长线上，附属构筑物控制桩则测设在管道中线的垂直线上。

（2）槽口放线。管道中线控制桩定出后，就可根据管径大小、埋设深度以及土质情况，决定开槽宽度，并在地面上钉上边桩，然后沿开挖边线撒出灰线，作为槽口开挖的边界范围线（图 8 – 22 中的开挖线）。

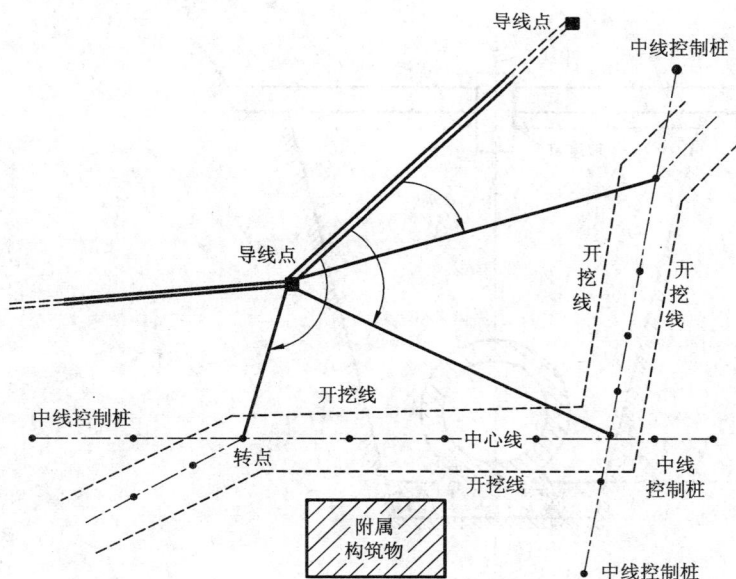

图 8 – 22 管道施工放线

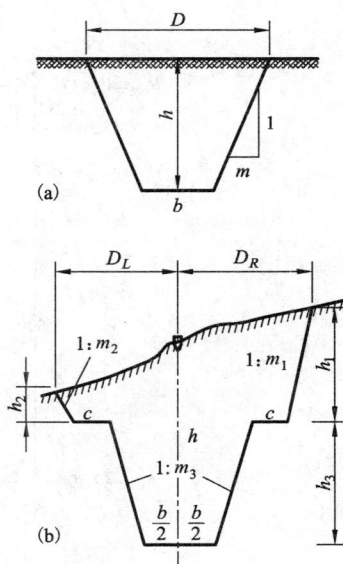

图 8 – 23 槽口放边线

如图 8 – 23（a）所示，若横断面上坡度比较平缓，开挖宽度可用下列公式计算：

$$D = b + 2mh \qquad (8-1)$$

式中，D 为槽口宽度；b 为槽底宽度；h 为中线上的挖土深度；m 为管槽放坡系数。

若横断面倾斜较大，如图 8-23(b)所示，则中线两侧槽口宽度就不一致，半槽口宽度应分别按下式计算：

$$\left. \begin{array}{l} D_L = \dfrac{b}{2} + m_2 h_2 + m_3 h_3 + c \\[2mm] D_R = \dfrac{b}{2} + m_1 h_1 + m_3 h_3 + c \end{array} \right\} \qquad (8-2)$$

各符号的含义如图 8-23(b)所示。

三、地下管道施工测量

管道的埋设要按照设计的管道中线和高程(坡度)进行，因此施工中应有测量工作人员紧紧跟随，随时指导与检查管线平面定位与管底高程的正确性，必要时在管道之上或其旁边设置施工测量标志，以方便施工人员随时掌握管道中线方向与管底高程位置。传统的有坡度板法和腰线桩法。

1. 坡度板法

如图 8-24 所示，在初步开挖好的槽沟中用一块厚木板跨盖固定在槽口之上，称之为坡度板。在坡度板旁边再钉一块高程板。沿管道中线 10~20 m，以及曲线管道处、检查井处、支线井处均应设置坡度板。用全站仪将管道中线恢复测设到坡度板上，并钉小钉标定其位置，此钉叫中线钉。各坡度板中线钉的连线标定了管道的中线方向。在连线上吊锤球，可将中线位置投测到管槽内，以控制管道中线。

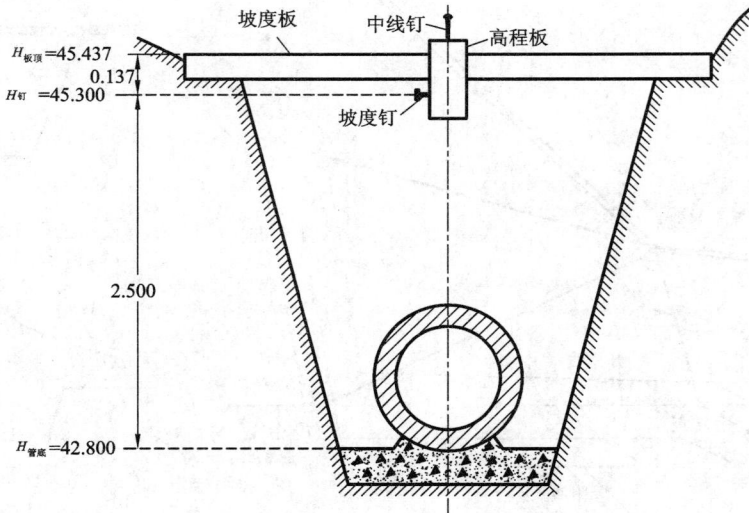

图 8-24　坡度板法放样

用水准仪测出各坡度板顶的高程。根据管道设计坡度，计算出该处管道的设计高程，则坡度板顶与管道设计高程之差就是从坡度板顶往下开挖的深度，通称下返数。该下返数往往不是一个整数,并且各坡度板的下返数都不会相同,施工、检查也不方便,因此,为使下返数成为一个整数 C,必须计算出每一坡度板顶向上或向下的调整数 δ。公式为:

$$\delta = C - (H_{板顶} - H_{管底}) \qquad\qquad (8-3)$$

式中,$H_{板顶}$ 为板顶实测高程;$H_{管底}$ 为管底设计高程。

根据计算出的调整数(向上 δ 为正、向下 δ 为负),用小钢尺量距在高程板上钉上小钉,该小钉称为坡度钉(图 8-24)。相邻坡度钉的连线即与设计管底坡度平行,且相差为选定的下返数 C。利用这条线来控制管道坡度和高程,便可随时检查槽底是否挖到设计高程。如挖深超过设计高程,不允许回填土,只能加厚垫层。

【例 8-3】 图 8-24 为某管道 0+000 位置的槽口高程板设置示意图,自 0+000 开始沿桩号增加方向的管道设计坡度为 -3‰,水准仪测出的各坡度板顶高程列入表 8-3 中第 5 栏,选择下返数为 2.5 m,试计算各整 10 m 桩的坡度钉调整数及各坡度钉的高程。

解 先根据图 8-24 中 0+000 的管底设计高程 42.800 m,以及表 8-3 中第 2 栏的距离和第 3 栏的坡度,计算出各桩号处的管底设计高程列入第 4 栏。如 0+000 至 0+010 之间距离为 10 m,则 0+010 的管底设计高程为 $42.800 + 10i = 42.800 - 0.030 = 42.770$ m。其余计算见表 8-3 各栏。

表 8-3 管道施工坡度钉测设计算手簿

桩号	距离 /m	坡度 i	管底高程 $H_{管底}$/m	板顶高程 $H_{板顶}$/m	$H_{板顶} - H_{管底}$ /m	选定下返数 C	调整数 δ/m	坡度钉高程 /m
1	2	3	4	5	6	7	8	9
0+000			42.800	45.437	2.637		-0.137	45.300
0+010	10		42.770	45.383	2.613		-0.113	45.270
0+020	10		42.740	45.364	2.624		-0.124	45.240
0+030	10	-3‰	42.710	45.315	2.605	2.5 m	-0.105	45.210
0+040	10		42.680	45.310	2.630		-0.130	45.180
0+050	10		42.650	45.246	2.596		-0.096	45.150
0+060	10		42.620	45.268	2.648		-0.148	45.120
…	…		…	…	…		…	…

高程板上的坡度钉是控制高程的标志,所以在坡度钉钉好后,应重新进行水准测量,检查是否有误。施工中容易碰到坡度板,尤其在雨后,坡度板可能有下沉现象,因此还要定期进行检查。

【温馨提示】 为了保障坡度板的稳定可靠,坡度板不应作为人行使用。实际施工时,可于坡度板边再搭数根条板(如工字形钢板、木板、树材等),方便测量时站立。

2. 腰线桩法

当现场条件不便采用坡度板时,对精度要求较低的管道,可用本法测设施工控制标志。

开工之前,在管道中线一侧或两侧设置一排平行于管道中线的轴线桩,桩位应落在开挖槽边线以外,如图 8-25 所示。平行轴线离管道中线为 a,各桩间距以 10~20 m 为宜,各检查井位也相应地在平行轴线上设桩。

为了控制管底高程，在槽沟坡上（距槽底约 1 m）打一排与平行轴线桩相对应的桩，这排桩称为腰桩，如图 8－26 所示。在腰桩上钉一小钉，并用水准仪测出各腰桩上小钉的高程、小钉高程与该处管底设计高程之差 h，即为下返数。施工时只需用水准尺量取小钉到槽底的距离，与下返数比较，便可检查是否挖到管底设计高程。

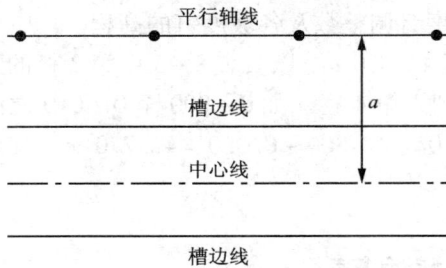

图 8－25　平行轴线放样　　　　　　　　　图 8－26　腰桩法设置示意图

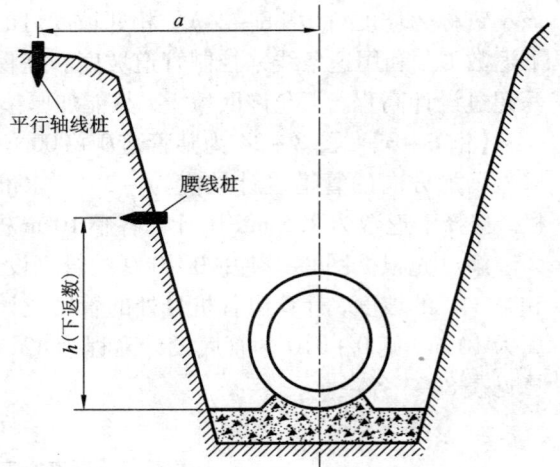

腰桩法施工和测量都较麻烦，且各腰桩的下返数不一，容易出错。为此，实际中还需进一步做如下的工作：选定到管底的下返数为某一整数，并计算出各腰桩的高程；用小钢尺上下量距测设出各腰桩并用小钉标明位置。此时各桩小钉的连线便与设计坡度线平行，并且小钉的高程与管底设计高程之差为一常数。

【温馨提示】　无论是坡度板法还是腰线桩法，在进行水准高程坡度放线时，均可采用模块 6 中图 6－7 所示办法进行坡度线的放样测量，或对所放坡度线的一致性进行检查。

四、架空管道施工测量

架空管道是指在地面修建支架基础，然后在支架上安置的管道。架空管道的施工工作主要有地面基础施工和支架管道安装施工。支架基础的施工需要相应的测量工作给予定位指导，如支架路线的线路测设、基础（桩孔）定位、高程定位等，支架安装时也应进行平面和高程的定位。"彩图 8－27"（见书后彩图插页）为某架空管道部分景观图。

架空管道线路主点的测设与地下管道相同，架空管道的支架基础开挖测量工作和基础模板的定位与厂房柱子基础的测设相同，架空管道安装测量与厂房构件安装测量基本相同。架空管道的空间定位情况一般比较复杂，受沿途地形地物限制较多，因此测量工作需认真对待，决不能仅靠目测随便应付。每个支架的中心测量桩在开挖基础时通常会被挖掉破坏，因此必须将其位置引测到旁边的控制桩或已有的墙、柱上。根据这些控制点位可随时确定开挖边线，进行基础施工。

五、顶管施工测量

顶管施工是一种不开挖或者少开挖地面土层的管道埋设施工技术。当管道穿越铁路、公路或重要建筑物时，为了避免阻碍交通和房屋拆迁就必须采用顶管施工方法。根据管径大小（80～400 cm 左右）、埋管深度（数米至数十米）、地下土壤组成（土质坚硬程度、稳定性）、对地表变形要求（地表是否有建筑设施）等不同情况，可以选择各种不同的顶管施工工艺，如土压式、泥水加压式、开挖式、挤压式（该方式适用于小直径管且土质松软的情况）等。其主要工作原理是：先在管线一端或两端事先向下挖好垂直工作坑。垂直工作坑通常有方形和圆形两种，"彩图 8－28"（见书后彩图插页）为圆形垂直工作坑。在坑内安置导轨，借助于顶进设备的顶推力把工具管或掘进机沿导轨往前推进（"彩图 8－29"，见书后彩图插页），再用人工或机械挖掘泥土并将土方运走（图 8－30），地下管道则紧随工具管或掘进机跟进埋设。由于该方法的核心是将管材沿管道中线方向顶入土中，然后将管内的土方挖出来。因此，顶管施工测量主要是控制好顶管的中线方向和高程。

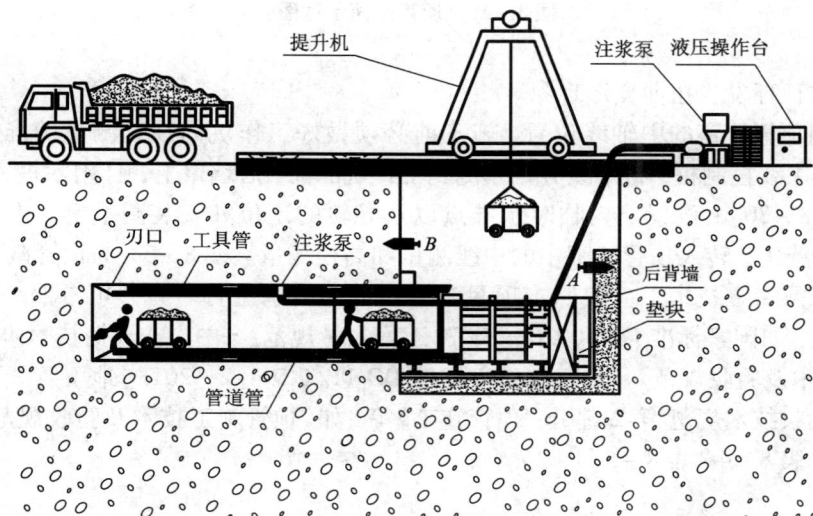

图 8－30　顶管施工流程示意图

顶管施工产生偏差的原因有很多，主要有以下各种：
①工作坑内导轨发生偏差；
②土层类型变化；
③顶管段地下水状况变化；
④顶管推进速度过快或过慢；
⑤顶管施工方法不妥，或遇上软土或流砂，使顶管施工产生偏差；
⑥顶管施工过程中遇着大石块、桩基础或其他障碍物，造成偏差；
⑦顶管长度越长，产生偏差的可能性越大；
⑧主油缸油封漏油，顶进力不均衡；
⑨后背墙变形严重；

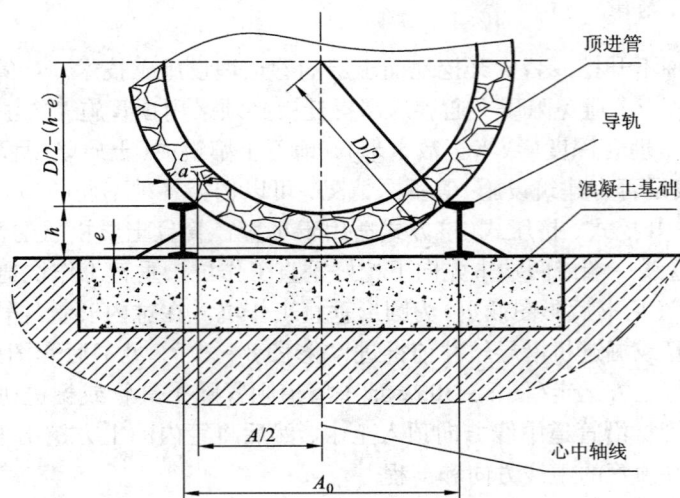

图 8 – 31　顶管截面示意图

⑩顶铁或顶环发生扭曲变形现象。

为了控制顶管管道的中轴线位置，施工前必须做好工作坑内顶管测量的准备工作。例如，设置顶管中线控制桩，将中线分别投测到工作坑的前、后墙壁上，且用木桩 *A*、*B* 及铁钉作好标志(图 8 – 30)；设置坑内临时水准点以及导轨的定位和安装测量等。准备工作结束后，便可进行施工，转入顶管施工中的中线测量和高程测量。图 8 – 31 为顶管截面示意图。

顶管施工测量在技术上应按照本项目施工设计的要求进行。另外可参照一些国家、行业、地方标准，如国家标准 GB 50026—2007《工程测量规范》、中国非开挖技术协会行业标准《顶管施工技术及验收规范》、北京市地方标准 DB 11/T 594.2—2013《地下管线非开挖铺设工程施工及验收技术规范 第 2 部分：顶管施工》等，如《顶管施工技术及验收规范》中相关的精度要求。见表 8 – 4、表 8 – 5。

表 8 – 4　槽段开挖成形允许偏差/mm

项目	允许偏差
轴线位置	30
成槽垂直度	< *H*/300
成槽深度	清孔后不小于设计规定

注：1.轴线位置偏差指成槽轴线与设计轴线位置之差；2. *H* 为成槽深度(mm)。

顶管工作坑及装配式后座墙面应与管道轴线垂直，其施工允许偏差应符合表 8 – 5 中的规定。

表 8 - 5　工作坑及装配式后座墙的施工允许偏差/mm

项目		允许偏差
工作坑每侧	宽度	不小于施工设计规定
	长度	
装配式后座墙	垂直度	$0.1\%H^*$
	水平扭转度	$0.1\%L^{**}$

《地下管线非开挖铺设工程施工及验收技术规范 第 2 部分：顶管施工》相应的精度要求见表 8 - 6、表 8 - 7。

表 8 - 6　顶进排水管(钢筋混凝土管、玻璃纤维增强塑料夹砂管)允许偏差

项目		允许偏差/mm	检验频率		检验方法
			范围	频率	
中线位移	$D < 1500$	$\leqslant 30$	每节管	1	用经纬仪测量
	$D \geqslant 1500$	$\leqslant 50$			
管内底高程	$D < 1500$	$[-20, +10]$	每节管	1	用水准仪测量
	$D \geqslant 1500$	$[-30, +20]$			
相邻管间错口	玻璃纤维增强塑料夹砂管	$\leqslant 2$	每口接口	1	用尺量
	钢筋混凝土管	$\leqslant 20$			

表 8 - 7　顶进给水、电力、燃气、热力、通信等管道或其套管允许偏差

项目		允许偏差/mm		检验频率		检验方法
		钢筋混凝土管、玻璃纤维增强塑料夹砂管	钢管	范围	频率	
中线位移		$[-50, +50]$	$[-130, +130]$	每节管	1	用经纬仪测量
管内底高程	$D < 1500$	$[-40, +30]$	$[-60, +60]$	每节管	1	用水准仪测量
	$D \geqslant 1500$	$[-50, +40]$	$[-80, +80]$			
相邻管间错口	玻璃纤维增强塑料夹砂管、钢管	$\leqslant 2$		每个接口	1	用尺量
	钢筋混凝土管	15%壁厚，且$\leqslant 20$				

注：表内 D 为管内径(mm)。

在顶管施工过程中，所要进行的日常测量工作主要是管道的中轴线测量(简称中线测量)和高程测量。

中线测量就是将工作坑中的中线沿工作面方向连续延长。实际中可在沿线铺设好的管道

顶部布置中线控制点，点上可挂锤球，锤球的连线即为管道中线方向。标定掘进面的方向位置时，可在掘进面附近的管道内前端，水平放置一根带水准器的木尺，木尺长度略小于管径大小并打横放置，读数刻划以中央为零向两端增加。如果锤球连线通过木尺零点，则表明顶管在中线上。若左右偏出过大（如表 8－36、8－37 中规定有 3 cm、5 cm）时，则需要进行施工方向校正。另外，可同时用激光经纬仪或激光水准仪来指示标定掘进方向。当掘进达到一定长度时，须用经纬仪自始至终进行精确测量核对检查。为了保证施工质量，开始时每顶进0.5 m，便进行一次中线测量和高程测量。对于曲线形式的线路顶管工程，则须进行相应级别的导线测量，以满足顶管施工精度要求。

高程测量是置水准仪于工作坑内，以坑内水准基点为后视点，在管内待测点上竖一根小于管径的标尺为前视点，将所测得的高程与设计高程进行比较，其差值超过设计要求或规范规定时，就需要进行校正。

另外，《地下管线非开挖铺设工程施工及验收技术规范 第 2 部分：顶管施工》还有如下规定：

1）对于管道中线平面位置，无论用什么仪器测定轴线偏差，最后均要进行起止点坐标闭合测量，闭合差须在允许范围内（水平角闭合差 $\pm 60\sqrt{n}$，长度相对闭合差 1/1000）。

2）与设计值比较，全站仪测量管内底的高程偏差，其允许偏差为 $20\sqrt{D}$（D 为距离值，以km 计）。

3）用水准仪测管内底的高程偏差，允许偏差为 $30\pm\sqrt{L}$（L 为路线长度，以 km 计）。

4）采用手工掘进时，工具管进入土层，在顶进 10 m 范围内，每顶进 500 mm 要测量其轴线平面和高程一次（允许偏差为轴线 3 mm，高程 3 mm，如超过应采取措施纠正），顶管进入土层后正常顶进时，每顶进 1000 mm 要测量轴线和高程一次（允许偏差为轴线每节管 50 mm，管内底高程 +40 mm，－50 mm），并连续绘制工具管测点的行进轨迹，尽早掌握偏差发展趋势，不失时机地进行纠偏，避免顶管施工轴线上下左右过分弯曲。

5）如施工轴线平面或高程偏差，达到 20 mm 时就应纠偏，纠偏的方法有如下几种：

①挖土校正法。

对于逐渐积累的偏差，可采用挖土方法纠正，即从顶管施工的高程偏差上看，顶管正偏差多挖，负偏差少挖或不挖；从顶管施工轴线偏差上看，偏差一侧少挖，另一侧多挖。挖土校正法适用于积累偏差 30 mm 内的纠偏和含水量低的黏性土类，或地下水位以上的砂土层中，或者开挖工作面土层是稳定的土类。

②工具管校正法。

工具管靠尾部圆周均匀布设四个校正千斤顶（纠偏油缸），纠偏油缸一端与工具管连接，另一端与后节钢筋混凝土管的端面为后座，以调节工具管的方向。此时最大纠偏角度按接缝宽度不大于 30 mm 为宜。

③主压千斤顶校正法。

当顶距较短（小于 15 m）时，如发现轴线有偏差，可以利用主压千斤顶进行校正。例如：管轴线向右偏时，可将管口处右侧的顶铁比左侧顶铁加长 10～15 mm，当千斤顶向前推进时，右侧顶力大于左侧，从而校正右侧的偏差。

任务 8 - 7　桥梁工程施工测量概述

进入 21 世纪以来，随着高速铁路、高速公路建设的兴旺发达，桥梁工程也迅速向高、大、上的势头发展，大型、特大型桥梁层出不穷。桥梁属于构筑物，是交通线路工程中的组成部分。线路工程中的曲线测设问题可以参见模块 6，这里主要介绍桥梁施工中的一些工作要求、工作方法、工作过程。

一、施工控制网的建立

对于跨度较小的桥梁，可直接利用勘测阶段所布设的等级控制点作为桥梁施工测量的控制点，但必须经过复测并满足相应要求。对于较大型桥梁，则须建立桥梁施工专用的加密控制网，以满足桥梁施工各个阶段的测量精度要求。控制网建立好后，还需与桥梁两端之外适当位置的道路控制点联测，以确保桥梁与道路的精准衔接。桥梁施工控制网精度等级的选择，可按《工程测量规范》(GB50026—2007)中的要求执行，如表 8 - 8 所示。

表 8 - 8　桥梁施工控制网等级的选择

桥长 L/m	跨越的宽度 l/m	平面控制网的等级	高程控制网的等级
$L > 5000$	$l > 1000$	二等或三等	二等
$2000 \leqslant L \leqslant 5000$	$500 \leqslant l \leqslant 1000$	三等或四等	三等
$500 < L < 2000$	$200 < l < 500$	四等或一级	四等
$L \leqslant 500$	$l \leqslant 200$	一级	四等或五等

注：①L 为桥的总长。②l 为跨越的宽度指桥梁所跨越的江、河、峡谷的宽度。

施工平面控制网可采用 GPS 网、三角形网（边角网）、导线网等形式，并用不同方法进行检测。网的边长可按主桥轴线长度的 $0.5 \sim 1.5$ 倍考虑。

高程控制网一般布设成水准网。水准网沿江河两岸均匀布设，条件允许时，可在桥梁中间沿线布点，形成统一的高程控制系统。跨越江河时，两岸最少各有三个控制点，并应进行跨河水准测量，形成统一控制网络。网络建设过程中可用不同方法进行检核，如可利用高精度的静态 GPS 高程、精密三角高程，对水准网成果进行检测核对。

对于工期较长的桥梁工程，无论是平面控制网还是高程控制网，在使用过程中均须进行定期检测，检测精度不低于首次测量的精度。

二、桥梁基础施工测量

无论何种类型的桥梁，都离不开位于桥梁地下基础的承载。这些基础有时位于江河两岸，有时位于河水或海水的水体中间，工作前应仔细阅读施工设计图纸，制订施工测量方案，确定出测量放样的方法。平面施工放样可用极坐标法、交会法、GPS 法等等，高程放样用水准测量、三角高程等。无论用什么方法，都要有检查手段核对。基础施工测量的允许误差见《工程测量规范》(GB50026—2007)中的规定，如表 8 - 9 所示。

表 8-9　桥梁基础施工测量的允许偏差

类别	测量内容		测量允许偏差/mm
槽注桩	基础桩桩位		40
	排架桩桩位	顺桥纵轴线方向	20
		垂直桥纵轴线方向	40
沉桩	群桩桩位	中间桩	$d/5$，且 $\leqslant 100$
		外缘桩	$d/10$
	排架桩桩位	顺桥纵轴线方向	16
		垂直桥纵轴线方向	20
沉井	顶面中心，底面中心	一般	$h/125$
		浮式	$h/125 + 100$
垫层	轴线位置		20
	顶面高程		$0 \sim -8$

注：①d 为桩径(mm)。②h 为沉井高度(mm)。

三、桥梁上、下部构造施工测量

除了基础之外，桥梁一般还有墩台(桥墩、桥台，统称下部结构)、桥跨结构(含承重结构和桥面系，也称上部结构)。墩台施工的测量放样精度见表 8-10，上部结构的施工测量要求见表 8-11。

表 8-10　桥梁下部构造施工测量的允许偏差

类别	测量内容		测量允许偏差/mm
承台	轴线位置		6
	顶面高程		±8
墩台身	轴线位置		4
	顶面高程		±4
墩、台帽或盖梁	轴线位置		4
	支座位置		2
	支座处顶面高程	简支梁	±4
		连续梁	±2

表 8 - 11　桥梁上部构造施工测量的允许偏差

类别	测量内容		允许偏差/mm
梁、板安装	支座中心位置	梁	2
		板	4
	梁板顶面纵向高程		±2
悬臂施工梁	轴线位置	跨距小于或等于 100 m 的	4
		跨距大于 100 m 的	L/25000
	顶面高程	跨距小于或等于 100 m 的	±8
		跨距大于 100 m 的	±L/12500
		相邻节段高差	4
主拱圈安装	轴线横向位置	跨距小于或等于 60 m 的	4
		跨距大于 60 m 的	L/15000
	拱圈高程	跨距小于或等于 60 m 的	±8
		跨距大于 60 m 的	±L/7500
腹拱安装	轴线横向位置		4
	起拱线高程		±8
	相邻块件高差		2
钢筋混凝土索塔	塔柱底水平位置		4
	倾斜度		H/7500，且≤12
	系梁高程		±4
钢梁安装	钢梁中线位置		4
	墩台处梁底高程		±4
	固定支座顺桥向位置		8

注：①L 为跨径（mm）。②H 为索塔高度（mm）。

练习题 8

1. 工业建筑施工测量中，下列表述正确的有_____。

A. 工业建筑总的放样测量程序与民用建筑基本相同；

B. 对于装配式的工业建筑，其施工测量的工作目的是要保证各种现浇混凝土构件准确安装到位；

C. 厂房测区的平面控制测量工作可以用导线、三角形网，或用 GPS 定位测量均可；

D. 工业建筑的柱框线弹线与民用建筑的柱框线弹线完全是不同的；

E. 柱基便是指立柱的基础，即依托于基础桩的承台；

F. 牛腿面是用来承托吊车梁和屋架梁的；

G. 烟囱与水塔的施工测量基本相同，都是为了保证其中线的垂直可靠性；

H. 管道施工中的槽口边线与管道的开挖边线并不相同；

I. 顶管施工测量中最重要的是保证管道中轴线的平面精度和管底的高程精度；

J. 顶管施工中的导线测量必须按一级导线精度进行；

K. 桥梁一般由基础、墩台、桥跨组成。基础指墩台基础，即桥的全部荷载传至地基底部的结构部分。墩台指桥墩、桥台，统称下部结构。桥跨结构含承重结构和桥面系，也称上部结构。

2. 某工业建筑项目共有 7 栋建筑，其中 6 层高的研发综合楼 3 栋，4 层高的生产用房 2 栋，1 层高的装配式大车间 2 栋，其中有一栋生产用房有一面积约 300 平方米的消防用地下水池。试述从桩基础施工至楼房封顶完工及投入使用两年内，所要进行的各项测量工作。

3. 某现浇混凝土施工厂房从二层升至三层，介绍测量人员所要完成的各项工作任务。

4. 厂房预制构件安装中，如何进行柱子的竖直校正？应注意哪些问题？

5. 试述吊车梁的吊装测量工作。吊车梁吊装后，有哪些检验项目？

6. 烟囱施工测量有哪些特点？某烟囱地面直径为 5 m，高 90 m，周边无障碍物，在 300 m 之外有两个等级控制点，请制订施测方案。

7. 何谓高程板法，何谓腰线桩法？简述地下管道施工测量的全过程。

8. 结合案例（可网上百度查找地铁施工案例），简述顶管施工测量的全部过程。

9. 表 8 - 12 中，已知管道起点 0 + 000 的管底高程为 41. 72 m，管道坡度为 10‰ 的下坡，计算表中各坡度板处的管底设计高程，并按实测的板顶高程选定下返数 C，再根据选定的下返数计算各坡度板顶高程的调整数 δ 和坡度钉的高程。

表 8 - 12　坡度钉测设手簿

桩号	距离 /m	坡度	管底设计高程 $H_{管底}$/m	板顶高程 $H_{板顶}$/m	$H_{板顶} - H_{管底}$ /m	选定下 反数 C	调整数 δ	坡度钉高程 /m
1	2	3	4	5	6	7	8	9
0 + 000			41. 72	44. 310				
0 + 020				44. 100				
0 + 040				43. 825				
0 + 060				43. 734				
0 + 080				43. 392				
0 + 100				43. 283				
0 + 120				43. 051				

10. 管道施工测量中的腰桩起什么作用？在 No5 ~ No6 两井（距离为 50 m）之间，每隔 10 m 在沟槽内设置一排腰桩，已知 No5 井的管底高程为 135. 250 m，其坡度为 -8‰，设置腰桩是从附近水准点（高程为 139. 234 m）引测的，选定下返数为 1 m，设置时，以水准点作后视读数为 1. 543 m，求表 8 - 13 中各腰桩的前视读数为多少？

表8-13 腰桩测设手簿

井和腰桩编号	距离/m	坡度	管底高程/m	选定下反数 C	腰桩高程/m	起始点高程/m	后视读数	各腰桩前视读数
1	2	3	4	5	6	7	8	9
No5(1) 2 3 4 5 No6(6)			135.250					

模块9　建筑物变形测量及竣工图测绘

【教学目标】了解建筑物变形观测的特点，对于高层建筑、重要厂房、高耸构筑物及地质不良地段的建筑物，都要进行较长时期的、系统的沉降观测和倾斜观测。掌握变形观测中水准点位置的选择、测量的精度要求，确定建筑物的下沉量及下沉规律。了解竣工图测绘的方法及过程。

【技能抽查】沉降变形测量、倾斜变形测量、裂缝与位移变形测量。竣工总平面图的编绘内容与方法。

任务9-1　建筑物变形观测概述

一、变形观测的概念

近几十年来，随着我国经济建设的快速发展，各地兴建了大量的工业与民用建筑物、水工建筑物、高大建筑物以及为开发地下资源而兴建的工程设施，安装了许多精密机械、导轨，以及科学试验设备和设施等。由于各种因素的影响，在这些工程建筑物及其设备的运营过程中，都会产生变形。这种变形在一定限度之内是正常的，但如果超过了规定的界限，就会影响建筑物的正常使用，严重时还会危及建筑物的安全。因此，在工程建筑物的施工和运营期间，必须对它们进行监测，即变形观测，以便从实测数据方面，反映其变形程度，并根据多方面的资料，分析其稳定情况。

建筑物的变形观测，是指测定建筑物及其地基在建筑物荷重和外力作用下，随时间而变形的工作。变形观测的任务就是周期性地对所设置的观测点（或建筑物某部位）进行重复观测，以求得在每个观测周期内的变化量。若需测量瞬时变形，可采用各种自动记录仪器测定其瞬时位置并获得瞬时变形值。

工程建筑物产生变形的原因很多，最主要的原因有两个方面，一是自然条件及其变化，即建筑物地基的工程地质、水文地质、土的物理性质、大气温度和风力等因素引起。例如，同一建筑物由于基础的地质条件不同，引起建筑物不均匀沉降，使其发生倾斜或裂缝。二是建筑物自身的原因，即建筑物本身的荷载、结构、型式及动载荷（如风力、振动等）的作用。此外，勘测、设计、施工的质量及运营管理工作的不合理也会引起建筑物的变形。

二、变形观测的技术要求

1981年的国际测量师联合会（FIG）第16届会议认为：为达到实用的目的，变形观测的中误差应不超过允许变形值的 $1/10 \sim 1/20$，或 $1 \sim 2$ mm；为达到科研的目的，观测的中误差应不超过允许变形值的 $1/20 \sim 1/100$，或 0.2 mm。具体要求见表9-1。

表 9 – 1 变形监测的等级划分及精度要求

等级	垂直位移监测		水平位移监测	适用范围
	变形观测点的高程中误差/mm	相邻变形观测点的高差中误差/mm	变形观测点的点位中误差/mm	
一等	0.3	0.1	1.5	变形特别敏感的高层建筑、高耸构筑物、工业建筑、重要古建筑、精密工程设施、特大型桥梁、大型直立岩体、大型坝区地壳变形监测等
二等	0.5	0.3	3.0	变形比较敏感的高层建筑、高耸构筑物、工业建筑、古建筑、特大型和大型桥梁、大中型坝体、直立岩体、高边坡、重要工程设施、重大地下工程、危害性较大的滑坡监测等
三等	1.0	0.5	6.0	一般性的高层建筑、多层建筑、工业建筑、高耸构筑物、直立岩体、高边坡、深基坑、一般地下工程、危害性一般的滑坡监测、大型桥梁等
四等	2.0	1.0	12.0	观测精度要求较低的建(构)筑物、普通滑坡监测、中小型桥梁等

注：①变形点的高程中误差和点位中误差，系相对于邻近基准点而言。

②当水平位移变形测量用坐标向量表示时，向量中误差为表中相应等级点位中误差的 $1/\sqrt{2}$ 倍。

设计变形观测的技术精度要求时，应根据建筑物的性质、结构、重要性、对变形的敏感程度等因素，按国家或地方技术标准确定。通常需要考虑的国家规范主要有：《建筑变形测量规范》JGJ 8—2007；《工程测量规范》GB 50026—2007；《国家一、二等水准测量规范》GB/T 12897—2006；《建筑基坑支护技术规程》JGJ 120—2012；《建筑基坑工程监测技术规范》GB 50497—2009；《建筑地基基础设计规范》GB 50007—2011；工程项目设计图纸及相关资料。例如某建筑工程便设计有如表 9 – 2 所示的变形观测精度要求和如表 9 – 3 所示的变形报警值。

表 9 – 2 监测项目、测点布置和精度要求表

序号	监测项目	量测位置、监测对象	仪器(元件)	测量精度	备注
1	支护结构顶部水平位移	支护结构顶部	全站仪	1.0 mm	
2	支护结构顶部沉降	支护结构顶部	水准仪	0.5 mm	

表 9 – 3 监测项目结果报警值要求

监测项目	控制值	报警值	变化速率
支护结构顶部水平位移	70 mm	50 mm	10 mm/d
支护结构顶部沉降	40 mm	30 mm	5 mm/d

变形测量的观测周期，应根据建（构）筑物的特征、变形速率、观测精度要求和工程地质条件等因素综合考虑确定。观测过程中，可根据变形量的变化情况，进行适当调整。一般在施工过程中，频率应大些，周期可以为三天、七天、十五天等。竣工投产以后，频率可小一些，一般为一个月、两个月、三个月、半年及一年等。若遇特殊情况，要临时增加观测的次数。

三、变形观测的内容与目的

变形观测的内容，要求有明确的针对性，应根据建筑物的性质与地基情况来确定，既要有重点，又要作全面考虑，以便能全面且正确地反映出建筑物的变化情况。

工业与民用建筑物，其主要的观测内容是测算绝对沉降量、平均沉降量、相对弯曲、相对倾斜、平均沉降速度以及绘制沉降分布图等。建筑物的地基变形特征值（沉降量、沉降差、倾斜、局部倾斜以及沉降速率等）是衡量地基变形发展程度与状况的重要标志。

对于建筑物整体，主要看变形是否影响房屋的正常使用，如：是否产生裂缝，倾斜是否超出允许范围等。

对于工业设备、厂房柱子、导轨等，其主要观测内容是水平位移和垂直位移等。

在建筑施工过程中，一般采用精密水准仪进行沉降观测，采用经纬仪进行倾斜观测，现场实测数据是建筑物工程质量检查的主要依据，也是竣工验收的主要技术档案之一。

建筑变形观测还包括：基坑回弹观测、地基土分层沉降观测、地基土变形相邻影响观测及场地沉降观测、裂缝观测、挠度观测和高层建筑的风振测量等。本章主要介绍建筑物的沉降观测、倾斜观测、裂缝与位移观测。

通过变形观测可取得大量的可靠资料和数据，用于监视工程建筑物的状态变化和工作情况。若发生异常现象，可及时分析原因，采取加固措施或改变运营方式，以保证安全。除此以外，还可根据变形观测的数据，验证地基与基础的计算方法、工程结构的设计方法，合理规定不同地基与工程结构的允许变形值，为工程建筑物的设计、施工、管理和科学研究工作提供资料，以保证工程建筑物的合理设计、正确施工和安全使用。因此，大型或重要工程建筑物、构筑物，在工程设计时，应对变形测量统筹安排，施工开始时，即应进行变形观测，并一直持续到变形趋于稳定时终止。

任务 9-2 建筑物沉降测量

测定建筑物上一些点的高程随时间而变化的工作叫沉降观测。沉降观测时，在能表示沉降特征的部位设置沉降观测点，在沉降影响范围之外埋设水准基点，用水准测量方法定期测量沉降点相对于水准基点的高差，进而计算各沉降点的高程。这项工作也可以用液体静力水准仪等专用仪器进行。另外，测定一定范围内地面高程随时间而变化的工作，也是沉降观测，通常称为地表沉降观测。

经过一段时间的沉降观测之后，便可以从各个沉降点高程的变化了解观测物体的上升或下降的情况。

一、水准点和观测点的设置

1. 水准点的设置

水准点作为沉降观测的基准，其型式和埋设要求及观测方法均与线路水准测量相同。水准基点高程应从建筑区永久水准基点引测。其埋设还应符合下列要求：

1）应布设在沉降影响范围之外，距沉降观测点距离不小于 100 m；

2）宜设置在基岩上，或设在压缩性较小的稳定土层上，并避开道路、河岸等处，以保持其稳定性；

3）为保证水准点高程的正确性和便于相互检核，水准点一般不应少于三个；

4）在冰冻地区，水准点应埋设在冰冻线以下 0.5 m。

若施工水准点能满足沉降观测的精度要求，可作为沉降观测水准点之用。

2. 沉降观测点的设置

设置沉降观测点，应能够反映建（构）筑物变形特征和变形明显的部位，标志应稳固、明显、结构合理，不影响建（构）筑物的美观和使用。点位应避开障碍物，便于观测和长期保存。

建（构）筑物的沉降观测点，应按设计图纸埋设，并符合下列要求：

1）建筑物四角或沿外墙每 10~15 m 处或每隔 2~3 根柱基上；

2）裂缝、沉降缝或伸缩缝的两侧，新旧建筑物或高低建筑物应在纵横墙交接处；

3）人工地基和天然地基的接址处，建筑物不同结构的分界处；

4）烟囱、水塔和大型储藏罐等高耸构筑物的基础轴线的对称部位，每一构筑物不得少于 4 个点。

建筑物、构筑物的基础沉降观测点，应埋设于基础底板上。

基坑回弹观测时，回弹观测点宜沿基坑纵横轴线或能反映回弹特征的其他位置上设置。回弹观测的标志，应埋入基底面下 10~20 cm。

地基土的分层沉降观测点，应选择在建筑物、构筑物的地基中心附近。观测标志的深度，最浅的应在基础底面 50 cm 以下，最深的应超过理论上的压缩层厚度。

建筑场地的沉降点布设范围，宜为建筑物基础深度的 2~3 倍，并应由密到疏布点。

二、建筑物的沉降观测

1. 沉降观测的时间

沉降观测的时间和次数，应根据工程性质、工程进度、地基的土质情况及基础荷重增加情况决定。

一般建筑物的沉降观测周期为：观测点埋设稳固后，且在建（构）筑物主体开工前，即进行第一次观测；主体施工过程中，荷重增加前后（如基础浇灌，回填土，安装柱子，房架，砖墙每砌筑一层楼，设备安装及运转等）均应进行观测；如施工期间中途停工时间较长，应在停工时和复工前进行观测；当基础附近地面荷重突然增加、周围积水及暴雨后，或周围大量挖方等情况出现时，均应进行观测。工程竣工后，一般每月观测一次，如果沉降速度减缓，可改为 2~3 个月观测一次，直到沉降量 100 天不超过 1 mm 时，观测才可停止。

基础沉降观测在浇灌底板前和基础浇灌完毕后应至少各观测一次。回弹观测点的高程，宜在基坑开挖前、开挖后及浇灌基础之前，各测定一次。地基土的分层沉降观测，应在基础浇灌前开始。

2. 沉降观测方法

沉降测量的观测方法视沉降观测点的精度要求而定，观测的方法有：一、二、三等水准测量，液体静力水准测量，微水准测量，三角高程测量等。其中最常用的是水准测量方法。

现在的水准测量仪器价廉物美，精度高且操作方便。对于多层以下建筑物的沉降观测，可采用 S_1 水准仪，用普通水准测量方法进行。对于高层、超高层建筑物的沉降观测，则可采用更精密的 S_{03} 水准仪，用二等甚至一等水准测量方法进行。为了保证水准测量的精度可靠，每次观测前，应对所使用的仪器和设备进行检验校正。

沉降观测的各项记录，必须注明观测时的气象情况和荷载变化。

3. 沉降观测的工作要求

沉降观测是一项较长期的连续观测工作，为了保证观测成果的正确可靠性，应尽可能做到四定：

1）固定观测人员；

2）使用固定的水准仪和水准尺；

3）使用固定的水准基点；

4）按规定的日期、方法及既定的路线、测站进行观测。

三、沉降观测的成果整理

每次观测结束后，应检查记录中的数据和计算是否正确，精度是否合格，然后把各次观测点的高程，列入沉降观测成果表中，并计算两次观测之间的沉降量和累计沉降量，同时也要注明日期及荷载情况，表 9-4 为某工程的沉降观测成果统计表。为了更清楚地表示出沉降、荷载和时间三者之间的关系，可画出各观测点的荷载、时间、沉降量曲线图，如图 9-1 所示。

表 9-4 沉降观测成果表

观测日期	荷载 /t·m⁻²	观测点								
		1			2			3		
		高程 /m	本次沉降 /mm	累计沉降 /mm	高程 /m	本次沉降 /mm	累计沉降 /mm	高程 /m	本次沉降 /mm	累计沉降 /mm
2001.3,15	0	42.067	0	0	21.083	0	0	21.091	0	0
4.1	4.0	21.064	3	3	21.081	2	2	21.089	2	2
4.15	6.0	21.061	3	6	21.079	2	4	21.087	2	4
5.10	8.0	21.060	1	7	21.076	3	7	21.084	3	7
6.5	10.0	21.059	1	8	21.075	1	8	21.082	2	9
7.5	12.0	21.059	0	8	21.075	0	8	21.082	0	9
8.5	12.0	21.057	1	10	21.070	2	13	21.078	0	13
10.5	12.0	21.056	1	11	21.069	1	14	21.078	0	13
12.5	12.0	21.056	0	12	21.068	1	15	21.076	2	15
2002.2.5	12.0	21.055	0	12	21.067	1	16	21.076	0	15
4.5	12.0	21.054	1	13	21.066	1	17	21.075	1	16
6.5	12.0	21.054	0	13	21.066	0	17	21.074	1	17

在沉降测量工作中常会遇到一些矛盾现象，需要分析原因，进行合理处理，下面是一些常见问题及其处理方法。

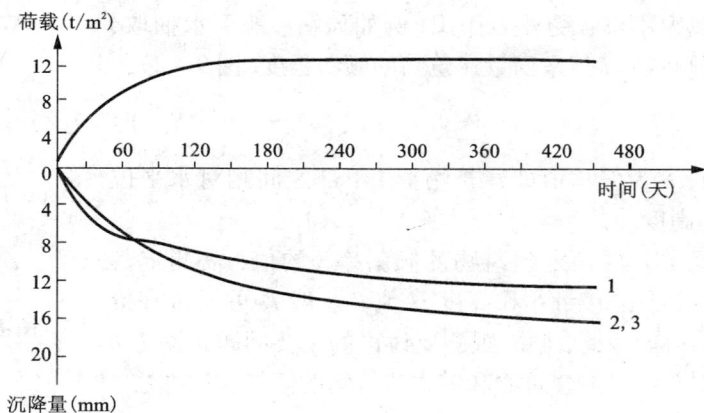

图9-1　建筑物的荷载、时间、沉降量关系曲线图

1. 曲线在首次观测后即发生回升现象

在第二次观测时发现曲线上升，至第三次后，曲线又逐渐下降。发生此种现象，一般都是由于首次观测成果存在较大误差所引起的。此时，应将第一次观测成果作废，而采用第二次观测成果作为首次观测成果。

2. 曲线在中间某点突然回升

发生此种现象的原因，多半是因为水准基点或沉降观测点被碰所致，如水准基点被压低，或沉降观测点被撬高，此时，应仔细检查水准基点和沉降观测点的外观有无损伤。如果众多沉降观测点出现此种现象，则水准基点被压低的可能性很大。此时可改用其他水准点作为水准基点来继续观测，并再埋设新水准点，以保证水准点个数不少于三个。如果只有一个沉降观测点出现此种现象，则多半是该点被撬高，如果观测点被撬后已活动，则需另行埋设新点，若点位尚牢固，则可继续使用，并对该点的测量结果进行恰当处理。

3. 曲线自某点起渐渐回升

产生此种现象一般是由于水准基点下沉所致。此时，应根据水准点之间的高差来判断出最稳定的水准点，以此作为新水准基点，将原来下沉的水准基点废除。另外，埋在裙楼上的沉降观测点，由于受主楼的影响，有可能会出现属于正常的渐渐回升现象。

4. 曲线的波浪起伏现象

曲线在后期呈现微小波浪起伏现象，其原因可能是测量误差所造成的。曲线在前期波浪起伏之所以不突出，是因为下沉量大于测量误差之故；但到后期，由于建筑物下沉极微或已接近稳定，因此在曲线上就出现测量误差比较突出的现象。此时，可将波浪曲线改成为水平线，并适当地延长观测的间隔时间。

只有排除了这类反常因素的影响之后的沉降资料，才可作为力学分析的依据。

任务9-3　建筑物倾斜观测

测量建筑物倾斜率随时间而变化的工作叫倾斜观测。建筑物产生倾斜的原因主要有：地基承载力不均匀；因建筑物体型复杂而形成不同荷载；施工未达到设计要求以至承载力不够；受外力作用（例如风荷、地下水抽取、地震等）。一般用倾斜率 i 值来衡量建筑物的倾斜程度（图 9-2）：

$$i = \tan\alpha = \frac{\delta}{H} \qquad (9-1)$$

式中，α 为倾斜角；δ 为偏移值即建筑物上、下部之间相对水平位移量；H 为建筑物高度。

由式(9-1)可知，要确定建筑物的倾斜率 i 的值，需测定其上、下部位的相对水平位移量 δ 和高度 H 值。一般 H 可通过直接丈量或三角方法求得。因此，倾斜观测要讨论的主要问题是测定 δ 的方法。下面分别介绍一般建筑物和塔式建筑物的倾斜观测方法。

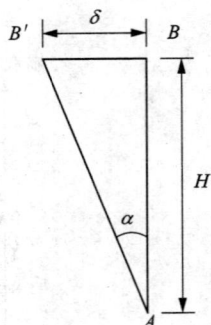

图 9-2　倾斜率

一、一般建筑物的倾斜观测

1. 直接观测法

一般的倾斜观测常用此法。其观测步骤是先在欲观测的墙面顶部设置一标志点 M，如图 9-3 所示，置经纬仪于距墙面约 1.5 倍墙高处，瞄准观测点 M，用正倒镜分中法向下投点得 N 点，做好标志。隔一定时间后再次观测，用经纬仪照准 M 点（由于建筑物倾斜，实际 M 点已偏移到 M' 点）后，用正倒镜分中法向下投点得 N' 点，用钢尺量取 N 和 N' 间的水平距离 δ，则根据墙高 H，便得建筑物的倾斜率。

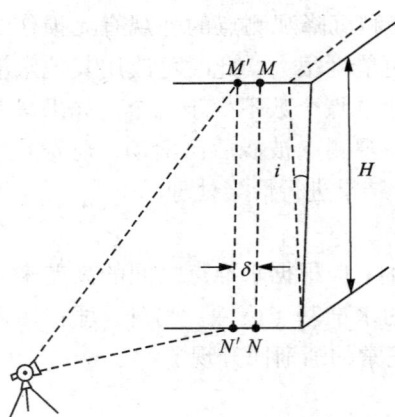

图 9-3　直接观测法测倾斜

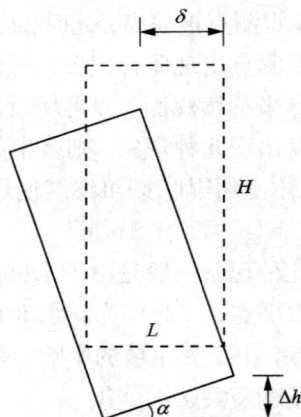

图 9-4　间接计算法测倾斜

2. 间接计算法

建筑物发生倾斜，主要是地基的不均匀沉降造成的，如通过沉降观测测出了建筑物的不均匀沉降量 Δh，如图 9-4 所示，则偏移值 δ 可由下式计算

$$\delta = \frac{\Delta H}{L} \cdot H \qquad (9-2)$$

式中，δ 为建筑物相对水平位移值；Δh 为基础两端点的相对沉降量；L 为建筑物的基础宽度；H 为建筑物的高度。

这种方法适用于建筑物本身刚性强，发生倾斜时自身结构仍然完整，且沉降资料可靠的建筑物。

二、塔式建筑物的倾斜观测

1. 纵、横轴线法

此法适用于邻近有空旷场地的塔式建筑物的倾斜观测。

如图9-5所示，以烟囱为例，先在拟测建筑物的纵、横两轴线方向上距建筑物1.5~2倍建筑物高处选定两个点作为测站，图中为N_1和N_2。在烟囱横轴线上布设观测标志1、2、3、4点，在纵轴线上布设观测标志5、6、7、8点，并选定远方通视良好的固定点M_1和M_2作为零方向。

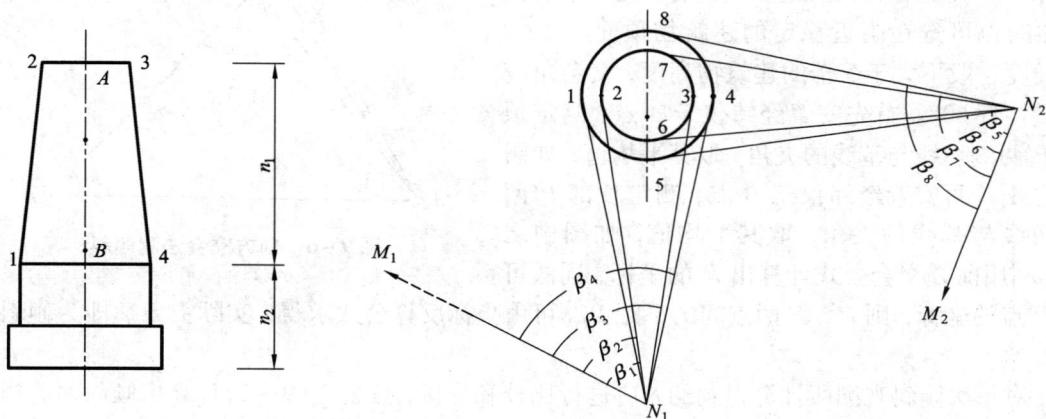

图9-5 纵、横轴线法测量倾斜

观测时，首先在N_1设站，以M_1为零方向，以1、2、3、4为观测方向，用J_2经纬仪按方向观测法观测两个测回（若用J_6经纬仪则应测四个测回），得方向值分别为β_1、β_2、β_3和β_4，则上部中心A的方向值为$(\beta_2+\beta_3)/2$；下部中心B的方向值为$(\beta_1+\beta_4)/2$，则A、B在纵轴线方向水平夹角θ_1为

$$\theta_1 = \frac{(\beta_1+\beta_4)-(\beta_2+\beta_3)}{2} \qquad (9-3)$$

若已知N_1点至烟囱底座中心水平距离为l_1，则在纵轴线方向的倾斜位移量δ_1为

$$\delta_1 = \frac{\theta_1}{\rho''} \cdot l_1 \qquad (9-4)$$

即

$$\delta_1 = \frac{(\beta_1+\beta_4)-(\beta_2+\beta_3)}{2\rho''} \cdot l_1 \qquad (9-5)$$

同理，在N_2设站，以M_2为零方向测出5、6、7、8各点的方向值β_5、β_6、β_7和β_8，可得横轴线方向的倾斜位移量δ_2为

$$\delta_2 = \frac{(\beta_5+\beta_8)-(\beta_6+\beta_7)}{2\rho''} \cdot l_2 \qquad (9-6)$$

式中，l_2 为 N_2 点至烟囱底座中心的水平距离。

因此，总倾斜的偏移值 δ 为

$$\delta = \sqrt{\delta_1^2 + \delta_2^2} \tag{9-7}$$

采用这个方法时应注意，在照准 1，2，3，4，…等每组点时应尽量使高度（仰角）相等，否则将影响观测精度。

2. 前方交会法

当塔式建筑物很高，且周围环境又不便采用纵、横轴线法时，可采用前方交会法进行观测。

如图 9-6 所示（俯视图），P' 为烟囱顶部中心位置，P 为底部中心位置，烟囱附近布设基线 AB，A、B 需选在稳定且能长期保存的地方，条件困难时也可选在附近稳定的建筑物顶面上。AB 的长度一般不大于 5 倍的建筑物高度，交会角应尽量接近 $60°$。首先安置经纬仪于 A 点，测定顶部 P' 两侧切线与基线的夹角，取其平均值，如图中之 α_1。再安置经纬仪于 B 点，测定顶部 P' 两侧切线与基线的夹角，取其平均值，如图中之 β_1，利用前方交会公式计算出 P' 的坐标，同法可

图 9-6　前方交会法测倾斜

得 P 点的坐标，则 P'、P 两点间的平距 $D_{PP'}$ 可由坐标反算公式求得，实际上 $D_{PP'}$ 即为倾斜偏移值 δ。

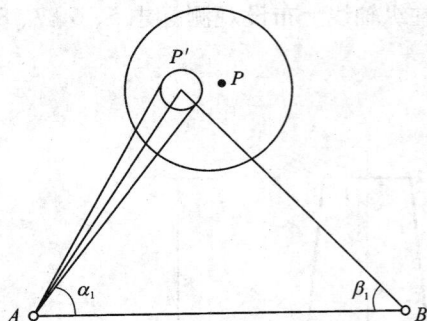

对每次倾斜观测所计算得到的 δ 应进行比较和分析，按公式（9-1）计算出倾斜率。当出现变化异常时应进行复测，以保证成果的正确性。

任务 9-4　建筑物的裂缝与位移观测

一、建筑物的裂缝观测

测定建筑物上裂缝发展情况的观测工作叫裂缝观测。建筑物产生裂缝往往与不均匀沉降有关，因此，进行裂缝观测的同时，一般需要进行建筑物的沉降观测，以便进行综合分析和及时采取相应的措施。

裂缝观测时，首先应对拟观测的裂缝进行编号，在裂缝两侧设置观测标志，然后定期观测裂缝的宽度、长度及其方向等。

对标志设置的基本要求是，当裂缝开裂时标志能相应地开裂或变化，正确地反映建筑物变形发展的情况。下面介绍三种常用的简易型裂缝观测标志。

1. 石膏板标志

如图 9-7（a）所示，用厚 10 mm，宽约 50~80 mm 的石膏板覆盖在裂缝上，和裂缝两侧牢固地连在一起。当裂缝继续开裂与延伸时，裂缝上的标志即石膏板也随之开裂，从而观测裂缝的大小及其继续发展情况。

2. 白铁片标志

如图 9 - 7(b)所示，用两块白铁片，一片为 150 mm × 150 mm 的正方形，固定在裂缝的一侧，并使其一边和裂缝边缘对齐。另一片为 50 mm × 200 mm，固定在裂缝的另一侧，并使其一部分紧贴在正方形的铁片上。当两块铁片固定好之后，在其表面涂上红漆，如果裂缝继续发展，两块白铁片将会被拉开，露出正方形白铁片上原被覆盖没有涂油漆的部分，其宽度即为裂缝加大的宽度，可用尺子量出。

3. 金属棒标志

如图 9 - 7(c)所示，将长约 100 mm，直径约 10 mm 左右的钢筋头插入，并使其露出墙外约 20 mm 左右，用水泥砂浆填灌牢固。两钢筋头标志间距离不得小于 150 mm。待水泥砂浆凝固后，用游标卡尺量出两金属棒之间的距离，并记录下来。以后如裂缝继续发展，则金属棒的间距也就不断加大。定期测量两棒的间距并进行比较，即可掌握裂缝发展情况。

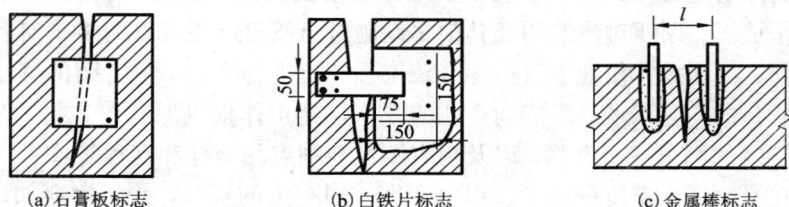

(a)石膏板标志　　(b)白铁片标志　　(c)金属棒标志

图 9 - 7　裂缝观测标志

裂缝观测结果常与其他数据相结合，可供探讨建筑物变形的原因、变形的发展趋势和判断建筑物的安全等。

二、建筑物的位移观测

位移观测是测定建筑物的平面位置随时间移动的工作。建筑物位移的产生往往与不均匀沉降、横向挤压等有关。位移观测首先要在建筑物旁埋设测量控制点，再在建筑物上设置位移观测点。

建筑物位移观测的方法有很多，通常有交会法、精密导线法、基准线法等。图 9 - 8 便是用交会法进行建筑物位移观测的示意图。

图中在建筑物底部埋设观测标志点 a、b；在地面上建立控制点 A、B、C，使其成为一直线。定期测定各观测标志，即可掌握建筑物随时间发生位移量的情况。观测时，将经纬仪分别安置在 A、C 点上，测得控制点与观测点的夹角分别为 β_a 和 β_b，若一段时间后建筑物随时间变化产生水平位移 aa' 和 bb'，则再

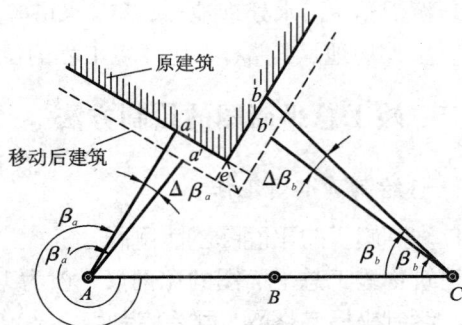

图 9 - 8　位移观测

次测得控制点与观测点的夹角分别为 β_a' 和 β_b'，其两次夹角之差为 $\Delta\beta_a = \beta_a - \beta_a'$ 及 $\Delta\beta_b = \beta_b - \beta_a'$，则建筑物的纵横方向位移量可按下式计算

$$aa' = Aa \frac{\Delta\beta_n}{\rho''} \left.\begin{matrix} \\ \\ \\ \end{matrix}\right\} \qquad (9-8)$$

$$bb' = Cb \frac{\Delta\beta_b}{\rho''}$$

建筑物的总位移量：

$$e = \sqrt{(aa')^2 + (bb')^2} \qquad (9-9)$$

任务9-5　竣工总平面图的绘制

竣工总平面图是设计总平面图在施工结束后实际情况的全面反映。设计总平面图与竣工总平面图一般不会完全一致，如果在施工过程中由于设计时没有考虑到的问题而使设计有所变更，则这种设计变更必须通过测量反映到竣工总平面图上。因此，施工结束后应及时测量和编绘竣工总平面图，以便对建筑物及其附属设施进行管理，还可以为将来对各种设施进行维修时提供方便，特别是方便地下管道等隐蔽工程的检查和维修。竣工图的测绘既是对建筑物竣工成果和质量的测量验收，又能为企业的未来扩建工作提供原有建筑物的准确资料、地上和地下各种管线的测量成果资料，以及现有测量控制点的坐标和高程等成果资料。

编绘竣工总平面图，需要在施工过程中收集一切有关的资料，并对资料加以整理，然后进行编绘。为此，在建筑物开始施工时应有所考虑和安排。

一、竣工总平面图的绘制内容

1）现场保存完好的测量控制点以及建筑方格网、主轴线、矩形控制网等平面及高程控制点位；

2）地面建筑及地下建筑的平面位置、屋角坐标、层数、底层及室外标高；

3）给水、排水、电力、电信及热力管线等位置，与建筑物的关系、编号、标高、坡度、管径、流向及管材等；

4）铁路、公路等交通线路，桥涵等构筑物的位置及标高；

5）沉淀池、污水处理池、烟囱、水塔等及其附属构筑物的位置及标高；

6）室外场地、道路、绿化环境工程的位置及高程。

二、竣工总平面图的绘制方法

（一）绘制前准备工作

1. 确定竣工总平面图的比例尺

建筑物竣工总平面图的比例尺一般为1:500或1:1000。

2. 绘制坐标方格网、展绘控制点

为了能长期保存竣工资料，竣工总平面图应采用质量较好的图纸，如聚酯薄膜、优质绘图纸等。编制竣工总平面图，首先要在图纸上精确地绘出坐标方格网。坐标方格网画好后，用线纹米尺量出正方形的边长和对角线长（要求图廓对角线绘制容许误差为±1 mm）。方格网绘好后，将施工控制网点按坐标展绘在图纸上。控制展点对邻近的方格网交叉点而言，其

容许误差为 ±0.3 mm。

在当今数字化时代，建筑设计、地形测图、竣工测量均以数字化形式进行，因此竣工总平面图是以数字形式测绘和储存在电脑中的，因此，可以直接从电脑中打印输出到聚酯薄膜、优质绘图纸上以便保存，同时注意将电子文件用移动存储设备进行备份保存，定期检查。

3. 展绘设计总平面图

在编制竣工总平面图之前，应根据坐标格网，先将设计总平面图的图面内容按其设计坐标，用铅笔展绘于图纸上，作为底图。对于数字式设计总平面图，则可以将已有总平面图规定设计成相应固定图层。

（二）竣工总平面的编绘

在建筑物施工过程中，在每一个单位工程完成后，应该进行竣工测量，获得该单位工程的竣工测量成果。对凡有竣工测量资料的工程，若竣工测量成果与设计值之比较不超过所规定的定位容许误差时，按设计值编绘；否则应按竣工测量资料编绘。

对于各种地上、地下管线，应用各种不同颜色的墨线绘出其中心位置，注明转折点及井位的坐标、高程及有关注记。在一般没有设计变更的情况下，墨线绘的竣工位置与按设计原图用铅笔绘的设计位置应该重合。随着施工的进展，逐渐在底图上将铅笔线都绘成墨线。在图上按坐标展绘工程竣工位置时，与在图纸上展绘控制点的要求一样，均以坐标方格网为依据进行展绘，展点对邻近的方格而言，其容许误差为 ±0.3 mm。而对于数字式竣工图，则可以用不同类型的图层进行叠加管理，比较出设计位置与施工结果的符合误差。

建筑物的竣工位置应进行实地测量。根据控制点采用极坐标法或直角坐标法实测其坐标。外业实测时，在现场绘出草图，最后根据实测成果和草图，在室内进行展绘，就成为完整的竣工总平面图。

三、竣工总平面图的附件

为了全面反映竣工成果，便于管理、维修和日后的扩建或改建，下列与竣工总平面图有关的一切资料，应分类装订成册，作为竣工总平面图的附件保存：

1）建筑场地及其附近的测量控制点布置图及坐标与高程一览表；
2）建筑物或构筑物沉降及变形观测资料；
3）地下管线竣工纵断面图；
4）工程定位、检查及竣工测量的资料；
5）设计变更文件；
6）建设场地原始地形图等。

练习题 9

1. 建筑物变形观测的目的是什么？主要内容有哪些？
2. 沉降观测设置水准点和观测点的要求是什么？
3. 倾斜观测的方法有哪几种？各适用于什么情况？
4. 如何观测建筑物上的裂缝？
5. 为什么要编绘竣工总平面图？竣工总平面图包括哪些内容？

6. 某点的沉降观测数据如表 9 – 5 所示，试绘图表示沉降量与时间的关系。

表 9 – 5

观测日期	01.9.10	01.11.12	01.12.15	02.2.30	02.4.20	02.6.9	02.7.26
观测高程/m	7.343	7.336	7.332	7.325	7.317	7.311	7.303
观测日期	02.10.3	02.12.6	03.2.4	03.4.10	03.6.3	03.8.3	03.10.6
观测高程/m	7.297	7.292	7.288	2.284	8.282	7.281	7.280

7. 在一建筑物上设一变形观测点，通过三次观测，其坐标值分别为 $x_1 = 9929.089$ m，$y_1 = 10211.976$ m；$x_2 = 9929.076$ m；$y_2 = 10211.980$ m；$x_3 = 9929.064$ m；$y_3 = 10211.975$ m。求此变形观测点每次观测的水平位移量及总位移量。

8. 由于地基不均匀沉降，使建筑物发生倾斜，现测得建筑物前后基础的不均匀沉降量为 0.023 m。已知该建筑物的高为 19.20 m，宽为 7.20 m，求偏移量及倾斜率。

9. 一高 50 m 的圆形尖顶古塔，现测得其顶部坐标为 $x_1 = 20.604$ m，$y_1 = 27.008$ m，底部中心坐标为 $x_2 = 20.927$ m，$y_2 = 26.927$ m，求倾斜量及倾斜方向。

模块 10　GNSS 原理与应用

【教学目标】了解 GNSS(全球导航卫星系统)的工作原理,弄懂 GPS(Global Positioning System)控制测量方法与步骤,认识卫星导航定位新技术 CORS(Continuous Operational Reference System,连续运行卫星定位系统),熟知 RTK(Real – time kinematic)的使用操作步骤。

【技能抽查】GPS 静态定位测量,动态定位测量。

任务 10 – 1　GNSS 概述

全球导航卫星系统 GNSS(Global Navigation Satellite System)是一种以人造地球卫星为核心基础设施的无线电导航系统。系统可发送高精度、全天候、连续实时的导航、定位和授时信息,是一种可供海陆空领域的军民用户共享的信息资源。是美国 GPS(Global Positioning System)、俄罗斯格洛纳斯系统(GLONASS)、欧洲伽利略系统(Galileo)、中国北斗系统等卫星导航定位系统的统称。

一、全球主要卫星定位系统介绍

目前,全球主要有四大卫星定位系统,现分别叙述如下。

美国 GPS:由美国国防部于 20 世纪 70 年代初开始设计、研制,于 1993 年全部建成。24 颗卫星(其中 3 颗备用)早已升空,分布在 6 条互成 60 度的轨道面上,距离地面约 20000 km。最初属于军民两用导航卫星定位系统,2000 年美国取消了对 GPS 卫星民用信道的 SA 干扰信号,民用 GPS 的单机导航定位精度达到平均 6.2 m 的实用化水平,运用差分定位技术精度可达厘米级和毫米级。美国的 GPS 系统是目前世界上最成熟的全球导航定位系统。

欧盟 Galileo:1999 年,欧盟提出"伽利略"卫星定位系统计划,于 2002 年正式启动。该系统由分布在中等高度地球轨道上的 30 颗卫星组成,其中 27 颗为工作卫星,3 颗为备用卫星。卫星轨道高度 23222 公里,定位导航系统的精度达到 10 m 至 15 m。该系统目前只有 4 颗在轨卫星,因此还不能实现 24 小时全球导航定位。欧盟计划在 2016 年完成定位导航系统全部卫星的组网。

俄罗斯 GLONASS:GLONASS 是前苏联从 20 世纪 80 年代初开始研制后,由俄罗斯继续完成的全球卫星导航系统,其作用和功能与美国的 GPS 系统类似。该系统标准配置为 24 颗卫星,分布在 3 个近圆形的轨道平面上,轨道高度 19100 公里,而 18 颗卫星就能保证该系统为俄罗斯境内用户提供全部服务。该系统卫星分为"格洛纳斯"和"格洛纳斯 – M"两种类型,前者使用寿命只有 1~2 年,后者设计寿命 7 年,计划还将推出"格洛纳斯 – K"和"格洛纳斯 – KM"两种类型卫星,使用寿命可增加到 10 年以上。目前,该系统在轨卫星群已有 28 颗卫星,达到了设计水平。随着地面设施的发展,"格洛纳斯"系统预计在 2015 年全面建成。届时,其定位和导航误差范围将从目前的 5 m 至 6 m 缩小为 1 m 左右。

中国的"北斗"系统(BDS)：是中国正在实施的自主研发、独立运行的全球卫星导航系统，计划由 5 颗静止轨道卫星和 30 颗非静止轨道卫星组成。目前已成功发射 4 颗北斗导航试验卫星和 16 颗北斗导航卫星，"北斗一号"定位精度在 20 m 左右，而"北斗二号"可以精确到 10 m 之内。2012 年 10 月 25 日，我国在西昌卫星发射中心用"长征三号丙"火箭，成功将第 16 颗北斗导航卫星送入预定轨道，这是我国二代北斗导航工程的最后一颗卫星。至此，我国北斗导航工程区域组网顺利完成，"北斗"系统覆盖亚太地区，预计于 2020 年左右覆盖全球。与其他导航系统相比，北斗导航优势在于短信服务和导航结合，增加了通讯功能。

综上所述，目前用于地面测量的主要还是依靠 GPS，因此本教材也主要是介绍 GPS 的应用。

二、GPS 定位系统的特点

GPS 定位系统的主要优点如下：

1）全球、全天候作业，可在全球任何时间、任何地点连续观测，一般不受天气状况的影响。

2）三维定速定时。该系统能为各类用户提供连续、实时的三维坐标、三维速度和时间信息。目前，GPS 水准测量可满足四等水准的精度。

3）快速省时高效率。随着 GPS 接收机不断改进，自动化程度越来越高，有的已经到达"傻瓜"的程度，几个按键就可完成观测工作。

4）应用广泛多功能。GPS 系统不仅可应用于普通日常测量、导航，精密工程的变形监测，还可用于测速、测时。测速的精度可达 0.1 m/s，测时的精度优于 0.2 ns$(0.2 \times 10^{-9}$s$)$，其应用领域在不断扩大。

5）定位精度高。应用实践已经证明，GPS 相对定位精度在 50 km 以内可达 10^{-6}，100～500 km 可达 10^{-7}，1000 km 可达 10^{-9}。在 300～1500 m 工程精密定位中，1 小时以上观测的解其平面位置误差小于 1 mm，与 ME－5000 电磁波测距仪测定的边长比较，其边长较差最大为 0.5 mm，较差中误差为 0.3 mm。

6）测站点间不要求通视。GPS 测量不要求测站之间互相通视，只需测站上空开阔即可，因此选点工作甚为灵活，且可节省大量的造标费用。

当然，GPS 定位系统也有其局限性。进行 GPS 测量时，要求保持观测站的上空开阔，以便于接收卫星信号，因此 GPS 测量在某些环境下还无法适用，如地洞、地下工程、森林茂密的山地、紧靠建筑物的周边，以及在两旁有高大楼房的街道或巷内的测量等。

三、GPS 的应用

1）主要是为船舶、汽车、飞机等运动物体进行定位导航。例如：①船舶远洋导航和进港引水；②飞机航路引导和进场降落；③汽车自主导航；④地面车辆跟踪和城市智能交通管理。

2）坐标测量。例如：①各种等级的大地测量，控制测量；②道路和各种线路放样；③水下地形测量；④地壳形变测量，大坝和大型建筑物变形监测；⑤GIS 应用。

3）准确时间及频率的授入。

4）其他应用。如工程机械控制、获得气象数据等。

任务 10 - 2　GPS 定位基本知识

一、GPS 定位基本原理

卫星定位的几何原理是空间后方交会，也称测边后方交会（图 10 - 1）。通过观测卫星与用户之间的距离，根据已知的各卫星瞬时坐标，来确定用户接收机所处的测站点 P 的坐标位置 (x, y, z)。这又称为单点定位。

$$\begin{cases} D_1 = \sqrt{(x_1-x)^2+(y_1-y)^2+(z_1-z)^2} \\ D_2 = \sqrt{(x_2-x)^2+(y_2-y)^2+(z_2-z)^2} \\ D_3 = \sqrt{(x_3-x)^2+(y_3-y)^2+(z_3-z)^2} \\ D_4 = \sqrt{(x_4-x)^2+(y_4-y)^2+(z_4-z)^2} \end{cases}$$

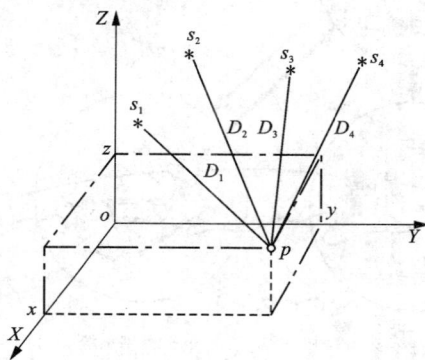

图 10 - 1　GPS 定位的基本原理

卫星的瞬时坐标位置可以根据星载时钟所记录的时间在卫星星历中查出。而用户到卫星的距离则通过记录卫星信号传播到用户所经历的时间，再将其乘以光速得到。工作时，当用户接受到导航电文时，提取出卫星时间并将其与自己的时钟作对比便可得知卫星与用户的距离，再利用导航电文中的卫星星历数据推算出卫星发射电文时所处位置，用户在 WGS - 84 大地坐标系中的位置速度等信息便可得知。

二、GPS 定位系统组成部分

GPS 定位系统由 GPS 卫星星座、地面监控系统和用户接收系统三大部分组成（图 10 - 2）。

1. GPS 卫星星座

GPS 的卫星星座，由 24 颗以上的工作卫星组成，其中包括 3 颗可以随时启用的备用卫星，在 6 个相对于赤道成 55°倾角的近似圆形轨道内，每个轨道分布有 4 颗卫星，它们距地球表面的平均高度约为 20200 km，运行周期为 11 h 58 min，每颗卫星可覆盖地球 38% 的面积（图 10 - 3）。用户可在全球任何地区、任何时刻，在高度为 15°以上的天空，都能同时接收到最少 4 颗、最多 11 颗卫星发射的信号。

2. 地面监控系统

GPS 的地面控制部分由分布在全球的由若干个跟踪站组成的监控系统所构成。根据其作用的不同，跟踪站分为主控站、监控站和注入站。主控站有一个，位于美国科罗拉多（Colorado）的法尔孔（Falcon）空军基地。监控站有 5 个，除了主控站外，其他 4 个分别位于夏威夷

（Hawaii）、阿松森群岛（Ascencion）、迭哥伽西亚（Diego Garcia）和卡瓦加兰（Kwajalein）。监控站的作用是接收卫星信号，监测卫星的工作状态。注入站有 3 个，它们分别位于阿松森群岛（Ascencion）、迭哥伽西亚（Diego Garcia）和卡瓦加兰（Kwajalein）。注入站的作用是将主控站计算的卫星星历和卫星时钟的改正参数等注入到卫星中去。

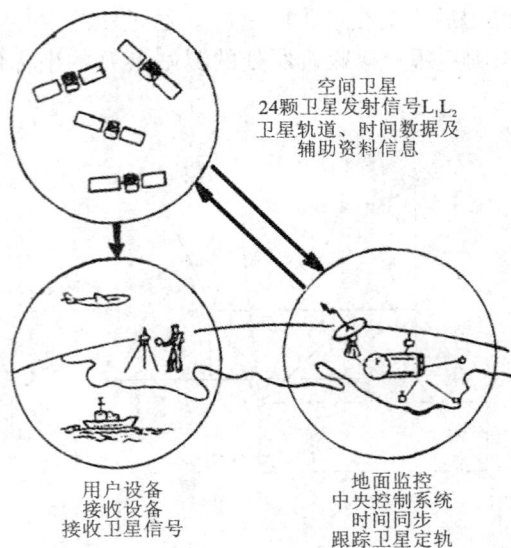

图 10 - 2　GPS 定位系统的组成

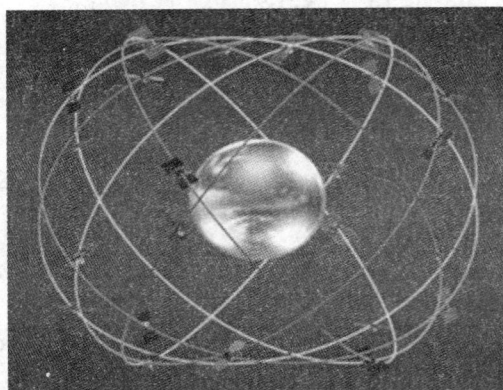

图 10 - 3　GPS 卫星星座

3. 用户接收系统

用户接收系统包括 GPS 接收机、数据处理软件及相应的终端设备等。

GPS 接收机是用户设备部分的核心，由主机、天线和电源三部分组成。其主要功能是接收和处理 GPS 卫星发射的信号，以便测量出信号从卫星到接收机天线的传播时间，解译导航电文，实时地计算测站的三维坐标、三维运动速度和时间。

三、GPS 定位方法分类

GPS 定位方法一般可以根据下列情况进行分类。

1. 按定位基本原理分类

1) 伪距测量定位法。

接收机测定调制码由卫星传播至接收机的时间，再乘上电磁波传播的速度便直接得出卫星到接收机之间的距离。由于所测距离受到大气延迟和接收机时钟与卫星时钟不同步的影响，它不是真正卫星间的几何距离，因此称为"伪距"。通过对四颗以上卫星同时进行"伪距"测量，即可计算出接收机的位置。

2) 载波相位测量定位法。

载波相位测量是把接收到的卫星载波信号和接收机本身的基准信号进行混频，通过测量两种信号之间的相位差 $\Delta\varphi$，间接计算出卫星到接收机之间的伪距。由于载波的波长比上述伪距测量法直接收到的调制码的波长短得多，因而其测得的伪距精度及定位精度较上述伪距测量定位的精度高。

2. 按接收机所处状态分类

1）静态定位。

定位时，用户接收机天线（待定点）相对于周围地面点而言，处于静止状态。

2）动态定位。

定位时，接收机天线相对于周围地面点处于运动状态，如用于陆地车辆、海洋舰船、飞机、宇宙飞行器等，其定位结果连续变化。

3. 按定位方式分类

1）绝对定位。

绝对定位又称单点定位，是确定观测点在世界大地坐标系 WGS – 84 中的位置（确定待定点相对地球质心的绝对位置）。该方法的优点是只需要一台 GPS 接收机就可作业，缺点是定位精度较低（米级），适用于普通导航。

2）相对定位。

采用两台以上的接收机（任意两点间连线称为基线向量），分别在不同的测站，同时观测同一组 GPS 卫星信号，然后计算测点之间的三维坐标差，确定待定点之间的相对位置。由于许多误差如大气电离层和对流层的折射误差、星历误差等，对同时观测的测站具有基本相同的影响，在进行数据处理时，大部分被相互抵消，因此能显著地提高定位的相对精度（目前可达 $D \times 10^{-6}$ 级，D 为待定点之间的距离）。

4. 按实时差分技术分类

GPS 定位的实时差分技术属于相对定位，其基本类型为单基准站差分，就是将一台 GPS 接收机安置在基准站上进行观测，根据基准站已知的精确坐标，计算出基准站到卫星的距离改正数，并由基准站实时地将这一改正数发送给其他同步观测的用户接受机，用于对它们的观测结果加以改正，从而提高其定位精度。单基准站差分一般又分为三种：

1）位置差分。

将基准站的已知坐标和根据伪距测量定位得到的坐标之间的坐标改正数传送给用户接收机，以便对用户站测得的坐标进行修正。该法需要基准站和用户接收机同步接收同一组卫星的信号，当用户站与基准站相距超出 100km 时，难以满足。

2）伪距差分。

将基准站根据已知坐标和卫星星历得到的与卫星之间的应有距离和观测得到的伪距之差值传送给用户接收机，以便对用户站测得的伪距进行修正。该法不需要用户接收机和基准站同步接收相同卫星的信号，只要任意观测到四颗以上的卫星信号即可，因而应用较广。

3）载波相位差分（RTK）。

基准站和移动用户站均根据载波相位测量定位进行观测，且将基准站观测得到的载波相位值和坐标信息通过数据通讯设备实时（real time）地传输给移动用户站，以便对用户接收到的载波相位进行修正，进而根据相对定位原理实时地解算并显示用户站的三维坐标及其精度，这便称为 RTK（real time kinematic）技术。该法实际上是由相应的数据传输设备、实时差分数据处理软件和接收机组合而成的 RTK GPS 接收系统（图 10 – 4），亦需要基准站和用户接收机同步接收同一组卫星的信号。由于该法不仅可以实时解算其定位结果，而且可以及时监测基准站和用户站观测与解算成果的质量，同时也减少了观测时间，显著提高了 GPS 定测量的效率和可靠性,因此应用广泛,但与此同时也增加了用户的设备投资。该方法在图根控制、地形测图、坐标放样等工作中应用广泛。

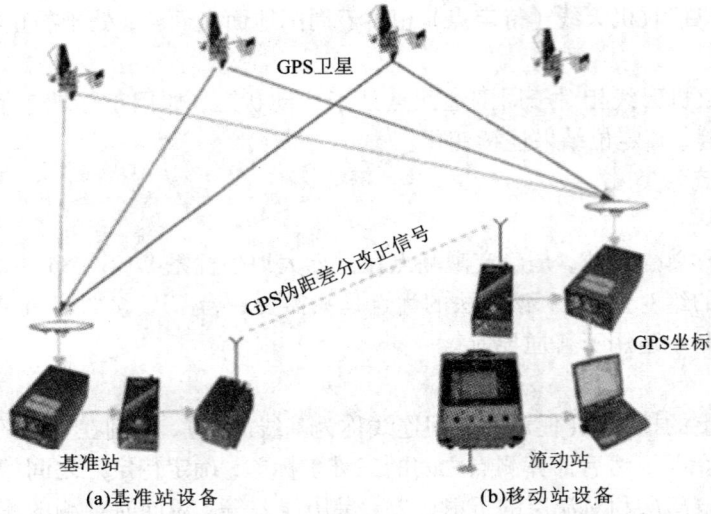

图 10 - 4   RTK GPS 接收系统

任务 10 - 3   GPS 网控制测量

与其他控制测量的实施过程相类似,GPS 控制测量的实施也包括方案设计、踏勘选点、建立标志、野外观测、数据处理等。

一、技术方案设计

根据现行国家标准《全球定位系统(GPS)测量规范》(GB/T 18314—2009),GPS 控制网分为 A、B、C、D、E 五级,A 级网是卫星定位连续运行基准站,B、C、D、E 级网主要为建立的国家二、三、四等大地控制网,以及测图控制网。

1.GPS 网的技术要求

GPS 测量控制网一般采用载波相位测量相对定位的方法,计算得到同步观测相邻点之间的三维坐标差即基线向量,以此作为观测量,故通常以相邻点之间距离的中误差 m_D 作为控制网的精度指标:

$$m_D = a + b \times 10^{-6} D \tag{10-1}$$

式中,a 为距离固定误差(mm),b 为比例误差系数(ppm),D 为相邻点间距离(km)。

按照"全球定位系统(GPS)测量规范(GB/T 18314—2009)"规定,B、C、D、E 级的精度应不低于表 10 - 1 的要求。

表 10 - 1　各级 GPS 网精度要求

等级	相邻点基线分量中误差		相邻点间平均距离/km	相对精度
	水平分量/mm	垂直分量/mm		
B	5	10	50	1×10^{-7}
C	10	20	20	1×10^{-6}
D	20	40	5	1×10^{-5}
E	20	40	3	

2. GPS 网野外观测与图形构成的名词解释

1)观测时段：各测站同时开始接收卫星信号到观测停止，连续工作的时间。

2)数据采样间隔：观测时两次读数间隔时间。

3)同步观测：两台或两台以上的接收机对同一组卫星同时进行观测。

4)同步观测环：三台或三台以上接收机同步观测获得的基线向量所构成的闭合环。如 n 为设计观测点数，m 为同步仪器总数，则同步环个数为 $(n-1)/(m-1)$ 的最小整数。

5)独立观测环：由独立观测获得的基线向量所构成的闭合环。

6)异步观测环：在构成多边形环路的所有基线向量中，只要有非同步观测基线向量，则该多边形环路即称异步观测环。

7)独立基线：对于 N 台 GPS 接收机构成的同步观测环，有 $J = N(N-1)/2$ 条同步观测基线，其中独立基线数为 $N-1$。

8)非独立基线：除独立基线外的其他基线称非独立基线，总基线数与独立基线数之差即为非独立基线数。

3. GPS 网的图形设计

为了确保观测效果的可靠性，有效地发现观测成果中的粗差，必须使 GPS 网中的独立边构成一定的几何图形。这种几何图形一般是由数条 GPS 独立边构成的非同步多边形（亦称非同步闭合环），如三边形、四边形、五边形等。当 GPS 网中有若干个起算点时，也可以是由起算点之间的数条 GPS 独立边构成的附合路线。GPS 网的图形设计，就是根据用户对 GPS 网的精度要求及经费、时间、人力、可以投入的 GPS 接收机台数及野外作业条件等因素，设计出由独立 GPS 边构成的多边形网（亦称环形网）。

常用的 GPS 网形有点连式、边连式、点边混合连接式(图 10 - 5)及网连式等基本类型。

1)点连式——相邻同步图形之间仅有一个公共点连接，非同步图形之间缺少闭合条件，可靠性很差，一般不单独使用。

2)边连式——同步图形之间由一条公共基线连接，有较多的复测边和非同步图形闭合条件，可靠性较高，但当仪器台数相同时，观测时段将较点连式大为增加。

3)点边混合连接式——系上述两种连接方式的有机结合，既能保证网的图形强度，提高可靠性，又能减少外业工作量、降低成本，是较为理想的布网方法。

4)网连式——相邻同步图形之间有两个以上的公共点相连接，图形密集，几何强度和可靠性都很高，但至少需要四台以上的接收机，所需的费用和时间较多，一般仅适用于精度要求较高的控制测量。

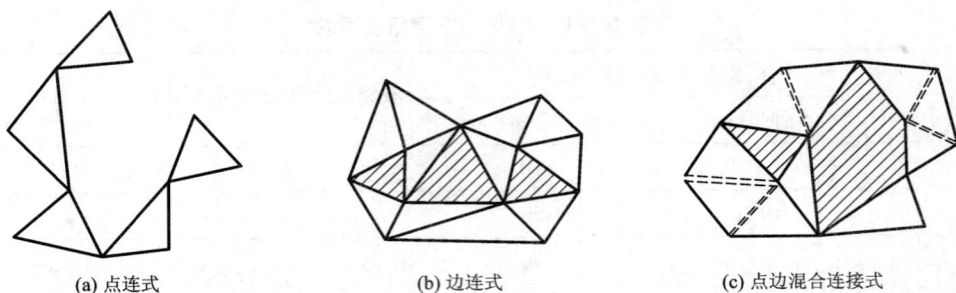

图 10 – 5　常用 GPS 网形

4. GPS 网与常规控制网的联测

为了使 GPS 网和地面常规控制网建立必要的联系，应考虑 GPS 网至少和三个以上高等级的常规控制点进行联测，如需测定 GPS 点的高程，还应与国家等级水准点进行联测，平坦地区联测点不应少于 5 个，丘陵山区不应少于 10 个，且分布均匀。

二、踏勘选点

由于 GPS 测量同步观测不需要站点之间互相通视，图形结构比较灵活，也不需建立高标，但为了和常规控制网进行联测和加密，每点应有一个以上的通视方向。GPS 测量控制点应选在交通便利、视野开阔、点位较高、易于安置接收设备的地方，应尽量避开对电磁波有强烈吸收、反射等干扰影响的金属构件或其他障碍物，如高压线、电视发射台及大面积水域等。

选点结束后应上交的资料包括：GPS 网点点之记、环视图（含周边相片）；GPS 网选点图（测区较小时可用展点图代替）；选点工作总结等。

三、埋石

各级 GPS 点均应埋设固定的标石或标志，标石类型分为天线墩、基本标石和普通标石。B 级 GPS 点应埋设天线墩，C、D、E 级 GPS 点在满足标石稳定、易于长期保存的前提下，可根据具体情况选用。各种类型的标石应设有中心标志，标志中心应该有清晰、精细的十字线或嵌入不同颜色金属制作的直径小于 0.5 mm 的中心点。埋设天线墩、基本标石时，应现场浇灌混凝土。普通标石可预先制作，然后运往各点埋设。

新埋标石应办理测量标志委托保管书。埋石结束后应上交的资料包括：GPS 点之记（格式按相应规范要求）；测量标志委托保管书；标石建造拍摄的照片；埋石工作总结等。

四、作业模式

工程上常用的 GPS 测量作业模式有以下几种。

1. 经典静态定位

采用两台或两台以上接收机，分别安置在一条或数条基线的两个端点［图 10 – 6（a）］，同步观测 4 颗以上卫星，每时段长 45 分钟至 2 小时。该法适用于精度要求较高的工程控制测量。

2. 快速静态定位

属于动态定位的一种。在测区中部选择一个基准站，安置一台接收机，连续跟踪 5 颗以上卫星，另一台接收机依次到各点流动设站［图 10 – 6(b)］，每点观测数分钟。该法适用于控制网的加密及一般工程测量、地籍测量。

3. 实时动态定位（RTK）

在基准点上安置接收机连续跟踪 5 颗以上卫星，另一台接收机先在 1 号点上静态观测数分钟，在保持对所测卫星连续跟踪并且不失去已锁定卫星的情况下，依次至 2，3，4，…号点［图 10 – 6（c）］，各点观测数秒钟。该法适用于一般工程定位、碎部测量及线路测量等。

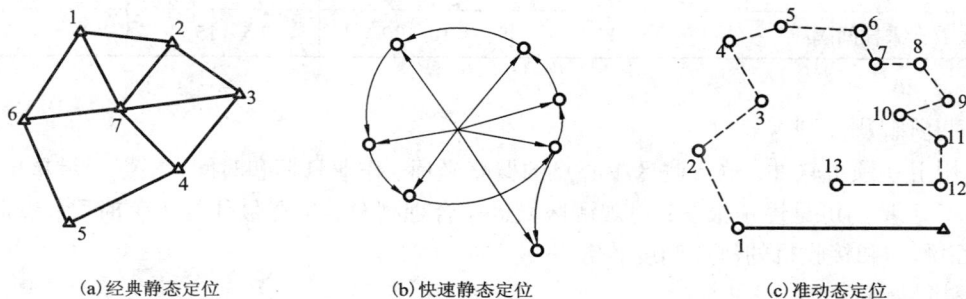

(a)经典静态定位　　　　(b)快速静态定位　　　　(c)准动态定位

图 10 – 6　常用 GPS 测量作业模式

五、外业观测

1. GPS 接收机选用

GPS 接收机的生产厂家众多，型号不同，但仪器在功能、操作方法上基本相似。外国著名的生产厂家有美国天宝公司（Trimble）、瑞士徕卡公司（Leica）、美国阿司泰克公司（Ashtech）等，国内知名厂家有南方测绘仪器公司、中海达仪器公司等。

作业所使用的 GPS 接收机及天线都必须送国家计量部门认可的仪器检定单位检定，检定合格后在有效期限内使用。B、C、D、E 级 GPS 网测量采用的 GPS 接收机的选用按表 10 – 2 执行。

表 10 – 2

级别	B	C	D、E
单频/双频	双频	双频	双频或单频
观测量至少有	L1、L2 载波相位	L1、L2 载波相位	L1 载波相位
同步观测接收机数	≥4	≥3	≥2

2. GPS 网观测的主要技术要求

GPS 测量外业一般至少用 2 台或 2 台以上接收机进行同步观测，全球定位系统（GPS）测量规范（GB/T 18314—2009）规定各等级 GPS 控制网静态测量作业的主要技术要求见表10 – 3。

表 10 − 3　各等级 GPS 控制网静态测量作业技术要求

项　目	级　别			
	B	C	D	E
卫星截止高度角/°	≥10	≥15	≥15	≥15
有效观测卫星总数	≥20	≥6	≥4	≥4
同时观测有效卫星数	≥4	≥4	≥4	≥4
观测时段数	≥3	≥2	≥1.6	≥1.6
时段长度	≥23 h	≥4 h	≥1 h	≥40 min
数据采样间隔/s	30	10 ~ 30	5 ~ 15	5 ~ 15

3. 拟订观测计划

运用卫星预报软件，输入测区中心点的概略坐标、作业日期和时间，根据卫星星历文件，编制 GPS 卫星的可见性预报图；对观测区域进行合理划分；选择最佳的观测时段；编制出观测时段、测站和接收机的作业调度表等。

4. 测站观测

1）天线安置。

天线一般应固连在三角架上，通过对中、整平，架设在点位上方离地面高度应在 1 m 以上。天线定向标志线应指向正北，其定向误差一般不应超过 ±3° ~ 5°。天线架设好后，在圆盘天线间隔 120°的三个方向分别量取天线高，其较差不应超过 3 mm，取三次结果的平均值记入手簿。然后在离开天线的适当位置安放接收机，并将天线电缆与接收机进行连接。

2）开机观测。

开机通过自检，接收机锁定卫星后，观测员便可按照接收机操作手册进行测站和时段控制等有关信息的输入和观测操作。

观测操作的主要工作是接收 GPS 卫星信号，并对其进行跟踪处理，以获得所需要的观测数据和定位信息。

观测时接收的卫星信息主要包括 GPS 卫星星历及卫星时钟差参数、载波相位观测值及相应的历元时刻、同一历元的伪距观测值及 GPS 实时定位结果等，连同接收机的工作状态等信息一道，将由接收机自动进行记录和存储于电子手簿；除此之外，观测员还应将测站信息、接收时间、出现的问题和处理情况等及时填写为观测手簿（手簿格式见相应规范）。

如果使用 RTK GPS 接收系统，开机后基准站和移动站之间的数据通讯和卫星的搜索、锁定等操作均由数据传输电台和软件自动完成，可以通过点击"查看卫星图"命令，观看当前接收到的卫星状态。当接收到 4 颗以上卫星的信号后，即可在显示屏上显示移动站的三维坐标，其数据的接收、下载与解算亦由电子手簿自动完成，并可通过执行有关命令，将所测坐标换算为用户所需坐标系的坐标。

六、数据处理

GPS 数据处理也可称为 GPS 网平差，步骤为：数据预处理；基线向量提取；三维无约束平差；约束平差和联合平差。外业结束后，将观测数据传输至计算机。在完成读入 GPS 观测值数据后，就需要对观测数据进行必要的检查，检查的项目包括：测站名、点号、测站坐标、天线高等。对这些项目进行检查的目的，是为了避免外业操作时的误操作。运行后处理软件，C、D、E 级 GPS 网基线解算可采用随接收机配备的商用软件进行以下数据处理：

1. 数据预处理

解算基线向量，计算所有同步观测相邻点之间的三维坐标差（即独立基线向量），检核重复边，即同一基线在不同时间段测得的基线边长的较差，以及由基线向量构成的各种同步环和异步环的闭合差是否满足相应等级的限差要求。该过程一般是自动进行的，无须过多的人工干预。对观测数据进行检验，剔除粗差，将各种数据文件加工成标准化文件。

1）数据剔除率。同一时段内观测值的数据剔除率，不应超过 10%。

2）复测基线的长度差。

B 级网外业预处理与 C、D、E 级网基线处理后，若某基线向量被多次重复，则任意两条基线长度之差 ds 应满足下式：

$$ds \leqslant 2\sqrt{2}\sigma \qquad (10-2)$$

式中，σ 为相应级别规定的基线中误差，计算时边长按实际平均边长计算。

3）同步观测环闭合差。

三边同步环中只有两个同步边成果可以视为独立的成果，第三边成果应为其余两条边的代数和。由于模型误差和处理软件的内在缺陷，第三边处理结果与前两边的代数和常不为零，其差值应小于下列数值：

$$\begin{cases} \omega_x \leqslant \sqrt{\dfrac{3}{5}}\sigma \\[2mm] \omega_y \leqslant \sqrt{\dfrac{3}{5}}\sigma \\[2mm] \omega_z \leqslant \sqrt{\dfrac{3}{5}}\sigma \end{cases} \qquad (10-3)$$

式中，σ 为相应级别规定的基线中误差，计算时边长按实际平均边长计算。

4）独立环闭合差及附和路线坐标闭合差。

B、C、D、E 级网外业基线预处理后，其独立闭合环或附和路线坐标闭合差应满足下式：

$$\begin{cases} \omega_x \leqslant 3\sqrt{n}\sigma \\[2mm] \omega_y \leqslant 3\sqrt{n}\sigma \\[2mm] \omega_z \leqslant 3\sqrt{n}\sigma \end{cases} \qquad (10-4)$$

式中，n 为闭合边数，σ 为基线测量中误差。

2. 基线向量提取

进行 GPS 网平差，首先要提取基线向量，构建 GPS 基线向量网。提取基线向量网时需遵循以下原则：

1）必须选取相对独立的基线，否则平差结果会与真实的情况不相符合。

2）所选取的基线应构成闭合的几何图形。

3）选取质量好的基线向量。基线质量的好坏可以依据 RMS、RDOP、RATIO、同步环闭合差、异步环闭合差及重复基线较差来判定。

4）选取能构成边数较少的异步环的基线向量。

5）选取边长较短的基线向量。

3. 三维无约束平差

以解算好的基线向量作为观测值，对 GPS 网进行无约束平差，从而得到各 GPS 点之间的相对坐标差值，再以基准点在 WGS – 84 坐标系的坐标值为起始数据，即得各 GPS 点的 WGS – 84 坐标，以及所有基线的边长和相应的精度。

根据无约束平差结果，判别在所构成的 GPS 网中是否有粗差基线，如发现含有粗差的基线，必须进行处理，以使构网的所有基线向量均满足质量要求。

4. GPS 网约束平差

根据 GPS 网和国家或城市控制网联测的结果，将联测的高级点的坐标、边长、方位角或高程作为强制约束条件，对 GPS 网进行二维或三维约束平差和坐标转换，使所有 GPS 点获得与国家或城市控制网相一致的二维或三维坐标值。约束平差的具体步骤如下：

1）确定平差的基准和坐标系统；

2）指定起算数据；

3）检验约束条件的质量；

4）进行平差解算。

5. 质量分析与控制

进行 GPS 网质量的评定，一般采用如下指标：

1）基线向量改正数。根据基线向量改正数的大小，可以判断出基线向量中是否含有粗差。

2）相邻点的中误差和相对中误差。

任务 10 – 4　GPS 技术在测量中的应用与发展

一、GPS 技术在我国测量工作中的实践与应用

1. 建立 GPS 国家网

1）建立国际 GPS 服务（IGS）网。

1991 年国际大地测量协会（IAG）决定在全球范围内建立一个 IGS 观测网，并于 1992 年 6—9 月间实施了第一期会战联测，我国借此机会由多家单位合作，在全国范围内组织了一次盛况空前的"中国 92 GPS 大会战"。通过参加全球 IGS 合作，在全国范围内确定精确的地心坐标，建立起我国新一代的地心参考框架及其与国家坐标系的转换参数；以优于 10^{-7} 量级的相对精度确定站间基线向量，布设成国家高精度卫星大地网的骨架，并奠定地壳运动及地球动力学研究的新基础。

2）国家 GPS A、B 级网。

国家 GPS A 级网于 1992 年结合国际 IGS92 会战，由国家测绘局、中国地震局等单位布测，全网 27 个点，平均边长约 800 km。1996 年国家测绘局进行了 A 级网复测，经全网整体平差后，地心坐标精度优于 0.1 m，A 级网点间水平方向的相对精度优于 2×10^{-8}，垂直方向

优于 7×10^{-8}。

B 级网由国家测绘局于 1991—1995 年布测，包括 A 级点共 818 个点。B 级网的结构在东部地区为连续网，点位较密集；中部地区为连续网与闭合环结合，点位密度适中；西部地区为闭合环与导线，点位密度较稀疏。B 级网 60% 的点与我国一、二等水准点重合，其余进行了水准联测。B 级网点间精度水平方向优于 4×10^{-7}，垂直方向优于 8×10^{-7}。

3）GPS 一、二级网

全国 GPS 一、二级网于 1991—1997 年由总参测绘局布测。全网 534 个点，在全国陆地（除台湾省）、海域均匀分布，还包括南沙群岛的重要岛礁。一级网 44 点，平均边长约 800 km，于 1991 年 5 月至 1992 年 4 月观测；二级网分 6 个测区（南海岛礁，东北测区，华北测区，西北测区，华东测区，华南测区，青藏云贵川测区）观测，先后于 1992—1997 年施测。二级网在一级网基础上布测，平均边长约 200 km，一、二级网点均进行了水准联测。经平差计算后，一级网的精度约为 3×10^{-8}，二级网精度为 1×10^{-7}。

4）建立国家地壳运动观测网。

中国地壳运动观测网络由中国地震局、总参测绘局、国家测绘总局、中国科学院等四家单位于 1998 年开始布测，是以地震预报为主要目的并兼顾测量需要的监测网，网点的布设主要分布在我国的大板块和地震活跃区附近。全网包括基准网点、基本网点和区域网点共 1081 点。其中基准网点间距 1000 km 左右，为 GPS 常年连续观测点；基本网点间距约 500 km，为定期复测点。基准网和基本网主要分布于国内较大的板块，区域网点间距约几十到上百千米，为不定期复测点，全国范围内分布不均，较密集地分布在地壳运动活跃地区。

2. 布设精密工程控制网

用 GPS 布设隧道贯通、大坝施工等精密工程控制网，其精度比常规方法高出一个数量级。

3. 布设一般控制网

用 GPS 布设一般控制网，较常规方法速度快、精度高。

4. 加密测图控制

GPS 静态测量可用于加密测图控制网，一次布测完成，无须逐级加密和复杂计算，极大地提高了工作效率。

5. 直接用于地形测量、地籍测量或施工测量

GPS 采用准动态测量模式，进行地形图、地籍图的测绘或工程的定线、放样，亦给这些测量工作带来很大方便。

6. 直接用于变形监测

国内外已将 GPS 广泛应用于油田、矿山地表的变形监测；城市因过度抽取地下水造成的地面沉降监测；大型水库的大坝变形监测；大型桥梁及高层建筑的变形监测等。

二、GPS 技术的最新发展——CORS 系统

随着卫星定位技术与计算机、无线通信、网络等高新技术的交叉发展和技术融合，20 世纪 90 年代中期，人们便提出了网络实时动态差分的概念，称之为网络 RTK（网络 real time ki-nematic），并在 21 世纪初产生了网络 RTK 系统处理商业软件，实时动态差分技术也从单基站的 RTK 迅速向由多基站构成的网络 RTK 发展，其代表性的技术便是虚拟参考站技术 VRS（或

FKP/主辅站技术等）。当前，利用多基站网络 RTK 技术建立的连续运行卫星定位服务综合系统（Continuous Operational Reference System，缩写为 CORS）已成为城市 GPS 应用的发展热点之一。CORS 系统是卫星定位技术、计算机网络技术、数字通讯技术等高新科技综合应用的产物。在 CORS 出现之前，用户使用 RTK 的方法都是 1 个基准站加 N 个移动站的作业模式，这种作业模式称单基准站模式（single - base），基准站得自己找点架设，一般都是临时性的，而作业范围都是十几公里，如果有较大的测区，则需要多次的架设临时基准站。而 CORS 模式通俗地讲，就是大的测绘部门架设几个或者几十个永久的基准站覆盖一个比较大的区域，使作业单位出去外业测量就不需再架设基准站，直接用移动站进行测量。

CORS 系统由基准站网、数据处理中心、数据传输系统、定位导航数据播发系统、用户应用系统五个部分组成，各基准站与监控分析中心之间通过数据传输系统连接成一体，形成专用网络。

1）基准站网。

基准站网由一定范围内均匀分布的基准站组成。负责采集 GPS 卫星观测数据并输送至数据处理中心，同时提供完好性的监测服务。

2）数据处理中心。

数据处理中心是系统的控制中心，用于接收各基准站数据，进行数据处理，形成多基准站差分定位用户数据，组成一定格式的数据文件，分发给用户。数据处理中心是 CORS 的核心单元，也是高精度实时动态定位得以实现的关键所在。中心 24 小时连续不断地根据各基准站所采集的实时观测数据在区域内进行整体建模解算，自动生成一个对应于流动站点位的虚拟参考站（包括基准站坐标和 GPS 观测值信息），并通过现有的数据通信网络和无线数据播发网，向各类需要测量和导航的用户以国际通用格式提供码相位/载波相位差分修正信息，以便实时解算出流动站的精确点位。

3）传输系统。

各基准站数据通过光纤专线传输至监控分析中心，该系统包括数据传输硬件设备及软件控制模块。

4）播发系统。

系统通过移动网络、UHF 电台、Internet 等形式向用户播发定位导航数据。

5）应用系统。

包括用户信息接收系统，网络型 RTK 定位系统，事后和快速精密定位系统以及自主式导航系统和监控定位系统等。按照应用的精度不同，用户服务子系统可以分为毫米级用户系统、厘米级用户系统、分米级用户系统、米级用户系统等；而按照用户的应用不同，可以分为测绘与工程用户（厘米、分米级），车辆导航与定位用户（米级），高精度用户（事后处理），气象用户等几类。

CORS 系统彻底改变了传统 RTK 测量作业方式，其主要优势体现在：提高了工作效率，扩大了有效工作的范围；节省作业单位的费用；提供远程 internet 服务，实现了数据的共享等，为建设数字化城市提供了新的契机。

CORS 是目前国内乃至全世界 GPS 最新应用和发展趋势，欧美及日本已经建立起完整的系统。在我国，继深圳率先建立 CORS 以来，CORS 热潮不断，全国部分省、市也已初步建成或正在建立类似的省、市级 CORS 系统，如广东省、江苏省、北京、天津、上海、广州、东莞、成都、武汉、昆明、重庆、青岛等。其他省也在酝酿之中,不久的将来只需一个移动台测遍全国会成为现实。

任务 10 – 5　科力达 RTK(K9、s730)使用操作介绍

RTK(Real – time kinematic)测量的基本思想是(以美国的 GPS 为例),在基准站上安置 GPS 接收机,对所有可见 GPS 卫星进行连续观测,并将其观测数据通过无线电传输设备,实时地发送给流动观测站。在流动站上,GPS 接收机在接收卫星信号的同时,通过无线电接受设备接收基准站传输的观测数据,然后根据相对定位的原理,实时地计算并显示流动站的三维坐标及其精度。

RTK 又分为常规 RTK 和网络 RTK(即 cors 网络)。常规 RTK 由一个基准站和一至数个流动站组成(俗称"1 + 1"、"1 + 2"等)。网络基准站由若干个远程基准站及用户流动站组成。

一、常规 RTK

1. 基准站部分

基准站架设位置要选择周围视野开阔、净空条件好的地方,避免在截止高度角 15 度以上范围内有大型建筑物存在,还要远离大的无线电发射塔、大的水域和高压线。为了让基准站的差分信号能传播得更远,基准站一般选在地势较高的位置(如楼房顶、山头等),以便为整个测区范围提供有效服务。当基准站架设在未知控制点时(实际生产时经常如此),还需考虑与基点(已知控制点)相联通。基准站一般要派专人值守,只有在确保安全的前提下,也可实现无人值守。当无人值守时,如果手簿显示屏出现异常情况(接收不到基站发射来的信号),必须能在最短时间内到达基站查看情况,此时,有可能是基站电池用完断电(通常如此),当然也有可能是人或者动物将基站破坏。基站的连接步骤如下:

1)先在基站接好主机(主机俗称蘑菇头)的发射天线,将主机与基座相连并一起安装在三脚架上即可。使用外接电源时,将外置电台挂在三脚上(彩图 10 – 7,参见书后彩图插页),接电源线注意避免电瓶正负极接反导致仪器烧坏,电缆线与主机连接时,要注意红点对应并且捏住连接头带红点的金属部分垂直插拔,切勿用力扭动旋转以免损坏插头。如果工作范围不大,电池够用时,也可不用电台直接使用主机(主机本身也有电池)。

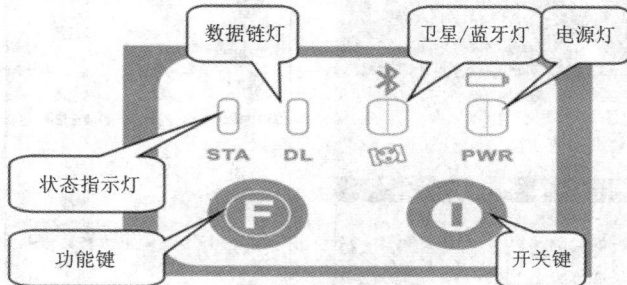

图 10 – 8　主机操作与指示面板

2)按下主机操作板面右下方的电源开关打开主机(图10-8),如果是新机设置,或是要将上一次的流动站主机改为基站主机,则用两个手指同时按住F键和I键,当6个灯同时闪的时候两手指同时松开(提示:一定是同时闪灯才松手,只亮不闪时不要松手)。松手后按两下F键,接着按I键确认。

如果是上一次的基站主机继续在基站使用,则按下主机开关之后机器会自动初始化(请耐心等待1分钟)和搜索卫星,当卫星数和卫星质量达到要求后,数据灯旁边的卫星指示灯将开始有规律地闪烁(约每秒钟闪灯1次,连续闪几下就说明收到了几颗卫星)。这表明基准站部分开始正常工作。

2.移动站部分

移动站又称流动站。在流动站方面,通常是测量员拿着另一台主机及观测手簿进行图根控制测量,也可以直接进行地形碎部点测图或工程放样。移动站的工作程序如下。

1)将移动站主机接在碳纤对中杆上,连接好接收天线(在主机底部),同时将手簿夹在对中杆的适合位置。

2)打开主机,如果是新机设置,或是要将上一次的基准站主机改为移动站主机,则同样用两个手指同时按住F键和I键,当6个灯同时闪的时候两手指同时松开。松手后立即按一次F键,接着按I键确认。

如果是上一次的移动站主机继续使用,直接开机后也同样会进行自动初始化和搜索卫星,当达到一定的条件后,主机上的卫星指示灯便开始有规律地闪烁绿灯(每秒闪1次,闪几下就说明收到几颗卫星),此时基准站也在往流动站发射差分信号(数据链灯也会有规律地闪烁绿灯,状态灯有规律闪红灯)。

3)打开手簿(按左上角电源开关键)。

4)启动手簿后,须先将手簿与主机连通。连通可以通过两种途径,一种是直接用电缆线连接(当一个人独立操作时,稳妥),另一种是用蓝牙(灵活,方便于两个人在移动站工作)。蓝牙将手簿与主机自动连通,连接时会有数据文字信息在屏幕上闪过。蓝牙设置的操作步骤与界面如下。

①点击左下角开始→设置→控制面板(如果双击屏幕下面的蓝牙图标 ✳,会更快捷),在控制面板中双击Bluetooth设备属性,如图10-9。

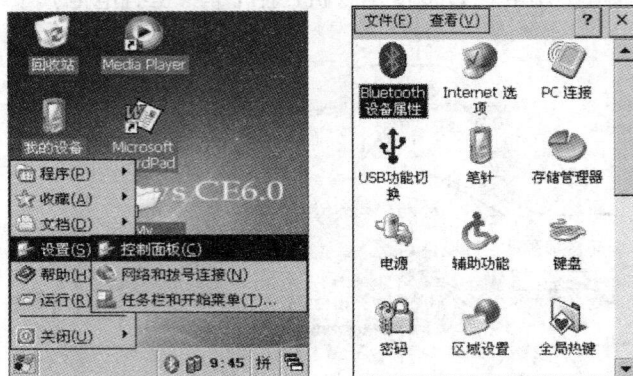

图10-9 设置蓝牙开始

②在蓝牙设备管理器窗口中选择设置(图 10 - 10 左图),勾选"启用蓝牙",再点击蓝牙设备(图 10 - 10 中图)。

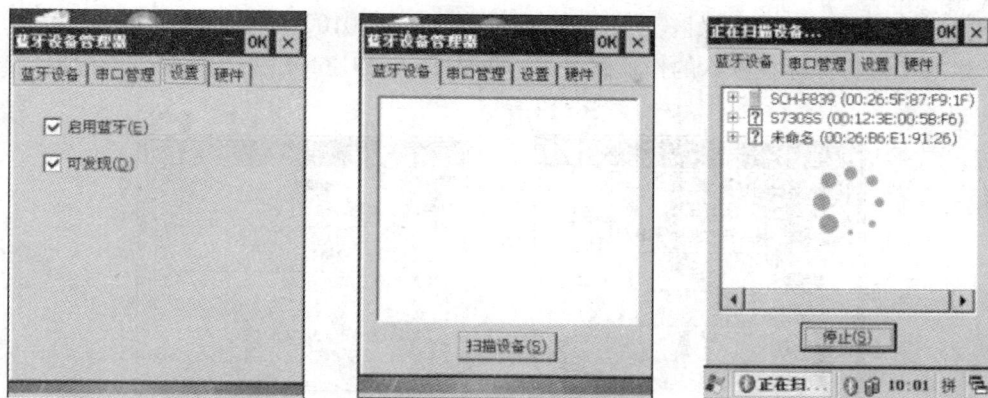

图 10 - 10　蓝牙设备管理扫描

③附近(小于 30 m 的范围内)有可被连接的蓝牙设备,"蓝牙管理器"对话框将显示搜索结果。注:整个搜索过程可能持续 10 s 左右,请耐心等待,如图 10 - 10 右图。

④选择"K82…"数据项(假定扫到一个:移动站现在的新主机底部条纹码为 K8233A117081632),点击"＋"按钮,弹出"串口服务"选项(图 10 - 11 左图),双击串口服务,在弹出的对话框里选择串口号,一般是从 1 ~ 8,在可用的串口号中任选一个。如果无法确定选择哪一个端口,则可以从手簿主菜单中按下述步骤操作:我的设备→控制面板→设备属性→串口管理→查出与主机底部条纹码序号相同的号码所对应的串口名称。如现在主机底部条纹码为 K8233A117081632,则在手簿中也查找号码为 K8233A117081632 所对应的串口名称(这里假设为 COM7),如图 10 - 11。

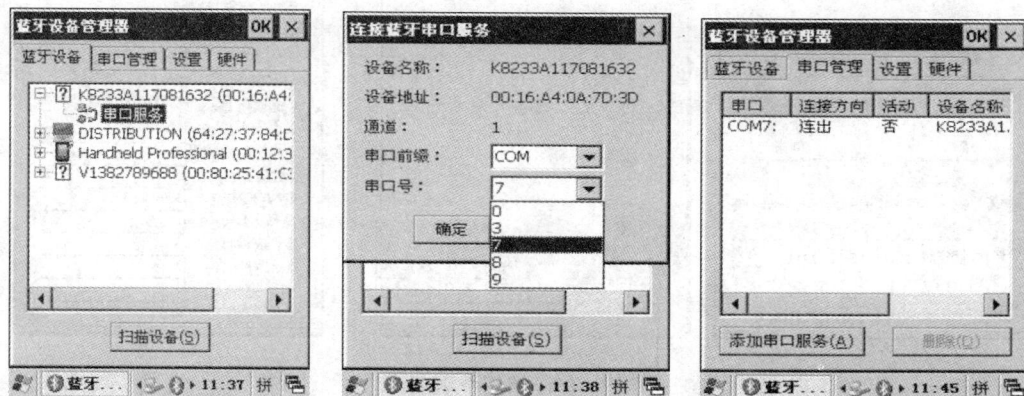

图 10 - 11　蓝牙串口服务

5) 手簿软件和主机连通后,双击 EGStar 图标,启动工程之星 3.0 EGStar 软件。软件首先会让移动站主机自动去匹配基准站发射时使用的通道。如果自动搜频成功，则手簿界面下方会有信号在闪动。

6）在确保手簿中蓝牙连通和收到差分信号后，开始新建工程（工程→新建工程），输入工程名（建议用年月日加自己的姓氏字母或工程名字母，如20100526X），点击确定，如图10－12。新建的工程将保存在默认的作业路径"\Flash Disk\EGJobs\"里面，然后进行参数设置。

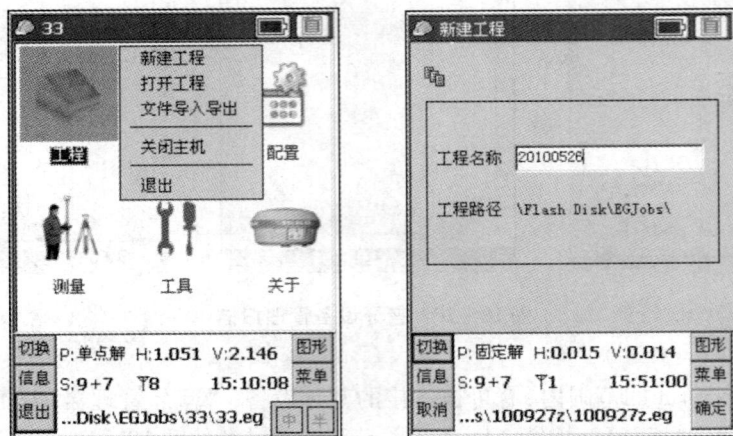

图10－12　工程→新建工程

7）坐标系统设置：选择工程设置界面，按照坐标系统—编辑—增加—输入参数系统名，选择椭球名称（坐标系统）Beijing54或Xian80，输入当地坐标投影带的中央子午线，再按确定，修改天线高，最后确定即可，如图10－13所示。

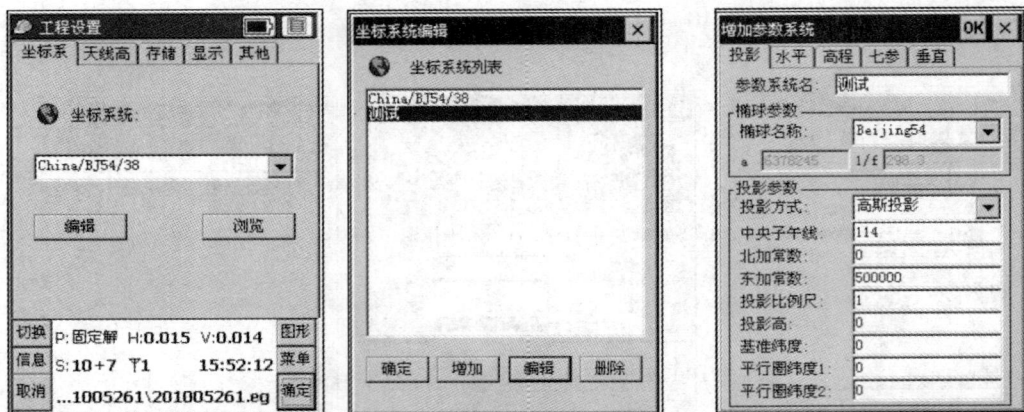

图10－13　坐标系统设置

8）求转换参数（图10－14）：在初始界面点击输入→求转换参数→增加，根据提示依次增加控制点的已知坐标和原始坐标，一般至少3个控制点，当所有的控制点都输入完成察看确定无误后，单击保存，选择参数文件的保存路径并输入文件名，保存的文件名称以当天的日

272

期命名。完成之后单击"确定"。然后单击"保存成功"、小界面右上角的"OK"，四参数已经计算并保存完毕。完成后点击"应用"。四参数的四个基本项分别是：北平移、东平移、旋转角和比例尺。

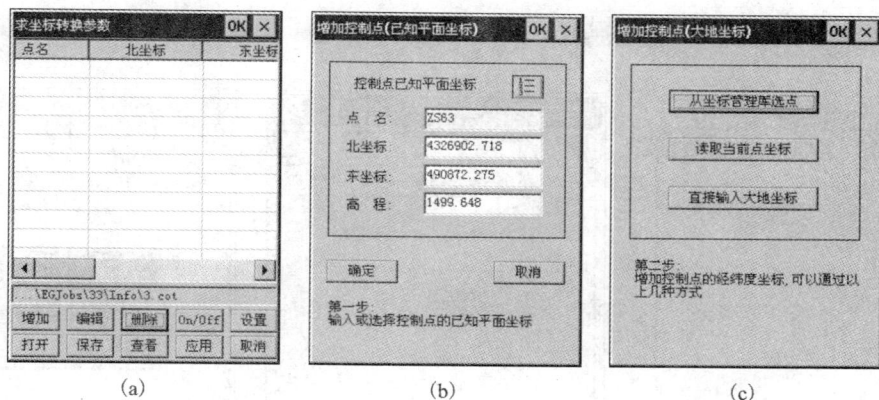

图 10 – 14　求坐标转换参数

根据图 10 – 14(c)的提示，输入控制点的大地坐标(即控制点的原始坐标)时，有三种输入方法，分述如下。

第一种"从坐标管理库选点"，调出记录的原始坐标(此原始坐标是求取四参数之前采集的坐标)，选择需要的坐标点，单击"确定"，再"确认"，如图 10 – 15 所示。

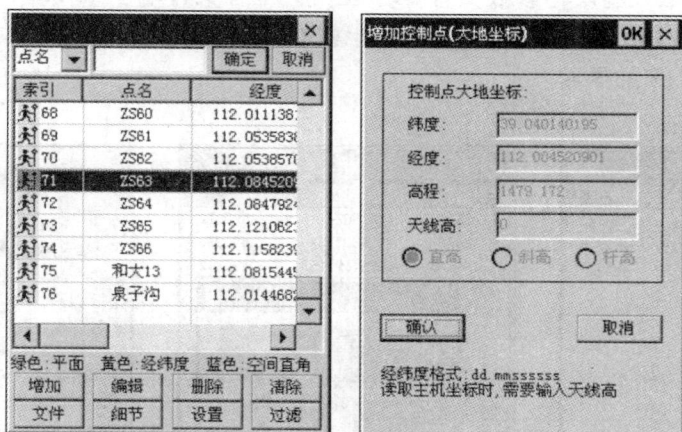

图 10 – 15　增加点的原始坐标(大地坐标)

第二种"读取当前点坐标"：

① 首先在该点使主机气泡对中整平；

② 单击"读取当前点坐标"；

③ 选取"杆高"，在"天线高"输入当前杆高；

④ 单击"确认"。

第三种"直接输入大地坐标"，根据测区现场已有的控制点大地坐标直接输入。

第一个点"增加"完成后，继续单击"增加"，重复上述步骤增加第二个点，余此类推。一般平面转化最少需要 2 个点，高程转化最少需要 3 个点。所有的控制点都输入以后，向右拖动滚动条可以查看水平精度和高程精度，如图 10－16。

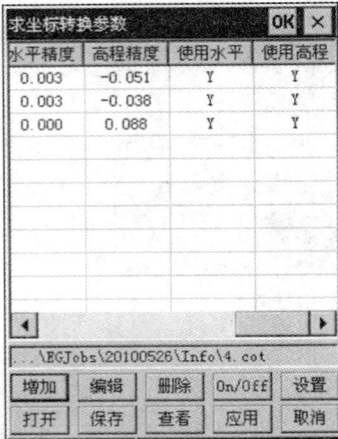

图 10－16　查看水平精度和高程精度

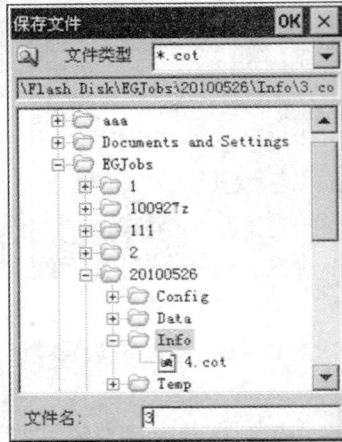

图 10－17　保存控制点参数文件

查看确定无误后，单击"保存"，出现如图 10－17 左图所示界面。选择好参数文件的保存路径并输入文件名，建议将参数文件保存在当天工程文件名下的 Info 文件夹里面，单击"OK"，会出现如图 10－17 右图所示界面。继续"OK"，则四参数已经计算完成并保存完毕，并会出现如图 10－18 的界面。

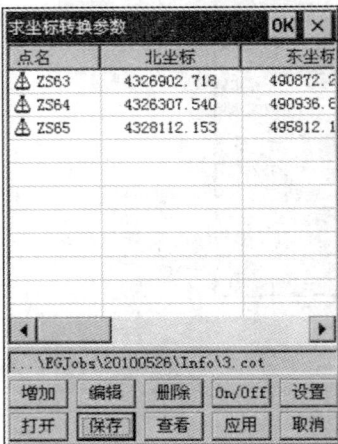

图 10－18　坐标录入完成

图 10－19　参数赋值

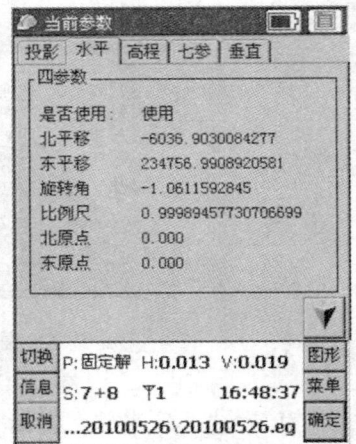

图 10－20　初始界面时查看四参数

此时单击右下角的"应用"，出现图 10－19，点击"是"即可。点击下面的查看按钮可查看所求的四参数。如果在工程设置的初始界面点击右上角的 [□]，也可以查看手簿中已有的四参数，如图 10 - 20，此时主要查看比例尺是否是"1.0000…"或是"0.9999…"，越接近 1，说明越准确。在计算过程中，如果坐标输错，可以选中该坐标项之后点击"编辑"或"删除"进行相应修改。

9) 校正向导。

每天开始碎部测量（测图或放样）之前必须进行此项校正（这类似于全站仪对后方向）。按照"输入"—"校正向导"—选择"基准站架设在未知点"，再点击"下一步"。输入当前移动站所在的已知点坐标、天线高和天线高的量取方式，再将移动站立于已知点上后点击"校正"，系统会提示是否校正，"确定"即可。

注意：如果当前状态不是"固定解"时，会弹出提示，这时应该选择"否"来终止校正，等精度状态达到"固定解"时重复上面的过程重新进行校正。校正好后便可进行碎部点测量。移步将对中杆立在需测的点上，当状态达到固定解时，按快捷键"A"开始测量和保存数据。

10) 数据采集（点测量）。

操作：测量→点测量，如图 10 - 21。

按一下手簿上的字母"A"键，即采集出当时瞬时坐标，如图 10 - 22。为方便编辑绘图，点名可以根据实际地物取名，如房角可以取名 F1、F2、…，坎可以取名 K1、K2、…，依此类推。

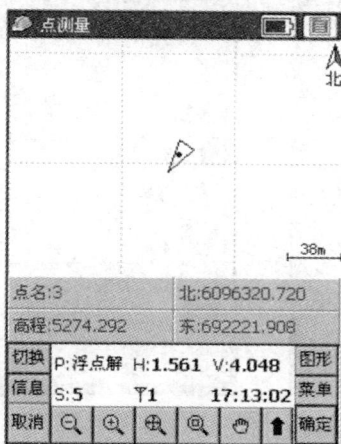

图 10 - 21　点测量

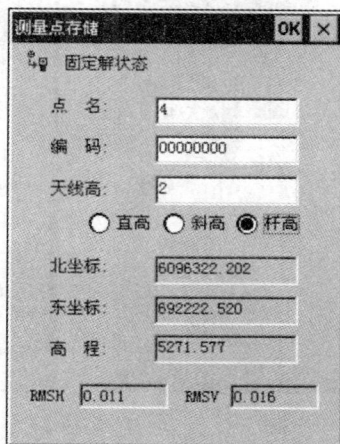

图 10 - 22　点存储

单击"OK"或者按"ENT"键，即保存当时所测坐标。连续按两次"B"键，可以查看所测量坐标。

3. 其他工作及注意事项

1) 建立工程后求转换参数。

在"求转换参数"界面，点击"增加"，根据提示依次增加控制点的已知坐标（Beijing54）和原始坐标（如 wgs84），一般至少 3 个控制点，当所有的控制点都输入完成并察看确定无误后，单击"保存"，选择参数文件的保存路径并输入文件名，保存的文件名称以当天的日期命名。

完成之后单击"确定"。然后单击"保存成功"小界面右上角的"OK"，四参数已经计算并保存完毕，完成后点击"应用"。求取参数步骤：设置—求转换参数—增加—输入一个已知点的坐标，之后选择第一项（从坐标管理库中选点）—导入—找到对应的文件然后导进去，然后选中这个已知点的原始坐标（就是你刚在外面采集的，最好名为a，方便查找），确定（OK）。然后依次输入这几个点的已知坐标（Beijing54）和原始坐标（wgs84），保存后点击应用。

查看精度：在求转换参数后看水平精度和高程精度，或是查看四参数旋转角和比例接近1。

2）如果在工程建立后进行端口连接（手簿与主机连接），步骤如下，打开EGStar、点击配置、端口设置，此时再选择端口，如不知道选择哪个端口就退出到桌面，打开"我的设备"、"控制面板"、"Bluetooth设备属性"、"串口管理"、将"设备名称"那一行拉开一点，查看自己主机的型号应该接哪个串口，查看到之后再进入端口设置选择端口，波特率选择最大的，再按确定即可连接上。

3）连接上之后就可以选择比较高等级的控制点进行点的校正，将主机架在点上后，手簿操作如下，EGStar—输入—校正向导—校正模式（校正模式应按基准站设在已知点或者未知点的情况下进行选择），再按下一步、输入对应的信息，按校正再按确认即可。这样，校正就完毕，如图10－23。

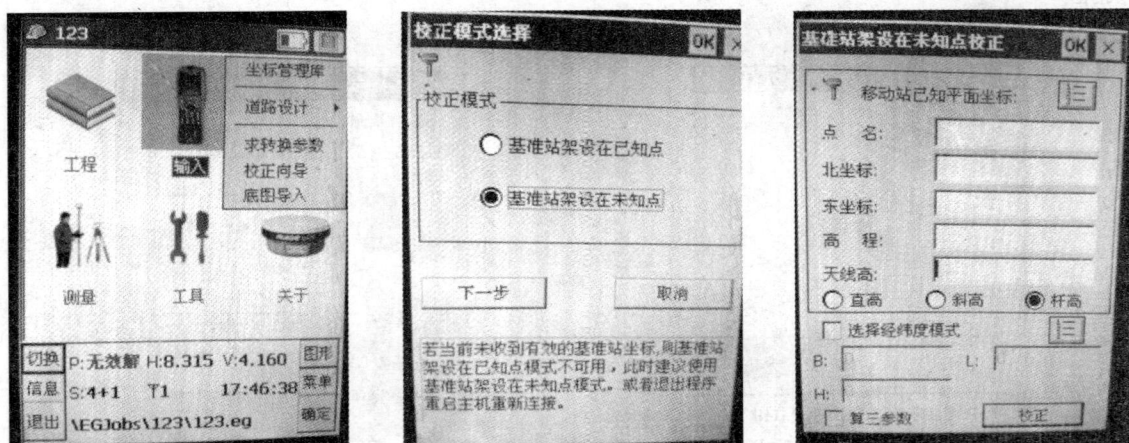

图 10－23　基准点架设在未知点校正

校正后还要将点进行平滑15 s测量一次，设置平滑15 s步骤如下，EGStar、配置、工程设置、存储、平滑存储，平滑存储次数改为15，再按确定即可，如图10－24。

设置平滑后等主机扶正和手簿呈固定解状态后点击测量、点测量、按A，等待15 s后按OK或按ENT键即可。测完点后再按一下查看，查看测量的坐标与正确坐标的误差相差多少，如果在几公分以内就认可，超出10 cm就得进行处理。

4）数据下载。

每天完成RTK野外数据采集后，当天便将手簿中的数据下载到电脑之中进行编辑绘图。数据下载到电脑前，还须先进行数据格式的转换，将手簿中后缀为.dat的原始数据文件转换

为后缀为 . txt 的成果文件, 以便进一步输送至电脑编辑绘图。文件转换的步骤有: 工程—文件导入导出—文件导出—在文件类型中选择南方 cass 格式—测量文件(选择相应文件)—成果文件(取目标文件名)—导出。具体分述如下。

在"工程之星"的初始界面选择工程—文件导入导出—文件导出—在"导出文件类型"中选择南方 cass 格式, 如图 10－25。

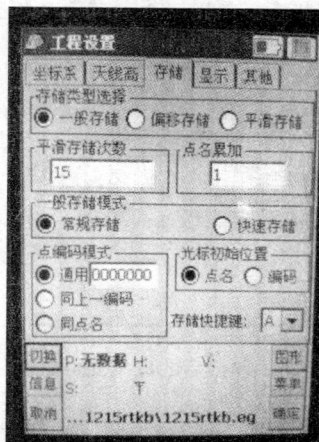

图 10－24　平滑存储　　　　　　　图 10－25　文件导出开始

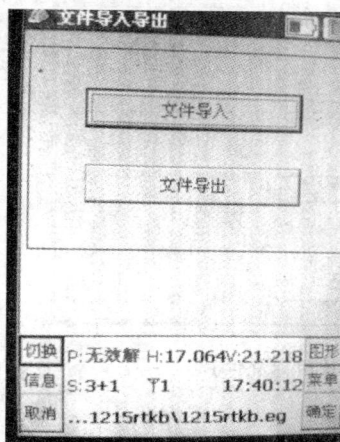

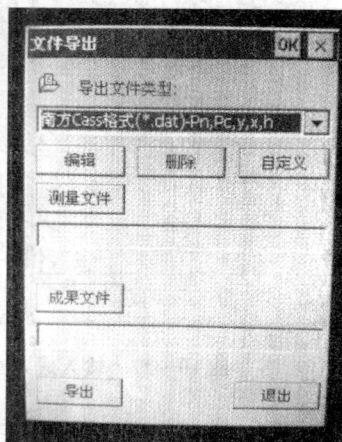

选择数据格式后, 点击"测量文件", 出现如图 10－26 左图式样。选择需要转换的原始数据文件, 即工程名 . dat(20100526. dat), 然后单击确定 OK, 出现如图 10－26 右图式样。

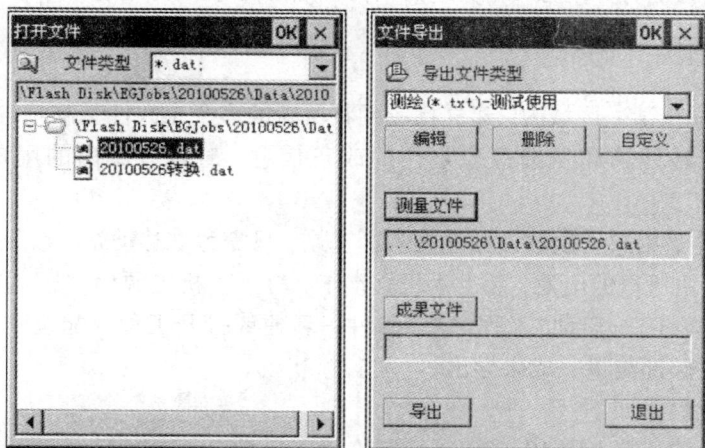

图 10－26　选择野外测量数据文件

点击"成果文件", 输入要保存的文件名(可在原文件名后加上"转换后"以示区别), 文件类型选择 . txt, 如图 10－27 左图所示。确定后就行了, 出现图 10－27 右图。

最后单击"导出", 出现如图 10－28 所示的界面, 表示文件已经转换为所需要的格式。

转换格式后的成果文件保存在"\Flash Disk\EGJobs\20100526\data\"里面，点击 OK ，然后点退出，结束"文件导出"工作，继续进行下面的数据文件传输至电脑的工作。

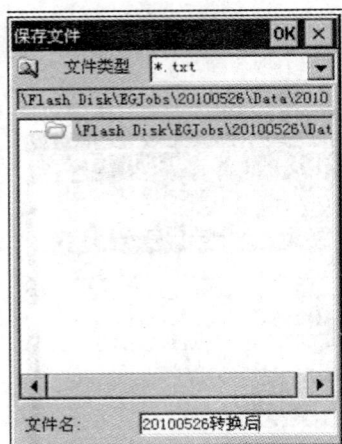

图 10 - 27　输入成果文件(目标文件)名　　　　图 10 - 28　转换后的成果文件路径

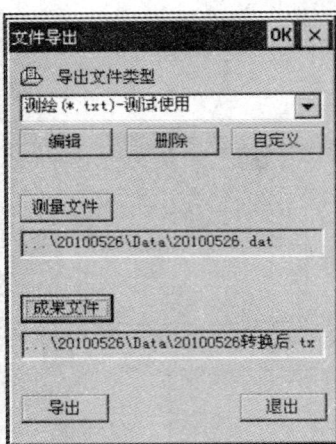

5)将手簿里转换好的数据文件复制至电脑的步骤如下：

在手簿的起始主界面执行：我的设备→控制面板→打开 USB 功能切换→选择 USB 通讯→退回手簿主界面。选择手簿多用途通讯电缆 USB 插电脑，手簿接口连手簿，在计算机资源管理器"我的电脑"里面找到手簿数据存储盘。打开所建工程文件夹→打开 EGJOBS 文件夹→打开 DATA 文件夹→找到所建成果文件夹→复制至电脑→完成。

然后，可在电脑上打开南方 CASS 绘图软件→绘图处理→展外测点点号→开始绘图。

二、网络 RTK

网络 RTK 是指在某一区域内，建立构成网状覆盖的多个永久性基准站，利用载波相位观测值，以这些基准站计算和发播卫星定位的改正信息，对该区域内的用户进行实时改正定位。

在网络 RTK 中，用户无须架设独立的测区基站，只需考虑移动站的校正与工作使用。主要步骤有：先打开主机里的电池，装上手机移动卡，打开主机电源(设置为移动站)—打开手簿—连接(蓝牙或有线)—启动"工程之星"软件—新建或打开工程—配置网络参数—求转换参数—连接成功—碎部测量—成果导出。

配置网络参数操作如下：

配置→网络设置，进入图 10 - 29 所示网络设置界面，点击"编辑"或"增加"按钮，如图 10 - 30 所示。

"从模块读取"功能，是用来读取系统保存的上次接收机使用"网络连接"设置的信息(点击该功能读取成功后，会将上次的信息填写到输入栏，以供检查和修改)。图 10 - 30 中，依次输入相应的网络配置信息。最后的"接入点"不用输，其他内容输完后，点击"获取接入点"，进入"获取源列表"界面，工程之星会对主机模块进行输入信息的设置以及登陆服务器，

278

获取到所有的接入点，获取过程如图 10 – 31 所示。

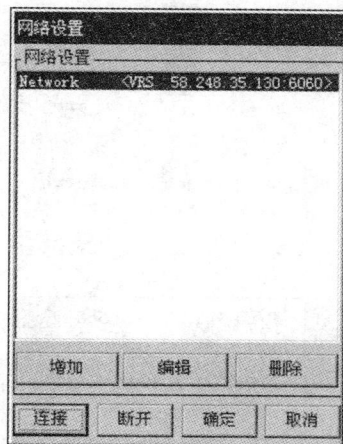

图 10 – 29　网络设置　　　　图 10 – 30　网络参数配置　　　　图 10 – 31　获取接入点

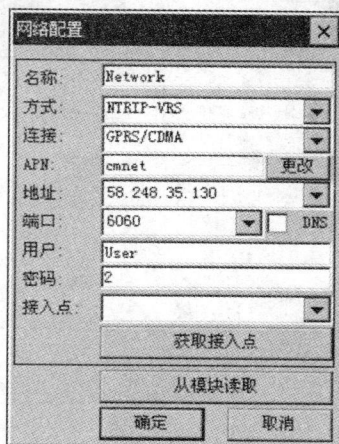

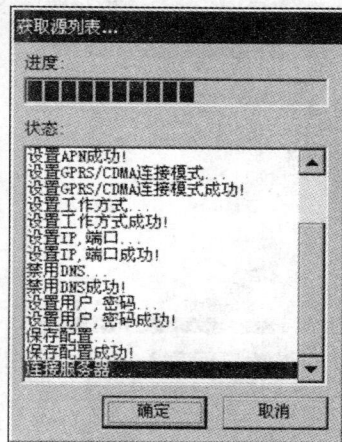

（温馨提示：对于 NTRIP – VRS 模式，如果在有密码限制的情况下，一组账号和密码只能供任意一台主机来使用，不能同时使用于 2 台或是 2 台以上的主机）

然后在网络配置界面"接入点"的下拉框中选择需要的接入点（图 10 – 32 中的"CMR"）。点击"确定"，该配置被输送到主机的模块之中，手簿返回到图 10 – 29 网络设置界面，此时点击"连接"，会进行网络参数设置（图 10 – 33），在这里主机会根据程序步骤一步一步地进行拨号链接与设置，屏幕会以一问一答的形式显示链接设置的进度（如发生账号密码错误、手机卡欠费等，也将在此处显示）。链接成功后（屏幕显示"所有参数设置完毕！"）点击确定，进入图 10 – 34 界面，主机进行"网络初始化"、"GPRS 连接"、"登录服务器"、"GGA 数据上发"等连接工作，完成之后点"确定"，屏幕进入到"工程之星"初始界面。

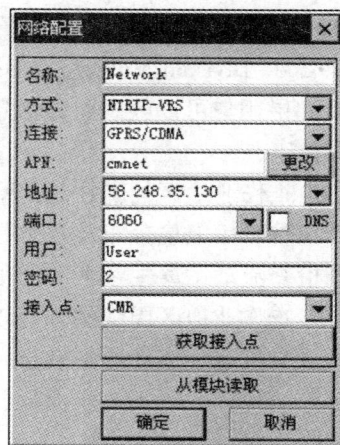

图 10 – 32　选取接入点

设置成功后很快就能接收到差分信息，当状态达到固定解时（图 10 – 35 中的单点解则不行！），就可以进行相关测量工作（图根控制、数字测图、工程放样等）。

工作中还须注意以下事项：

1）网络 RTK 依托无线网络进行数据传输，有时很久都收不到差分来的信息，这时用户可以从以下几个方面进行常见问题的诊断和处理：

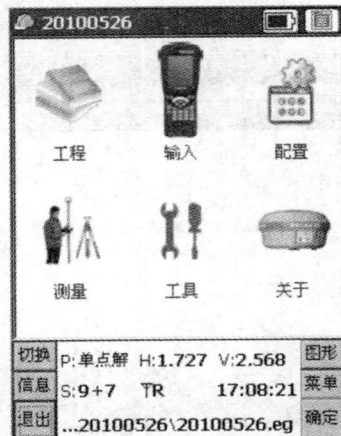

图10-33 网络参数设置 　　　图10-34 连接 　　　图10-35 连接后回到初始介面

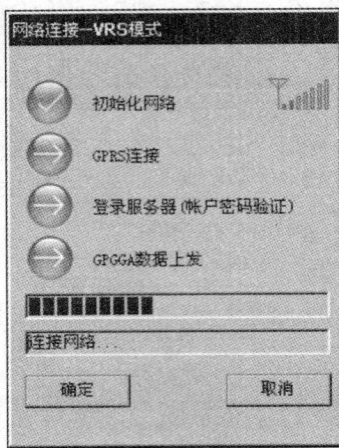

①通过设置菜单下的网络连接中的设置，进行网络参数读取，查看参数设置是否正确；

②查看设置菜单下的移动站设置情况，检查差分格式是否正确；

③检查手机卡是否欠费、新卡所开通的上网业务是否为 NET 方式(连接电脑上的 WWW 网站的)，而不是 WAP 方式(连接手机 WAP 网站的)；

④检查手机卡所使用的 GPRS(General Packet Radio Service，通用分组无线技术)或 CDMA(Code Division Multiple Access 中国电信的码分多址) 网络是否覆盖作业区域。

2)如果用户可以收到差分信息，但手簿一直显示处于浮点解，无法达到固定解，则需进行如下检查：

①检查作业地区的网络是否稳定，网络延迟是否严重；

②检查可用卫星分布及状态是否满足要求；

③检查流动站离主参考站的距离是否过远；

④检查作业地区周围是否有较大的电磁场干扰源；

⑤如果没有上述问题则重新启动主机重新初始化。

练习题10

1. 论述 GNSS 定位的基本原理。

2. 介绍 GNSS 定位测量的几种方法步骤。

3. 影响 GPS 定位精度的因素有哪些，各自如何影响？

4. 判断下列各题。

1)载波相位差分技术就是实时差分技术 RTK；(　　)

2)SA 技术的介入使 C/A 码的精度从原先的 100 m 提高到 20 m；(　　)

3)星历误差主要体现在卫星的轨道误差；(　　)

4)GPS 控制网平差时可以先提取基线向量再进行数据预处理；(　　)

5）卫星定位测量中的高度角其实就是普通测量中的竖直角；（　　）

6）卫星定位测量的实质是空间边角后方交会；（　　）

7）卫星定位中的 CORS 实质上就是多基站构成的网络 RTK 系统；（　　）

8）卫星到地球的距离约等于大气电离层与对流层厚度之和；（　　）

5.针对科力达 RTK 工作（K9 – S730），对下列各题进行判断。

1）RTK 测量系统最少由一个主机和一个手簿组成，此时便是网络 RTK；（　　）

2）主机开机时只有一个办法：按电源开关键开机；（　　）

3）主机的电源灯长亮红灯时说明电池正常，红灯闪烁时说明电池电量不足；（　　）

4）蓝牙连接必须在打开"工程之星"软件之后进行；（　　）

5）手簿屏幕显示"无数据"说明手簿与主机未连接好（蓝牙中断）；（　　）

6）RTK 工作时，无须每天都要校对已知点；（　　）

7）主机正常工作中，卫星灯会有规律地闪烁绿灯，连续闪烁多少次便表示接收到多少颗卫星；（　　）

8）RTK 测图精度高、速度快，因此可以连续多天后将数据导出并输送至电脑。（　　）

6.说明 S730 屏幕上显示的"固定解"、"浮点解"、"差分解"、"单点解"以及"无数据"、"无效解"、"码过期"所表达的含义。

参考文献

[1] 徐兴彬等. 基础测绘学. 广州：中山大学出版社，2014

[2] 中华人民共和国国家质量监督检验检疫总局，中国标准化管理委员会. 中华人民共和国学科分类与代码国家标准（GB/T 13745—2009），2009

[3] 宁津生等. 测绘学概论. 武汉：武汉大学出版社，2008

[4] GB/T 24356—2009《测绘成果质量检查与验收》

[5] 罗时恒. 地形测量学. 北京：冶金工业出版社，1985

[6] 孔祥元等. 大地测量学基础. 武汉：武汉大学出版社，2006

[7] 罗佳等. 普通天文学. 武汉：武汉大学出版社，2012

[8] 全国科学技术名词审定委员会. 测绘学名词. 北京：科学出版社，2010

[9] 中华人民共和国国家标准，GB 50026—2007 工程测量规范.

[10] 中华人民共和国国家标准 GB/T18314—2009 全球定位系统（GPS）测量规范. 北京：中国标准出版社，2009

[11] 李生平，陈伟清. 建筑工程测量. 武汉：武汉理工大学出版社，2008

[12] 刘延伯. 工程测量. 北京：冶金工业出版社，1984

[13] 公路工程技术标准.（JTG B01—2003）

[14] 赵海燕. 高速铁路缓和曲线设计研究. 科技信息，2010（11）

[15] 顾大军. 三次抛物线缓和曲线的计算. 新疆有色金属，2009（6）

[16] 许路成. 公路缓和曲线的设计及运用. 科技情报开发与经济，2006（5）

[17] 张正禄等编著. 工程测量学. 武汉：武汉大学出版社，2005

[18] 何习平等. 测量技术基础. 重庆：重庆大学出版社，2003

[19] 李征航等. GPS 测量与数据处理. 武汉：武汉大学出版社，2005

[20] 徐绍铨等. GPS 测量原理及应用. 武汉：武汉大学出版社，2008

附录1：图根控制测量实习指导书

测量技术基础
图根控制测量实习指导书

班级：_____

组别：第_____小组

组长：_____

组员：_____

指导书目录

附录 5. 导线近似平差计算表(附表五)

附录 6. 三角高程路线平差计算表(附表六)

附录 7. 水准测量平差计算表(附表七)

附录 8. GB 50026—2007 工程测量规范

附录 9. GB/T 12898—2009 国家三、四等水准测量规范

附录 10. 校区部分地形图电子文件(用于起始控制点准备及野外选点)

附录 11. 实习日志与考勤记录(附表八)

附表一、全站仪操作考试表格

附表二、水准测量操作考试表格

附表三、全站仪野外测量记录本

附表四、水准测量记录本

附表五、导线测量近似平差计算表

附表六、三角高程测量路线平差计算表

附表七、水准测量平差计算表格

附表八、实习日志与记录

图根控制测量实习指导书

引言

根据教学计划安排，本学期进行为期三周的图根控制测量实习。这次实习是在本学期《测绘技术基础》课程内容已经全部完成，并已进行9次野外实训课的基础上进行的一次图根控制测量综合实习。本次实习集中时间、集中内容、规范仪器操作与野外记录，通过实习来加深对书本知识的进一步理解、掌握与应用，是培养同学们理论联系实际、分析问题和解决问题能力的重要教学环节。

根据教学计划的安排及学院的实际情况，本次图根控制测量实习安排在白云校区生活区进行。白云校区的部分校区现状影像图见图1。

图1 校区影像图（略）

一、实习目的

通过这次实习，应达到以下目的：

1）巩固课堂教学知识，加深对图根控制测量基本理论的理解，利用有关书本理论知识，指导作业实践，提高学生个人分析问题、解决问题的能力，进一步巩固所学理论知识。

2）熟悉并掌握图根导线（含平面控制与三角高程）及四等水准测量的作业程序与施测方法、对野外观测成果的整理、检查和计算。掌握利用测量平差理论（平面导线、三角高程、水准测量简易平差计算）处理图根控制测量成果的基本技能。

3）提高学生动手能力和小组协调工作能力，尤其提高学生以小组为单位从事测绘工作的计划，组织与管理方面的能力。培养学生良好的专业品质和职业道德，提高同学们的综合素质。

二、实习组织与计划

本次实习按实习小组进行，全班39人分成8个小组。各组组长在班长及学习委员的带领下，协助指导教师负责组织本小组的各项实习工作，包括仪器的借用与保管、收集资料与整理、野外组织作业安排（测量工种轮流进行）、实习考勤记录、工作日志填写（参见附录11、附表八）、内业数据处理、实习进度控制等各项具体工作，并处理好与其他实习小组的协调工作。实习考勤记录、实习日志均见后面附录。

1. 实习分组名单

实习各小组的名单如下。

组别	组长	副组长	组员
第一组			
第二组			
第三组			
第四组			
第五组			
第六组			
第七组			
第八组			

2. 实习计划安排

实习总时间为 16、17、18 共三周。全班分两批进行水准测量和导线测量,其中单号组先进行全站仪导线测量,双号组先进行水准测量,至 17 周开始时,单号组与双号组互换仪器测量。各小组根据如下《图根控制测量实习计划》,制订符合本小组具体情况的详细工作计划与进度方案,落实好实习的各项工作。

《图根控制测量实习计划》

第　　组成员名单:

日　期	实　习　内　容	备　注
2015 – 6 – 22 星期一	端午放假	休息
2015 – 6 – 23 星期二	借仪器、动员大会、仪器常数检测、踏勘选点	教室及现场
2015 – 6 – 24 星期三		
2015 – 6 – 25 星期四		
2015 – 6 – 26 星期五		
……	……	……

三、仪器设备与工具

各小组仪器、工具、用品配备：

1）全站仪（含脚架）1 台，反射棱镜 2 个（含脚架与基座），5 m 钢卷尺 1 把。自备小刀、铅笔、三角板、计算器等用品。

2）普通自动安平 DS3 水准仪（带脚架）一台，水准尺（红黑面尺）一副，尺垫二只。

3）工具袋一个，记录板一块，圆帽钉、水泥钉（几种粗细、大小）若干、铁锤 1 把，油漆 1 桶（或油漆笔），草帽每人一顶（或自备）。

注意：单号组先借全站仪，双号组先借水准仪，一星期之后第 1 组与第 2 组互换，并依此类推。

四、起算数据与测量技术方案

图 2 为导线选线路线示意图，闭合环线长大约 800 m 左右，已知点坐标如下表：

A2	$X = 192850.389$，$Y = 365576.489$
B1	$X = 192973.953$，$Y = 365578.682$

图 2　闭合导线示意图（略）　　　图 3　闭合水准路线示意图（略）

图 3 为水准测量路线示意图，各小组按图进行水准测量。图中 BM 为已知水准点，高程为 21.233 m，要求测出图中 1、2、3 三个未知水准点的高程。

水准点与导线点可以重合，而且尽量重合使用。

五、实习工作任务与技术要求

本次实习有三大主要工作任务：三级导线测量、四等水准测量、五等三角高程测量，每个人须独立完成一遍所有野外观测与计算工作。全站仪导线测量时测定全部导线边边长、水平角和垂直角，量取仪器高和棱镜高，计算导线点的坐标和三角高程。并注意三角高程与水准高程的相互检核。导线测量、水准测量均记录在装订成册的记录本上，严禁记录在单张纸上再装订，或先临时记录再转抄。每个人完成一整套完整的野外观测数据（包括平面、三角高程、水准），而且用自己的观测数据进行内业平差计算（测站记录与计算可由其他组员在现场完成）。

（一）实习工作操作流程

野外观测记录严禁涂改，严禁伪造数据，值班老师及时检查记录情况并签名确认。

1）导线测量

图根导线选点以小组为单位进行。每小组选定一条导线，每条导线选取 8 个左右导线点。注意相邻导线点必须互相通视，点位不要选在机动车道中间妨碍交通，一般导线点用刻有十字的钢钉标志或比较小型号的水泥钉，兼作水准点的导线点用圆帽钉。已知点使用原来点名，未知点按"班名、组号 - 点号"编写，其中 A、B、分别代表 1、2 班，如 A3 - 5 代表地理 1 班第 3 小组的第 5 个未知导线点，B2 - 3 代表地理 2 班第 2 小组的第 3 个未知导线点，等等。导线点的标志必须认真在地面刻写，确保漂亮美观，不要过大。导线点名称用红油漆笔工整书写于点位旁边(最好找竖直的立面书写),选好点注意用手机照相保存,每个点从各个方位距离至少照三张相片,相片用于制作选点工作的点之记编入实习报告之中。注意将本小组的水准点(包括已知水准点)同时选为导线点。

导线测量时一般从已知控制点出发(为避免在控制点拥挤,也可从未知点出发),每个测站须测量记录斜距、仪器高、觇标高、竖直角(天顶距)、水平角方向值等五个基本数据,各测回均须计算所有方向的指标差、$2C$ 值、高差值并进行相应检核,同时计算出竖直角、水平角均值、环线闭合(或附合)后计算方位角闭合差、坐标增量闭合差(列表计算)。每个小组的每位成员均独自观测一套成果。

2)四等水准测量。

在整个导线上均匀布设 3 个未知水准点(注意水准点标志使用圆帽钉),观测形成闭合水准环线,一般自起始高程控制点开始测量。注意所有水准点、控制点、间歇点均不能用尺垫,而直接将标尺立在目标点上面,其他转点则必须使用尺垫。每测站具体操作步骤与要求(共5 项限差)按规范执行,整个环线测量完毕立即计算全线闭合差,检查是否超限。每个成员均独立观测一个环线(闭合、附合或往返测)并进行相应的内业数据处理。水准点的标志必须认真在地面刻写,确保漂亮美观,不要过大。水准点名称用红油漆笔工整书写于点位旁边(最好找竖直的立面书写),选好点注意用手机照相保存,每个点从各个方位距离至少照三张相片,相片用于制作选点工作的点之记编入实习报告之中。注意将本小组的水准点(包括已知水准点)同时选为导线点。

3)三角高程测量。

三角高程测量外业观测计算伴随导线平面控制同时进行,内业工作紧随其后。

4)内业计算与整理。

上述各项测量外业工作结束后,需及时对观测成果进行整理和检查。在确认无误后进行平差计算,要求每人独立完成一份,并编写入实习报告。如出现误差超限的异常情况,可向老师汇报确定是否返工重测。

(二)作业限差与技术要求

1)导线测量限差与技术要求。

本次实习中,导线平面控制测量技术要求参见《GB 50026—2007 工程测量规范》中表 3.3.1 中三级导线的要求。

表 3.3.1　导线测量的主要技术要求

等级	导线长度/km	平均边长/km	测角中误差/°	测距中误差/mm	测距相对中误差	测回数			方位角闭合差/″	导线全长相对闭合差
						1″级仪器	2″级仪器	3″级仪器		
三等	14	13	1.8	20	1/150000	6	10	—	$3.5\sqrt{n}$	≤1/55000
四等	9	1.5	2.5	18	1/8000	4	6	—	$5\sqrt{n}$	≤1/35000
一级	4	0.5	5	15	1/30000	—	2	4	$10\sqrt{n}$	≤1/15000
二级	2.4	0.25	8	15	1/14000	—	1	3	$16\sqrt{n}$	≤1/10000
三级	1.2	0.1	12	15	1/7000	—	1	2	$24\sqrt{n}$	≤1/5000

注:①表中 n 为测站数。②当测区测图的最大比例尺为 1:1000,一、二、三级导线的导线长度、平均边长可适当放长,但最大长度不应大于表中规定和应长度的 2 倍。

测站观测限差要求参见规范中表 3.3.8 进行。

表 3.3.8　水平角方向观测法的技术要求

等级	仪器精度等级	光学测微器两次重合读数之差/″	半测回归零差/″	一测回向 2C 互差/″	同一方向值各测回较差/″
四等及以上	1″级仪器	1	6	9	6
	2″级仪器	3	8	13	9
一等及以下	2″级仪器	—	12	18	12
	6″级仪器	—	18		24

注：①全站仪、电子经纬仪水平角观测时不受光学测微器两次重合读数之差指标的限制。

②当观测方向的垂直角超过 ±3° 的范围时，该方向 2C 互差可按相邻测回同方向进行比较，其值应满足表中一测回内 2C 互差的限值。

2）三角高程测量限差与技术要求。

本次实习导线三角高程测量要求参见《GB 50026—2007 工程测量规范》中表 4.3.2 中五等的要求。

表 4.3.2　电磁波测距三角高程测量的主要技术要求

等级	每千米高差全中误差/mm	边长/km	观测方式	对向观测高差较差/mm	附合或环形闭合差/mm
四等	10	≤1	对向观测	$40\sqrt{D}$	$20\sqrt{\sum D}$
五等	15	≤1	对向观测	$60\sqrt{D}$	$30\sqrt{\sum D}$

注：①D 为测距边的长度（km）。

②起讫点的精度等级，四等应起讫于不低于三等水准的高程点上，五等应起讫于不低于四等的高程点上。

③路线长度不应超过相应等级水准路线的长限值。

测站观测限差要求见《GB 50026—2007 工程测量规范》中表 4.3.3。其中垂直角观测的测回数改为 1 测回观测。

表 4.3.3　电磁波测距三角高程观测的主要技术要求

等级	垂直角观测				边长测量	
	仪器精度等级	测回浸透	指标差较差/″	测回较差/″	仪器精度等级	观测次数
四等	2″级仪器	3	≤7″	≤7″	10 mm 级仪器	往返各一次
五等	2″级仪器	2	≤10″	≤10″	10 mm 级仪器	往一次

注：当采用 2″级光学经纬仪进行垂直角观测时，应根据仪器的垂直角检测精度，适当增加测回数。

3）水准测量限差与技术要求。

四等水准测量的技术要求参见《GBT 12898—2009 国家三、四等水准测量规范》中对四等水准测量的要求进行（表6、表7、表9）。

表6　　　　　　　　　　　　　　　　　　　　　　　　单位：m

等级	仪器类别	视线长度	前后视距差	任一测站上前后视距差累积	视线高度	数字水准仪重复测量次数
三等	DS3	≤75	≤2.0	≤5.0	三丝能读数	≥3 次
	DS1、DS05	≤100				
四等	DS3	≤100	≤3.0	≤10.0	三丝能读数	≥2 次
	DS1、DS05	≤150				

注：相位法数字水准仪重复测量次数可以为上表中数值减少一次。所有数字水准仪，在地面震动较大时，应暂时停止测量，直至震动消失，无法回避时应随时增加重复测量次数。

表7　　　　　　　　　　　　　　　　　　　　　　　　单位：mm

等级	观测方法	基、轴分划（黑红面）读数的差	基、轴分划（黑红面）所测高差的差	单程双转点法观测时，左右路线转点差	检测间歇点高差的差
三等	中丝读数法	2.0	3.0	—	3.0
	光学测微法	1.0	1.5	1.5	
四等	中丝读数法	3.0	5.0	4.0	5.0

表9　　　　　　　　　　　　　　　　　　　　　　　　单位：mm

等级	测段、路线往返测高差不符值	测段、路线的左、右路线高差不符值	附合路线或环线闭合差		检测已测测段高差的差
			平原	山区	
三等	$\pm 12\sqrt{K}$	$\pm 8\sqrt{K}$	$\pm 12\sqrt{K}$	$\pm 15\sqrt{K}$	$\pm 20\sqrt{K}$
四等	$\pm 20\sqrt{K}$	$\pm 14\sqrt{K}$	$\pm 20\sqrt{K}$	$\pm 25\sqrt{K}$	$\pm 30\sqrt{K}$

注：K——路线或测段的长度，单位为千米（km）；

L——附合路线（环线）长度，单位为千米（km）；

R——检测测段长度，单位为千米（km）；

山区指高程超过 1000 m 或路线中最大高差超过 400 m 的地区。

或按《GB 50026—2007 工程测量规范》表4.2.1、表4.2.4执行。

表 4.2.1　水准测量的主要技术要求

等级	每千米高差全中误差/mm	路线长度/km	水准仪型号	水准尺	观测次数		往返较差、附合或环线闭合差	
					与已知点联测	附合或环线	平地/mm	山地/mm
二等	2		DS1	因瓦	往返各一次	往返各一次	$4\sqrt{L}$	
三等	6	≤50	DS2	因瓦	往返各一次	往一次	$12\sqrt{L}$	$4\sqrt{n}$
			DS3	双面		往返各一次		
四等	10	≤16	DS3	双面	往返各一次	往一次	$20\sqrt{L}$	$6\sqrt{n}$
五等	15	—	DS3	单面	往返各一次	往一次	$30\sqrt{L}$	

注：①结点之间或结点与高级点之间，其路线的长度，不应大于表中规定的 0.7 倍。

②L 为往返测段、附合或环线的水准路线长度（km）；n 为测站数。

③数字水准仪测量的技术要求和同等级的光学水准仪相同。

表 4.2.4　水准观测的主要技术要求

等级	水准仪型号	视线长度/m	前后视的距离较差/m	前后视的距离较差累积/m	视线离地面最低高度/m	基、辅分别或黑、红面读数较差/mm	基、辅分别或黑、红面所测高差较差/mm
二等	DS1	50	1	3	0.5	0.5	0.7
三等	DS1	100	3	6	0.3	1.0	1.5
	DS3	75				2.0	3.0
四等	DS3	100	5	10	0.2	3.0	5.0
五等	DS3	100	近似相等	—	—	—	—

注：①二等水准视线长度小于 20 m 时，其视线高度不应低于 0.3 m。

②三、四等水准采用变动仪器高度观测单面水准尺时，所测两次高差较差，应与黑面、红面所测高差之差的要求相同。

③数字水准仪观测，不受基、辅分划或黑、红面读数较差指标的限制，但测站两次观测的高差较差，应满足表中相应等级基、辅分划或黑、红面所测高差较差的限值。

六、上交资料

（一）各小组应上交的资料

1）所有的原始记录表格资料，点之记、选点示意图、导线略图等，表格填写时必须填写所有应填空格；

2）小组实习总结报告（含考勤表格资料等）。

（二）个人应提交的资料

实习结束后，每人编写一份实习报告，要求内容全面、概念正确、语句通顺、文字简练、书写工整、插图和表格清晰美观，公式准确无误。并按统一格式编号装订成册，与设计指导书及实习资料成果一起上交。

实习报告的内容包括(但不限于)：①序言(实习名称、目的、时间、地点；实习任务、范围及组织情况等)、概况(测区的地理位置、交通条件、地形地貌、通视情况等)；②简单的技术方案设计(导线的布设、技术依据要求及施测中的各项主要工作、施测方法)；③选点情况、导线略图；④导线的计算成果(简易平差计算表格)；⑤水准路线略图；⑥水准测量计算成果表；⑦三角高程路线计算成果(线路图、计算图、表)；⑧观测成果质量分析；⑨实习中发生、发现的问题及处理情况，心得体会及建议；⑩原始记录表格资料(导线、水准)。

七、注意事项

(一)一般规定

(1)实习期间首先必须注意安全，包括交通安全、人身安全、仪器设备安全、资料妥善保管安全，平时不得打闹，引发意外后果时后悔莫及。可考虑穿长衣长裤、戴草帽、张伞防晒防雨。

(2)必须认真阅读教材有关章节及本指导书。实习时，必须随时携带本指导书便于及时查阅相关内容。

(3)实习分小组进行，组长负责组织和协调本小组具体工作。实习应在规定时间内进行，不得无故缺席或迟到、早退，请假必须写书面请假报告。应严格按照实习要求，认真完成组长安排的工作。如有人旷工，组长必须向班长、学委和老师报告。

(4)借、还仪器时必须遵守实验室的测量仪器借用规则和相关规定，做好相关登记。

(5)测量记录与仪器操作同样仔细认真，记录工作时不能打手机、听音乐、讲闲话。记错时不得涂改，可以划改(但不能连续划改)，但不能单独更改末尾数字。

(6)随时检查和发现观测数据是否合格，超限时及时通知返工重测。不合格的观测数据用斜细线整体划去，并在备注栏内说明原因。

(二)测量仪器使用规则和注意事项

本次实习的测量仪器属贵重设备，对测量仪器的正确使用、精心爱护和科学保养，是测绘工作人员必须具备的基本素质和应该掌握的基本技能，也是保证测量成果质量、提高测量工作效率、发挥仪器性能和延长仪器使用寿命的必要条件。为此，在测量实习过程中应注意以下问题：

(1)领取仪器时，必须检查仪器箱盖是否关妥、锁好，背带、提手是否牢固，脚架与仪器是否相配，脚架各部分是否完好。要防止因脚架不牢而摔坏仪器，或因脚架不稳而影响实习。

(2)开箱打开仪器箱后不要急着取出仪器，应先观察和记住仪器各部件在未取出仪器前的安放位置及固定方法，以免用毕仪器装箱时，因安放不正确而损伤仪器；仪器箱应平放在地面上或其他台子上才能开箱，不要托在手上或抱在怀里开箱，以免将仪器摔坏；取出仪器前应先牢固地安放好三角架，仪器自箱内取出后不宜用手久抱，应立即固定在脚架上；关箱门或加罩壳时感到有障碍不得硬压或硬扣，应查明原因，排除障碍后再加盖，切勿硬压、强扣。

(3)自箱内取出仪器时，不论何种仪器，在取出前一定先松开制动螺旋，以免取出仪器时因强行扭转而损坏微动装置，甚至损坏轴系，要一手握住照准部支架，另一手扶住基座部分，轻拿轻放，不要用一只手抓仪器；在取仪器和使用仪器过程中，要避免触摸仪器的目镜、物镜、棱镜，以免玷污、影响成像质量。绝对不允许用手指或手帕等物擦试仪器的目镜、物镜等光学部分。

（4）架设仪器时应注意将脚架三条腿抽出后要把固定螺旋拧紧，亦不可用力过猛而造成螺旋滑丝，防止因螺旋未拧紧使脚架自行收缩而摔坏仪器；架设脚架时，三条腿拉出的长度要适中，分开的跨度要适中。三条腿并得太靠拢容易被碰倒，分得太开容易滑开，都会造成事故。在光滑地面上架设仪器，尤其要注意防止脚架滑动，避免摔坏仪器；在脚架安放稳妥并将仪器放到脚架头上后，要立即旋紧仪器和脚架间的中心连接螺旋，预防因忘记拧上连接螺旋或拧得不紧而摔坏仪器；仪器取出后，要随即将仪器箱盖好，以免丢失附件或沙土杂草进入箱内。

（5）在外业观测过程中要随时有人守护仪器，严禁在仪器附近嬉耍、打闹。由于这次实习是在道路狭窄的校区进行，要使用警戒标志，避免行人和过往车辆碰撞仪器；制动螺旋不宜拧得过紧；仪器开箱、关箱时注意将微动螺旋和脚螺旋调整至中段位置，操作时也宜使用中段，关箱时松紧调节适当；操作仪器时，动作要准确、轻捷，用力要均匀。

（6）仪器用毕装箱时，应清点箱内附件，如有缺少，应立即寻找，然后将仪器箱关上，扣紧、锁好。

（7）在长距离迁站或通过行走不便的地区时，应将仪器装入箱内搬迁，搬迁时切勿跑行，防止摔坏仪器；在短距离且平坦地区迁站时，可先将脚架收拢，松开照准部制动螺旋，然后一手抱脚架，一手扶仪器，保持仪器接近直立状态搬迁。严禁将仪器横扛在肩上迁移；在迁站前，应检查箱内仪器各部的制动螺旋是否上紧，并清点所有仪器、附件、器材，防止丢失。

（8）全站仪是一种光、机、电相结合的电子仪器，在使用过程中，不允许将仪器安装在三脚架上长距离搬动；在强烈的阳光下，决不可把照准头直接对向太阳，以免毁坏二极管。

（9）进行水准测量时，跑尺人员要特别注意保护尺子的分划面及尺子底部。立尺时要用手扶好，严禁脱开双手。在观测间隙中，不要将尺子随便往树上、墙下立靠，这样容易滑倒摔坏或磨伤尺面。尺子如放在平地上，应注意不得使碎石、硬土块等尖锐物体磨伤尺面，更不准坐在尺子上。水准尺从尺垫上取下后，要防止底面沾上沙土，影响测量精度。

（10）在实习中发现仪器出现故障时，应立即停止使用，及时送实验室进行妥善处理或维修。

（三）测量原始资料的记录要求

为保证测量原始数据的绝对可靠，实习时应养成良好的职业习惯。记录的要求如下：

（1）实习记录必须直接填写在规定的表格上，不得转抄。

（2）所有记录与计算均用墨水笔记载。字体应端正清晰，字体应稍大于格子的一半，以便留出空隙作错误的更正。记录员边记边向观测员回报所记录的数据，以免记错。

（3）凡记录表格上规定应填写的项目不得空白。

（4）禁止擦拭、涂改与挖补，发现错误应在错误处用横线划去，将正确数字写在原数上方。

（5）所有记录的修改及观测结果的重测，都必须在备注栏内注明原因。

（6）禁止连环更改，即已修改了平均数，则不准再改计算得此平均数之任何一原始读数；

改正任一原始读数，则不准再改其平均数。假如两个原始读数均连续错误，则应重测重记。

（7）原始观测读数的尾部读数不准更改，如角度观测度、分、秒中的秒读数不准更改，距离读数的毫米不能更改，如需更改则应将该观测值废去重测。

八、成绩考评

实习结束时，指导教师根据学生在实习中所表现的意识和品质（含考勤）、完成实习任务的实际情况、基本技能的熟练程度、独立工作能力的强弱、实习报告的质量、仪器操作考核等各项内容，对学生的实习成绩进行考评记分。

1. 实习评分标准

实习成绩评定参考如下表格内容：

序号	项目	基本要求	满分	考核依据	评分
1	考勤与纪律	按时上下班、全勤、服从指挥、不影响他人、不损坏公共财物	20	实习日志考勤记录	1/3 缺勤实习不及格，实行 8 小时工作制，迟到一次扣 1 分。隐瞒考勤加倍扣分
2	观测与计算	记录齐全、数据准确整洁、表格整齐、计算数据可靠、完成实习的观测任务	20	小组观测记录个人计算资料（水准、导线各 15 分）	水准测量 8 分、图根导线测量 12 分，伪造成果 0 分
3	仪器操作安全	无事故全组仪器完好无损、数据整洁无误（角度、距离、高程）	10	事故记录	重大事故实习不及格，1000 元以下仪器事故扣 10 分，500 元以下仪器事故扣 5 分
4	总结报告	符合提纲要求、分析说明正确、按时提交成果	20	个人提交的实习报告	基本要求 15 分，有创意加 5 分，实习班干部协作好另加分
5	操作考试	全站仪、水准仪操作考试	30	参见"图根控制仪器操作考核评分办法"	全站仪 20 分，水准仪 10 分

注：①抄袭成果视情况扣分，直至该项目扣为零分。

②违反操作规程损坏仪器设备，除扣分外还按设备损坏情况进行处理赔偿。

③实习总分不及格，安排到下一届重新进行该项实习。

2. 仪器操作考试

实习结束前，进行一次全站仪导线测量和水准测量的仪器操作考试。考试的内容、格式、评分办法见附表一、附表二。

九、实习指导老师值班安排

参加本轮图根控制测量实习地理班共有 2 个班，分别由 2 个老师具体负责。各班的指导老师责任人：1 班由老师负责（663297），2 班由老师负责（151＊＊＊＊602）。各班同学、各小组必须服从值班老师的统一安排与指导，接受值班老师的工作纪律检查。值班安排具体如下。

图根控制测量实习值班计划(14 级地理 1、2 班)

日　期	实　习　内　容	值班老师
2015 – 6 – 22 星期一		
2015 – 6 – 23 星期二		
2015 – 6 – 24 星期三		
2015 – 6 – 25 星期四		
……	……	……

十、附录(以下附录资料要求各小组自行打印准备,确保足够页码数量)

附录 1. 全站仪导线测量野外操作考核记录表(附表一),该资料每人一份,实习结束时考核用。

附录 2. 水准测量野外操作考核记录表(附表二),该资料每人一份,实习结束时考核用。

附录 3. 全站仪测量记录本(见后面附表三),各小组一本,记录表格约 40 页。

附录 4. 水准测量记录手簿(见后面附表四),各小组一本,记录表格约 40 页。

附录 5. 导线近似平差计算表(见后面附表五)

附录 6. 三角高程路线平差计算表(见后面附表六)

附录 7. 水准测量平差计算表(见后面附表七)

附录 8. GB 50026—2007 工程测量规范

附录 9. GB/T 12898—2009 国家三、四等水准测量规范

附录 10. 校区部分地形图电子文件(用于起始控制点准备及野外选点)

附录 11. 实习日志与考勤记录(见后面附表八)

附表一：全站仪操作考试表格

"图根控制测量"实习结束后操作考试"表格1"（全站仪观测、记录、计算）

学生班级　　姓名　　学号：	考试地点：
考试日期：20 ___ 年 ___ 月 ___ 日 ___ 午 ___ 时 ___ 分，星期	考试内容：导线测量—测站—测回操作（含三角高程）

测站名： _P_	仪器高（I）：		
瞄准点	A		B
斜距（L）			
垂直角（Z）	| | |	| | |	| | |
平均值、指标差			
平距（S）			
水平角（Q）	| | |	| | |	| | |
平均值、$2C$			
X			
Y			
截尺高（J）			
高差（C）			
平均值			
高程			
高程平均值			
备注			

示意图

说明：

（1）各项操作、记录、计算均由考生自己独立完成。记录用墨水笔如实填写，不得遗漏和随意修改，更不得涂改伪造。

（2）各项限差要求：视距≤3 mm，指标差较差≤10秒，$2C$ 互差≤13秒。（按2秒级仪器）

（3）仪器操作。记录在10分钟之内完成。指标差，$2C$ 计算及其他计算亦接着在下一个10分钟之内完成。

（4）操作仪器时除立尺及评委外，其他人不得围观。

（以上全部由考生填写，以下由考官填写）　　操作时间：　　计算时间：

序号	考核项目	考核评分标准	评分结果
1	测量速度（30分）（十分钟之内完成）	完成对中整平得15分，再完成一个方向观测得20分，全部完成得满分30分。	
2	操作规范性（10分）	仪器安置、瞄准读数、仪器收回，整个过程标准规范，可得满分10分。否则依情况扣分。	
3	记录情况（10分）	现场记录完整规范，数字清晰工整，可得10分。	
4	计算过程（20分）	测站计算过程准确无误，可得20分。	
5	测量结果（30分）	测量结果在上述限差范围内得30分，$2C$、指标差有一个超限得15分，均超限不得分。	
合计	100分		

考官签名：　　　　　　　　　　　　　　20　　年　　月　　日

附表二：水准测量操作考试表格

"图根控制测量"实习结束后操作考试"表格 1"（全站仪观测、记录、计算）

学生班级　　　姓名　　　学号： 考试日期：20　__年__月__日__午__时 __分，星期			考试地点： 考试内容：四等水准测量两测站观测、记录与计算				

		后					
1		前					
		后－前					
		后					
2		前					
		后－前					

问　答

（1）各项仪器操作、记录、计算均由考生自己独立完成。记录用墨水笔如实填写，不得遗漏和随意修改，更不得涂改伪造；

（2）各项限差要求：视距≤　　毫米，视距差≤　　毫米，视距差累积值≤　　毫米，双面读数差(K＋黑－红)≤　　毫米，高差之差≤　　毫米。

（3）两测站的仪器操作、记录、计算全部在 10 分钟之内完成。

（4）操作仪器时除立尺及评委外，其他人不得围观。

（以上全部由考生填写，以下由考官填写）		总耗时：	
序号	考核项目	考核评分标准	评分结果
1	测量速度(30 分) （十分钟之内完成）	5 分钟之内完成得 30 分；8 分钟完成得 20 分；10 分完成得 10 分；超时终止，不得分。	
2	操作规范性(10 分)	仪器安置、瞄准读数、仪器收回，整个过程标准规范，可得满分 10 分。否则依情况扣分。	
3	记录情况(10 分)	现场记录完整规范，数字清晰工整，可得 10 分。	
4	计算过程(20 分)	测站计算过程准确无误，可得 20 分。	
5	测量结果(30 分)	测量结果在上述限差范围内得 30 分，每超一个限差扣 5 分，均超限不得分。	
合计	100 分		

考官签名：　　　　　　　　　　　　　　　　　　　　　20　　年　　日

298

附表三：全站仪野外测量记录本

《测量技术基础》测量记录本

组　　别：_____第　组_____

组　　长：_____

组　　员：_____

工作时间：

联系电话：

邮箱（QQ）：

记录本情况检查

小组内部自检：

小组成员汇签：　　　　　　　年　　月　　日

小组互检：

组长签名：　　　　　　　年　　月　　日

学习委员审核：

签名：　　　　　　　年　　月　　日

老师评语：

签名：　　　　　　　年　　月　　日

该记录本最后综合评定为：1）优；2）良；3）中；4）差。

GPS、全站仪、水准仪野外测量作业配备

一、野外测量通用设备、工具、材料

1. 野外记录本、计算器(电子手簿)、图纸资料;

2. 对讲机、测伞、雨伞、草帽、工具袋(锤、刀、钉、绳、钢凿、油漆、油漆箍、毛箍、红胶袋、小红旗等);

3. 木桩、钢筋头桩、控制点钢钉桩、水泥桩等。

二、GPS 测量

1. 基准站(①接收机 1 个,②锂电池 2 个,③64M 内存卡 1 个,④GPS 天线 1 根,⑤天线—接收机电缆 1 根,⑥Y 形电缆 1 根,⑦USB 接口数传线 1 根,⑧6AH 电池 1 个,⑨6AH 电池充电器 1 个,⑩接收机锂电池充电器 1 个,⑪5700 接收机光盘 1 个,⑫测高卷尺 1 个);

2. 流助站(①接收机 1 个,②锂电池 1 个,③64M 内存卡 1 个,④GPS 天线 1 根,⑤天线—接收机电缆 1 根,⑥TSCE 手簿 1 个,⑦鸭舌增益天线 1 个,⑧手簿托架 1 个,⑨手簿—接收机电缆 1 个,⑩对中杆 1 个,⑪TSCE 手簿光盘 1 张,⑫锂电池充电器 1 个,⑬Y 形电缆 1 根,⑭USB 接口数传线 1 根,⑮流助站腰包 1 个);

3. 电台及附件(①数传电台 1 个,②电台—主机通讯电缆 1 根,③鞭状增益天线 1 根,④电台电源线 1 根,⑤电台—鞭状增益天线连接电缆,⑥天线加长杆 1 根,⑦天室中文软件 1 个,⑧基座及连接器,⑨脚架两个)。

三、全站仪测量

1. 仪器箱物品(①仪器,②小纲尺,③箱内其他物品如对中锤球、清洁布、校正工具、说明书等);

2. 脚架、棱镜、镜杆、加长杆、连接杆(连接绳)。

四、水准仪测量

1. 仪器箱物品(1. 仪器,2. 小钢尺,3. 箱内其他物品如清洁布、校正工具、说明书等);

2. 脚架 1 个,水准尺两根,尺垫两个。

测量日期：20　年　月　日　午		测 量 地点、内容：			
天气：温度：	仪器操作：	记录计算：	立尺：		检查：
测站名：	仪器高(1)：	测站 $X=$　坐标 $Y=$	$H=$		测站位置：

照准点						
斜距(L)						
天顶距(Z)	○ ′ ″	○ ′ ″	○ ′ ″	○ ′ ″	○ ′ ″	○ ′ ″ ○ ′ ″
指标差，竖直角	○ ′ ″		○ ′ ″		○ ′ ″	○ ′ ″
平距(S)						
水平方向值	○ ′ ″	○ ′ ″	○ ′ ″	○ ′ ″	○ ′ ″	○ ′ ″ ○ ′ ″
2C，平均值	○ ′ ″		○ ′ ″		○ ′ ″	○ ′ ″
X						
Y						
截尺高(J)						
高差(h)						
高程(H)						
备注						

照准点						
斜距(L)						
天顶距(Z)	○ ′ ″	○ ′ ″	○ ′ ″	○ ′ ″	○ ′ ″	○ ′ ″ ○ ′ ″
指标差，竖直角	○ ′ ″		○ ′ ″		○ ′ ″	○ ′ ″
平距(S)						
水平方向值	○ ′ ″	○ ′ ″	○ ′ ″	○ ′ ″	○ ′ ″	○ ′ ″ ○ ′ ″
2C，平均值	○ ′ ″		○ ′ ″		○ ′ ″	○ ′ ″
X						
Y						
截尺高(J)						
高差(h)						
高程(H)						
备注						

野外测量示意图

北
↑

附表四：水准测量记录本

水准测量记录手簿

20　　年　　月　　日　　　起点：　　　　终点：　　　　天气：

起始时刻：　时　分　　　成像：　　　　温度：　　　　气压：

终止时刻：　时　分　　　观测：　　　　记录：　　　　立尺：

测站编号	后尺	上丝下丝	前尺	上丝下丝	方向及尺号	水准尺读数/m		K+黑-红/mm	高差中数/m	备注
	后视距/m		前视距/m			黑面	红面			
	前、后视距差/m		累计差/m							
示例	（1）		（4）		后	（3）	（8）	（13）	（18）	$K_1 =$
	（2）		（5）		前	（6）	（7）	（14）		$K_2 =$
	（9）		（10）		后－前	（15）	（16）	（17：检）		
	（11）		（12）							
					后					
					前					
					后－前					
					后					
					前					
					后－前					
					后					
					前					
					后－前					
					后					
					前					
					后－前					
					后					
					前					
					后－前					
校核	$\sum(9) =$					$\sum(3) =$　　$\sum(8) =$			$\sum(18) =$	
	$\sum(10) =$					$\sum(6) =$　　$\sum(7) =$				
	末站 =					$\sum(15) =$　　$\sum(16) =$				
	总距离 =					$1/2\{\sum(15)+\sum(16)\pm0.100\}\} =$				

附表五：导线测量近似平差计算表

导线近似平差计算表（样例）

点 名	观测角 v_β	方位角	边 长	$\Delta x'_i$ v_x	X_i	$\Delta y'_i$ v_y	Y_i
					$\Delta x_{理} =$		$\Delta y_{理} =$
$\sum$	$\sum \beta =$		$\sum S =$	$\sum \Delta x'_i =$		$\sum \Delta y'_i =$	

导线略图：

$f_{\beta允} =$

$f_\beta =$ $< f_{\beta允}$

$f_x =$

$f_y =$

$f = \sqrt{f_x{}^2 + f_y{}^2} =$

$K_允 =$

$K =$ $< K_允$

$\sum |\Delta X| =$ ， $\sum |\Delta Y| =$

305

附表六：三角高程测量路线平差计算表

三角高程路线平差计算表

点 名	高差 /m	边长 /km	改正数 v /mm	改正后高差 h/m	高 程 H/m	备 注
Σ						

三角高程路线略图：

附表七：水准测量平差计算表格

水准测量平差计算表

点　名	测段高差/m	测段路线长度 L/km	测段测站数 n	改正数 v/mm	改正后高差 h/m	高　程 H/m	备　注
Σ							

水准路线略图：

附表八：实习日志与记录

图根控制测量实习工作日志与考勤记录

日　期	工作内容，完成任务数量、质量情况，碰到问题、处理结果等	迟到、早退旷课情况	班长、学委签名	老师检查签名
2015 – 6 – 29 星期一				
2015 – 6 – 30 星期二				
2015 – 7 – 1 星期三				
2015 – 7 – 2 星期四				
……	……	……	……	……

说明：该实习日志由各小组长如实填写，每天提交给班长和学习委员负责检查核对，再由值班老师签名确认。

附录2：湖南省职业院校测量操作技能考核试题

1. 题目：依据一层平面图、施工区控制点进行建筑物定位、放线并完成相关表格的记录。（图7－24 一层平面图、图7－25 施工区控制点坐标图、相关表格附后）

2. 完成时间：6 小时。

3. 操作人数：1 人(另加辅助人员2 人)。

4. 仪器与工具准备：

(1)仪器：全站仪、棱镜、对中杆。

(2)工具：50 m 钢尺、5 m 钢卷尺、锤子、木桩、龙门板、钉子若干。

5. 检测项目及评分标准：

序号	检测项目	允许偏差	考核标准	标准分 100	得分
1	定位、放线方案制订		制定测量方案合理，符合工程测量规范要求	15	
2	测设数据计算		依据总平面图、一层平面图计算，定位数据计算方法和步骤正确	10	
3	建筑物定位		依据控制点采用全站仪进行坐标放样，仪器操作熟练、方法正确	25	
4	建筑物放线	见后表	依据角点测设细部轴线，设置轴线控制桩	25	
5	检核		建筑物定位点位误差满足工程测量规范要求，建筑物放样轴线偏差满足工程测量规范要求	10	
6	安全文明施工		不遵守安全操作规程、工完场不清或有事故本项无分。施工前准备、施工中工具正确使用，完工后正确维护。	5	
7	工效	规定时间	按规定时间每超过1 分钟扣1 分	10	
总分					

考生学校：　　　　　　　　　　考生姓名：

评分人：　　年　月　日　　　　核分人：　　年　月　日

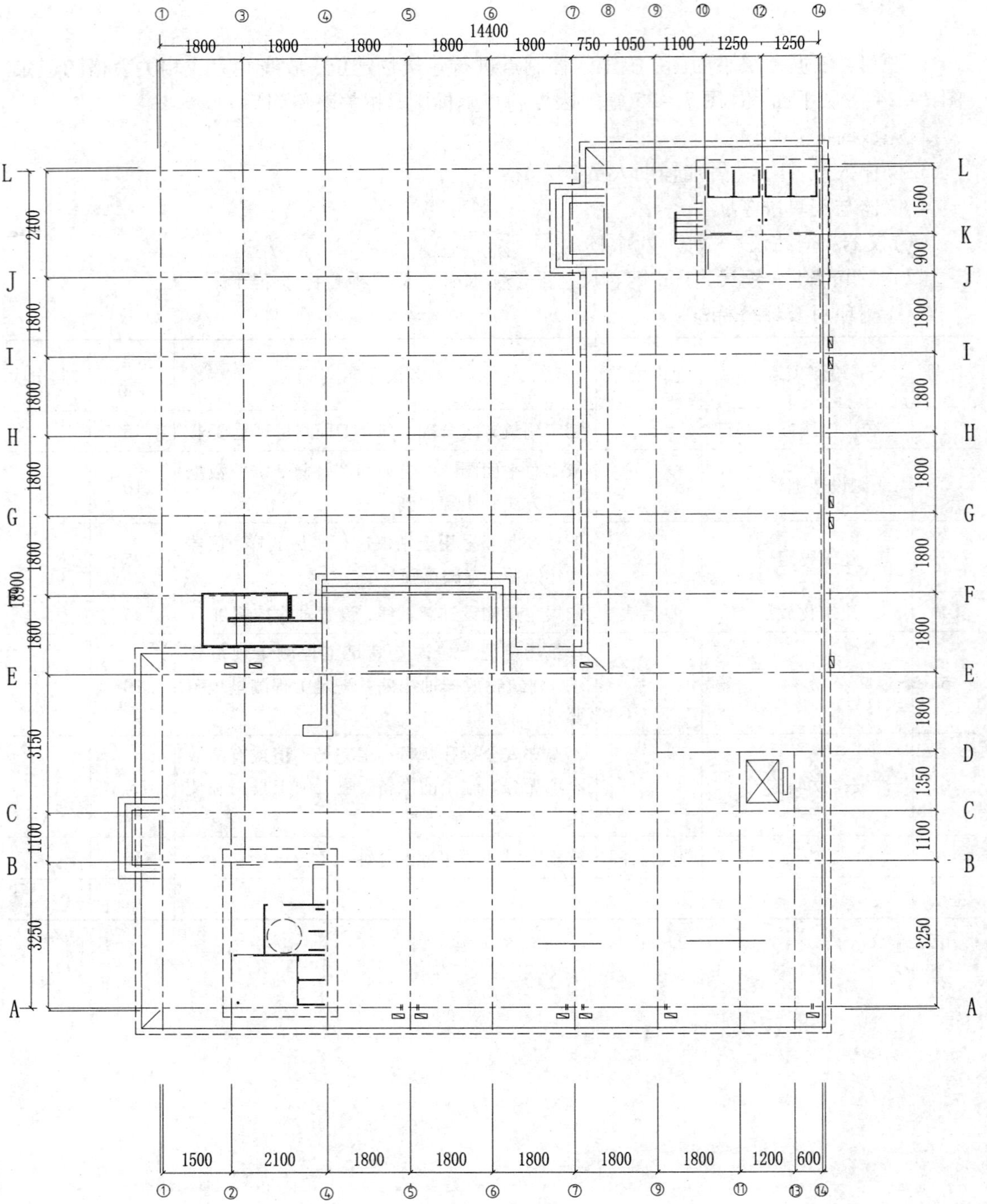

图 7-24 一层平面图

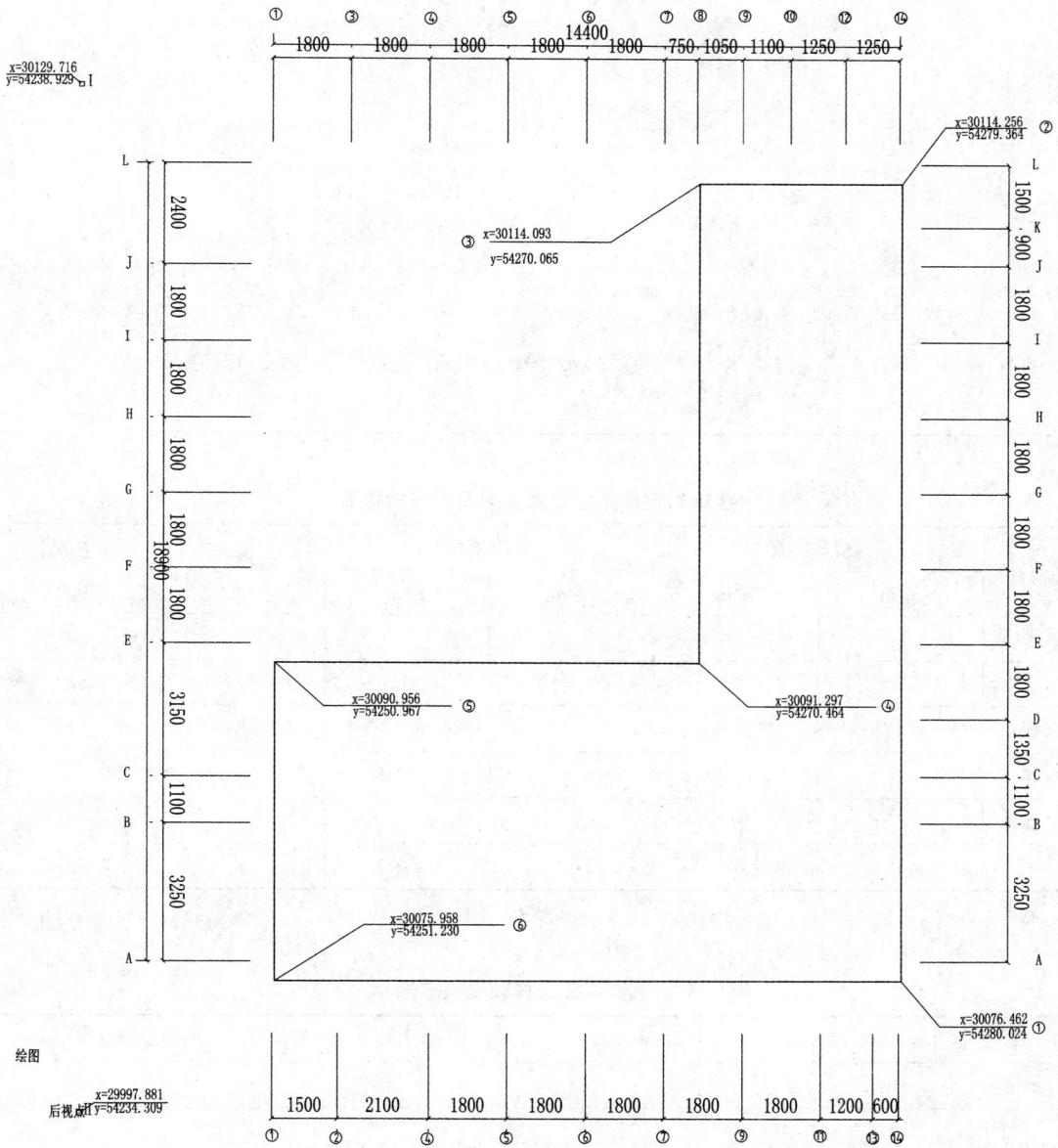

图 7 – 25　施工区控制点坐标图

建筑物定位放线方案

制定人：

年　月　日

建筑物定位数据计算成果及定位检核表

点号	设计坐标		实放坐标		X 偏差 /mm	Y 偏差 /mm
	X/m	Y/m	X/m	Y/m		
1						
2						
3						
4						
5						
...	...	...	...	...	...	...

测设人：　　　　　　　　　　　　　　检核人：　　　　　　　　　　　年　月　日

建筑物施工放样轴线检核表

序号	轴线段	轴线间设计距离/m	轴线间实放距离/m	轴线距离偏差/mm
1				
2				
3				
4				
5				
...	...	...	...	...

备注：外轮廓主轴线长度 $L(m)$：$L \leqslant 30$ 允许偏差 $\pm 5(mm)$；$30 < L \leqslant 60$ 允许偏差 $\pm 10(mm)$；$60 < L \leqslant 90$ 允许偏差 $\pm 15(mm)$；$90 < L$ 允许偏差 $\pm 20(mm)$；细部轴线允许偏差 $\pm 2(mm)$

放样人：　　　　　　　　　　　　　　检核人：　　　　　　　　　　　年　月　日

附录3：彩图插页

彩图1-12　青岛观象山国家水准原点位置

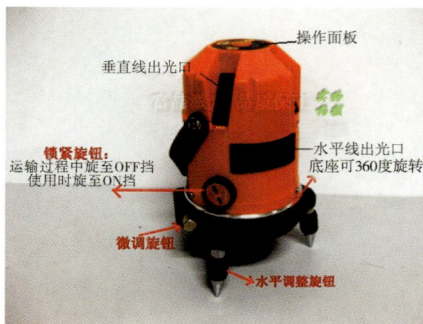

彩图2-26　激光扫平仪

彩图3-4　罗盘经纬仪

彩图3-6　电子经纬仪

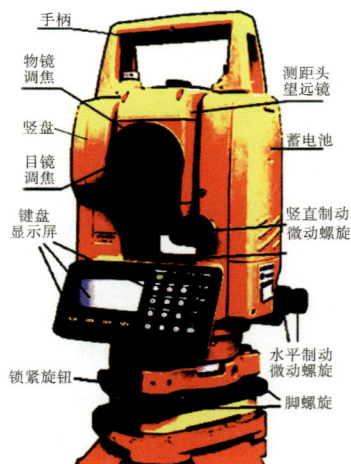

彩图3-9　全站仪

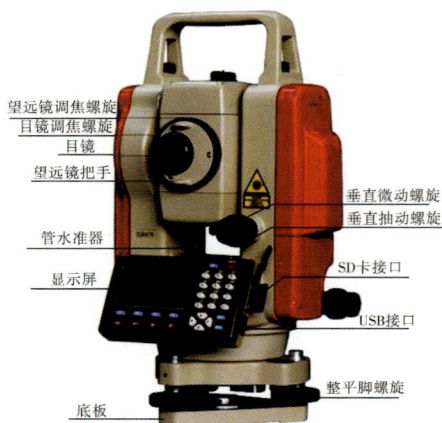

彩图5-1　KTS440（RC）全站仪（1）

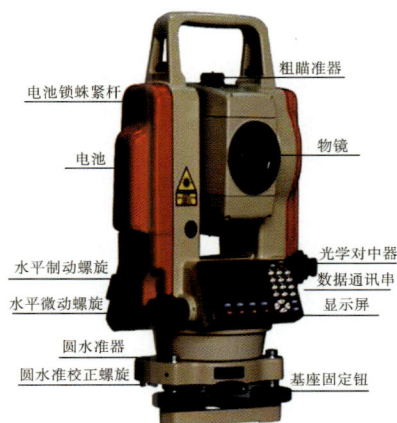

彩图5-1　KTS440（RC）全站仪（2）

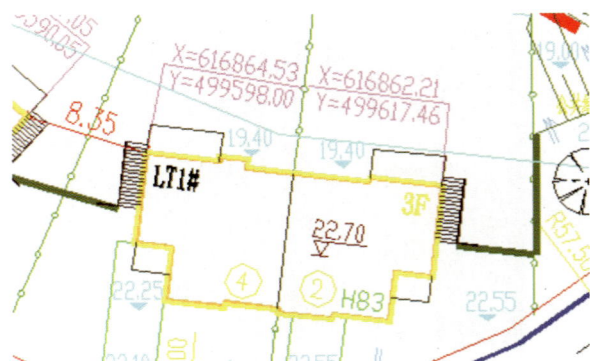

左图：总平面图　　　　　　　　　　　右图：LT1#别墅放大图

彩图6-13　规划平面图

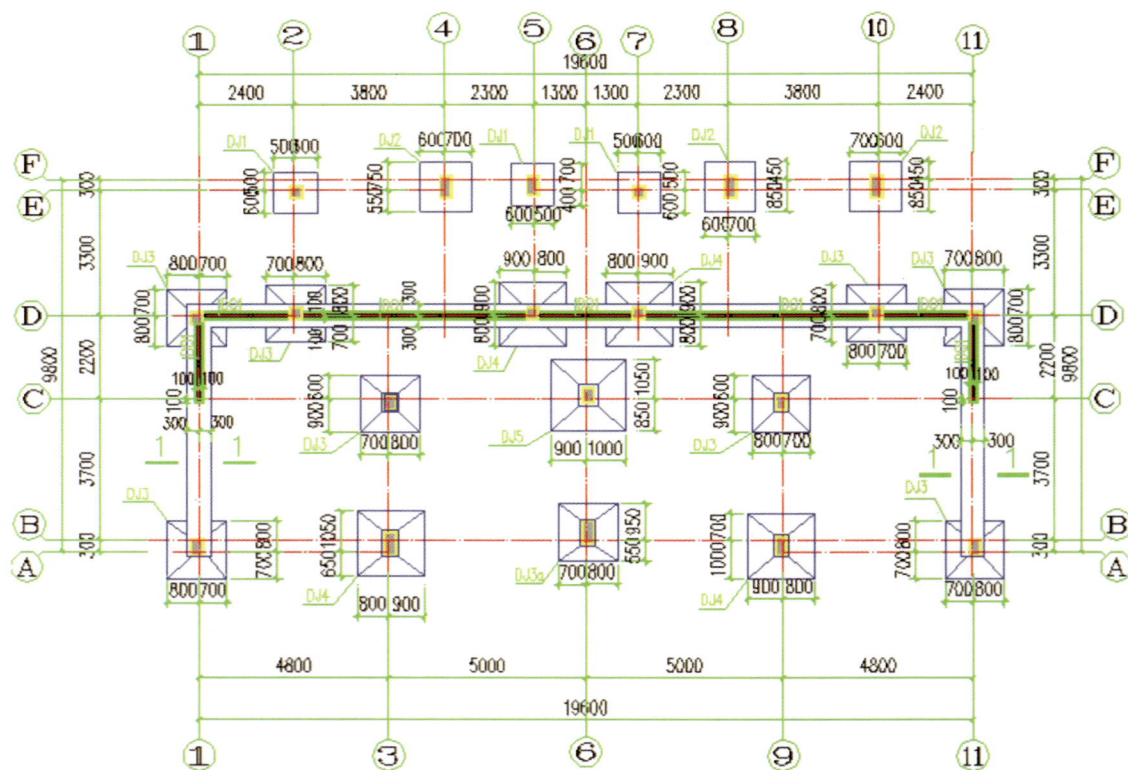

独立基础平面布置图二　　1:100

彩图6-14　基础(承台)平面图

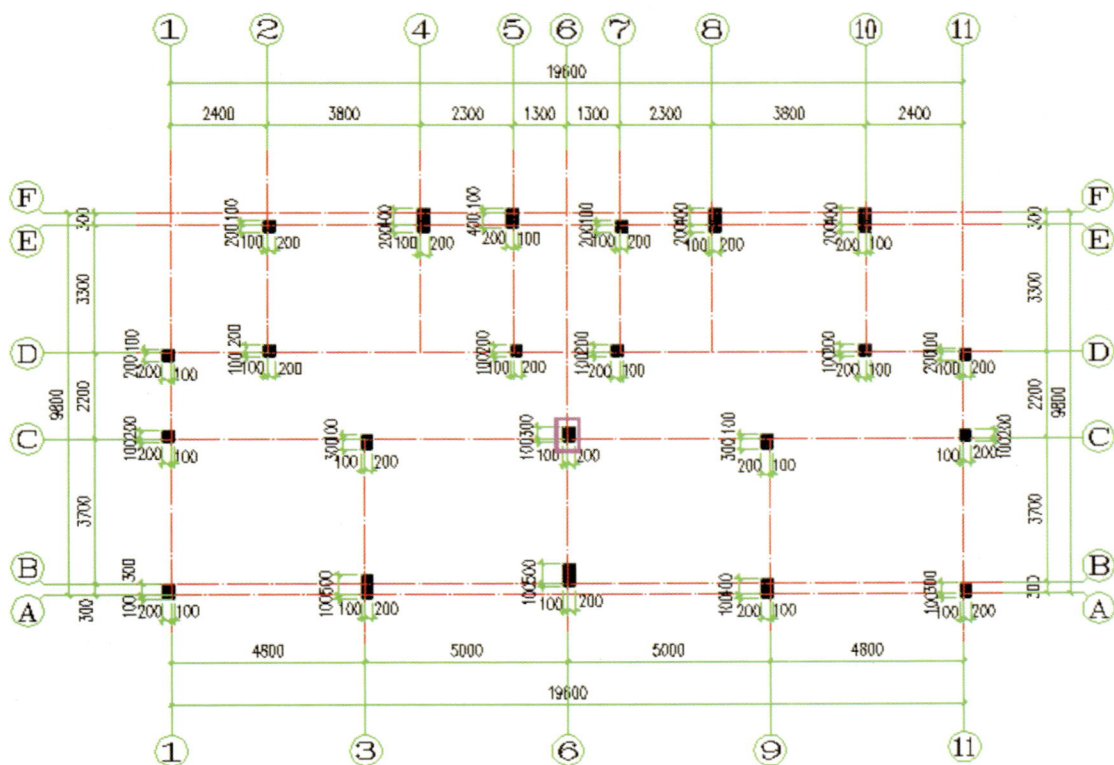

基础顶~7.050柱定位图　1 : 100

彩图 6 – 15　基础立柱定位平面图

彩图 6 – 26（1）　激光垂直仪

彩图 6 – 26（2）　激光垂准仪

彩图 6-29　地形符号——等高线

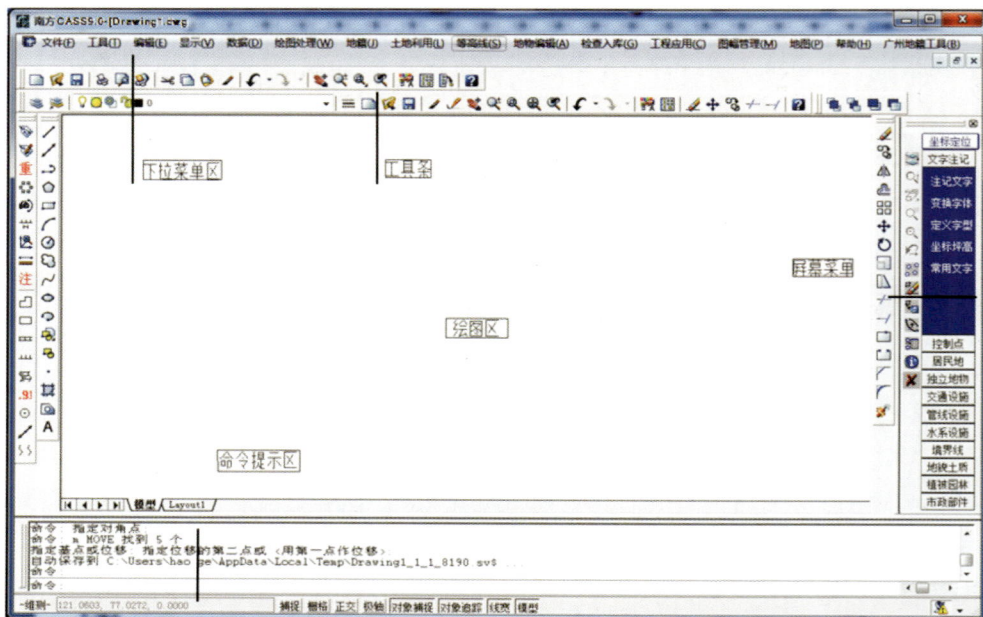

彩图 6-44　　CASS9.0 工作界面

彩图 6-45　作业插图

彩图 8-1 油桶反射投影放样

彩图 8-2 铅锤球吊线放样

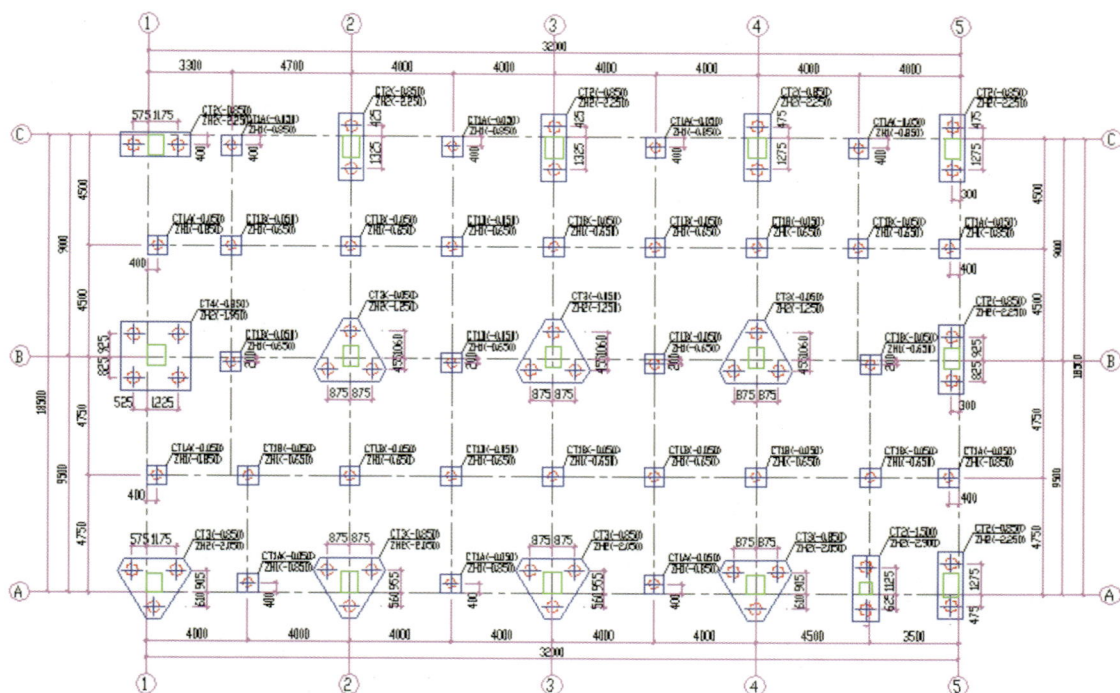

彩图 8-8 某厂房桩基础平面图

彩图 8 – 18　屋架吊装

彩图 8 – 19　水塔与烟囱

彩图 8 – 27　某架空管道

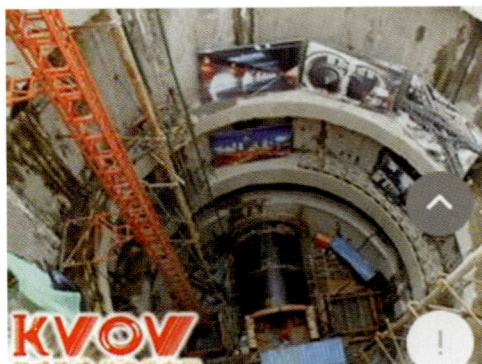

彩图 8 – 28　顶管施工垂直工作坑（圆形）

彩图 8 – 29　管道顶推

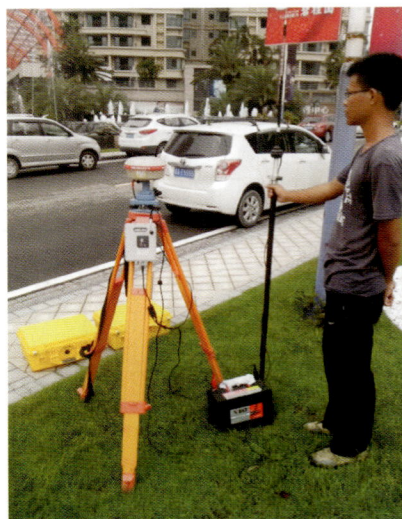

彩图 10 – 7　连接外置电台的基站主机

图书在版编目(CIP)数据

工程测量与实训/徐兴彬,刘永生主编.
—长沙:中南大学出版社,2016.3
ISBN 978 – 7 – 5487 – 2196 – 3

Ⅰ.工… Ⅱ.①徐…②刘… Ⅲ.工程测量 – 高等职业教育 –
教材 Ⅳ.TB22

中国版本图书馆 CIP 数据核字(2016)第 061754 号

工程测量与实训
GONGCHENG CELIANG YU SHIXUN

主 编 徐兴彬 刘永生
副主编 欧长贵 徐猛勇 孙晓玲

□责任编辑 谭 平
□责任印制 易建国
□出版发行 中南大学出版社
　　　　　社址:长沙市麓山南路　　邮编:410083
　　　　　发行科电话:0731-88876770　传真:0731-88710482
□印　　装 长沙德三印刷有限公司

□开　　本 787×1092　1/16　□印张 20.75　□字数 510 千字　□插页
□版　　次 2016 年 3 月第 1 版　□2016 年 3 月第 1 次印刷
□书　　号 ISBN 978 – 7 – 5487 – 2196 – 3
□定　　价 45.00 元